SAP® für Anwender – Tipps & Tricks

SAP PRESS

SAP PRESS ist eine gemeinschaftliche Initiative von SAP SE und der Rheinwerk Verlag GmbH. Unser Ziel ist es, Ihnen als Anwendern qualifiziertes SAP-Wissen zur Verfügung zu stellen. SAP PRESS vereint das Know-how der SAP und die verlegerische Kompetenz von Rheinwerk. Die Bücher bieten Ihnen Expertenwissen zu technischen wie auch zu betriebswirtschaftlichen SAP-Themen.

Damit Sie nach weiteren Büchern Ihres Interessengebiets nicht lange suchen müssen, haben wir eine kleine Auswahl zusammengestellt:

Dennis Fitznar, Wolfgang Fitznar
SAP S/4HANA. Der Grundkurs für Einsteiger und Anwender
ca. 450 Seiten, broschiert, erscheint 2021
ISBN 978-3-8362-7389-3
www.sap-press.de/5025

Olaf Schulz
Der SAP-Grundkurs für Einsteiger und Anwender
408 Seiten, 3., aktualisierte und erweiterte Auflage 2016, broschiert
ISBN 978-3-8362-4077-2
www.sap-press.de/4088

Tobias Then
Vertrieb mit SAP. Der Grundkurs für Anwender
383 Seiten, 2. aktualisierte und erweiterte Auflage 2017, broschiert
ISBN 978-3-8362-4465-7
www.sap-press.de/4309

Ana Carla Psenner
Buchhaltung mit SAP. Der Grundkurs für Anwender
415 Seiten, 3., aktualisierte und erweiterte Auflage 2016, broschiert
ISBN 978-3-8362-4206-6
www.sap-press.de/4158

Aktuelle Angaben zum gesamten SAP PRESS-Programm finden Sie unter *www.sap-press.de*.

Dennis Fitznar, Wolfgang Fitznar

SAP® für Anwender – Tipps & Tricks

Liebe Leserin, lieber Leser,

klar, es ist immer gut, wenn man sich mit etwas auskennt, routiniert seiner Arbeit nachgehen und seine Aufgaben problemlos erledigen kann. Aber wir kennen alle das Gefühl, dass manches einfach mühsam ist, wiederkehrende Abläufe doch auch irgendwie schneller gehen müssten und sich hier und dort Zeit sparen ließe, die man wiederum für Wichtigeres aufwenden könnte.

Ich hatte mal einen lieben Kollegen, der war ein Fuchs in solchen Dingen. Wie kann man Outlook-Mails automatisch nach Projekten wegsortieren? Ich zeig's dir. Müsste man die bibliografischen Angaben nicht schneller in eine Liste ziehen können? Ich hab' da schnell was programmiert. Wie, du machst das von Hand?! Aber da gibt's doch ...

So darf man sich als SAP-Anwender*in auch die hilfreichen Ratschläge der Herren Fitznar vorstellen. Ich freue mich daher, dass Wolfgang Fitznar sich erneut bereit erklärt hat, seine besten Tipps aus 25 Jahren Erfahrung als SAP-Trainer mit Ihnen zu teilen. Und diesmal hat er auch seinen Sohn Dennis Fitznar mit ins Boot geholt, der wiederum Dinge wusste, von denen er selbst noch nicht gehört hatte. Von Abkürzungen bei der Navigation über Tricks, die Ihnen die Erfassung von Daten erleichtern, bis hin zur Automatisierung ganzer Abläufe: Ich bin mir sicher, dass auch Sie von den Kniffen in diesem Buch profitieren werden.

Wir freuen uns stets über Lob, aber auch über kritische Anmerkungen, die uns helfen, unsere Bücher zu verbessern. Scheuen Sie sich nicht, mich zu kontaktieren. Ihre Fragen und Anmerkungen sind jederzeit willkommen.

Ihre Maike Lübbers
Lektorat SAP PRESS

Rheinwerk Verlag
Rheinwerkallee 4
53227 Bonn

maike.luebbers@rheinwerk-verlag.de
www.rheinwerk-verlag.de

Auf einen Blick

Wir hoffen, dass Sie Freude an diesem Buch haben und sich Ihre Erwartungen erfüllen. Ihre Anregungen und Kommentare sind uns jederzeit willkommen. Bitte bewerten Sie doch das Buch auf unserer Website unter **www.rheinwerk-verlag.de/feedback**.

An diesem Buch haben viele mitgewirkt, insbesondere:

Lektorat Maike Lübbers
Korrektorat Petra Bromand, Düsseldorf
Herstellung Kamelia Brendel
Typografie und Layout Vera Brauner
Einbandgestaltung Bastian Illerhaus
Coverfoto iStock: 1127689430 © Tick-Tock, 1130786754 © MicroStockHub; Shutterstock: 539724193 © Dean Drobot
Satz III-Satz, Husby
Druck Beltz Grafische Betriebe, Bad Langensalza

Dieses Buch wurde gesetzt aus der Linotype Syntax (9,5/13,5 pt) in FrameMaker. Gedruckt wurde es auf chlorfrei gebleichtem Offsetpapier (90 g/m²). Hergestellt in Deutschland.

Bibliografische Information der Deutschen Nationalbibliothek:
Die Deutsche Nationalbibliothek verzeichnet diese Publikation in der Deutschen Nationalbibliografie; detaillierte bibliografische Daten sind im Internet über *http://dnb.dnb.de* abrufbar.

ISBN 978-3-8362-7463-0

2., aktualisierte Auflage 2021

Informationen zu unserem Verlag und Kontaktmöglichkeiten finden Sie auf unserer Verlagswebsite **www.rheinwerk-verlag.de**. Dort können Sie sich auch umfassend über unser aktuelles Programm informieren und unsere Bücher und E-Books bestellen.

Inhalt

Vorwort zur zweiten Auflage

Auf ein Neues! Und unsere wichtigste Botschaft bleibt weiterhin: *Es kann richtig Spaß machen, im SAP-System neue Funktionen zu entdecken und damit Zeit zu sparen!* – Spaß machen?! Kopfschütteln und mitleidiges Lächeln sind manchmal die Reaktionen unserer Teilnehmerinnen und Teilnehmer, wenn wir das in unseren Workshops und Trainings erwähnen. Doch wenn wir die gleichen Personen etwas später treffen, treffen wir meistens auf glückliche SAP-Anwender*innen!

Wir wollen hier nur ein kurzes Vorwort zur zweiten Auflage schreiben, denn die folgende Einleitung zu diesem Buch ist ziemlich ausführlich. Ein riesengroßes Dankeschön geht erst einmal an all die aufmerksamen Leserinnen und Leser, die uns Hinweise zur ersten Auflage gegeben haben! Neben diesen Ergänzungen und Korrekturen haben wir eine elegante Methode aufgenommen, die Ihnen das immer gleiche Eintippen von identischen Abläufen erspart: das Skripting. Natürlich haben wir auch die neuen Releasestände des SAP GUI berücksichtigt und zeigen Ihnen, ob und wie Sie von dem neuen Design Theme Belize profitieren können. Es gibt auch einige neue Tipps in bereits bestehenden Kapiteln. Zum Beispiel geben wir Ihnen in Buchteil 2, »Anzeigeeinstellungen optimieren«, eine Entscheidungshilfe, welches Theme für Ihre Zwecke am geeignetsten ist. Darüber hinaus haben wir eine Liste unserer Lieblings-Shortcuts für Sie in den Anhang aufgenommen.

Wir wünschen Ihnen viel Spaß beim Lesen und viele Aha-Erlebnisse, und wir freuen uns immer über Feedback, gerne auch ohne Umwege direkt an *fitznar@gmx.net*!

Einleitung

Tipps und Tricks für SAP? Es gibt verdammt viele davon! Investieren Sie ab heute ein bisschen Zeit in dieses Buch, und Sie werden bald Zeit sparen, um früher in den Feierabend zu starten, um mehr Zeit für die Familie oder auch für spannendere Tätigkeiten am Arbeitsplatz zu haben.

Kennen Sie Ihren Werkzeugschrank?

Sie erfassen und bearbeiten mit dem SAP-System Daten und werten diese aus. Stellen Sie sich dazu das SAP-System als großen Werkzeugschrank mit vielen Werkzeugen zur Datenerfassung und -auswertung vor. Kennen Sie Ihren Werkzeugschrank? Nutzen Sie wirklich alle Werkzeuge, die Ihnen bei der täglichen Arbeit helfen? Haben Sie eine Einweisung erhalten oder vielleicht sogar eine SAP-Schulung? Dabei haben Sie wahrscheinlich nur die oberste Schublade dieses fantastischen Werkzeugschranks kennengelernt, zum Beispiel den dort liegenden Schraubenzieher. Für Sie gibt es, an Ihrem Arbeitsplatz erst einmal unsichtbar, noch weitere Schubladen mit wahren Schätzen. Dort finden Sie zum Beispiel den Akkuschrauber, der den umständlichen Schraubenzieher ersetzt, und vieles mehr. In diesem Buch lernen Sie die verborgenen Schätze Ihres Werkzeugschranks kennen und erhalten in den zahlreichen Tipps die nötigen Gebrauchsanleitungen.

Zielgruppen

Ob im Controlling, in der Buchhaltung, im Einkauf, im Vertrieb, in der Disposition oder in der Personalabteilung: Wenn Sie als Anwenderin oder Anwender regelmäßig mit einem SAP-System arbeiten, ist dieses Buch genau das Richtige für Sie. Damit werden Sie zum Profi. Fast alle Tipps und Tricks sind komponentenübergreifend und damit für jede und jeden nützlich.

Arbeiten Sie in der SAP-Beratung, im SAP-Support oder in der SAP-Anwendungsbetreuung? Auch Sie können von diesem Buch profitieren. Wenn Sie zu einer dieser Zielgruppen gehören, werden Sie mit diesem Buch Ihr SAP-Know-how komplettieren.

Die Tipps können Sie als Anwender*in in der Regel sofort umsetzen, da hierzu weder Customizing- noch Programmierkenntnisse notwendig sind. Für die Nutzung der Tipps sind damit keine umständlichen Change Requests (Änderungsanträge) erforderlich. Die einzige Voraussetzung ist, dass Sie schon die ersten Schritte im SAP-System unternommen haben, also zum Beispiel wissen, wie Sie sich anmelden oder wie Sie Transaktionen starten. Manchmal gibt es weiterführende technische Hinweise, die besonders gekennzeichnet sind. Denn an einigen Stellen ist es durchaus sinnvoll, wenn Sie wissen, was Ihre Kolleginnen und Kollegen aus der IT-Abteilung für Sie einstellen können.

Zielsetzungen

Die meisten Tipps in diesem Buch zeigen Ihnen, wie Sie Ihre Aufgaben im SAP-System schneller erledigen können. Machen Sie den Test! Jedes Handy hat mittlerweile eine Stoppuhr. Messen Sie damit die Zeit, die Sie für Ihre Transaktionen benötigen: einmal vor dem Studium dieses Buchs und einmal danach.

Darüber hinaus haben Sie durch dieses Buch viele weitere Vorteile für die tägliche Praxis:

- Sie *vermeiden Fehler bei der Datenerfassung* und entsprechende Folgefehler bei den Kolleginnen und Kollegen in anderen Abteilungen, die mit Ihren erfassten Daten weiterarbeiten. Mit einer verbesserten Datenerfassung und -pflege reduzieren Sie den Aufwand für Nachkorrekturen, erreichen eine höhere Datenqualität und erhalten bessere Entscheidungsgrundlagen.
- Sie sind *schneller auskunftsfähig*, wenn beispielsweise eine Mitarbeiterin oder ein Mitarbeiter, ein Kunde oder ein Lieferant eine Auskunft von Ihnen benötigt, da Sie schneller an die benötigten Informationen gelangen.
- Darüber hinaus lernen Sie *zusätzliche Funktionen* kennen. Sie werden beispielsweise Auswertungen erstellen können, die Sie bisher nur umständlich in Microsoft Excel gebastelt haben oder gar nicht durchführen konnten. Dadurch können Sie schneller und besser reagieren.
- Sie werden ein *gefragter Ansprechpartner* oder eine *gefragte Ansprechpartnerin* für Ihre Kolleg*innen im Fachbereich sein. Die neuen Kenntnisse unterstützen Sie auch, um zum Key-User »aufzusteigen«.
- Der SAP-Support in Ihrem Unternehmen wird entlastet, wenn Sie das SAP-System besser kennen und verstehen und auf dieser Basis *viele Probleme selbst lösen*.

Nicht zuletzt wird Ihnen die Bedienung des SAP-Systems mehr Spaß bereiten, wenn Sie Schleichwege und Abkürzungen kennen, lästige Routinetätigkeiten auf ein Minimum reduzieren und produktiver arbeiten.

So arbeiten Sie mit diesem Buch

Das Buch ist in mehrere Teile untergliedert, die jeweils Tipps zu verschiedenen Tätigkeiten enthalten, wie beispielsweise der Anmeldung am System oder der Navigation im System. Sie haben die Wahl zwischen zwei Vorgehensweisen. Entweder bearbeiten Sie die Tipps zuerst, bei denen Sie den größten Nutzen für sich vermuten. Oder Sie arbeiten das Buch systematisch von vorne bis hinten durch:

- Grundsätzlich können Sie bei jedem Tipp direkt einsteigen. Einige Tipps setzen jedoch Vorkenntnisse anderer Tipps voraus. Letzteres ist im jeweiligen Tipp natürlich erwähnt.
- Insbesondere Leser*innen mit weniger SAP-Erfahrung profitieren davon, wenn sie die einzelnen Buchteile systematisch erforschen. Am liebsten möchten wir Sie als Reiseführer auf diese komplette Tour mitnehmen, wobei Sie natürlich diejenigen Tipps überspringen können, die für Ihre Arbeit nicht von Bedeutung sind.

Klare Schritt-für-Schritt-Anweisungen helfen Ihnen, die Tipps gleich im System auszuprobieren und schnelle Erfolge zu erzielen. Sind Beispieltransaktionen für die Umsetzung von Tipps notwendig, haben wir für Sie populäre Transaktionen aus den gängigen SAP-Komponenten FI, CO, HR, MM und SD herausgesucht, sodass Sie die Tipps in Ihrer gewohnten Komponente durchspielen können.

Systemvoraussetzungen

Das Buch wurde mit den SAP-GUI-Versionen 7.50 und 7.60 erstellt. Die SAP-ERP-Version kann Ihnen egal sein, denn die Tipps betreffen die Kernfunktionen des SAP-ERP-Systems, und die sind fast alle in den gängigen Releaseständen gleich und damit weitgehend versionsunabhängig. Die meisten Tipps klappen daher auch, wenn Sie mit dem SAP GUI auf ein SAP-S/4HANA-System zugreifen.

Auf Fiori-Tipps haben wir in diesem Buch auch in dieser Auflage noch verzichtet. Zwar sammeln wir hier auch schon fleißig, aber bisher wird Fiori in der Praxis noch zu wenig eingesetzt.

Im SAP GUI nutzen wir das Theme Signature, obwohl in der SAP-GUI-Version 7.60 das Theme Belize voreingestellt ist. Auch wenn das Belize-Theme schicker und hipper ist – der größere Teil der Power-User nutzt weiterhin das Theme Signature, denn hier gibt es kürzere Wege. (Mehr dazu finden Sie in Tipp 7, »Welches Theme ist besser für mich: Belize oder Signature?«. Hier erfahren Sie auch, wie Sie das Theme umstellen.)

Danksagung

Ein besonderes Dankeschön für die prima Zusammenarbeit und ihre Geduld geht an Maike Lübbers, Lektorin bei SAP PRESS. Viele Kolleginnen und Kollegen, Anwenderinnen und Anwender haben dieses Projekt unterstützt. Im Anhang finden Sie die Personen, denen wir zu besonderem Dank verpflichtet sind.

TEIL 1

Komfortabel am System anmelden

In Office-Programmen wie Microsoft Word können Sie sofort nach dem Programmaufruf mit der Arbeit beginnen, beispielsweise einen Brief schreiben. Das geht bei SAP-Software nicht ganz so schnell. In diesem Teil erfahren Sie, wie Sie einen Turbostart in das SAP-System durchführen und die langwierige Anmeldeprozedur entscheidend beschleunigen. Darüber hinaus erhalten Sie gleich im ersten Tipp eine Checkliste für die besten Einstellungen nach der Erstanmeldung mit einem neuen Benutzer.

Bevor Sie durchstarten: Wie bereits in der Einleitung erwähnt, nutzen wir in diesem Buch das Theme Signature. Ist bei Ihnen ein anderes Theme wie beispielsweise Belize eingestellt? Dann weichen unsere Abläufe von denen auf Ihrem Bildschirm ab. Wir zeigen Ihnen in Tipp 7, »Welches Theme ist besser für mich: Belize oder Signature?«, wie Sie das Theme Signature einstellen.

› Tipps in diesem Teil

Tipp 1

Checkliste: Die wichtigsten Einstellungen nach der Erstanmeldung

SAP verfügt über viele Standardeinstellungen, die oft nicht das Gelbe vom Ei sind. Zögern Sie nicht, sofort nach der ersten Anmeldung mit Ihrem Benutzer diese Voreinstellungen zu überprüfen und gegebenenfalls an Ihre Bedürfnisse anzupassen. Wenn Sie dies bisher versäumt haben, holen Sie es am besten gleich nach.

Sie haben gerade ein neues Auto bekommen. Was tun Sie als Erstes, bevor Sie losfahren? Na klar, Sie passen die Rückspiegel, den Fahrersitz, die Lenkradhöhe und einiges mehr an Ihre Bedürfnisse an. Haben Sie im SAP-System Voreinstellungen nach Ihrer ersten Anmeldung vorgenommen? Nachfolgend erhalten Sie eine Checkliste der wichtigsten Voreinstellungen, die Sie sofort nach der Erstanmeldung durchführen sollten.

› Und so geht's

Natürlich sollte die Anzeige der Transaktionscodes im SAP-Menü eingestellt sein. Dazu wählen Sie im Fenster **SAP Easy Access** in der Menüleiste den Befehl **Zusätze ▸ Einstellungen**. Im Fenster **Einstellungen** markieren Sie gemäß folgender Abbildung das Feld **Technische Namen anzeigen**. Dies ist üblicherweise eines der ersten Themen in jedem Grundkurs.

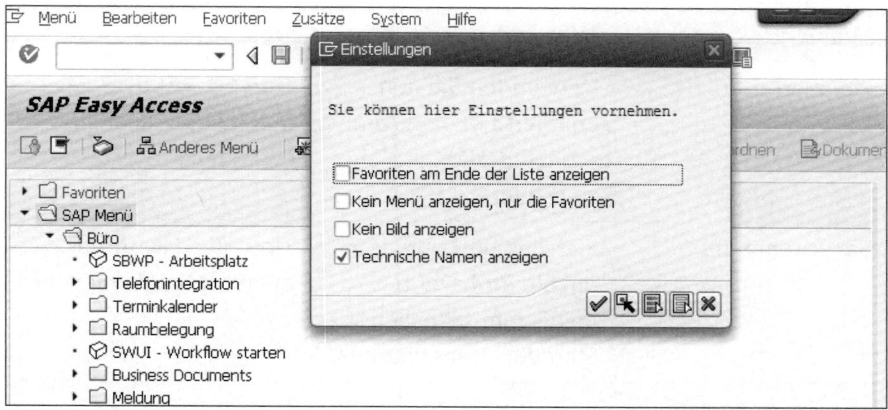

Fenster »SAP Easy Access« im Hintergrund, Fenster »Einstellungen« im Vordergrund

Darüber hinaus sollten Sie gemäß folgender Tabelle einige benutzerbezogene Einstellungen überprüfen. Diese haben wir für Sie in jeweils eigenen Tipps beschrieben.

Was?	Warum?	Tipp
Desktopverknüpfung	Ein absolutes Muss! Damit starten Sie auf dem schnellsten Weg in Ihr SAP-System.	Tipp 2, »Schneller anmelden mit Desktopverknüpfungen«
Windows-Autostart	Damit geht der Start noch schneller.	Tipp 5, »SAP-Anmeldung direkt mit Windows starten«
Themes für verschiedene Mandanten und SAP-Systeme	Arbeiten Sie gleichzeitig in mehreren Mandanten oder Systemen, beispielsweise weil Sie Key-User sind? Bestimmen Sie dafür verschiedene Farben, damit es keine bösen Verwechselungen gibt.	Tipp 8, »Systeme und Mandanten mit Farben leichter unterscheiden«

Benutzerbezogene Einstellungen

Was?	Warum?	Tipp
Animierter Fokus	Verwenden Sie den animierten Fokus, um schnell das aktive Feld zu sehen.	Tipp 10, »Aktives Feld durch Fokus schneller erkennen«
Favoritenmenü	Erstellen und optimieren Sie Ihr Favoritenmenü zum schnellen Start von Transaktionen.	Tipp 15, »Favoritenmenü optimal anlegen«
Vorschlagswerte	Ersparen Sie sich von vornherein unnötigen Tippaufwand, indem Sie die wichtigsten Parameter wie Buchungskreis, Werk oder Personalbereich als Vorschlagswerte erfassen.	Tipp 26, »Zentrale Vorschlagswerte in Benutzerparametern definieren«

Benutzerbezogene Einstellungen (Forts.)

Mit Ausnahme des Favoritenmenüs, das sehr individuell eingestellt wird, lässt sich dies alles sehr schnell durchführen. Fertig? Schnallen Sie sich an, es geht los!

Tipp 2

Schneller anmelden mit Desktopverknüpfungen

Mit diesem Tipp verkürzen Sie die Anmeldung von acht auf drei Aktionen und Feldeingaben. In Zukunft genügen ein Doppelklick auf dem Windows-Desktop sowie die Angabe und Bestätigung des Kennworts.

Mit diesem Tipp, den wir allen SAP-Anwendern und -Anwenderinnen wärmstens empfehlen, die sich über das SAP-Logon-Fenster anmelden, reduzieren Sie den Aufwand auf nur drei Schritte:

1. Auf dem Windows-Desktop ein Doppelklick auf ein SAP-Verknüpfungssymbol, das Sie im folgenden Ablauf anlegen
2. Eingabe des Kennworts in einem optimierten Anmeldebild
3. Bestätigung des Anmeldebilds

› Und so geht's

Sie erstellen nun einmalig eine Desktopverknüpfung (andere Bezeichnung: SAP-Verknüpfung), die Sie in Zukunft dauerhaft für die Anmeldung verwenden:

1. Soll mit der Desktopverknüpfung später eine Transaktion aufgerufen werden? Dann starten Sie diese jetzt. In unserem Beispiel verwenden wir die Transaktion SBWP (Business Workplace), mit der Sie beispielsweise Nachrichten anzeigen und versenden können. Wenn keine Transaktion aufgerufen werden soll, wechseln Sie zum Fenster **SAP Easy Access**.

Transaktion SBWP (Business Workplace)

2. Klicken Sie in der jeweiligen Transaktion oder im Fenster **SAP Easy Access** auf das Symbol (**Erstellt eine Verknüpfung**). Dieses Symbol befindet sich in der Systemfunktionsleiste an dritter Stelle von rechts.

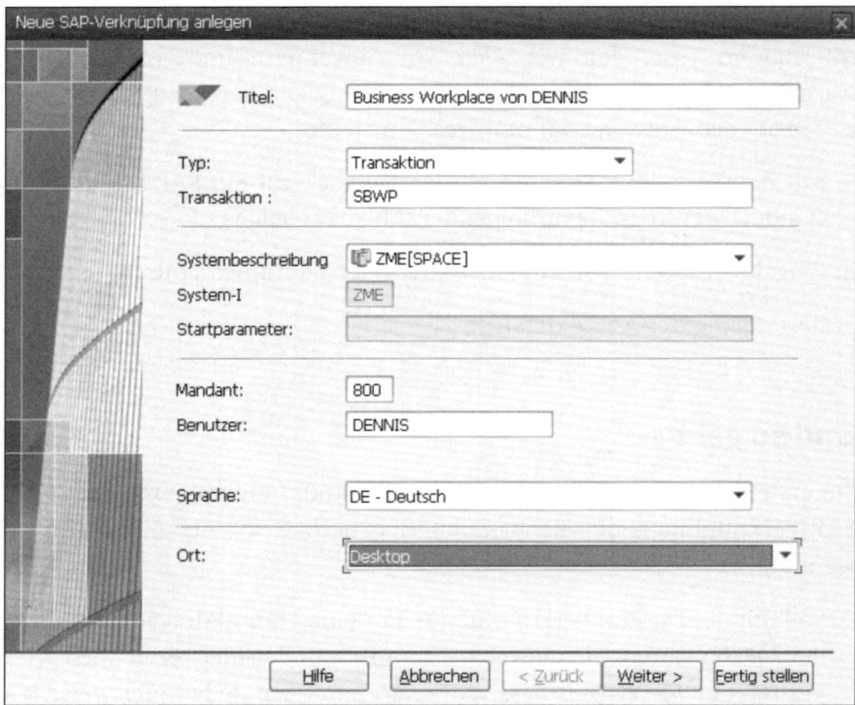

Fenster »Neue SAP-Verknüpfung anlegen«

3. Im neu geöffneten Fenster **Neue SAP-Verknüpfung anlegen** ist im Feld **Transaktion** der Transaktionscode der aktuellen Transaktion bereits eingetragen. Viele Felder, wie beispielsweise **Mandant**, **Benutzer** und **Sprache**, sind korrekt vorbelegt. Sie müssen nur folgende Felder beachten:

- In das Feld **Titel** tragen Sie eine frei wählbare Beschreibung ein, die später auf dem Windows-Desktop erscheint.
- Im Feld **Systembeschreibung** wählen Sie Ihr System.
- Im Feld **Ort** wählen Sie den Eintrag **Desktop**.

4. Klicken Sie unten rechts auf die Schaltfläche **Weiter >**, um zum nächsten Bild zu wechseln.

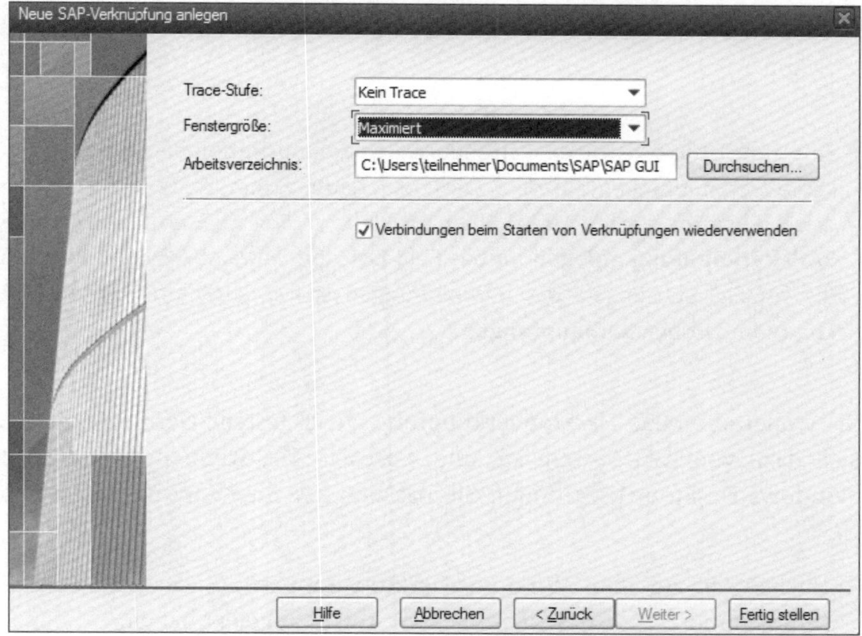

Fenster »Neue SAP-Verknüpfung anlegen« mit dem Feld »Fenstergröße«

5. Im Folgebild wählen Sie im Feld **Fenstergröße** entweder **Maximiert** oder **Normales Fenster** aus.
   - Wenn Sie die Option **Maximiert** wählen, wird das SAP-Fenster später nach dem Öffnen den gesamten Bildschirm ausfüllen.
   - Mit der Option **Normales Fenster** wird das SAP-Fenster in der normalen Fenstergröße geöffnet.
6. Mit einem Klick unten rechts auf die Schaltfläche **Fertig stellen** erstellen Sie die Desktopverknüpfung. Eine Informationsmeldung wird angezeigt.

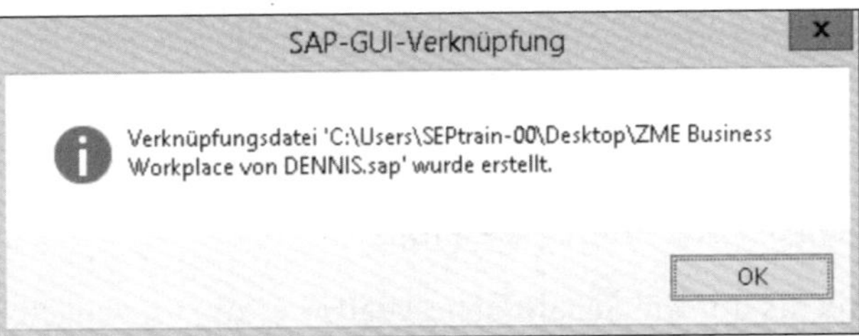

Informationsfenster zur Verknüpfung

7. Klicken Sie im Informationsfenster auf die Schaltfläche **OK**. Das war's schon.

» Tipp zum Tipp: Falls Sie eine strenge Systemadministration haben, die Ihnen keine Verknüpfungen auf dem Desktop erlaubt, können Sie dennoch von dieser Funktion profitieren. Wählen Sie dafür in Schritt 3 im Fenster **Neue SAP-Verknüpfung anlegen** für das Feld **Ort** den Eintrag **SAP Logon** aus. In diesem Fall starten Sie die Verknüpfungen später aus dem Fenster **SAP Logon** im Ordner **Verknüpfungen**.

Sie wollen die neue Desktopverknüpfung gleich testen? Gerne! Melden Sie sich dazu vom SAP-System ab, und wechseln Sie, wenn notwendig, zum Windows-Desktop. Hier finden Sie das neu erstellte Verknüpfungssymbol.

1. Klicken Sie auf dem Windows-Desktop doppelt auf das SAP-Verknüpfungssymbol, das Sie im letzten Ablauf angelegt haben.

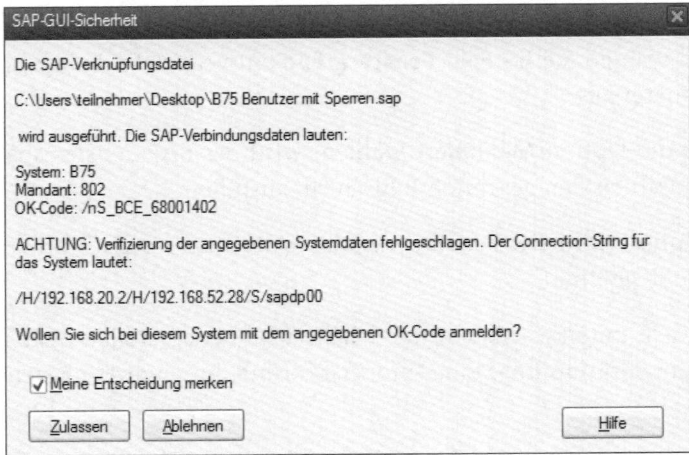

Fenster »SAP-GUI-Sicherheit«

2. Je nach Systemeinstellung erscheint dann eventuell das Fenster **SAP-GUI-Sicherheit**. Setzen Sie hier in dem Feld **Meine Entscheidung merken** ein Häkchen, und klicken Sie auf die Schaltfläche **Zulassen**. Bei der nächsten Anmeldung über das Desktopsymbol sollte die Sicherheitsabfrage nun nicht mehr erscheinen.

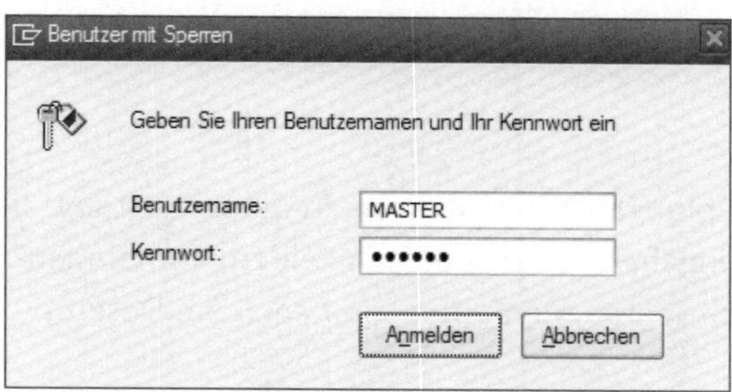

Optimiertes Anmeldebild zur Kennworteingabe

3. Geben Sie in dem optimierten Anmeldebild Ihr Kennwort ein, und drücken Sie die Taste [↵].

Und schon befinden Sie sich im Einstiegsbild der Anwendung, zu der Sie die Verknüpfung angelegt haben.

» Tipp zum Tipp: Sie können beliebig viele solcher Desktopverknüpfungen erstellen, sodass Sie für jede Transaktion, die Sie zu Arbeitsbeginn starten, eine Verknüpfung anlegen können. Wenn es deshalb auf dem Desktop eng bzw. unübersichtlich wird, können Sie die SAP-Verknüpfungen im Windows-Explorer in einen eigens erstellten Ordner verschieben und von dort aus starten.

Das geht Ihnen immer noch nicht schnell genug? Im nächsten Tipp 3, »Felder im Einstiegsbild mithilfe einer Desktopverknüpfung vorbelegen«, erfahren Sie, wie Sie sofort nach der Anmeldung zusätzlich automatisch eine Reportliste erhalten. Und Tipp 5, »SAP-Anmeldung direkt mit Windows starten«, zeigt Ihnen, wie das Anmeldebild automatisch mit Windows gestartet wird. Folglich sind Sie am Ende dieses Buchteils in der komfortablen Lage, nur mit den folgenden zwei Schritten zum gewünschten Ergebnis wie einer Liste zu kommen:

1. Eingabe des Kennworts in einem optimierten Anmeldebild

2. Bestätigung des Anmeldebilds

Tipp 3

Felder im Einstiegsbild mithilfe einer Desktopverknüpfung vorbelegen

Starten Sie mit Desktopverknüpfungen Transaktionen, in deren Einstiegsbildern Sie immer die gleichen Eingaben in den gleichen Feldern vornehmen? Diese Eingaben können Sie sich sparen, denn dies kann auch die Desktopverknüpfung für Sie erledigen.

Mit Desktopverknüpfungen können Sie Transaktionen nicht nur schnell und einfach starten, sondern auch gleich Eingabefelder vorbelegen, die Sie ohnehin immer mit den gleichen Werten füllen. Sie setzen noch keine Desktopverknüpfungen ein? Dann lesen Sie zunächst Tipp 2, »Schneller anmelden mit Desktopverknüpfungen«.

In diesem Tipp zeigen wir Ihnen anhand der Transaktion VA05 (Liste Aufträge) aus der Komponente Vertrieb, wie Sie Eingabefelder mithilfe von Desktopverknüpfungen vorbelegen. Sie dürfen gerne aus Ihrem Arbeitsbereich eine andere Transaktion nutzen. Diese sollte jedoch ein Einstiegsbild mit eingabebereiten Feldern haben.

› Und so geht's

Für unser Beispiel nehmen wir an, dass Sie jeden Morgen erst einmal die offenen Verkaufsaufträge für Ihr wichtigstes Material sehen möchten. Damit Sie nicht jedes Mal die Materialnummer von Hand eingeben müssen, soll diese automatisch in das Einstiegsbild eingefügt werden. Die Desktopverknüpfung soll folgende Felder vorbelegen (siehe Abbildung):

- Das Feld **Material** erhält automatisch die Materialnummer DPC1005.
- In der unteren Feldgruppe **Selektionsumfang** soll das Optionsfeld **Offene Aufträge** automatisch markiert sein. Standardmäßig ist das Feld **Alle Aufträge** markiert.

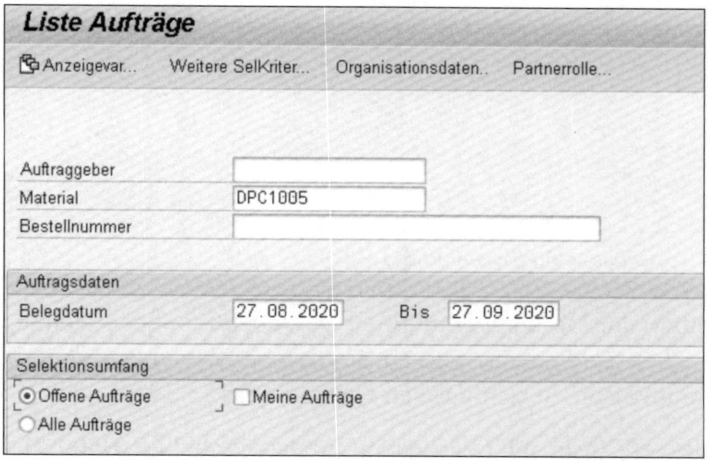

Einstiegsbild der Transaktion VA05 (Liste Aufträge) mit vorbelegter Materialnummer

Kennen Sie die Benutzerparameter, die in Tipp 26, »Zentrale Vorschlagswerte in Benutzerparametern definieren«, beschrieben werden? Damit lassen sich ebenfalls Eingabefelder vorbelegen. Sie werden sich vielleicht fragen, warum wir nicht die Benutzerparameter verwenden. Dies hat folgende Gründe:

- Besonders in Einstiegsbildern von Reports bzw. Selektionsbildern ignoriert das SAP-System häufig Benutzerparameter. In der Transaktion VA05 (Liste Aufträge) wird zum Beispiel der Benutzerparameter MAT für das Feld **Material** ignoriert.
- Ankreuz- und Optionsfelder lassen sich leider nur selten mit Benutzerparametern vorbelegen.

Das Schöne an der folgenden Methode ist, dass Sie damit im Gegensatz zu den Benutzerparametern grundsätzlich jedes Feld vorbelegen können:

1. Starten Sie die Transaktion, die später mit der Verknüpfung automatisch aufgerufen werden soll. In unserem Beispiel wird die Transaktion VA05 (Liste Aufträge) gestartet.

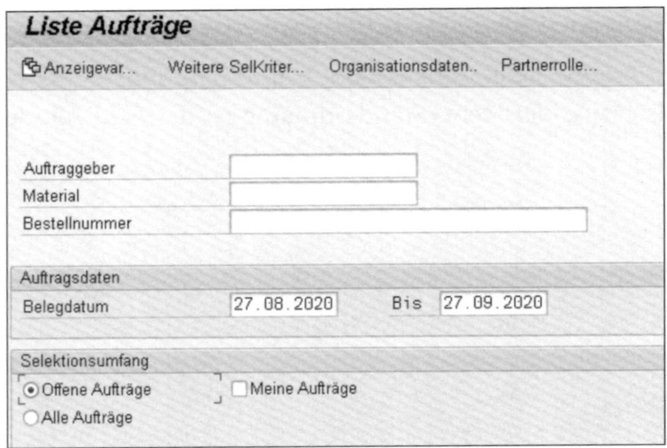

Einstiegsbild der Transaktion VA05 (Liste Aufträge)

2. Um ein Feld über eine Desktopverknüpfung vorzubelegen, benötigen Sie dessen technischen Feldnamen. Klicken Sie dazu in das entsprechende Feld. In unserem Beispiel setzen wir den Cursor in das Feld **Material**.

3. Drücken Sie die F1-Taste, oder klicken Sie auf das Symbol (**Hilfe**). Daraufhin erscheint die Feldhilfe im Fenster **Performance Assistant** mit einer Erläuterung zu dem Feld.

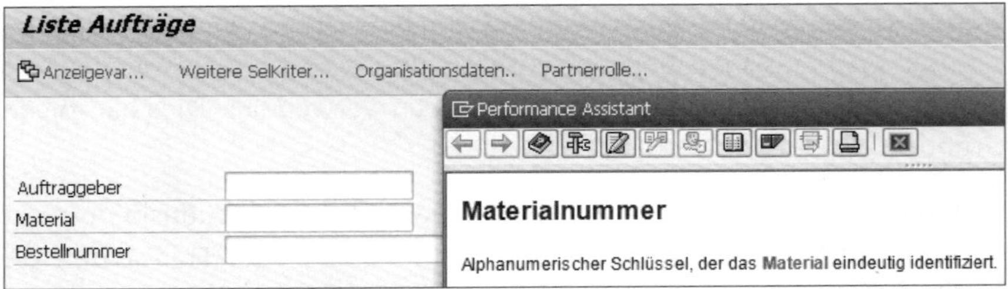

Feldhilfe im Fenster »Performance Assistant« in der Transaktion VA05 (Liste Aufträge) für das Feld »Material«

» Tipp zum Tipp: Erscheint bei Ihnen statt des Fensters **Performance Assistant** ein Hilfefenster ohne Symbole? Dann haben Sie eine veraltete Darstellung voreingestellt. In dieser befindet sich rechts unten eine Schaltfläche **Technische Info**, die die gleiche Wirkung wie das Symbol aus dem nächsten Schritt hat. Die moderne Darstellung des Hilfefensters erhalten Sie, indem Sie über die Menüleiste den Befehl **Hilfe ▸ Einstellungen** auswählen und dort im Register **F1-Hilfe** die Option **im Performance Assistant** wählen.

4. Klicken Sie auf das Symbol , um die technische Info aufzurufen.

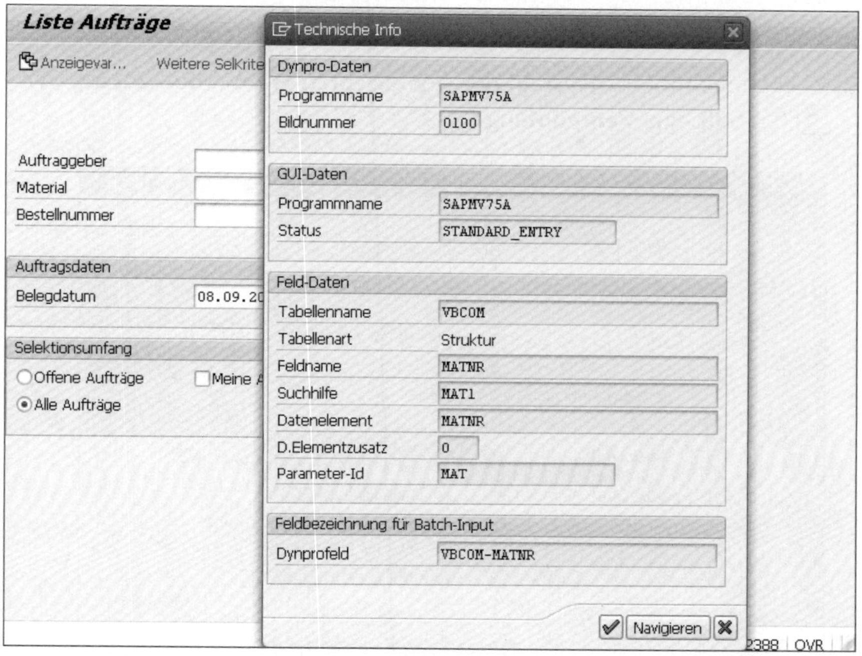

Technische Info mit dem Feld »Dynprofeld« für das Feld »Material« in der Transaktion VA05 (Liste Aufträge)

5. Markieren Sie den Inhalt des untersten Feldes **Dynprofeld**, und kopieren Sie diesen mit der Tastenkombination [Strg] + [C] in die Zwischenablage und danach in eine Textdatei.

6. Möchten Sie mehrere Felder vorbelegen, schließen Sie die Fenster mit der technischen Info und der Feldhilfe. Wiederholen Sie die Schritte 2 bis 5 für die weiteren Felder, die Sie vorbelegen möchten. Kopieren Sie dazu die entsprechenden Feldnamen in eine Textdatei.

   Für unser Beispiel klicken Sie auf das Feld **Offene Aufträge**. Dieses Feld soll mit einer Markierung vorbelegt werden. Danach drücken Sie die [F1]-Taste und klicken im Hilfefenster auf das Symbol . Im Fenster **Technische Info** kopieren Sie den Inhalt VBCOM-VBOFF des untersten Feldes **Dynprofeld** ebenfalls in eine Textdatei.

Nun haben Sie die Vorbereitungen abgeschlossen. Jetzt geht es zur eigentlichen Realisierung der neuen Verknüpfung.

1. Starten Sie die Transaktion, die später mit der Verknüpfung automatisch aufgerufen werden soll. In unserem Beispiel verwenden wir weiterhin die Transaktion VA05 (Liste Aufträge).
2. Klicken Sie im Einstiegsbild der gewünschten Transaktion auf das Symbol (**Erstellt eine Verknüpfung**).

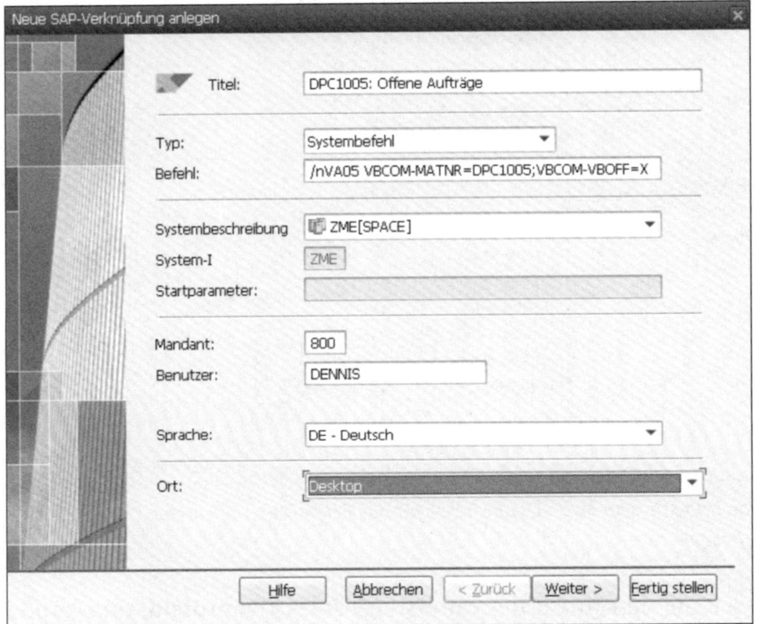

Fenster »Neue SAP-Verknüpfung anlegen«

3. Im Fenster **Neue SAP-Verknüpfung anlegen** beachten Sie folgende Felder:
   - In das Feld **Titel** tragen Sie Ihre Beschreibung für die Desktopverknüpfung ein.
   - Im Feld **Typ** wählen Sie den Eintrag **Systembefehl** aus. Dies ist die Voraussetzung dafür, dass Sie Felder vorbelegen können.
   - Im Feld **Befehl** geben Sie nun den Transaktionscode und die Vorbelegung für die Felder ein, in unserem Beispiel /nVA05 VBCOM-MATNR=DPC1005;VBCOM-VBOFF=X. Die Feldnamen kopieren Sie aus der Zwischenablage bzw. aus der Textdatei.
   - Das Voranstellen von /n im Feld **Befehl** ist notwendig, damit der Transaktionsaufruf nachher klappt. Mehrere Felder werden durch den Strichpunkt (;) voneinander getrennt. Mit =X bestimmen Sie, dass ein Options-

oder Ankreuzfeld wie das Feld **Offene Aufträge** markiert wird, und mit ='"" (zwei Anführungszeichen), dass es nicht markiert ist. Falls es zu einem Feld gleichzeitig einen Benutzerparameter gibt, verwendet das SAP-System den Wert aus dem Systembefehl.

- Im Feld **Systembeschreibung** wählen Sie Ihr System.
- Im Feld **Ort** wählen Sie den Eintrag **Desktop**.

4. Mit einem Klick unten rechts auf die Schaltfläche **Fertig stellen** erstellen Sie die Desktopverknüpfung.

Prima, das war's! Sie dürfen nun gemäß der Anleitung in Tipp 2, »Schneller anmelden mit Desktopverknüpfungen«, die neue Desktopverknüpfung testen. Hat's geklappt? Gratulation! Wenn eine Feldvorbelegung nicht funktioniert hat und Sie die Befehlszeile überprüfen wollen, lesen Sie den nächsten Tipp 4, »Desktopverknüpfung bearbeiten«. Dort lernen Sie, wie Sie am schnellsten Destopverknüpfungen ändern.

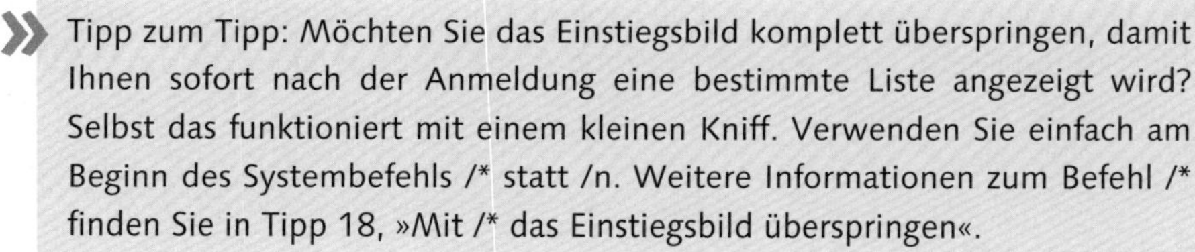
» Tipp zum Tipp: Möchten Sie das Einstiegsbild komplett überspringen, damit Ihnen sofort nach der Anmeldung eine bestimmte Liste angezeigt wird? Selbst das funktioniert mit einem kleinen Kniff. Verwenden Sie einfach am Beginn des Systembefehls /* statt /n. Weitere Informationen zum Befehl /* finden Sie in Tipp 18, »Mit /* das Einstiegsbild überspringen«.

Tipp 4

Desktopverknüpfung bearbeiten

Innerhalb des SAP-Systems gibt es keinen Befehl zum Ändern einer Desktopverknüpfung. Jedoch gibt es zwei einfache Tricks, wie Sie die Verknüpfung ändern können.

Nutzen Sie eine Desktopverknüpfung vom Typ **Systembefehl**, die im letzten Tipp beschrieben wurde? Diese Befehle mit Vorschlagswerten für Eingabefelder können sehr lang sein. Spätestens dann lohnt es sich, die folgende Methode für Änderungen in den Verknüpfungen zu nutzen.

› Und so geht's

Um eine bestehende Desktopverknüpfung nachträglich anzupassen, gehen Sie wie folgt vor:

1. Auf dem Desktop setzen Sie einen Rechtsklick auf das **SAP-Verknüpfungssymbol** .
2. Im Kontextmenü wählen Sie den Befehl **Bearbeiten**. Daraufhin erscheint das Fenster **Eigenschaften der SAP-Verknüpfung**.
3. Nehmen Sie im Fenster **Eigenschaften der SAP-Verknüpfung** die gewünschten Änderungen vor.
4. Nach Abschluss der Änderungen klicken Sie auf die Schaltfläche **OK**.

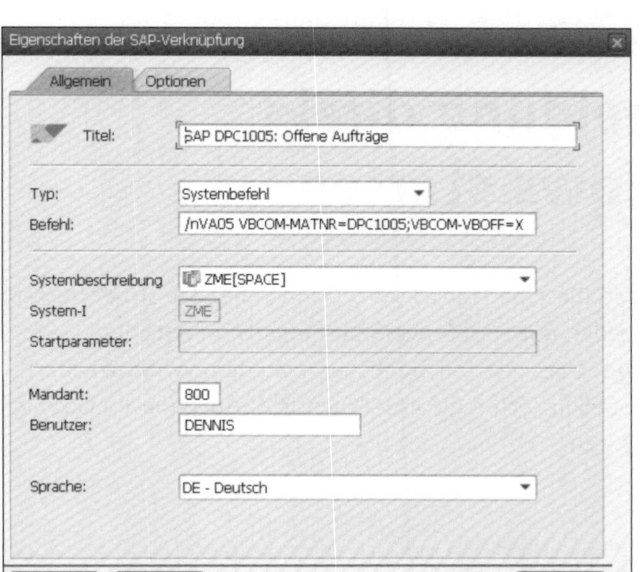

Fenster »Eigenschaften der SAP-Verknüpfung«

» Tipp zum Tipp: Es gibt noch eine weitere Methode, um die Einstellungen anzupassen. Öffnen Sie die Verknüpfungsdatei auf dem Windows-Desktop einfach mit einem Texteditor. Die Einstellungen der Verknüpfung werden daraufhin als Textdatei angezeigt. Hier können Sie beispielsweise den Systembefehl in der Zeile **Command** direkt ändern und danach die Verknüpfung über den Menübefehl **Datei ▸ Speichern** sichern.

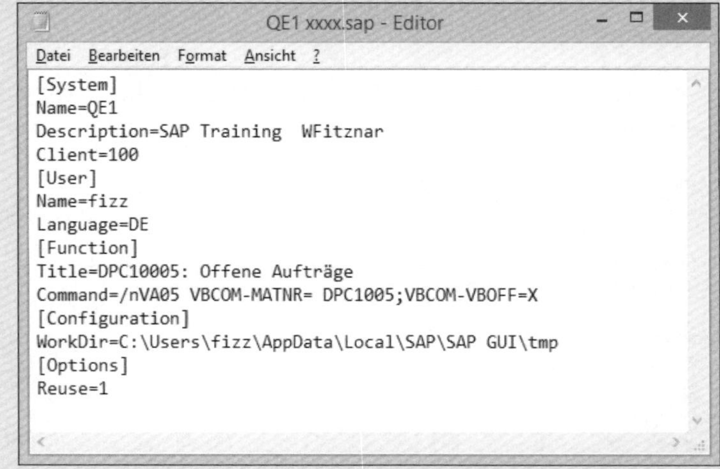


```
[System]
Name=QE1
Description=SAP Training  WFitznar
Client=100
[User]
Name=fizz
Language=DE
[Function]
Title=DPC10005: Offene Aufträge
Command=/nVA05 VBCOM-MATNR= DPC1005;VBCOM-VBOFF=X
[Configuration]
WorkDir=C:\Users\fizz\AppData\Local\SAP\SAP GUI\tmp
[Options]
Reuse=1
```

Texteditor von Windows mit dem Inhalt der Verknüpfungsdatei

Tipp 5

SAP-Anmeldung direkt mit Windows starten

Starten Sie jeden Morgen dieselbe Transaktion? Dann haben Sie sicher gemäß Tipp 2, »Schneller anmelden mit Desktopverknüpfungen«, bereits eine Desktopverknüpfung angelegt. Diese starten Sie bisher nach dem Windows-Start manuell mit einem Doppelklick. Nun die gute Nachricht: Auch diesen Doppelklick können Sie sich sparen.

Beim Start von Windows können Sie eine Desktopverknüpfung automatisch durchführen lassen. Dazu nutzen Sie die Autostart-Funktion von Windows. Mit der folgenden Methode kopieren Sie schnell Ihre Verknüpfungen und noch mehr in den Autostart-Ordner.

› Und so geht's

Als Voraussetzung für den folgenden Ablauf benötigen Sie eine Desktopverknüpfung (siehe Tipp 2).

1. Drücken Sie die Tastenkombination [Windows] + [R]. Damit öffnet sich das Windows-Fenster **Ausführen**.

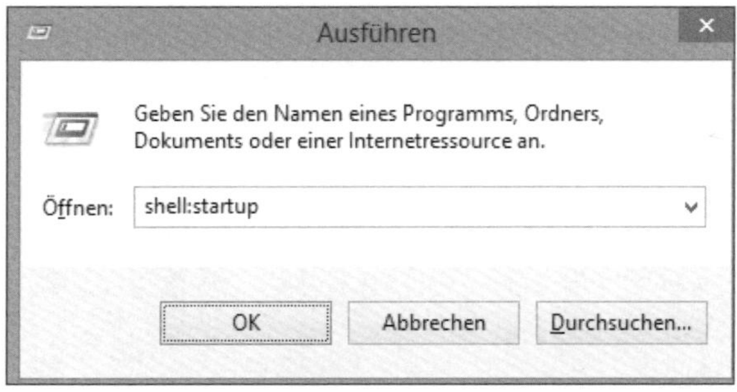

Windows-Fenster »Ausführen« mit dem Befehl »shell:startup«

2. Im Fenster **Ausführen** tragen Sie folgenden Befehl ohne Anführungszeichen ein: »shell:startup«. Starten Sie den Befehl mit der [↵]-Taste. Danach erhalten Sie in einem eigenen Fenster die Anzeige des Ordners **Autostart**.

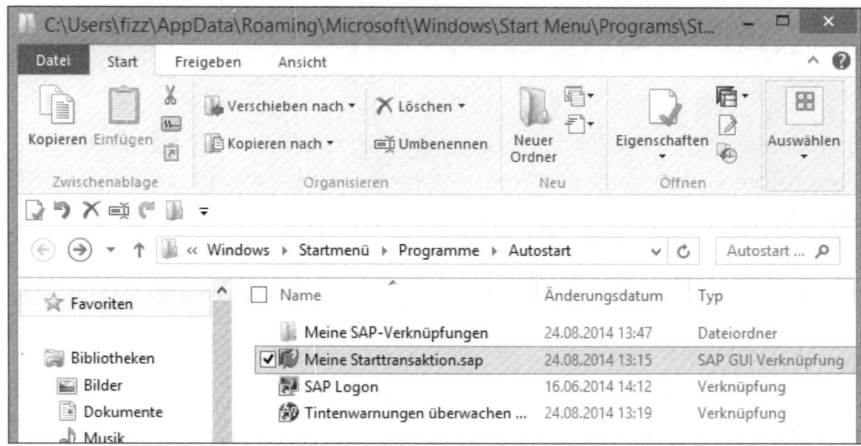

Windows-Fenster mit dem Ordner »Autostart«

3. Sehen Sie die SAP-Desktopverknüpfung auf dem Bildschirm? Wenn nicht, verschieben Sie das Fenster mit dem neu geöffneten Ordner **Autostart** an einen anderen Platz, damit Ihre Desktopverknüpfung sichtbar wird.

4. Halten Sie die [Strg]-Taste gedrückt, und ziehen Sie die Desktopverknüpfung in das Fenster mit der Anzeige des Ordners **Autostart**. Durch das gleichzeitige Drücken der [Strg]-Taste erstellen Sie eine Kopie der Verknüpfung in diesem Ordner.

Fertig! Starten Sie Windows neu. Sofort nach dem Neustart erscheinen der Windows-Desktop und das SAP-Anmeldefenster.

» Tipp zum Tipp: Mit der gleichen Methode können Sie auch Ordner oder Dateien aus dem Windows-Explorer automatisch nach dem Windows-Start öffnen lassen.

Tipp 6

Zweiten Modus nach der Anmeldung sparen

In vielen Grundlagen-Kursen erzählen Trainer mit wichtiger Miene, dass nach dem Anmelden auf jeden Fall und sofort ein zweiter Modus geöffnet werden soll. Und zwar damit Sie in diesem zweiten Modus weiterarbeiten können, während im ersten Modus nach der Ausführung eines zeitintensiven Reports die Sanduhr läuft. Aus unserer Sicht können Sie sich den zweiten Modus sparen.

Obwohl meistens andere Faktoren für eine schlechte Performance verantwortlich sind, wie beispielsweise ein zu schlecht ausgestatteter Server oder überlastete Netzwerke, wurde die Abkürzung SAP in Anlehnung an das Symbol, das in früheren Windows-Versionen für Wartezeiten angezeigt wurde, manchmal scherzhaft mit »Sanduhr-Anzeige-Programm« übersetzt. Wenn in einem SAP-Fenster »die Sanduhr läuft«, gibt es keine Möglichkeit, mit den üblichen Befehlen wie der Tastenkombination [Strg] + [+], dem Befehl **System ▸ Erzeugen Modus** aus der Menüleiste oder dem Symbol (**Neues GUI-Fenster**) ein zweites Fenster zum Weiterarbeiten zu starten. Deshalb öffnen viele Anwender*innen nach dem Start sofort ein zweites Fenster, um dort weiterarbeiten zu können, wenn das erste Fenster durch eine Wartezeit blockiert ist.

Das ist nicht wirklich notwendig, denn mit einem kleinen Trick können Sie über eine Hintertür jederzeit und in jedem SAP-Fenster ein zweites Fenster öffnen, wenn das erste Fenster blockiert ist. Sie brauchen deshalb nach dem Start kein zweites Fenster zu öffnen, wenn Ihnen in der Praxis ein Modus zum Arbeiten reicht.

› Und so geht's

1. Sie haben nur ein SAP-Fenster geöffnet. Starten Sie hier einen zeitintensiven Report, beispielsweise mit der Transaktion MB51 (Materialbelegliste).

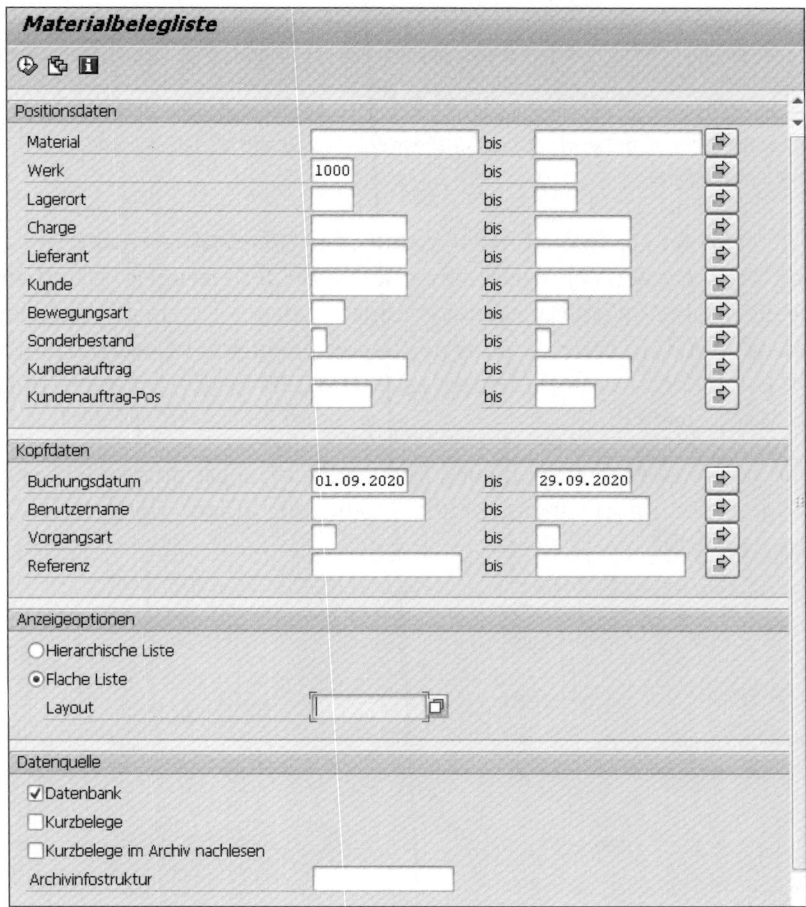

Einstiegsbild der Transaktion MB51 (Materialbelegliste)

2. Geben Sie nicht zu viele Selektionen vor, damit der Report etwas länger läuft. Bestätigen Sie das Einstiegsbild mit dem Symbol (**Ausführen**).

3. Klicken Sie, während die Sanduhr läuft, auf das Symbol . Dieses Symbol finden Sie im linken oberen Fenstereck. Daraufhin öffnet sich das Fenstermenü.

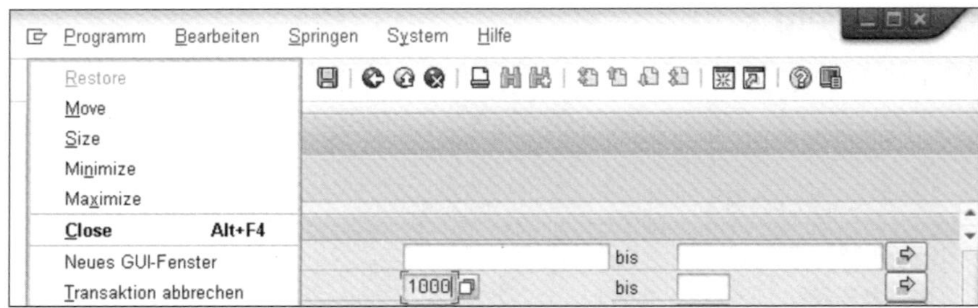

Fenstermenü mit dem Befehl »Neues GUI-Fenster« (bzw. in älteren GUI-Versionen »Modus erzeugen«)

4. Wählen Sie im Fenstermenü den Menübefehl **Neues GUI-Fenster**. (In älteren GUI-Versionen nennt sich dieser Befehl **Modus erzeugen**.) Damit wird jeweils sofort ein weiterer Modus geöffnet, in dem Sie weiterarbeiten können, während im ersten Modus der Report erzeugt wird. Auch wenn Sie sich im zweiten Modus befinden, arbeitet das SAP-System für Sie im ersten Modus weiter.

Wie Sie sehen, ist es nicht zwingend notwendig, oft sogar umständlich, nach dem Anmelden sofort einen zweiten Modus zu öffnen, wenn Ihnen ein Modus reicht.

TEIL 2

Anzeigeeinstellungen optimieren

Die Bildschirme des SAP-Systems sind oft von Funktionen und Feldern überladen. Einige Voreinstellungen helfen Ihnen dabei, sich besser in den SAP-Bildern zu orientieren und diese mit Ihrer Lieblingsfarbe augenfreundlicher zu gestalten.

› Tipps in diesem Teil

Tipp 7

Welches Theme ist besser für mich: Belize oder Signature?

Mit dem SAP GUI 7.60 stellt Ihnen SAP ein neues Theme namens Belize zur Verfügung und mit SAP GUI 7.70 ein ähnliches Theme namens Quartz. Wow, alles neu, aber auch besser? Hierfür geben wir Ihnen in diesem Tipp eine Entscheidungshilfe.

Wenn man ein Theme als Design einer Benutzeroberfläche versteht, dann ist Belize mehr als ein neues Theme. Denn es gibt hier andere Schaltflächen, andere Leisten und andere Menüwege!

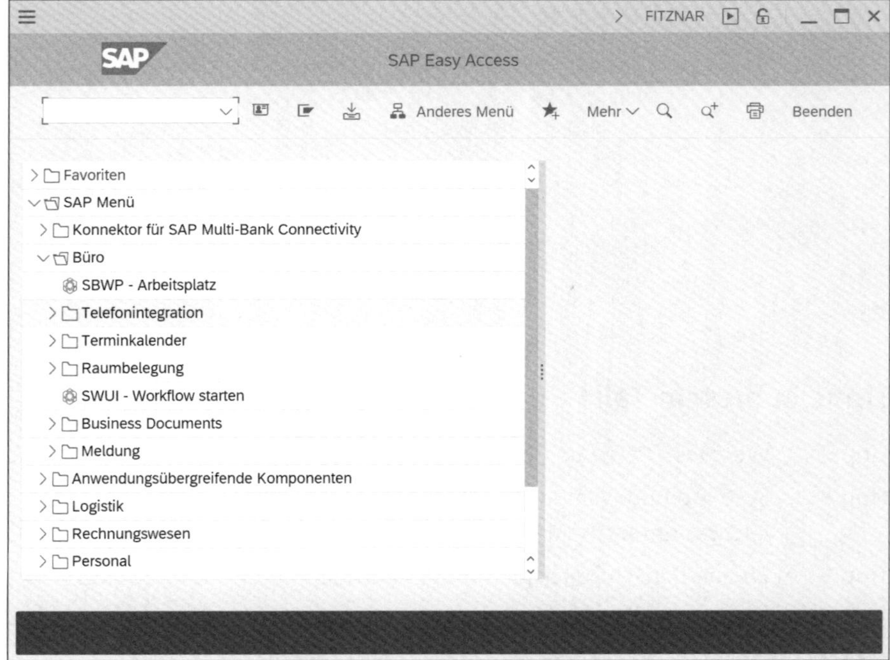

Fenster »SAP Easy Access« in Belize

Im Folgenden zeigen wir Ihnen die wichtigsten Unterschiede des Themes Belize im Vergleich zu Signature:

- Die Menüleiste von Signature fehlt! Die Menübefehle von Signature sind in Belize nur noch über die Schaltfläche **Mehr** erreichbar. Brauchen Sie öfter Menübefehle? Dann haben Sie in Belize definitiv mehr Klickerei.
- Die Systemleiste mit den Standard-Icons von Signature fehlt! Die dritte Zeile von oben, die in Belize als *Header-Zeile* bezeichnet wird, enthält noch links das Befehlsfeld und weiter rechts wenige Funktionen der früheren Systemleiste. Die meisten Icons wurden komplett abgeschafft oder erscheinen als Schaltflächen an anderen Stellen oder im Menü **Mehr**.
- Das Layout-Menü, das Sie im Signature-Theme über das Icon aufrufen, ist in das Menü **Mehr** gerutscht. Reichte hierfür bei Signature ein Klick auf das Icon , müssen Sie bei Belize zwei Menübefehle aufrufen: **Mehr ▸ SAP GUI – Einstellungen + Aktionen**.
- Die Statusleiste des Themes Belize, die sich hier *Footer-Zeile* nennt, zeigt weiterhin links die Meldungen. Neu: Der rechte Teil enthält nun bei Bedarf Schaltflächen wie **Speichern**, das dem früheren Icon im Signature-Theme entspricht.

Haben Sie aktuell das Theme Belize eingestellt, und wollen Sie die gleichen Funktionen und den gleichen Bildschirmaufbau in der SAP-GUI-Benutzeroberfläche sehen wie in diesem Buch? Wäre nicht verkehrt. Dann stellen Sie jetzt das Theme Signature ein.

› Und so geht's

Um das Theme Signature einzustellen, sind folgende Schritte nötig:

1. Melden Sie sich im SAP GUI an.
2. Wählen Sie die Schaltfläche **Mehr**, danach die Menüoption **SAP GUI – Einstellungen + Aktionen** und den Menübefehl **Optionen**.

» Tipp zum Tipp: Wenn Sie keine Schaltfläche **Mehr** sehen, befinden Sie sich wahrscheinlich *nicht* im Theme Belize. In anderen Themes gibt es größtenteils keine Schaltfläche mit der Bezeichnung **Mehr**. Dann klicken Sie rechts oben auf das Icon (**Lokales Layout anpassen**). In dem damit geöffneten Layoutmenü wählen Sie den obersten Befehl **Optionen**.

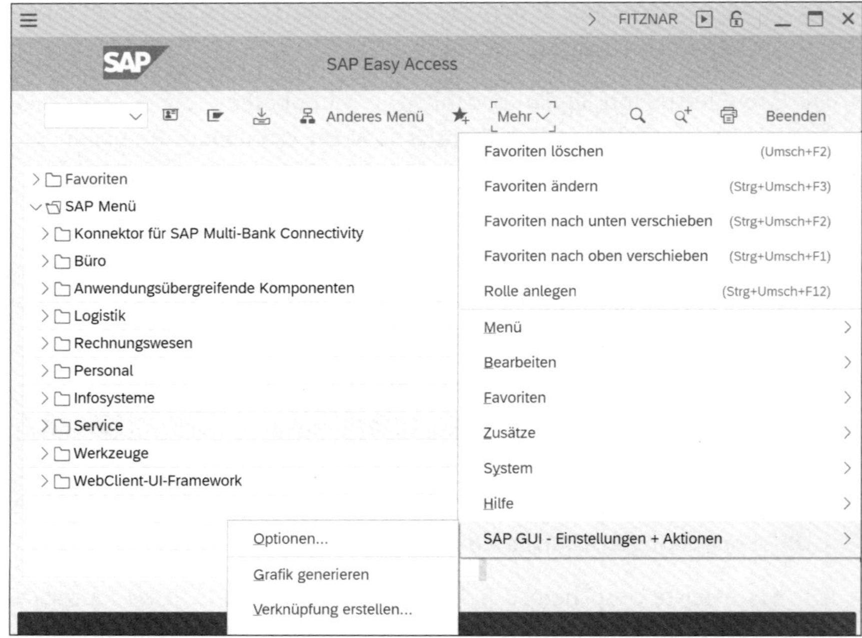

Das geöffnete Menü »Mehr« mit dem Befehl »SAP GUI – Einstellungen + Aktionen« ▸ »Optionen«

3. Klicken Sie links im Ordner **Visuelles Design** auf den obersten Eintrag **Theme-Einstellungen**.

Das Fenster »Optionen für SAP GUI«

4. Öffnen Sie oben rechts im Feld **Theme auswählen** mit einem Klick auf ☐ die Liste der Themes, und wählen Sie in der Liste die Einstellung **SAP Signature Theme**. Markieren Sie darunter *nicht* die Einstellung **Symbole aus Corbu Theme verwenden**, wenn Ihre Darstellung mit unseren Abbildungen kompatibel sein soll.

5. Klicken Sie in der untersten Fensterzeile auf die Schaltfläche **OK**. Damit schließen Sie das Fenster **Optionen für SAP GUI**. Alles noch beim Alten? Bei uns auch ...
6. Melden Sie sich vom SAP-System ab, und schließen Sie auch das SAP-Logon-Fenster.
7. Nun melden Sie sich neu an. Erst jetzt sehen Sie das neue Theme.

» Tipp zum Tipp: Wir verwenden in diesem Buch Signature, weil Sie wahrscheinlich ein Power-User sind und weil Ihnen als Power-User die kürzeren Wege wichtiger sein sollten als eine schicke Oberfläche! In Signature gelangen Sie auf direktem Weg aus der Menüleiste schneller zu den Menübefehlen sowie mit den Icons aus der Systemleiste schneller zu Ihren Funktionen. In Belize benötigen Sie dazu sehr oft den Umweg über die Schaltfläche **Mehr**.

Und welche Vorteile hat Belize? Es ist schick und modern! Es ist aufgeräumter als Signature, da es weniger Bedienelemente hat, und deshalb für Gelegenheitsnutzerinnen und -nutzer deutlich attraktiver. Und ein weiterer wichtiger Punkt, der für Belize spricht: Es ist kompatibel mit SAP Fiori, der neuen Oberfläche für SAP S/4HANA. Wie Sie wahrscheinlich wissen, gibt es zu SAP ERP einen Nachfolger namens SAP S/4HANA mit einer neuen optionalen Benutzeroberfläche namens SAP Fiori. Fiori empfängt Sie mit einer Kacheloberfläche und mit wunderschönen Apps. Das neue GUI-Theme Belize ist Fiori sehr ähnlich. Deshalb ist Belize für die Benutzerinnen und Benutzer sinnvoll, die Fiori und GUI gleichzeitig nutzen. Weil SAP Fiori bisher noch nicht so häufig im täglichen Einsatz ist, bleiben wir in unserem Buch erst einmal beim SAP GUI mit dem Theme Signature.

Tipp 8

Systeme und Mandanten mit Farben leichter unterscheiden

Wenn Sie gleichzeitig in unterschiedlichen Systemen oder Mandanten arbeiten, kennen Sie sicherlich das Problem: Sie haben viele verschiedene Fenster geöffnet, die sich auf den ersten Blick nicht voneinander unterscheiden. In diesem Tipp zeigen wir Ihnen, wie Sie die Fenster garantiert nicht mehr verwechseln!

Wie Sie wahrscheinlich bereits wissen, gibt es unterschiedliche SAP-Systeme bzw. Mandanten für unterschiedliche Aufgaben:

- Im *Produktivsystem* bzw. Produktivmandanten arbeiten Sie im sogenannten *Produktivbetrieb*. Dort erstellen Sie Ihre »echten« Bilanzen, Bestellungen, Aufträge oder Personalabrechnungen.
- Im *Testsystem* bzw. Testmandanten befinden sich Kopien der Daten aus dem Produktivbetrieb. Damit testen Key-User und Consultants neue Funktionen und neue SAP-Releases. Diese und weitere Systeme bzw. Mandanten werden manchmal auch für Trainings und zur Einarbeitung neuer Mitarbeiterinnen und Mitarbeiter genutzt. Hier haben Fehler keine Auswirkungen auf den Produktivbetrieb.

Dumm nur, wenn Folgendes geschieht: Sie glauben, dass Sie sich im Testsystem bzw. Testmandanten befinden, speichern »wilde« Testdaten und waren in Wirklichkeit im Produktivsystem. Damit Ihnen dies nicht passiert, können Sie über eine Voreinstellung unterschiedliche Fensterfarben für verschiedene Systeme und Mandanten einstellen.

› Und so geht's

Haben Sie gemäß Tipp 7, »Welches Theme ist besser für mich: Belize oder Signature?«, das Theme Signature eingestellt? Wenn nicht, werden Sie an diesem Tipp weniger Freude haben, da Sie für die meisten anderen Themes keine Farbeinstellungen vornehmen können. Gehen Sie wie folgt vor, um die Fensterfarbe für Ihre SAP-Systeme und Mandanten anzupassen:

1. Melden Sie sich an *allen* Systemen und Mandanten an, mit denen Sie im Alltag parallel arbeiten.
2. Klicken Sie in der Systemfunktionsleiste ganz rechts auf das Symbol (**Lokales Layout anpassen**).

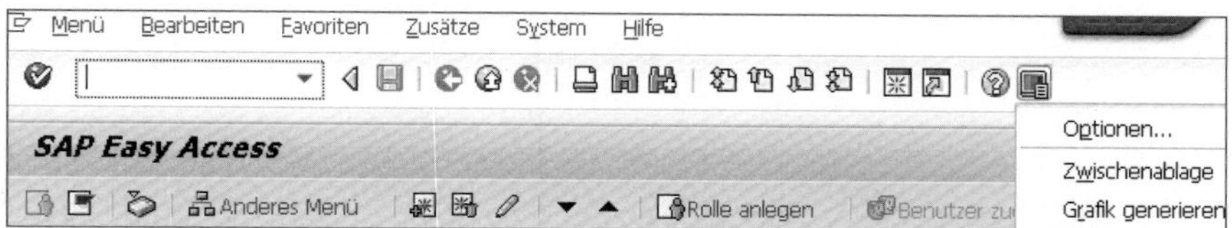

Layoutmenü mit dem Befehl »Optionen«

3. In dem damit geöffneten Layoutmenü wählen Sie den obersten Befehl **Optionen...** aus. Danach befinden Sie sich im Fenster **Optionen für SAP GUI**.
4. Öffnen Sie im Fenster **Optionen für SAP GUI** im linken Bildschirmteil den Ordner **Visuelles Design** und die Unterpunkte **Farbeinstellungen** sowie **Farben im System**.

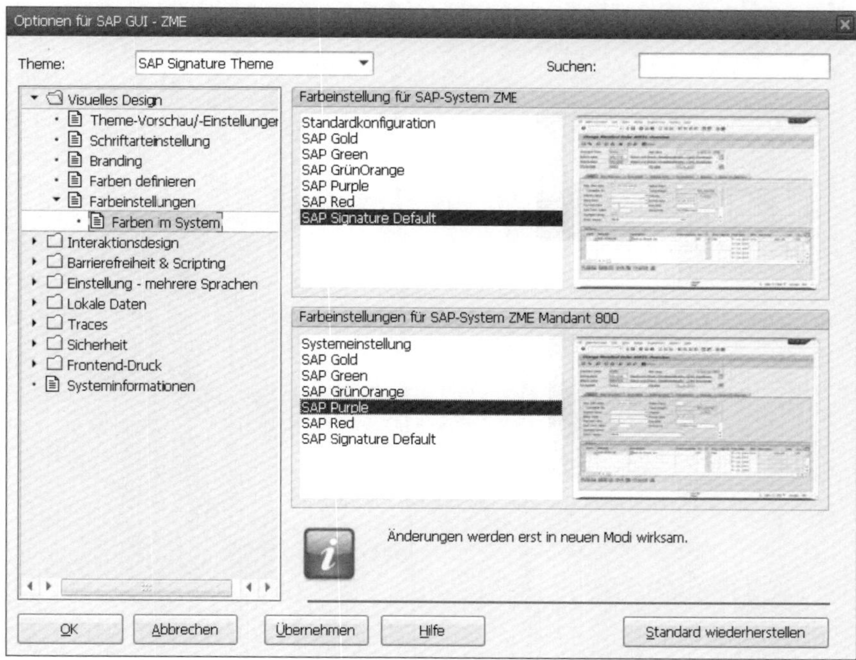

Fenster »Optionen für SAP GUI« mit Unterpunkt »Farben im System«

5. Wählen Sie im rechten Teil des Fensters **Optionen für SAP GUI** die Farben für Ihre Mandanten und Systeme aus.
6. Klicken Sie links unten auf die Schaltfläche **OK**. Damit schließen Sie das Fenster **Optionen für SAP GUI**.
7. Klicken Sie in der Systemfunktionsleiste auf das Symbol (**Neues GUI-Fenster**), denn erst in einem neu geöffneten Fenster sehen Sie Ihre neue Farbeinstellung.

Tipp 9

Eigene Bildschirmfarben für SAP GUI definieren

In Tipp 8, »Systeme und Mandanten mit Farben leichter unterscheiden«, haben Sie eine Standardfarbe ausgewählt. Davon gibt es jedoch nur sechs zur Auswahl. War Ihre Lieblingsfarbe nicht dabei?

Wie Sie Ihre eigene Farbe mischen, zeigen wir Ihnen am Beispiel des SAP-Themes Signature aus Tipp 7 »Welches Theme ist besser für mich: Belize oder Signature?«; für die meisten anderen Themes gilt er nicht.

› Und so geht's

Eine schöne eigene Farbe für Ihre Bildschirmdarstellung erreichen Sie auf diese Weise:

1. Öffnen Sie – wie in Tipp 8 beschrieben – das Fenster **Optionen für SAP GUI**.

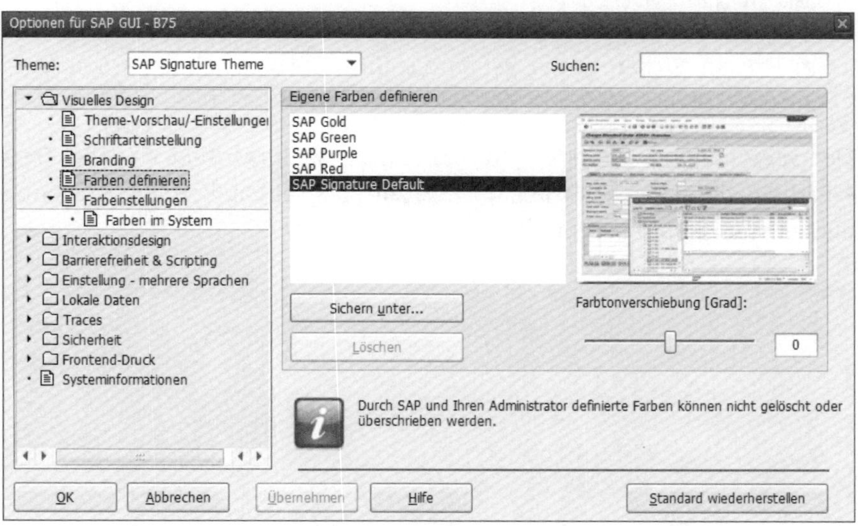

Fenster »Optionen für SAP GUI« mit dem Regler »Farbtonverschiebung [Grad]«

2. Im Fenster **Optionen für SAP GUI** öffnen Sie dann im linken Bildschirmteil den Ordner **Visuelles Design** und den Unterpunkt **Farben definieren**.

3. Nun wählen Sie im rechten Fensterteil **Eigene Farben definieren** eine beliebige Farbe aus. Über den Regler **Farbtonverschiebung [Grad]** passen Sie den Farbton weiter an.

4. Mit einem Klick auf die Schaltfläche **Sichern unter** werden Ihre Einstellungen übernommen.

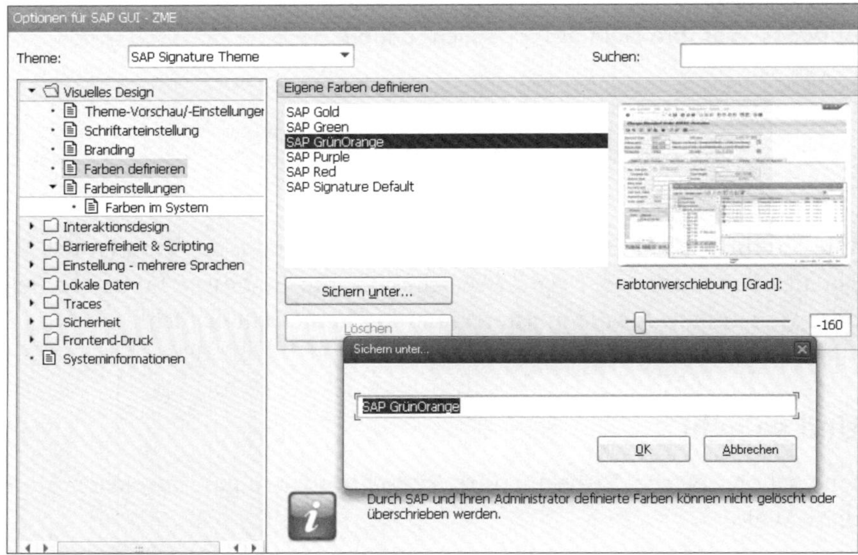

Im Hintergrund das Fenster »Optionen für SAP GUI«, im Vordergrund das Fenster zur Speicherung der Farbeinstellung

5. Im Fenster **Sichern unter** geben Sie Ihrer Farbeinstellung einen Namen und bestätigen diesen mit der Schaltfläche **OK**.

Sie haben nun eine weitere Farbe erstellt, die Sie im Ordner **Visuelles Design ▸ Farbeinstellungen ▸ Farben im System** auswählen können. Der Ablauf hierzu ist in Tipp 8 beschrieben.

Tipp 10

Aktives Feld durch Fokus schneller erkennen

Wenn Sie Daten erfassen oder überprüfen, wandert Ihr Blick ständig zwischen Papierbelegen und dem Bildschirm hin und her. Um den Überblick zu behalten, ist hier neben einer Klemmvorrichtung für Belege am Bildschirm auch der Fokus des SAP-Systems hilfreich. Damit haben Sie eine bessere und schnellere Orientierung, wo sich der Cursor gerade befindet.

Der Fokus markiert im SAP-System das aktive Feld. In der folgenden Abbildung liegt der Fokus im Feld **Nachname**, sichtbar an den roten Kennzeichnungen an den Ecken des Feldes. Diese sinnvolle Voreinstellung ist manchmal nicht aktiviert.

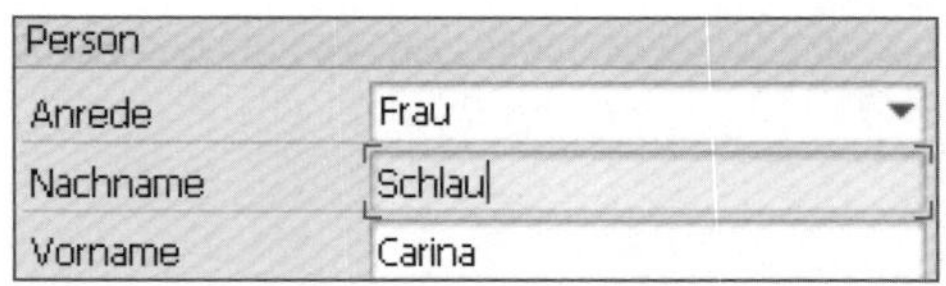

Fokus mit rot markierten Feldecken im Feld »Nachname«

› Und so geht's

Im folgenden Ablauf sehen Sie, wie der Fokus als Voreinstellung aktiviert oder auch wieder ausgestellt wird.

1. Klicken Sie in der Systemfunktionsleiste ganz rechts auf das Symbol (**Lokales Layout anpassen**).

2. In dem damit geöffneten Layoutmenü wählen Sie den obersten Befehl **Optionen...** aus. Danach befinden Sie sich im Fenster **Optionen für SAP GUI**.

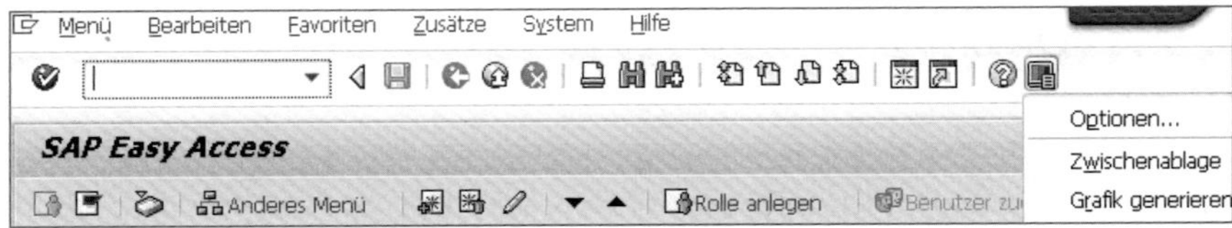

Layoutmenü mit dem Befehl »Optionen«

3. Öffnen Sie im linken Bildschirmteil den Ordner **Visuelles Design**, und klicken Sie darin auf den Eintrag **Theme-Vorschau/-Einstellungen**.

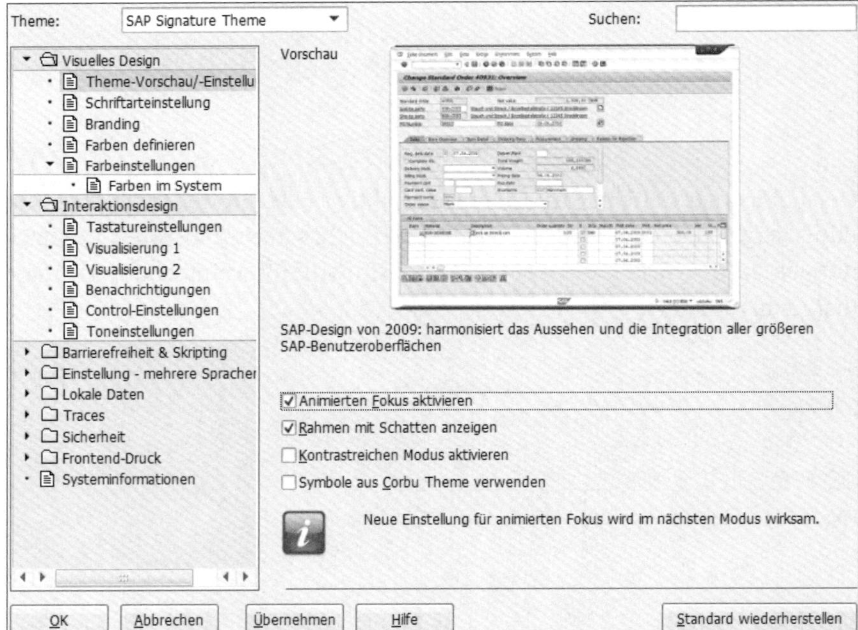

Theme-Vorschau/Theme-Einstellungen mit Feld »Animierten Fokus aktivieren«

4. Setzen Sie das Häkchen für das Feld **Animierten Fokus aktivieren**.

5. Sichern Sie die Einstellung mit einem Klick auf die Schaltfläche **OK**.

Öffnen Sie ein neues Fenster mit einem Klick auf das Symbol (**Neues GUI-Fenster**), und starten Sie dort eine beliebige Transaktion. In dem neuen Fenster sehen Sie den Effekt. Für die nächste Abbildung haben wir die Transaktion SU3 (Pflege eigener Benutzervorgaben) gestartet, und hier liegt der Fokus auf dem Feld **Nachname**.

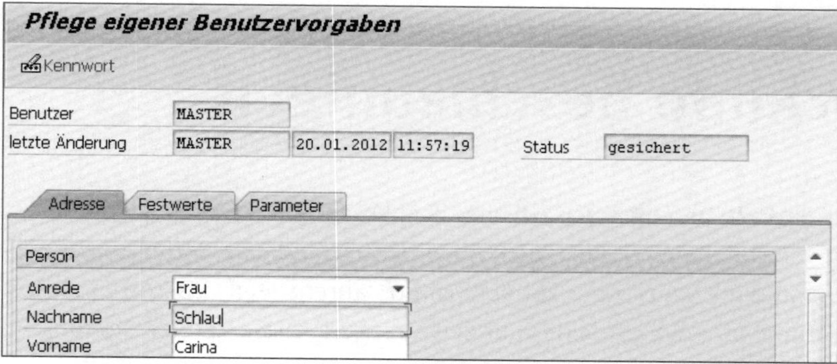

Fokus mit rot markierten Feldecken im Feld »Nachname« der Transaktion SU3 (Pflege eigener Benutzervorgaben)

Sie befinden sich in einer Maske mit vielen Feldern und wollen sehen, in welchem Feld der Cursor steht? Drücken Sie einfach die [Strg]-Taste, und eine kleine optische Animation zeigt Ihnen das entsprechende Feld.

Tipp 11

Quickinfo beschleunigen

SAP hat Hunderte von unterschiedlichen Symbolen, und manche Symbole haben an verschiedenen Stellen auch noch unterschiedliche Bedeutungen. Wenn Sie mit dem Mauszeiger auf ein Symbol fahren, zeigt das SAP-System die Bedeutung an, doch oft leider nur zeitverzögert. Diese Zeitverzögerung sollten Sie abschalten.

Die Anzeige der Symbolbedeutung wird als *Quickinfo* bezeichnet. Darüber hinaus zeigt die Quickinfo für Shortcut-Sammler, sofern vorhanden, auch eine entsprechende Tastenkombination oder Funktionstaste. Selbst langjährige SAP-Profis nutzen diese hilfreiche Quickinfo und schalten die Zeitverzögerung ab, um sich schneller zu orientieren. Die Einstellung der Quickinfo versteckt sich in den Optionen des Layoutmenüs.

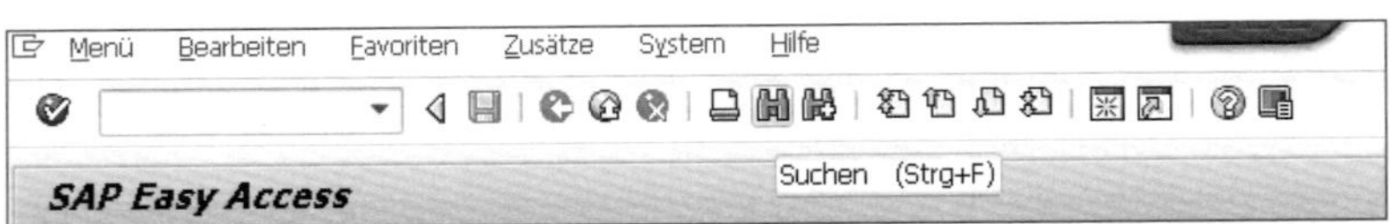

Quickinfo in der Systemfunktionsleiste für das Symbol »Suchen«

› Und so geht's

Um die Anzeige der Quickinfo zu beschleunigen, sind nur wenige Schritte notwendig:

1. Klicken Sie in der Systemfunktionsleiste ganz rechts auf das Symbol (**Lokales Layout anpassen**).

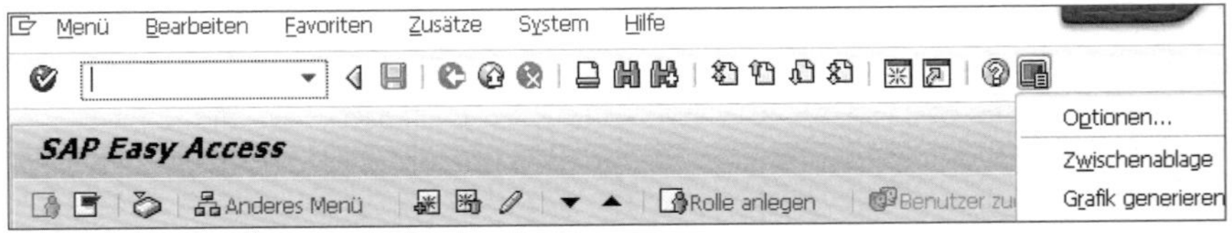

Layoutmenü mit dem Befehl »Optionen«

2. In dem damit geöffneten Layoutmenü wählen Sie den obersten Befehl **Optionen...** aus. Danach befinden Sie sich im Fenster **Optionen für SAP GUI**.

3. Öffnen Sie im linken Bildschirmteil den Ordner **Interaktionsdesign**, und klicken Sie in diesem Ordner auf den Eintrag **Benachrichtigungen**.

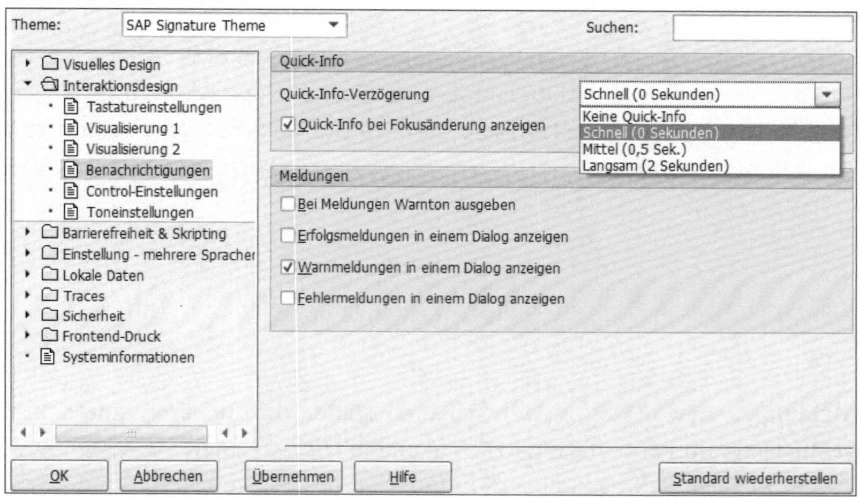

Einstellungen für die Quickinfo im Fenster »Optionen für SAP GUI«

4. Öffnen Sie in der oberen Feldgruppe **Quick-Info** das Listenfeld **Quick-Info-Verzögerung**, und wählen Sie aus der Liste den Eintrag **Schnell (0 Sekunden)**. Achten Sie darauf, dass für das Feld **Quick-Info bei Fokusänderung anzeigen** das Häkchen gesetzt ist.

5. Sichern Sie die Einstellung mit einem Klick auf die Schaltfläche **OK**.

Zeigen Sie jetzt zum Beispiel in der Systemleiste auf ein Icon, wird dessen Bedeutung – wie eben eingestellt – in Nullkommanix angezeigt.

Tipp 12
Weg mit überflüssigen Meldungsfenstern!

»Plopp, plopp, plopp.« Bei jeder Meldung »ploppt« ein neues Dialogfenster auf, das Sie jedes Mal bestätigen müssen. Diese Meldungsfenster lassen sich ausschalten. Manchmal jedoch sind diese Fenster sehr nützlich, besonders bei der Datenerfassung.

Meldungen des SAP-Systems erscheinen standardmäßig links unten in der **Statusleiste** und optional zusätzlich in einem Dialogfenster. Sie wissen ja: *Dialog*fenster bedeutet, dass Sie auf die Anzeige des Fensters antworten müssen. Ihre Antwort heißt in der Regel [↵]. Erst nach Drücken dieser Taste verschwindet das Dialogfenster, und erst dann können Sie im SAP-System weiterarbeiten. Hier kann es sich lohnen, die Dialogfenster abzuschalten. Wie Sie dabei vorgehen und was es dabei zu beachten gilt, verrät Ihnen dieser Tipp.

› Und so geht's

Bevor Sie die Voreinstellungen zu den Dialogfenstern ändern, sollten Sie sich mit den unterschiedlichen Meldungsarten vertraut machen. Für folgende drei Meldungsarten nehmen Sie im Layoutmenü individuelle Voreinstellungen vor:

- **Grüne Informationsmeldungen**
  Grüne Meldungen sind reine Informationsmeldungen (Erfolgsmeldungen), die beispielsweise über den erfolgreichen Abschluss einer Transaktion informieren.
- **Gelbe Warnmeldungen**
  Gelbe Meldungen sind Warnmeldungen, die vor einer möglichen Fehleingabe warnen. Eine Warnmeldung müssen Sie bestätigen. Somit werden Sie durch das SAP-System gezwungen, noch einmal zu überprüfen, ob eine

Falscheingabe vorliegt oder ob diese Eingabe absichtlich erfolgt ist. Hat die Eingabe ihre Richtigkeit und bestätigen Sie die Meldung mit der ↵-Taste, können Sie trotz Warnmeldung weitermachen, um beispielsweise Eingaben zu speichern. Eine Warnmeldung erkennen Sie am gelben Ausrufungszeichen.

- **Rote Fehlermeldungen**
  Rote Meldungen sind Fehlermeldungen. Diese werden ausgegeben, wenn das SAP-System eine Ausführung einer Funktion oder die Speicherung von Daten verweigert.

Dialogfenster für eine Fehlermeldung nach fehlerhafter Eingabe in das Feld »Ausgabegerät«

Sie dürfen für jede dieser Meldungsarten individuell entscheiden, ob eine Meldung in einem Dialogfenster angezeigt wird oder ob sie nur in der Statusleiste erscheint. Wir empfehlen Ihnen für die Praxis die folgenden Einstellungen:

- Für *Fehlermeldungen* schalten Sie die Anzeige der Dialogfenster aus, denn bei diesen Meldungen geht es ohnehin nicht ohne die Korrektur des Fehlers weiter. Und deshalb ist es überflüssig, jede Fehlermeldung zusätzlich in einem Dialogfenster zu bestätigen.
- Für *Warnmeldungen* sollten Sie die Anzeige der Dialogfenster aktivieren, um zu vermeiden, dass Sie manchmal zu schnell die ↵-Taste zur Bestäti-

gung der Warnmeldung drücken. Gerade wenn Sie kritische Aktionen durchführen, kann dies zu ärgerlichen Fehlern führen.

- Für *Informations-* bzw. *Erfolgsmeldungen* sollten Sie die Anzeige des Dialogfensters ausschalten. Eine Ausnahme bestätigt diese Regel: Das Dialogfenster sollten Sie aktivieren, wenn Sie nach der Speicherung eine SAP-Belegnummer auf den erfassten Papierbeleg übertragen. Dies ist beispielsweise oft in der Rechnungsprüfung der Fall, wenn Eingangsrechnungen erfasst werden. Erfolgsmeldungen und damit auch die Belegnummern verschwinden sofort nach der nächsten Aktion wieder aus der Statusleiste und werden deshalb leicht übersehen, wenn keine zusätzliche Anzeige in einem Dialogfenster eingestellt ist.

Sie stellen nun individuell für jede der genannten Meldungsarten ein, ob sie zusätzlich in einem **Dialogfenster** erscheint. Um diese Einstellungen vorzunehmen, gehen Sie wie folgt vor:

1. Klicken Sie in der Systemfunktionsleiste ganz rechts auf das Symbol (**Lokales Layout anpassen**).

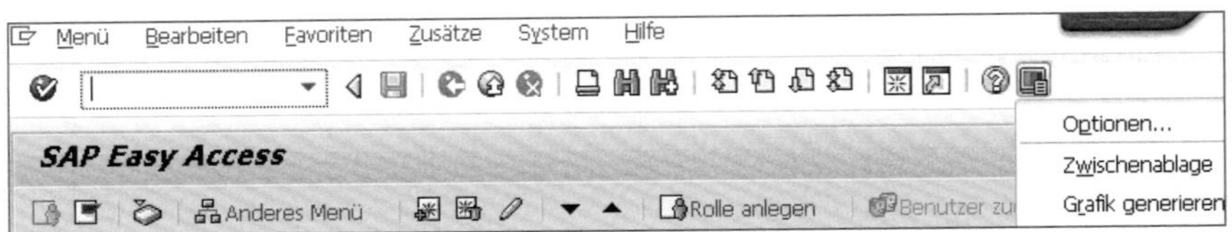

Layoutmenü mit dem Befehl »Optionen«

2. In dem damit geöffneten Layoutmenü wählen Sie den obersten Befehl **Optionen...** aus. Danach befinden Sie sich im Fenster **Optionen für SAP GUI**.

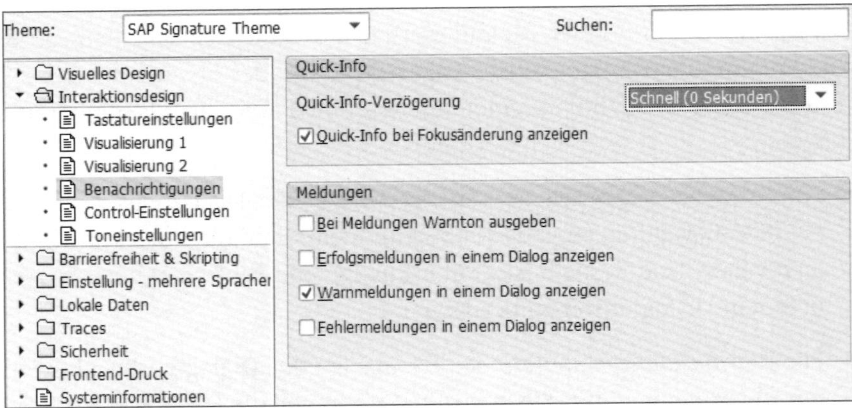

Einstellungen für Meldungen im Fenster »Optionen für SAP GUI«

3. Öffnen Sie im linken Bildschirmteil den Ordner **Interaktionsdesign**, und klicken Sie in diesem Ordner auf den Eintrag **Benachrichtigungen**.
4. In der Feldgruppe **Meldungen** entscheiden Sie nun mit entsprechenden Markierungen, welche Arten von Meldungen in einem Dialogfenster angezeigt werden sollen.
5. Sichern Sie die Einstellung mit einem Klick auf die Schaltfläche **OK**.

» Tipp zum Tipp: Oft kommt es vor, dass in der Statusleiste nicht der gesamte Meldungstext angezeigt werden kann. In diesem Fall genügt ein einfacher Klick auf die Meldung, und Sie sehen wie in der folgenden Abbildung den gesamten Meldungstext in einem eigenen Fenster. Bei Erfolgsmeldungen nach dem Speichern finden Sie hier auch die neue Stammsatz- oder Belegnummer. Manchmal brauchen Sie diese für die nächste Transaktion. Wie schön, in diesem Fenster können Sie – im Gegensatz zur Statuszeile – die Nummer markieren und mit [Strg] + [C] in die Zwischenablage kopieren.

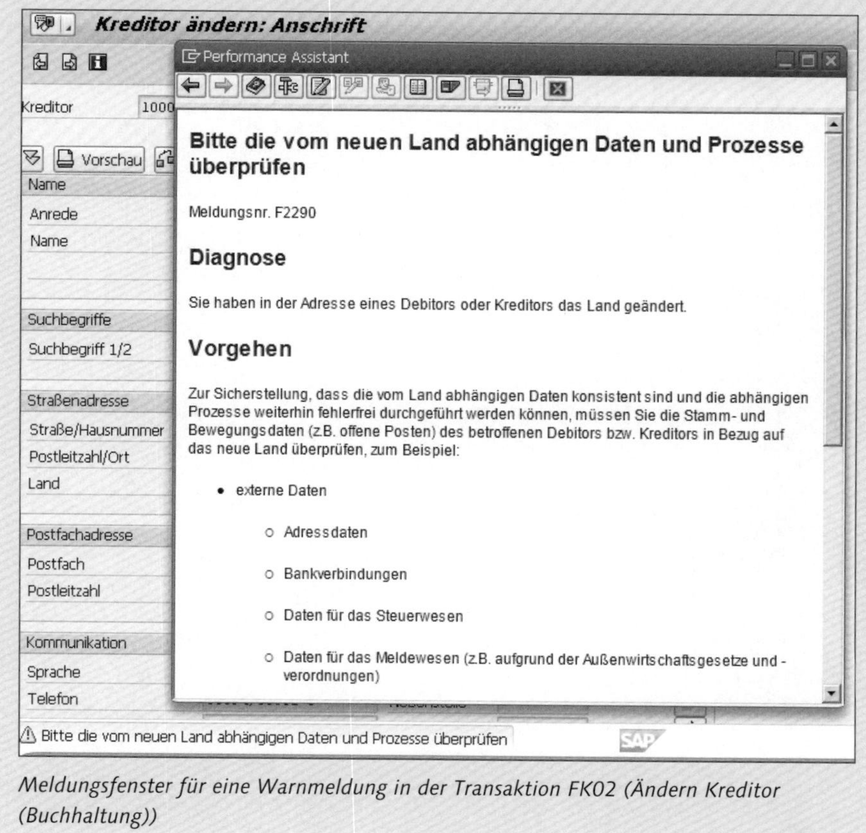

Meldungsfenster für eine Warnmeldung in der Transaktion FK02 (Ändern Kreditor (Buchhaltung))

TEIL 3

Surfin' SAP – schneller im System navigieren

Wie oft starten Sie Transaktionen am Tag? Lassen wir es 50 Mal sein. Das sind bei 200 Arbeitstagen im Jahr 10.000 Transaktionen. Sparen Sie bei jedem Transaktionsaufruf nur drei Sekunden, sind dies auf ein Jahr gerechnet 30.000 Sekunden. Dies entspricht 8,3 Stunden und damit mehr als einem ganzen Arbeitstag.

Mit unseren Tricks zum schnellen Transaktionsstart sparen Sie nicht nur Zeit, Sie sind auch schneller auskunftsfähig. Wenn beispielsweise Kolleg*innen, Kunden oder Lieferanten eine Information von Ihnen benötigen, kommen Sie schneller und bequemer zum entsprechenden Bild im SAP-System.

Wer schneller zum Ziel kommen will, muss alte Wege verlassen. Nutzen Sie die Abkürzungen und Schleichwege, die wir Ihnen in diesem Buchteil zeigen. Darüber hinaus erfahren Sie hier, wie Sie Transaktionen im SAP-Menü finden.

› Tipps in diesem Teil

Tipp 13

Transaktionen im SAP-Menü schneller finden

Beim Pausengespräch in der Kantine gibt eine Kollegin Ihnen einen Tipp: »Versuch es doch einfach mal mit der Transaktion XYZ.« Später am Arbeitsplatz suchen Sie in den zahlreichen Ordnern des SAP-Menüs vergeblich nach dieser Transaktion. Mit unserem Trick geht die Suche ganz schnell.

Transaktionen im SAP-Menü zu finden ist nicht ganz einfach, denn das SAP-System umfasst mehr als 110.000 Transaktionen. Und manchmal gibt es bis zu zehn Unterordner und mehr, die Sie öffnen müssen, um zu dem Ordner zu gelangen, der die gesuchte Transaktion enthält.

Im Fenster **SAP Easy Access** könnten Sie vielleicht auf die Idee kommen, das Symbol (**Suchen**) zur Transaktionssuche zu verwenden. Es führt tatsächlich zum Ziel, jedoch dauert die Suche oft eine Minute und länger, da das SAP-System die Menüs meistens erst laden muss. Das dauert uns eindeutig zu lang! In diesem Tipp erfahren Sie daher, wie Sie die Suche beschleunigen und zudem ein besseres Ergebnis erhalten.

› Und so geht's

Vor der Suche sollten Sie sicherstellen, dass Sie das komplette SAP-Menü im Zugriff haben. In manchen Installationen erhalten Sie nach dem Start nicht das komplette SAP-Menü, sondern ein reduziertes SAP-Menü oder ein Benutzermenü. Mit Eingabe von /nS000 im Befehlsfeld und [↵] (siehe nächste Abbildung) erhalten Sie das komplette SAP-Menü, wenn dieses nicht gegen einen Aufruf gesperrt ist.

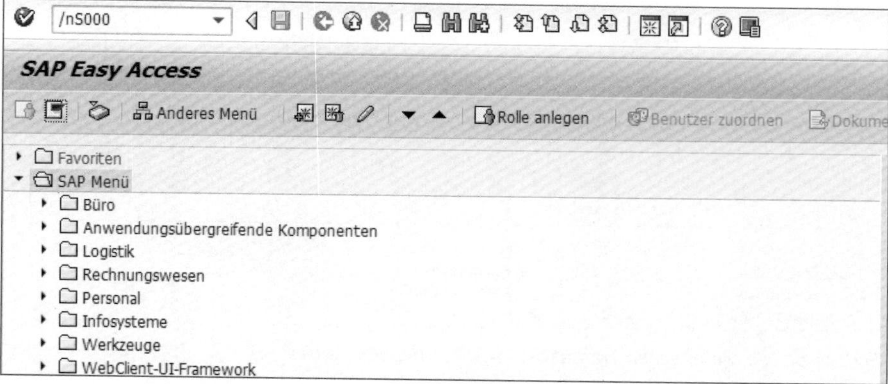

Befehlsfeld mit dem Befehl /nS000

Mithilfe der Spezialtransaktion search_sap_menu finden Sie in Windeseile die gesuchte Transaktion.

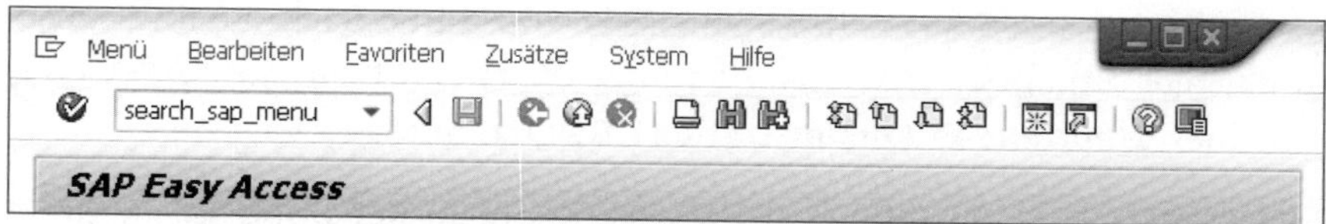

Befehlsfeld mit dem Transaktionscode »search_sap_menu«

1. Geben Sie im Fenster **SAP Easy Access** in das Befehlsfeld den Transaktionscode »search_sap_menu« ein, und bestätigen Sie die Eingabe mit der [↵]-Taste. Nun zeigt das SAP-System ein Fenster, in dem Sie Ihre Suchanfrage eingeben.

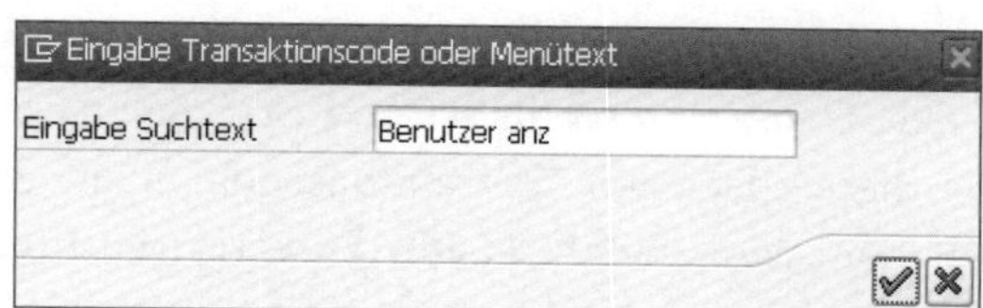

Suchfenster mit der Suchvorgabe »Benutzer anz«

2. Geben Sie Ihre Suchanfrage in das Feld **Eingabe Suchtext** ein. Dies kann ein Transaktionscode, eine Transaktionsbezeichnung oder ein Teil einer Transaktionsbezeichnung sein. Das SAP-System findet die Transaktionen auch bei unvollständiger Angabe einer Bezeichnung.
3. Bestätigen Sie dieses Fenster mit der [↵]-Taste.

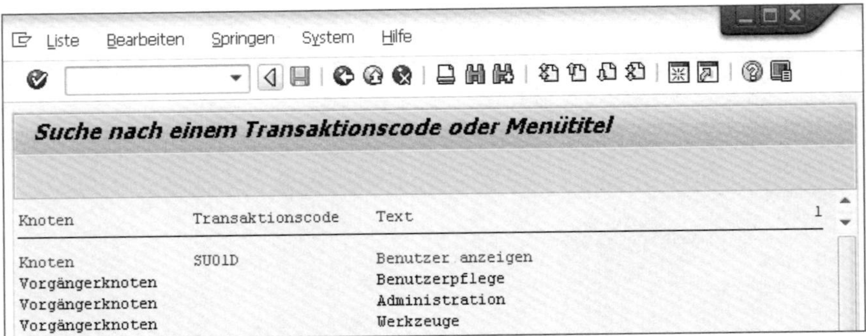

Fenster mit der gefundenen Transaktion SU01D (Benutzer anzeigen)

Nach der Bestätigung erscheint in Sekundenschnelle ein Fenster mit den gefundenen Transaktionen. In unserem Beispiel ist es nur die Transaktion SU01D (Benutzer anzeigen). Das SAP-System informiert Sie hier über den Transaktionscode und den Weg zur Transaktion im SAP-Menü. Den Weg mit seinen Ordnern lesen Sie in der Spalte **Text** von unten nach oben. In unserem Beispiel öffnen Sie ausgehend von der obersten Ebene des SAP-Menüs die Ordner **Werkzeuge ▸ Administration ▸ Benutzerpflege**.

Leider können Sie eine gefundene Transaktion nicht per Doppelklick direkt aus der Anzeige der Ergebnisse starten. Sie können jedoch den Transaktionscode markieren und ihn über die Zwischenablage in das Befehlsfeld kopieren, um dort die entsprechende Transaktion zu starten. Zum Markieren benötigen Sie hier ein spezielles Verfahren, das wir für Sie in Tipp 34, »Tabellenteile kopieren«, dokumentiert haben.

» Tipp zum Tipp: Wenn Sie ein Benutzermenü durchsuchen möchten, geben Sie statt »search_sap_menu« den Transaktionscode »search_user_menu« in das Befehlsfeld ein. Wenn Sie diese speziellen Transaktionscodes häufiger benötigen, können Sie sie mit dem Menübefehl **Favoriten ▸ Transaktion einfügen** in Ihre Favoriten übernehmen.

Wenn Sie die Berechtigung für eine der Transaktionen SQVI (QuickViewer) oder SE16H (Allgemeine Tabellenanzeige) haben, können Sie auch die Tabelle TSTCT (Transaktionscode-Texte) durchsuchen. Beachten Sie dabei, dass hier die Transaktionscode-Texte von den Bezeichnungen im SAP-Menü abweichen können.

Tipp 14

In Baumstrukturen schneller navigieren

Das SAP-Menü besitzt eine Baumstruktur, in der Sie Ordner und Unterordner öffnen. Vielleicht gibt es bei Ihnen auch diverse Transaktionen mit Baumstrukturen, in denen Sie sich oft von Ast zu Ast hangeln? Wenn Ihnen diese Klickerei keinen Spaß macht, lesen Sie diesen Tipp!

Nutzen Sie zum Beispiel die Transaktionen IH01 (Techn. Platz Strukturdarstellung), PPOSE (Organisation und Besetzung anzeigen), S_ALR_87012284 (Bilanz/GUV) im ALV Tree Control oder andere Transaktionen mit einer Baumstruktur, die – ähnlich wie das SAP-Menü – aus Ordnern und vielen Unterordnern besteht? Öffnen und schließen Sie die Ordner und Unterordner mit der Maus? Das ist schade! Selbst wenn Sie die Maus der Tastatur normalerweise vorziehen: Hier sind Sie definitiv mit der Tastatur schneller!

› Und so geht's

Wenn Sie schneller durch eine Baumstruktur navigieren möchten, dann so:

1. Klicken Sie in der Struktur auf den Ordner, ab dem Sie weitere Unterordner öffnen wollen, zum Beispiel im SAP-Menü auf den Ordner **Logistik**.
2. Öffnen Sie mit [→] einen Ordner, und nutzen Sie auf dem Pfeiltastenblock dazu am besten den Ringfinger.
3. Mit dem Mittelfinger betätigen Sie die Tasten [↓] und [↑], um den nächsten Ordner zu markieren, der geöffnet werden soll. Wiederholen Sie die Schritte 2 und 3, bis Sie am Ziel sind.

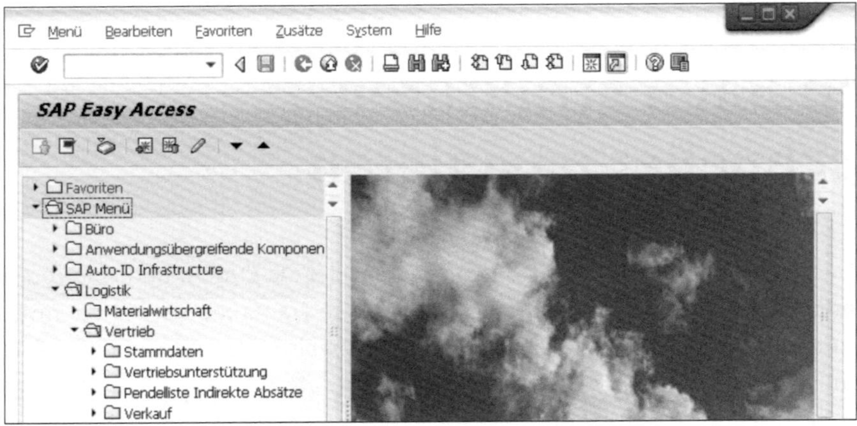

SAP-Menü mit geöffnetem Ordner »Logistik«

4. Wollen Sie Ordner schließen? Bewegen Sie mit [↑] die Markierung auf den Ordner, der geschlossen werden soll, und verwenden Sie dazu die Taste [←] mit dem Zeigefinger.

Nach kurzer Eingewöhnungszeit werden Sie mit dieser Methode deutlich schneller in Baumstrukturen durch die Ordner surfen.

» Tipp zum Tipp: Es wird schnell unübersichtlich, wenn Sie im SAP-Menü viele Ordner und Unterordner geöffnet haben. Bitte schließen Sie dann nicht einzeln jeden Ordner. Dazu genügt ein Klick auf das »Aufräum-Icon« , das sich in der Anwendungsleiste befindet. Damit schließen Sie auf einen Schlag wirklich alle geöffneten Ordner und Unterordner. Dieses Icon heißt offiziell natürlich nicht »Aufräum-Icon«, sondern **SAP-Menü**, da Sie damit in den Normalzustand des voreingestellten SAP-Menüs wechseln.

Und noch ein kleiner Zusatztipp: Auch im Windows-Explorer können Sie mit der oben beschriebenen Methode von Ordner zu Ordner surfen!

Tipp 15

Favoritenmenü optimal anlegen

Wenn Sie viele Transaktionen verwenden, sammeln Sie diese in einem Favoritenmenü. Doch dieses Menü wird schnell unübersichtlich. Wie Sie im Favoritenmenü für Ordnung sorgen, erfahren Sie in diesem Tipp.

Viele SAP-Anwenderinnen und -Anwender tragen die Transaktionen, die sie bei ihrer täglichen Arbeit brauchen, im Fenster **SAP Easy Access** als Favoriten ein. Werden es sehr viele Einträge, ist es übersichtlicher, diese in eigene Favoritenordner einzusortieren. Ähnlich wie in den Favoriten eines Internet-Browsers schaffen Sie in Ihren SAP-Favoriten Ordnung, indem Sie Ordner anlegen.

› Und so geht's

Der erste Schritt zu einer besseren Ordnung im SAP-Favoritenmenü besteht im Anlegen von Ordnern:

1. Wechseln Sie in das Fenster **SAP Easy Access**.

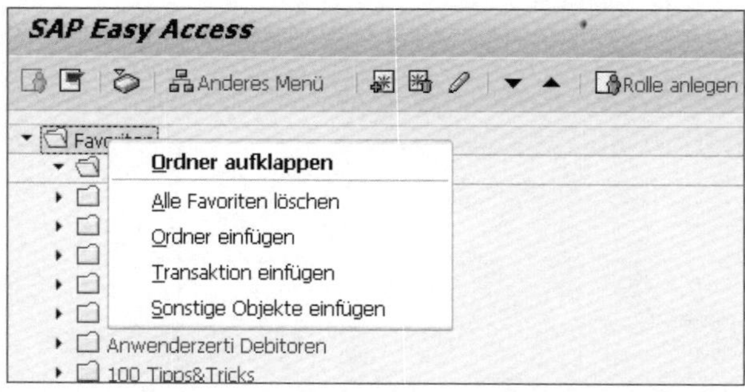

Kontextmenü für Favoriten mit dem Befehl »Ordner einfügen«

2. Klicken Sie mit der rechten Maustaste auf den obersten Ordner **Favoriten**, und wählen Sie aus dem Kontextmenü den Befehl **Ordner einfügen**. Das SAP-System fragt nach dem Namen des Ordners.

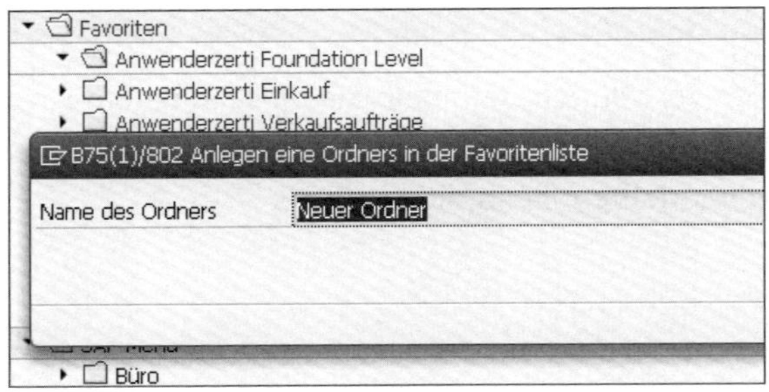

Fenster zur Eingabe des Ordnernamens

3. Tippen Sie den Ordnernamen in das Feld **Name des Ordners** ein, und bestätigen Sie dies mit der [↵]-Taste. Der neue Ordner erscheint dann sofort in der Favoritenliste.

Die gewünschten Transaktionen ziehen Sie nun mit Drag & Drop mit gedrückter linker Maustaste in den neu angelegten Ordner.

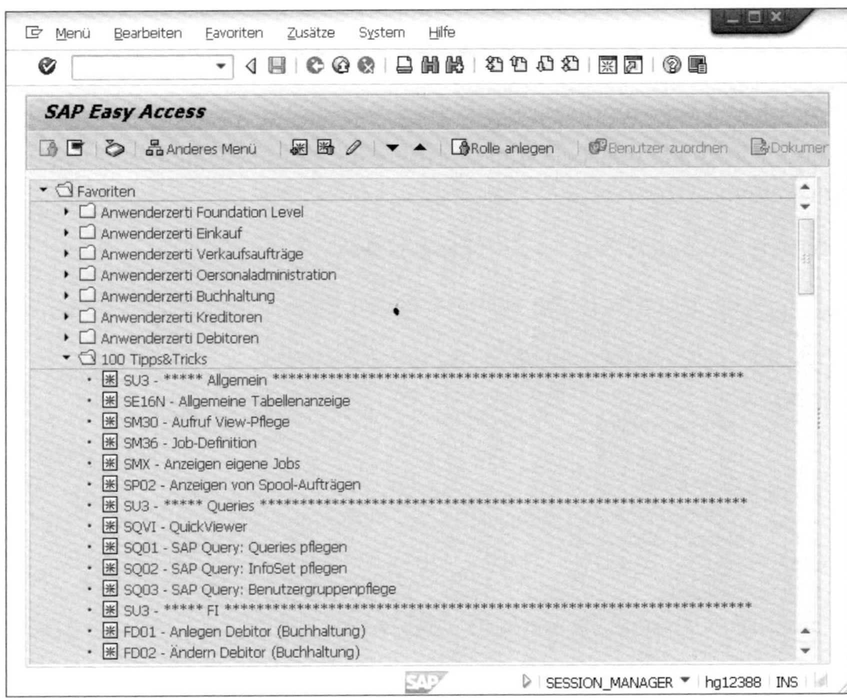

Übersichtliches Favoritenmenü mit einer Ordnerebene und Trennzeilen innerhalb des geöffneten Ordners

» Tipp zum Tipp: Mithilfe des Menübefehls **Favoriten ▸ Sonstige Objekte einfügen** nach Wahl des URL-Typs **Web Adresse oder Datei** können Sie übrigens auch Aufrufe beispielsweise von Microsoft-Word- oder -Excel-Dateien und Internet-Links in das Favoritenmenü integrieren. Und noch spannender: Wenn Sie gemäß Tipp 3, »Felder im Einstiegsbild mithilfe einer Desktopverknüpfung vorbelegen«, Desktopverknüpfungen mit Systembefehlen erstellt haben, lassen sich diese ebenfalls mit dem genannten Befehl in das Favoritenmenü integrieren.

Bei uns gibt es sehr viele Favoriten, da wir uns mit vielen unterschiedlichen SAP-Themen beschäftigen. Daher haben wir, wie Sie in der vorherigen Abbildung sehen, sehr viele Ordner angelegt. Jedoch macht es keinen Spaß, jedes Mal Ordner und dann nochmals Unterordner aufzuklappen. Daher unser Tipp: Verwenden Sie spätestens im ersten Unterordner Trennzeilen als »Eyecatcher«, die auch Überschriften enthalten können, anstelle von weiteren Unterordnern. Und so erzeugen Sie die Trennzeilen:

1. Wechseln Sie in das Fenster **SAP Easy Access**.

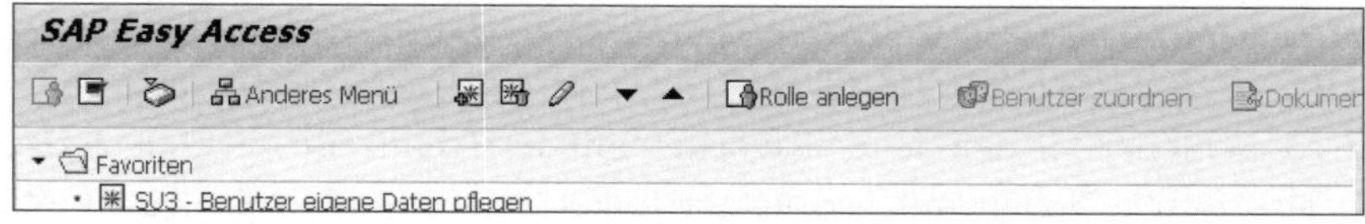

Neuer Favorit mit der Transaktion SU3 (Pflege eigener Benutzervorgaben)

2. Legen Sie einen Favoriten für eine beliebige Transaktion an, zum Beispiel für die Transaktion SU3 (Pflege eigener Benutzervorgaben).
3. Klicken Sie mit der rechten Maustaste auf den neu angelegten Favoriten, um das Kontextmenü zu erhalten.

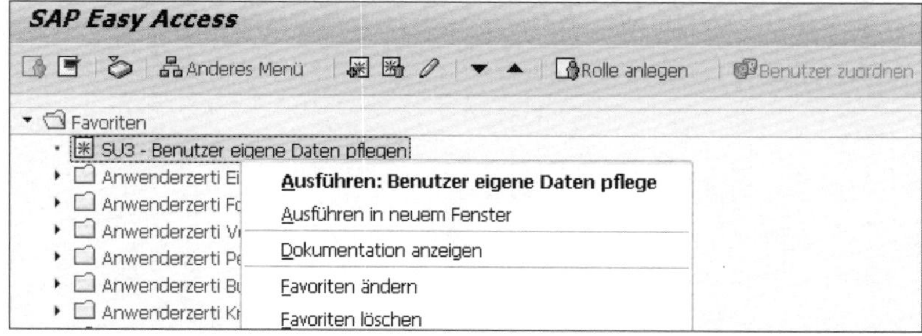

Kontextmenü mit Befehl »Favoriten ändern«

4. Wählen Sie aus dem Kontextmenü den Befehl **Favoriten ändern** aus.

Text für die Trennzeile

5. Das SAP-System zeigt die bisherige Bezeichnung in einem neuen Fenster. Überschreiben Sie gemäß der vorhergehenden Abbildung den Text mit den Trennzeichen und der Überschrift; wir verwenden dazu gerne das Zeichen *.
6. Bestätigen Sie den Text mit der [↵]-Taste. Die neue Bezeichnung erscheint dann sofort in der Favoritenliste.

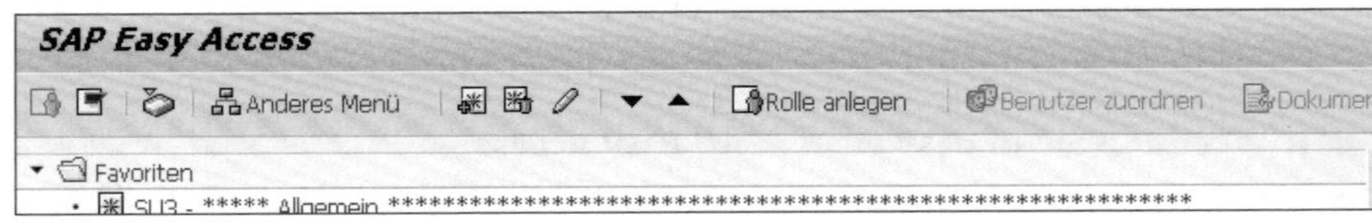

Neuer Favorit als Trennzeile

7. Verschieben Sie den neuen Favoriten mit der Trennzeile mit Drag & Drop, also durch Ziehen mit gedrückter linker Maustaste, an die gewünschte Stelle.

» Tipp zum Tipp: Innerhalb des SAP-Systems sind die Favoriten in der Tabelle SMEN_BUFFC gespeichert. Wenn Sie die Berechtigung für die Transaktion SE16H (Allgemeine Tabellenanzeige) haben, können Sie die Favoritentexte direkt in dieser Tabelle schnell überarbeiten. Selektieren Sie nur Ihre Favoriten, indem Sie in der Zeile **Benutzername** in der Spalte **Von-Wert** Ihren Benutzernamen angeben. Das Ergebnis dieser Selektion sehen Sie in der folgenden Abbildung.

Benutzer	Typ	Erw. Name	ID	ID	Eben...	Farb...	Attribut...	ID	ID	ID	Uni...	Charakter 100
MASTER			1	114	1			60				Anwenderzerti Verkaufsaufträge
MASTER			1	115	1			40				Anwenderzerti Einkauf
MASTER			1	116	1			50				Anwenderzerti Foundation Level
MASTER	TR	F.80	1	184	1			160				Massenstornierung von Belegen
MASTER	TR	FB00	78	98	2			370				Bearbeitungsoptionen Buchhaltung
MASTER	TR	FB60	78	85	2			330				Erfassung eingehender Rechnungen

Favoriten aus der Tabelle SMEN_BUFFC in der Transaktion SE16H (Allgemeine Tabellenanzeige)

Tipp 16

Favoritenmenüs teilen

Gibt es Kolleginnen oder Kollegen, die gerne Ihr schönes Favoritenmenü hätten? Oder haben Sie sich im Testsystem ein Favoritenmenü aufgebaut, das Sie nach dem Produktivstart auch im Produktivsystem nutzen möchten? Sie können mit wenigen Klicks Ihr Favoritenmenü herunterladen und für einen anderen Benutzer, in einen anderen Mandanten oder auch in ein anderes System wieder hochladen.

Sind Sie in mehreren SAP-Systemen unterwegs, wie beispielsweise in einem Test- und einem Produktivsystem oder in verschiedenen Mandanten, verwenden Sie die nachfolgende Anleitung, um in allen SAP-Systemen bzw. Mandanten die gleichen Favoriten zur Verfügung zu haben.

Die Favoriten gelten genauso wie Benutzer nur für einen Mandanten und werden innerhalb des SAP-Systems auf dem Server gespeichert. Es gibt Menübefehle, mit denen Sie das Favoritenmenü vom Server in eine Datei auf den PC herunterladen und in einen anderen Mandanten oder ein anderes SAP-System hochladen können.

Ein neuer Kollege, der die gleichen Aufgaben hat wie Sie, hat seinen SAP-Zugang erhalten. Jeden Tag eine gute Tat: Sie können ihm Ihre Favoriten als eine heruntergeladene Datei mailen oder auf einen USB-Stick spielen. Auf seinem PC kann der Kollege dann Ihr Favoritenmenü für seinen Benutzer in das SAP-System hochladen, nachdem er sich am SAP-System angemeldet hat.

› Und so geht's

Gehen Sie folgendermaßen vor, um Ihr Favoritenmenü herunterzuladen:

1. Wechseln Sie in das Fenster **SAP Easy Access**.

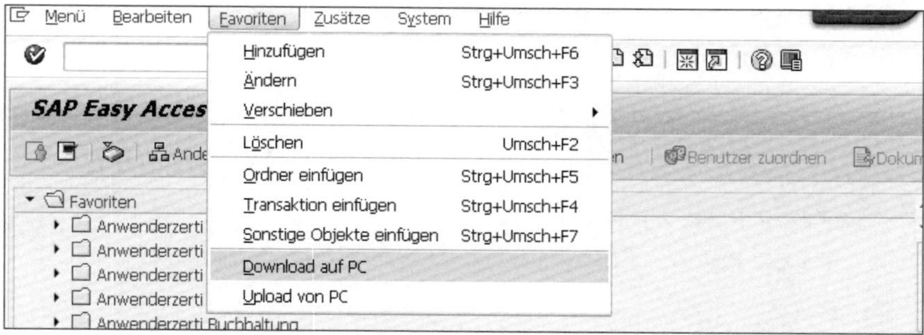

Geöffnetes Menü »Favoriten«

2. Wählen Sie den Menübefehl **Favoriten ▸ Download auf PC**. Das SAP-System fragt nach dem Speicherort für die Datei, die die Favoriten enthält.

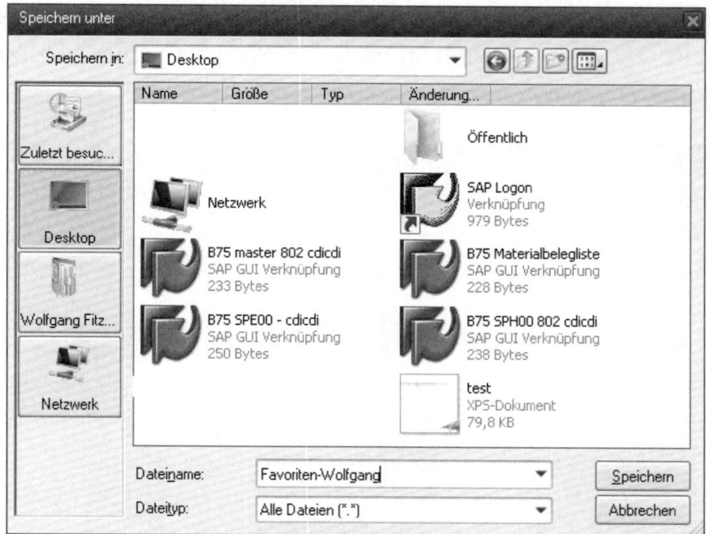

Fenster zur Bestimmung des Dateinamens für die Datei mit dem Favoritenmenü

3. Wählen Sie im linken Fensterteil am besten **Desktop**, bestimmen Sie unten im Feld **Dateiname** den Dateinamen, und klicken Sie auf die Schaltfläche **Speichern**.

Das war's schon. Sie haben nun eine Textdatei erstellt, die Sie in einen anderen Mandanten oder ein anderes SAP-System hochladen oder per Mail verschicken können.

Um ein gespeichertes Favoritenmenü für einen anderen Benutzer, in einem anderen Mandanten oder wahlweise auch in einem anderen SAP-System zu verwenden, gehen Sie wie folgt vor:

1. Melden Sie sich mit dem jeweiligen Benutzer am gewünschten System und Mandanten an.

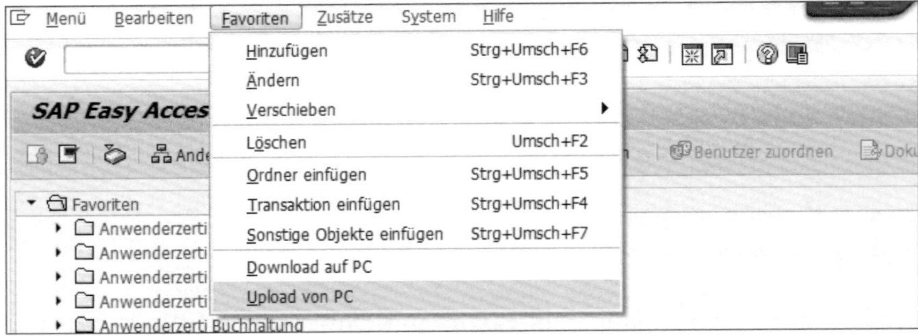

Geöffnetes Menü »Favoriten«

2. Wählen Sie im Fenster **SAP Easy Access** den Menübefehl **Favoriten ▸ Upload von PC**. Das SAP-System fragt nach dem Speicherort für die Datei, die die Favoriten enthält.

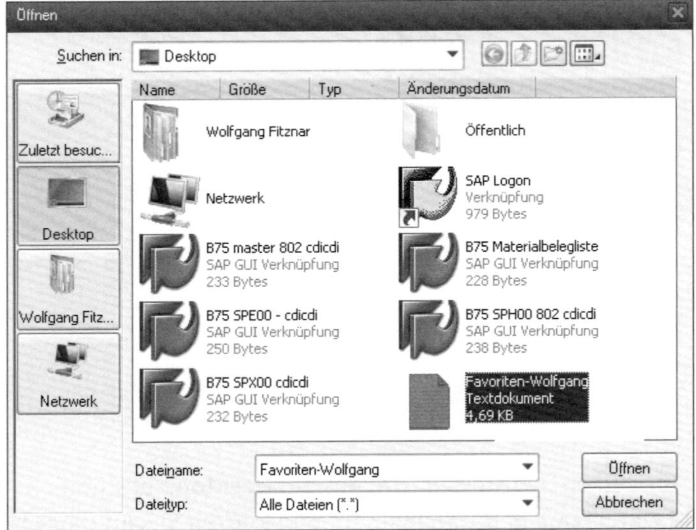

Fenster zur Auswahl der Datei, die in das Favoritenmenü hochgeladen werden soll

3. Wählen Sie den Ordner der Datei, die das Favoritenmenü enthält, und klicken Sie im rechten Bildteil doppelt auf die entsprechende Datei.

4. Enthält der Ordner **Favoriten** bereits Einträge, fragt das SAP-System im nächsten Fenster, ob die Favoriten eingemischt oder angehängt werden sollen.

- Klicken Sie auf die Schaltfläche **Anhängen**, werden die hochgeladenen Favoriten an bereits bestehende Favoriten angehängt. Gibt es bereits einen Ordner mit gleicher Bezeichnung oder gleiche Favoriten, werden diese nicht überschrieben. Der gleichnamige Ordner oder Favorit wird in diesem Fall zusätzlich hochgeladen, sodass Sie danach zwei Ordner oder zwei Favoriten mit gleicher Bezeichnung haben.
- Mit der Schaltfläche **Einmischen** werden die hochgeladenen Favoriten eingemischt. Das SAP-System verhindert in diesem Fall Dubletten. Gibt es bereits einen gleichnamigen Ordner, wird dieser im Gegensatz zum Anhängen nicht nochmals hochgeladen. Innerhalb des gleichnamigen Ordners werden die Favoriten durch den Upload ergänzt.

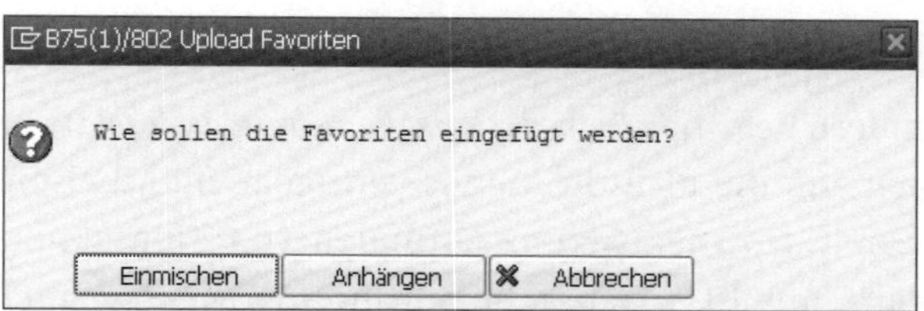

Abfrage, ob die Favoriten eingemischt oder angehängt werden sollen

» Tipp zum Tipp: Möchten Sie mit einem Upload ein altes Favoritenmenü komplett ersetzen? Damit es kein Durcheinander gibt, löschen Sie in diesem Fall vor dem Upload im Fenster **SAP Easy Access** das alte Favoritenmenü. Dies geht sehr schnell, indem Sie auf den obersten Ordner **Favoriten** klicken und anschließend die [Entf]-Taste drücken. Abschließend bestätigen Sie den Löschvorgang nur noch über die Taste [↵].

Trick 17

Mit Befehlsfeld navigieren

Besonders für die SAP-Anwender*innen, die gerne die Tastatur verwenden, ist das Befehlsfeld in der Systemfunktionsleiste eine Möglichkeit, schneller im SAP-System zu navigieren.

Mit dem Befehlsfeld (andere Begriffe: *Transaktionsfeld, Kommandofeld*) rufen Sie einerseits Funktionen auf, die nicht in Menüs verfügbar sind, beispielsweise die Funktion »search_sap_menu« zum Auffinden von Transaktionen im SAP-Menü, die Sie in Tipp 13, »Transaktionen im SAP-Menü schneller finden«, kennengelernt haben.

Andererseits wechseln Sie hiermit schneller in neue Transaktionen, wenn Sie die entsprechenden Transaktionscodes auswendig kennen und diese kurz sind.

› Und so geht's

Sie wechseln mit einem Mausklick oder mit der Tastenkombination [Strg] + [⇧] + [7] in das Befehlsfeld.

Befehlsfeld mit Befehl zum Start der Transaktion SU3 (Pflege eigener Benutzervorgaben)

Mit der folgenden Tabelle erhalten Sie einen Überblick, welche Möglichkeiten Ihnen im Befehlsfeld zum Start von Transaktionen zur Verfügung stehen. XXXX entspricht hier dem jeweiligen Transaktionscode.

Eingabe	Wirkung
/nXXXX	Startet die Transaktion im selben Modus, im Fenster **SAP Easy Access** dürfen Sie /n weglassen.
XXXX	Startet die Transaktion im selben Modus, das klappt ohne /n nur im Fenster **SAP Easy Access**.
/oXXXX	Startet die Transaktion im neuen Modus.
/*XXXX	Startet die Transaktion im selben Modus, das Einstiegsbild wird übersprungen (siehe Tipp 18, »Mit /* das Einstiegsbild überspringen«).
/*oXXXX	Startet die Transaktion im neuen Modus, das Einstiegsbild wird übersprungen (siehe Tipp 18, »Mit /* das Einstiegsbild überspringen«).

Möglichkeiten im Befehlsfeld zum Start von Transaktionen

Noch bequemer: Wenn Sie zuletzt einen Befehl im Befehlsfeld ausgeführt haben, den Sie jetzt wieder brauchen, können Sie diesen mit den folgenden zwei Verfahren noch schneller ausführen, denn das SAP-System merkt sich Ihre letzten 15 Eingaben in das Befehlsfeld:

- Klicken Sie in das Befehlsfeld, und nutzen Sie die Taste [↓], um zu den zuletzt ausgeführten Befehlen zu wechseln.
- Darüber hinaus können Sie auch auf das Symbol [▼] klicken oder mit der Tastenkombination [Alt] + [↓] die Liste der letzten 15 Befehle öffnen. Klicken Sie dort auf den gewünschten Befehl.

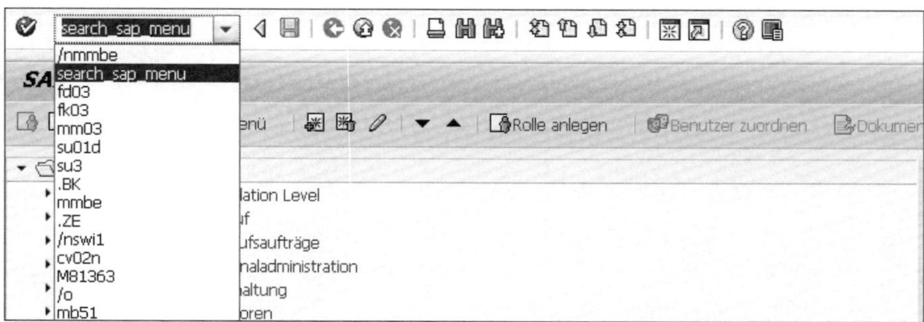

Befehlsfeld mit geöffneter Historie

» Tipp zum Tipp: Haben Sie in der Historie einen Eintrag, den Sie löschen möchten, zum Beispiel einen Eintrag mit einem Tippfehler? Dies klappt mit der Taste `Entf`, aber eventuell nur dann, wenn Sie vorher mit den Pfeiltasten den zu löschenden Eintrag markiert haben. Die Taste `Entf` reagiert manchmal nicht, wenn Sie mit der Maus auf den Eintrag zeigen.

Tipp 18

Mit /* das Einstiegsbild überspringen

Die meisten Transaktionen haben ein Einstiegsbild, in dem Daten abgefragt werden. Oft werden die richtigen Einträge bereits vom System vorgegeben, sodass das Einstiegsbild überflüssig ist. In diesem Fall können Sie das Einstiegsbild ganz einfach überspringen.

In den meisten Einstiegsbildern tragen Sie ein, welche Daten Sie anzeigen oder ändern möchten. Oft wird dort nur eine Belegnummer oder eine Stammsatznummer benötigt. In vielen Fällen merkt sich das SAP-System die zuletzt verwendete Nummer, oder die notwendigen Einträge sind für ein Einstiegsbild bereits durch Benutzerparameter oder andere Vorgaben vorhanden. In diesen Fällen brauchen Sie kein Einstiegsbild.

› Und so geht's

Sie sehen hier am Beispiel der Transaktion ME2L (Bestellungen zum Lieferant), wie Sie ohne das überflüssige Einstiegsbild ganz einfach und direkt zu den Bestellungen gelangen. In unserem Beispiel wird die entsprechende Kreditorennummer zuvor in der Transaktion MK03 (Kreditor anzeigen (Einkauf)) verwendet und automatisch durch das SAP-System in das Einstiegsbild der Transaktion ME2L übertragen.

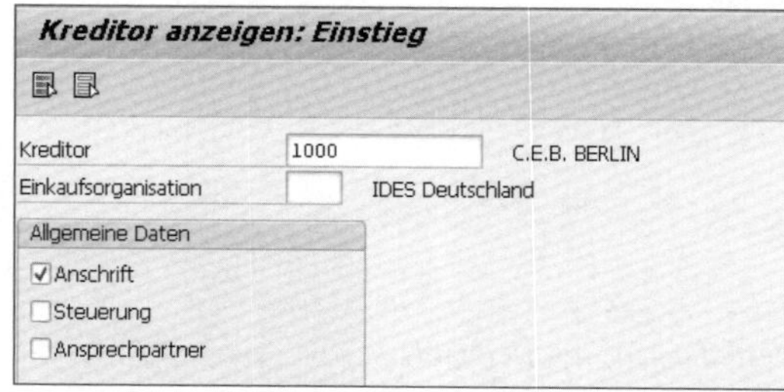

Einstiegsbild der Transaktion MK03 (Kreditor anzeigen (Einkauf))

1. Starten Sie die Transaktion MK03 (Kreditor anzeigen (Einkauf)), geben Sie eine Kreditorennummer ein, und bestätigen Sie diese mit der [↵]-Taste. Damit befindet sich die eingegebene Kreditorennummer im Zwischenspeicher des SAP-Systems.

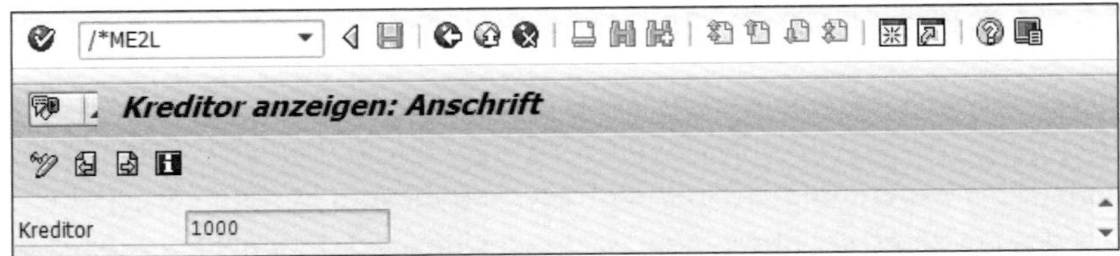

*Einstiegsbild der Transaktion MK03 (Kreditor anzeigen (Einkauf)) mit Aufruf des Befehls /*ME2L im Befehlsfeld*

2. Geben Sie nun in das Befehlsfeld /*ME2L ein. Der Befehl /* entspricht dem Befehl /n*. Bestätigen Sie die Eingabe mit der [↵]-Taste. Das SAP-System überspringt das Einstiegsbild der Transaktion ME2L (Bestellungen zum Lieferant) und zeigt sofort die Bestellungen zum Lieferanten. Für die Selektion im übersprungenen Einstiegsbild nutzt es die zwischengespeicherte Kreditorennummer aus dem ersten Schritt.

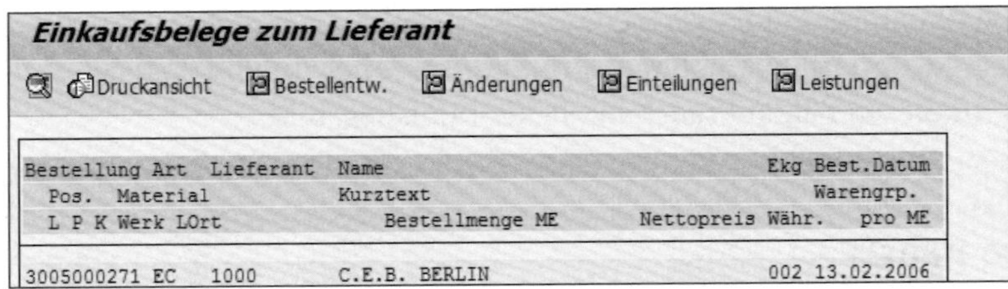

Listbild der Transaktion ME2L (Bestellungen zum Lieferant)

3. Diesen Schritt führen Sie nur aus, um die Wirkung des Befehls /* zu verstehen. Mit der Funktionstaste [F3] oder dem Symbol **(Zurück)** zeigen Sie das übersprungene Einstiegsbild an. Hier sehen Sie, dass die zuletzt verwendete Kreditorennummer bereits eingetragen ist.

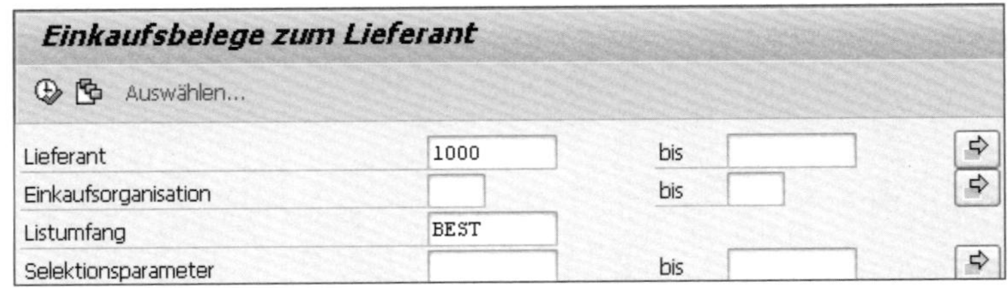

Einstiegsbild der Transaktion ME2L (Bestellungen zum Lieferant)

In der Praxis gibt es während der normalen Navigation für den Befehl /*XXXX zugegebenermaßen nicht ganz so viele Einsatzmöglichkeiten. Jedoch ist dieser Befehl als Systembefehl in einer Desktopverknüpfung sehr hilfreich. Damit erreichen Sie eine SAP-Anmeldung mit einem Transaktionsstart, der ein Einstiegsbild überspringt und Sie sofort in eine Liste oder Auswertung führt. Lesen Sie hierzu Tipp 2, »Schneller anmelden mit Desktopverknüpfungen«, und Tipp 3, »Felder im Einstiegsbild mithilfe einer Desktopverknüpfung vorbelegen«.

» Tipp zum Tipp: Anstelle von /*XXXX können Sie auch /o*XXXX verwenden. Der Unterschied: Mit /o*XXXX öffnen Sie gleichzeitig ein zusätzliches Fenster. Unsere Eselsbrücke lautet »o« wie »open«.

Tipp 19

Befehlsfeld als multiple Zwischenablage nutzen

Notieren Sie sich manchmal Nummern von Belegen und Stammdaten per Hand oder in Excel, da Sie diese später nochmals benötigen? Hierzu brauchen Sie weder Post-its noch Excel. SAP hat eine sehr praktische Zwischenablage, in die Sie bis zu 15 Einträge aufnehmen können.

Sie bearbeiten gerade einen Beleg, und Sie wissen, dass Sie die Belegnummer in einigen Minuten wieder brauchen. Doch wo merken Sie sich diese Belegnummer? Die Zwischenablage von Windows scheidet aus, denn der nächste Eintrag, der hierherkopiert wird, überschreibt den alten Eintrag. Im folgenden Tipp zeigen wir Ihnen, wie Sie das Befehlsfeld als Zwischenablage einsetzen können.

› Und so geht's

Das Befehlsfeld »merkt« sich die letzten 15 Transaktionen, die Sie aufgerufen haben. Sie können diese Merkfähigkeit jedoch auch nutzen, um andere Inhalte wie Beleg- oder Telefonnummern zwischenzuspeichern:

1. Starten Sie eine Transaktion aus Ihrem Arbeitsgebiet, in der Stammdaten- oder Belegnummern angezeigt werden. In unserem Beispiel verwenden wir die Transaktion FBL5N (Posten anzeigen/ändern (Debitorenbuchhaltung)).
2. Markieren Sie mit der Maus die Zeichen, die Sie speichern möchten, beispielsweise eine Belegnummer oder die Nummer eines Stammdatensatzes. Lässt sich der gewünschte Eintrag mit Ziehen der Maus nicht markieren, verwenden Sie vorher die Tastenkombination [Strg] + [Y]. Mehr Infos dazu lesen Sie in Tipp 34, »Tabellenteile kopieren«, der Ihnen diese spezielle Methode zum Markieren verrät.

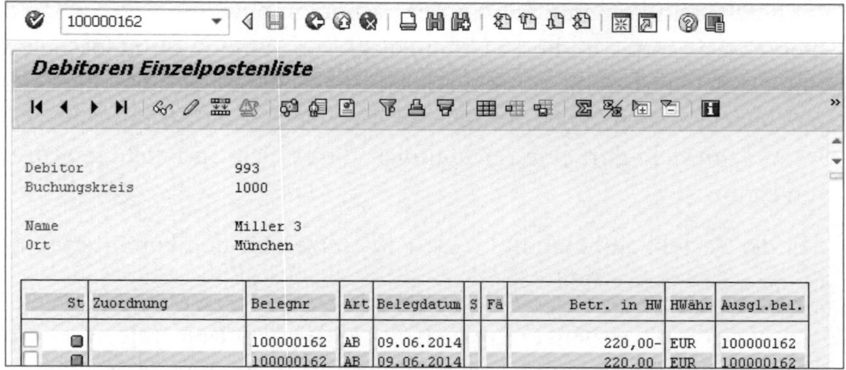

Befehlsfeld mit kopierter Belegnummer, darunter die Transaktion FBL5N (Posten anzeigen/ ändern (Debitorenbuchhaltung)), aus der die Belegnummer kopiert wurde

3. Übernehmen Sie den markierten Eintrag mit der Tastenkombination [Strg] + [C] in die Zwischenablage.
4. Klicken Sie in das Befehlsfeld, und setzen Sie dort den Inhalt mit der Tastenkombination [Strg] + [V] ein. Nun drücken Sie im Befehlsfeld die [↵]-Taste. Diese Taste verwenden Sie nur, damit sich das SAP-System Ihren Eintrag merkt. Es meckert manchmal in der Statuszeile mit einer Meldung wie »Transaktion existiert nicht«, aber darüber sehen wir großzügig hinweg. Meistens geschieht jedoch gar nichts.

Wenn Sie später den Eintrag wieder benötigen, holen Sie ihn aus der Historie wieder in das Befehlsfeld. Und das geht so:

1. Dazu klicken Sie rechts neben dem Befehlsfeld auf das Symbol [▾] und danach auf den entsprechenden Listeneintrag.

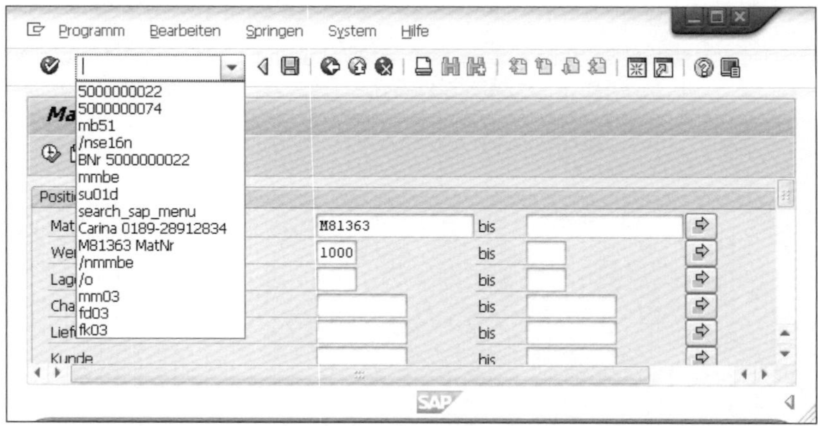

Historie des Befehlsfeldes mit mehreren Belegnummern, einer Material- sowie einer Telefonnummer

2. Im Befehlsfeld kopieren Sie mit der Tastenkombination Strg + X den markierten Eintrag in die Zwischenablage von Windows und löschen diesen damit gleichzeitig aus dem Befehlsfeld. Wenn Sie den Eintrag im Befehlsfeld stehen lassen, bringt das das SAP-System oft durcheinander. Denn dann steht dort eine Zeichenfolge, die es nicht als Befehl interpretieren kann.

3. Mit der Tastenkombination Strg + V setzen Sie den kopierten Eintrag in das gewünschte Feld.

Sie können die Zwischenablage auch für andere Notizen nutzen, wie beispielsweise Telefonnummern oder Erinnerungen an den Wochenendeinkauf. Das System muss ja nicht alles verstehen ...

Tipp 20

Mit Doppelklicks schneller navigieren

Besonders in ALV-Listen und Belegen genügt oft ein Doppelklick, um die gewünschten Daten des Stammsatzes oder eines anderen Belegs anzuzeigen. Wie Sie gleich sehen werden, funktionieren diese Doppelklicks manchmal auch an Stellen, an denen Sie es gar nicht vermuten.

Immer, wenn Sie sich in einer Transaktion befinden und weitere Informationen benötigen, sollten Sie den Doppelklick ausprobieren. Er funktioniert nicht überall, aber oft genug, dass sich ein Versuch lohnt. Besonders gut ist diese Technik in den Komponenten der Logistik realisiert worden; im Anwendungsbereich Personalwesen ist sie eher selten zu finden.

Diese Methode lohnt sich besonders dann, wenn Sie nach dem Ausflug in eine andere Transaktion in die vorherige Transaktion zurückspringen möchten. Dazu ein Beispiel: Sie möchten aus einem Beleg in die Stammdaten wechseln und danach den Beleg weiterbearbeiten.

› Und so geht's

Dieses Beispiel zeigt, dass der Doppelklick oft auch an Stellen funktioniert, an denen Sie es nicht für möglich halten:

1. In unserem Beispiel starten wir die Transaktion MB51 (Materialbelegliste).
2. Geben Sie in das Feld **Material** eine Materialnummer ein, und wählen Sie für dieses Beispiel weiter unten die Option **Hierarchische Liste**. Danach bestätigen Sie Ihre Vorgaben mit der F8-Taste. Das SAP-System zeigt das Fenster **Materialbelegliste**.

Einstiegsbild der Transaktion MB51 (Materialbelegliste)

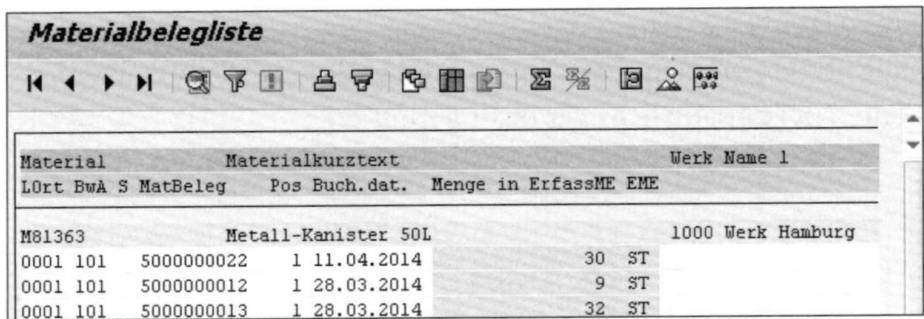

Liste der Transaktion MB51 (Materialbelegliste)

3. Aus der Materialbelegliste können Sie mit einem Doppelklick in die häufig benötigte Transaktion MMBE (Bestandsübersicht) wechseln. Überraschenderweise klappt dies mit einem Doppelklick auf die hellorangefarbene Zeile mit der Materialnummer.

Bestandsübersicht

4. Mit der Funktionstaste [F3] oder dem Symbol (**Zurück**) gelangen Sie in die Materialbelegliste zurück.

Materialbelegliste

```
Material              Materialkurztext                          Werk Name 1
LOrt BwA S MatBeleg     Pos Buch.dat.   Menge in ErfassME EME

M81363                Metall-Kanister 50L                        1000 Werk Hamburg
0001 101   5000000022     1 11.04.2014               30   ST
0001 101   5000000012     1 28.03.2014                9   ST
0001 101   5000000013     1 28.03.2014               32   ST
```

Liste der Transaktion MB51 (Materialbelegliste)

5. Weniger überraschend ist, dass Sie mit einem Doppelklick auf die weiß hinterlegten Belegzeilen in die Anzeige des Materialbelegs gelangen.

Anzeige des Materialbelegs

6. Im Materialbeleg sind die Feldinhalte unterstrichen dargestellt, über die Sie mit einem Doppelklick weitere Informationen abrufen können, zum Beispiel rechts oben der Inhalt des Feldes **Lieferant**. Jedoch gibt es auch *nicht* unterstrichene Felder, auf die Sie doppelt klicken können:
   - Ein Doppelklick auf den **Materialkurztext** führt in die Grunddaten der Transaktion MM03 (Material anzeigen).
   - Ein Doppelklick auf den **Lagerort** führt in den Lagerortbestand der Transaktion MM03 (Material anzeigen).
   - Weiter rechts in der Tabelle führt ein Doppelklick auf das **Werk** in den Werksbestand der Transaktion MM03 (Material anzeigen).
7. Mit der Funktionstaste F3 oder dem Symbol (**Zurück**) gelangen Sie in die Materialbelegliste zurück.

Die Felder in Tabellen, in denen ein Doppelklick eine weitere Funktion bzw. Transaktion startet, werden manchmal auch als *Hotspot* bezeichnet. Für diesen Tipp gilt: Probieren geht über Studieren. Die folgende Tabelle enthält daher nur einige weitere Beispiele für Hotspots. Wir sind uns jedoch sicher, dass Sie bald noch mehr Hotspots entdecken werden.

Aktuelles Bild	Mit Doppelklick in welche Transaktion?
MKVZ (Lieferantenverzeichnis Einkauf)	Doppelklick in Tabellenzeile: Wechsel in MK03 oder XK03 (jeweils Kreditor anzeigen)
KSB1 (Kostenstellen Einzelposten Istkosten anzeigen)	Doppelklick in Tabellenzeile: Wechsel in FB03 (Buchungsbeleg anzeigen)
FBL1N (Posten anzeigen/ändern (Kreditorenbuchhaltung))	Doppelklick auf Belegnummer: Wechsel in FB03 (Buchungsbeleg anzeigen)
VA05 (Liste Aufträge)	Doppelklick auf Belegnummer: Wechsel in VA02 (Auftrag ändern)

Transaktionen mit Möglichkeit zum schnellen Wechsel in eine andere Transaktion mit Doppelklick

» Tipp zum Tipp: Wenn Sie keine Möglichkeit finden, mit einem Doppelklick in eine gewünschte Transaktion zu wechseln, lohnt es sich, die Symbole in der Anwendungsfunktionsleiste zu überprüfen. Wenn Sie mit dem Mauszeiger auf die Symbole fahren, zeigt das SAP-System deren Bedeutungen an. Auch in der Anwendungsfunktionsleiste finden Sie oft hilfreiche Funktionen zum schnellen Wechsel in eine andere Transaktion.

Tipp 21

Mit den Menüs »Umfeld« und »Springen« navigieren

Sie sind in einem Beleg und wollen die darin verwendeten Stammdaten überprüfen? Oder umgekehrt: Sie wollen die Belege zu einem Stammdatensatz sehen? Das geht oft in Millisekunden, auch wenn kein Doppelklick bzw. keine entsprechende Schaltfläche und kein Symbol zum schnellen Wechsel verfügbar ist.

Eine Geschichte aus dem Alltag des älteren der beiden Autoren: Neulich war ein Abteilungsleiter aus dem Rechnungswesen in einem meiner Kurse. Wir waren gerade mit der Transaktion FK03 (Anzeigen Kreditor (Buchhaltung)) in den Kreditorenstammdaten unterwegs. Er suchte immer nach einem Haken im SAP-System, und so war einer seiner ersten Kommentare zu dieser SAP-Transaktion: »In meinem vorherigen Programm konnte ich mit einem Klick auf eine Schaltfläche aus den Stammdaten direkt zu den Posten des Kreditors springen.« Es gibt im SAP-System tatsächlich keine entsprechende Schaltfläche. Ich bat ihn, nur für eine Sekunde die Augen zu schließen, und wechselte zu seiner Verblüffung im Bruchteil einer Sekunde in die entsprechende Postenliste. Und wie? Durch einen blitzschnellen Aufruf eines Menübefehls! Es klappt also auch sehr schnell ohne entsprechende Schaltflächen und Symbole.

Die folgende Methode lohnt sich besonders dann, wenn Sie nach dem Ausflug in eine andere Transaktion in die alte Transaktion zurückspringen möchten. Dazu ein Beispiel: Sie möchten aus einem Beleg in die Stammdaten wechseln und danach den Beleg weiterbearbeiten.

› Und so geht's

Im folgenden Ablauf zeigen wir Ihnen, wie Sie aus der Transaktion FK03 (Anzeigen Kreditor (Buchhaltung)) schnell und direkt zu den Posten des Kreditors wechseln:

1. Starten Sie eine Transaktion aus Ihrem Arbeitsgebiet. In unserem Beispiel verwenden wir die Transaktion FK03 (Anzeigen Kreditor (Buchhaltung)).

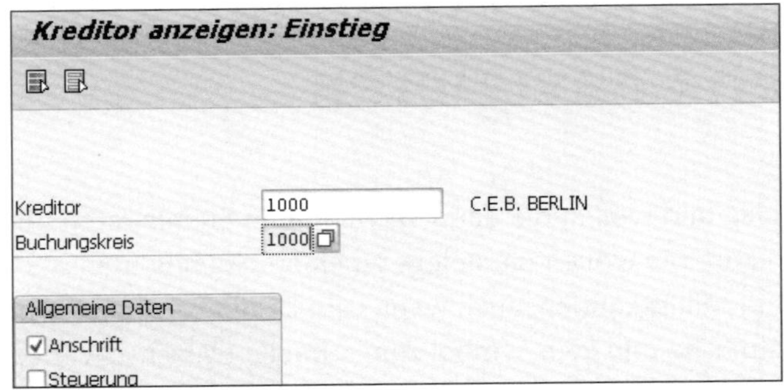

Einstiegsbild der Transaktion FK03 (Anzeigen Kreditor (Buchhaltung))

2. Geben Sie eine Kreditorennummer im Feld **Kreditor** und den **Buchungskreis** vor. Setzen Sie im Feld **Anschrift** ein Häkchen, und bestätigen Sie dies mit der [↵]-Taste.

Menü »Umfeld« in der Transaktion FK03 (Anzeigen Kreditor (Buchhaltung))

3. Im Stammsatz angekommen, öffnen Sie das Menü **Umfeld** und wählen dort den Befehl **Einzelposten** aus, der direkt in die Transaktion FBL1N (Einzelpostenliste) führt.

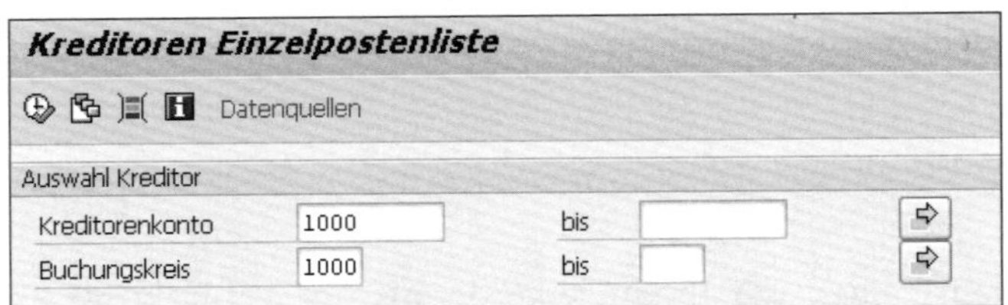

Einstiegsbild der Transaktion FBL1N (Einzelpostenliste)

4. Das SAP-System hat aus der vorherigen Transaktion die Nummer des Kreditors in das Einstiegsbild der Transaktion FBL1N (Einzelpostenliste) übernommen, sodass Sie hier mit der Funktionstaste [F8] direkt in die Liste starten.

Kreditoren Einzelpostenliste

Kreditor 1000
Buchungskreis 1000

Name C.E.B. BERLIN
Ort Berlin

St	Belegnr	Zuordnung	Belegart	Belegdatum	S	Fä	Betr. in HW	HWähr
	1900000000	19000000002013	KR	01.01.2013			1,00-	EUR
	1900000000	19000000002008	KR	07.01.2008			3.300,00-	EUR

Liste der Transaktion FBL1N (Einzelpostenliste)

5. Mit zweimaligem Drücken der Funktionstaste [F3] oder dem Symbol (**Zurück**) gelangen Sie zum Ausgangspunkt zurück, in unserem Fall in die Transaktion FK03 (Anzeigen Kreditor (Buchhaltung)).

Auch in vielen weiteren Transaktionen gibt es eines der Menüs **Umfeld** oder **Springen**, die einen schnellen Wechsel in andere Transaktionen ermöglichen. Manchmal sind Transaktionen auch in anderen Menüs der Menüleiste versteckt. Die folgende Tabelle enthält einige weitere Beispiele. Überprüfen Sie die beiden Menüs in den Transaktionen, in denen Sie häufig arbeiten.

Aktuelles Bild	Menüs zum Transaktionswechsel
MM03 (Material anzeigen)	Menü **Umfeld**
KS03 (Kostenstelle anzeigen)	Menü **Umfeld**
VD03 (Debitor anzeigen)	Menü **Umfeld**
PA20 (Personalstammdaten anzeigen)	Menü **Springen**

Transaktionen mit Menübefehlen zum Transaktionswechsel

» Tipp zum Tipp: Die Menü- und Befehlsnamen enthalten jeweils einen unterstrichenen Buchstaben, den Sie zum noch schnelleren Aufruf des Befehls nutzen können. Im vorhergehenden Beispiel drücken Sie in Schritt 3 die Tastenkombination [Alt] + [U]. Die [Alt]-Taste befördert den Cursor in die Menüleiste, und die Taste [U] öffnet das Menü **Umfeld**. Danach drücken Sie die Buchstabentaste [E], um aus dem geöffneten Menü **Umfeld** den Befehl **Einzelposten** zu starten. Diese Methode lohnt sich, wenn Sie sehr oft den gleichen Menübefehl an gleicher Stelle nutzen.

Menü »Umfeld« in der Transaktion FK03 (Anzeigen Kreditor (Buchhaltung))

Wollen Sie einen Profi überraschen? Das kennen selbst viele alte SAP-Hasen nicht: Geben Sie einen Punkt (.) und die unterstrichenen Buchstaben der Menü- und Befehlsnamen in das Befehlsfeld ein, in unserem Beispiel ».UE«, und bestätigen Sie mit [↵]. Es funktioniert genauso!

Tipp 22

Mit Kontextmenüs und Standard-Funktionstasten navigieren

Wer sucht, der findet. Wenn Sie in der Menüleiste oder in der Anwendungsfunktionsleiste eine gewünschte Funktion nicht finden, probieren Sie es einfach im Kontextmenü.

Manchmal finden Sie in Kontextmenüs sehr brauchbare Funktionen, die Sie weder über die Anwendungsfunktionsleiste noch über Menüs aus der Menüleiste aufrufen können.

› Und so geht's

Am Beispiel der Transaktion MMBE (Bestandsübersicht) zeigen wir Ihnen nun, wie Sie mit einer eleganten Rechts-links-Kombination schneller in andere Transaktionen wie beispielsweise MM03 (Material anzeigen) wechseln können:

- rechter Mausklick zum Aufruf des Kontextmenüs
- linker Mausklick zum Aufruf der neuen Transaktion im Kontextmenü

Hier noch einmal etwas ausführlicher:

1. Starten Sie die Transaktion MMBE (Bestandsübersicht).

2. Geben Sie in das Feld **Material** eine Materialnummer ein, und bestätigen Sie sie mit der F8-Taste. Das SAP-System zeigt die Bestandsübersicht.

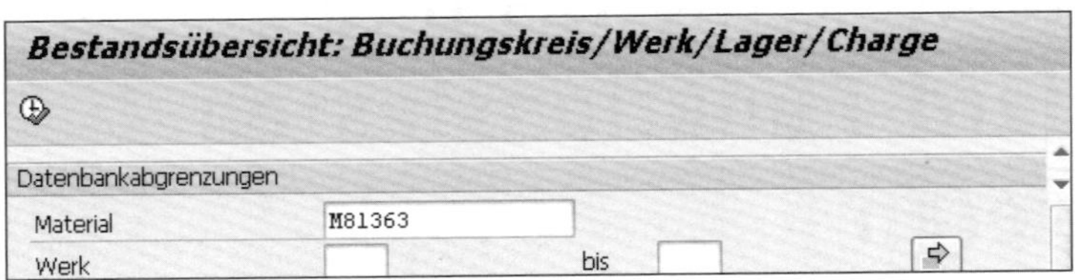

Einstiegsbild der Transaktion MMBE (Bestandsübersicht)

3. In der Bestandsübersicht öffnen Sie das Kontextmenü. Klicken Sie dazu mit der rechten Maustaste in der Grundliste auf einen Eintrag wie beispielsweise **1000 Werk Hamburg**. Beachten Sie, dass der rechte Mausklick nicht an jeder Stelle des Bildes funktioniert. Er funktioniert hier zum Beispiel nicht mit einem Klick in die Titelleiste oder unterhalb der Grundliste.

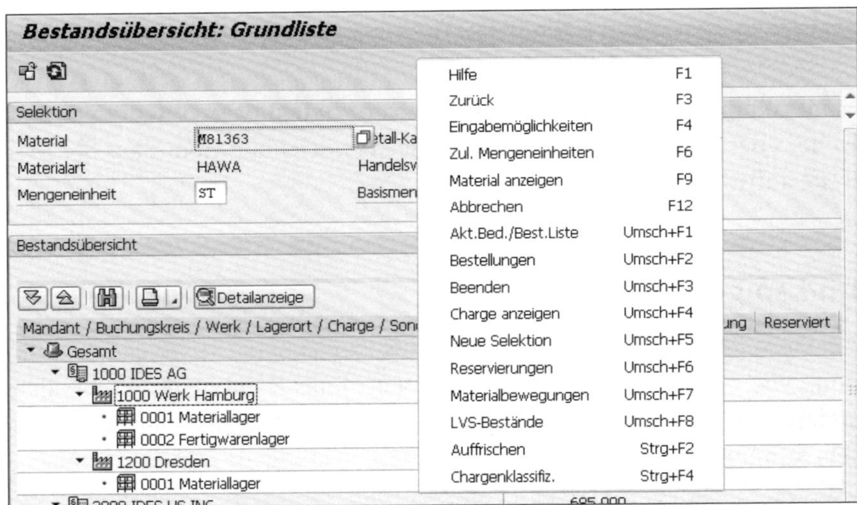

Bestandsübersicht mit geöffnetem Kontextmenü

4. Im Kontextmenü wählen Sie einen Befehl wie beispielsweise **Material anzeigen**. Sie landen direkt in den Daten des Materialstammsatzes, die Ihnen durch die Transaktion MM03 (Material anzeigen) präsentiert werden. Die Einstiegsbilder dieser Transaktion werden erfreulicherweise übersprungen.

Daten des Materialstammsatzes in der Transaktion MM03 (Material anzeigen)

5. Mit der Funktionstaste [F3] oder dem Symbol (**Zurück**) gelangen Sie zum Ausgangspunkt zurück.

Wie der Name schon verrät, sind die Befehle aus dem Kontextmenü oft kontextsensitiv. Je nachdem, wohin Sie mit der Maus klicken, erhalten Sie daher unterschiedliche Ergebnisse. Dazu ein Beispiel aus der Transaktion MMBE (Bestandsübersicht): Nach einem Klick mit der rechten Maustaste auf ein Werk oder einen Lagerort und der Auswahl von einem der Befehle **Bestellungen**, **Reservierungen** oder **Materialbewegungen** erhalten Sie jeweils eine Liste, die nur die Belege für das jeweilige Werk bzw. den jeweiligen Lagerort enthält.

» Tipp zum Tipp: Für viele Befehle des Kontextmenüs gibt es Funktionstasten oder Tastenkombinationen, mit denen Sie die Befehle noch schneller aufrufen können. Die zugehörigen Funktionstasten oder Tastenkombinationen werden im Kontextmenü hinter dem jeweiligen Befehl angezeigt. Beispielsweise wechseln Sie mit der Funktionstaste [F9] aus der Bestandsübersicht direkt und ohne Umweg über das Kontextmenü in die Transaktion MM03 (Material anzeigen). Überprüfen Sie die Kontextmenüs in den Transaktionen, in denen Sie häufig arbeiten, insbesondere auf nützliche Funktionstasten oder Tastenkombinationen hin.

Tipp 23

Transaktionen mit eigenen Tastenkombinationen starten

Wollen Sie Wetten gewinnen? Dann wetten Sie mit SAP-Profis, dass Sie mit eigenen Shortcuts beliebige SAP-Transaktionen starten können, und das von jeder beliebigen Stelle! Der Profi wird Ihnen sagen, dass nur Entwickler über eine spezielle Programmierung Shortcuts definieren können. Stimmt nicht! Mithilfe einer spannenden Windows-Funktionalität bekommen Sie das auch hin! Diese Methode ist inzwischen unsere Lieblingsmethode zum Start häufig benötigter Transaktionen. Damit lässt sich der Start der Transaktion SBWP (Business Workplace) beispielsweise auf die Tastenkombination [Strg] + [Alt] + [W] legen.

Tastenkombinationen und Funktionstasten sind *im SAP-System* fest vorbelegt. Im SAP-System selbst haben wir keine Chance, eigene Tastenkombinationen zu belegen. Es gibt jedoch einen schönen Trick: die Belegung von Tastenkombinationen mit SAP-Funktionen *in Windows*, also außerhalb des SAP-Systems.

Windows stellt uns eine Möglichkeit zur Tastenbelegung zur Verfügung, die sich in den Eigenschaften von Windows-Verknüpfungen versteckt. Jedoch gibt es diese Möglichkeit nicht für SAP-Desktopverknüpfungen. Kein Problem für uns, denn wenn Sie zusätzlich eine *Windows*-Verknüpfung zur *SAP*-Desktopverknüpfung anlegen, können Sie über diesen Weg Tasten belegen, um Transaktionen mit Tastenkombinationen zu starten.

› Und so geht's

Auch wenn es vielleicht komisch klingt: Um diesen Tipp nutzen zu können, erstellen Sie zunächst eine SAP-Desktopverknüpfung und danach eine Windows-Verknüpfung zur SAP-Desktopverknüpfung. Überlegen Sie nicht lange, klicken Sie einfach mit! Sie brauchen für diesen Tipp eine bereits fertige SAP-Desktopverknüpfung, jedoch zwingend mit einem Systembefehl wie /o.

Haben Sie in Tipp 3, »Felder im Einstiegsbild mithilfe einer Desktopverknüpfung vorbelegen«, mitgemacht? Dann können Sie gerne diese Verknüpfung verwenden. Wenn nicht, blättern Sie dorthin zurück, und nehmen Sie diesen Tipp als Muster, um eine neue SAP-Verknüpfung anzulegen. Verwenden Sie Ihre Lieblingstransaktion, es muss nicht VA05 sein. Und Sie brauchen – wie es in diesem Tipp gezeigt wird – auch keine Felder vorzubelegen.

» Tipp zum Tipp: Sie können sowohl /n als auch /o als Systembefehl verwenden. Wir verwenden deshalb /o, weil mit /n, wenn Sie am SAP-System angemeldet sind, eine bestehende Transaktion ersetzt wird. Wenn Sie Ihre Daten darin noch nicht gesichert hatten, ist das nicht so prickelnd, denn die sind dann weg.

1. Im Fenster **Neue SAP-Verknüpfung anlegen** wählen Sie im Feld **Typ** die Option **Systembefehl** und geben darunter im Feld **Befehl** einfach /o gefolgt von dem Code Ihrer Lieblingstransaktion ein, zum Beispiel /oVA05 oder /oSBWP. Ein Beispiel für das Fenster **Neue SAP-Verknüpfung anlegen** finden Sie in der nächsten Abbildung.

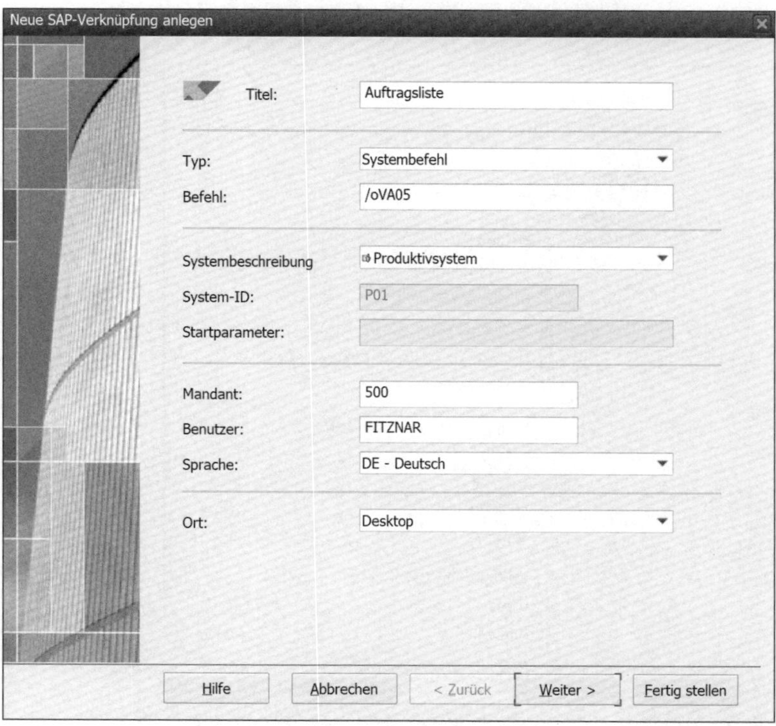

Fenster »Neue SAP-Verknüpfung anlegen« mit der wichtigen Option »Systembefehl« im Feld »Typ«

2. Nun erstellen Sie in Windows zur SAP-Desktopverknüpfung eine eigene Windows-Verknüpfung. Klicken Sie dazu auf dem Windows-Desktop mit der rechten Maustaste auf die *SAP-Desktopverknüpfung* .

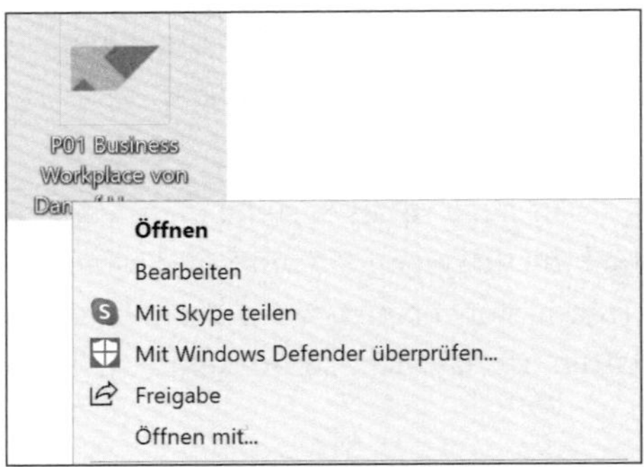

Desktop von Windows mit Kontextmenü zur SAP-Desktopverknüpfung

3. Wählen Sie im Kontextmenü den Befehl **Verknüpfung erstellen**. Daraufhin erscheint ein weiteres Verknüpfungssymbol für die Windows-Verknüpfung auf dem Desktop.

4. Klicken Sie mit der rechten Maustaste auf die neue *Windows-Verknüpfung*. Diese erkennen Sie an dem kleinen Pfeil in der linken Ecke.

Desktop von Windows mit Kontextmenü zur Windows-Verknüpfung

5. Wählen Sie im Kontextmenü den untersten Befehl **Eigenschaften**.

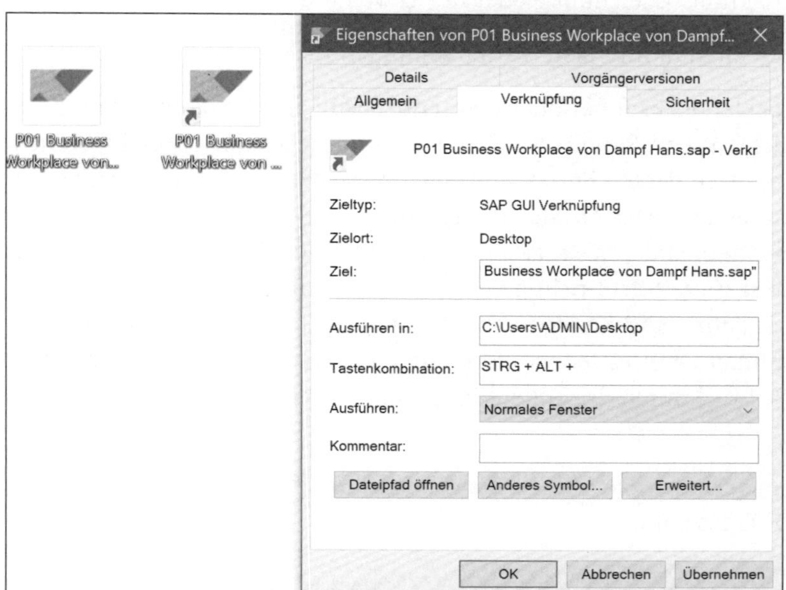

Fenster »Eigenschaften von« mit dem Register »Verknüpfung«

6. Im Fenster **Eigenschaften von** nehmen Sie folgende Einstellungen vor:
   - Im Register **Verknüpfung** klicken Sie in das Feld **Tastenkombination**. Geben Sie dort einen Buchstaben oder eine Zahl ein, zum Beispiel »W« für den Business Workplace oder »S« für die Anzeige der eigenen Spool-Aufträge. Windows ergänzt selbstständig die Funktionstasten [Strg] und [Alt]. Vermeiden Sie die Buchstaben Q und E, denn das Q ist für den »Klammeraffen« @ und das E für das Euro-Zeichen € reserviert. Auch einige Zahlen sind in der Kombination mit [Strg] und [Alt] für Sonderzeichen belegt.
   - Im Register **Verknüpfung** wählen Sie im Feld **Ausführen** eine der Einstellungen **Normales Fenster** oder **Maximiert** für die Fenstergröße, in der die SAP-Transaktion ausgeführt werden soll.
   - Bestätigen Sie die Einstellungen mit einem Klick auf die Schaltfläche **OK**. Das Fenster **Eigenschaften von** wird ausgeblendet.
7. Auf dem Desktop können Sie die Beschriftung eines Verknüpfungssymbols anpassen. Setzen Sie dazu einen Rechtsklick auf das Symbol, und wählen Sie im Kontextmenü den Befehl **Umbenennen**. Beschriften Sie

das Verknüpfungssymbol beispielsweise mit dem Transaktionscode, der Transaktionsbezeichnung oder der gewählten Tastenkombination.

8. Testen Sie nun Ihre erste Tastenkombination.

Hat es geklappt? Es funktioniert, egal ob Sie am SAP-System angemeldet sind oder nicht. Wenn Sie nicht angemeldet sind, erscheint eben das Anmeldebild, und nach dessen Bestätigung sind Sie in der gewünschten Transaktion. Es sollte gehen, egal ob Sie sich in einem SAP-Fenster, auf dem Desktop, oder in einem anderen Programm wie Excel oder Word befinden. So macht der Transaktionsaufruf richtig Spaß! Und noch mehr Spaß macht es, mit diesem Trick Ihre SAP-Kolleginnen und -Kollegen zu verblüffen! In anderen Programmen kann es jedoch vorkommen, dass die Tastenkombination mit `Strg` + `Alt` durch das andere Programm bereits reserviert und priorisiert ist.

Wenn es geklappt hat: Führen Sie die Schritte 2 bis 8 für alle häufig benötigten SAP-Transaktionen durch.

» Tipp zum Tipp: Eigentlich ist dies ein heißer Windows-Tipp, der leider viel zu selten genutzt wird. Sie können zum Aufrufen häufig benutzter Office-Dateien oder zum Öffnen Ihrer favorisierten Ordner ebenfalls komfortable Windows-Verknüpfungen mit Shortcuts erstellen! Hierzu klicken Sie im Windows-Explorer einfach mit der rechten Maustaste auf die jeweilige Datei oder den Ordner, und danach folgen Sie der obigen Anleitung ab Schritt 3.

Tipp 24

SAP-Verknüpfungssymbole auf dem Desktop optimieren

Haben Sie Tipp 23, »Transaktionen mit eigenen Tastenkombinationen starten«, durchgeklickt und jetzt zu viele Icons auf dem Desktop? Wie Sie auf Ihrem Desktop Platz schaffen und Ihre SAP-Verknüpfungen optimal organisieren, erfahren Sie in diesem Tipp.

Sie dürfen die SAP-Desktopverknüpfungen (nicht die Windows-Verknüpfungen!) in einen eigens dafür angelegten Ordner verschieben. Damit bleibt der Desktop übersichtlich. Eine SAP-Desktopverknüpfung muss nicht unbedingt auf dem Desktop liegen, auch wenn der Name dies vermuten lässt. Beachten Sie dabei, dass Sie erst nach dieser Verschiebung die Windows-Verknüpfungen zu den SAP-Verknüpfungen erstellen. Sonst verweisen bereits erstellte Windows-Verknüpfungen nicht mehr auf die SAP-Verknüpfungen.

Eine Alternative dazu: Wenn Sie die Windows-Verknüpfungen auf dem Desktop nicht sehen wollen, können Sie diese ausblenden. Wählen Sie dazu im Kontextmenü zur Verknüpfung den Befehl **Eigenschaften**, und wählen Sie im Register **Allgemein** das Attribut **Versteckt** aus. Wird die Verknüpfung immer noch angezeigt, liegt dies an den Ordneroptionen, in die Sie über das Kontextmenü im Explorer gelangen. Dort sollten Sie im Register **Ansicht** die Einstellung **Ausgeblendete Dateien, Ordner oder Laufwerke nicht anzeigen** markieren.

Möchten Sie noch mehr Verknüpfungen auf dem Desktop anlegen, und es gibt nicht genügend Platz? Mit einem Klick der rechten Maustaste auf eine leere Stelle des Desktops erscheint ein Kontextmenü, in dem Sie den Befehl **Ansicht ▸ Kleine Symbole** wählen können, und schon haben Sie mehr Platz für viele zusätzliche Verknüpfungen. Zusätzlich empfiehlt es sich, nach einem Rechtsklick auf den Desktop die Option **Ansicht ▸ Symbole automatisch anordnen** zu deaktivieren.

› Und so geht's

Wenn Sie das Symbol Ihrer Windows-Verknüpfung anpassen möchten, können Sie ausgehend vom Windows-Desktop folgendermaßen vorgehen:

1. Klicken Sie mit der rechten Maustaste auf die *Windows-Verknüpfung*, um das Kontextmenü aufzurufen.

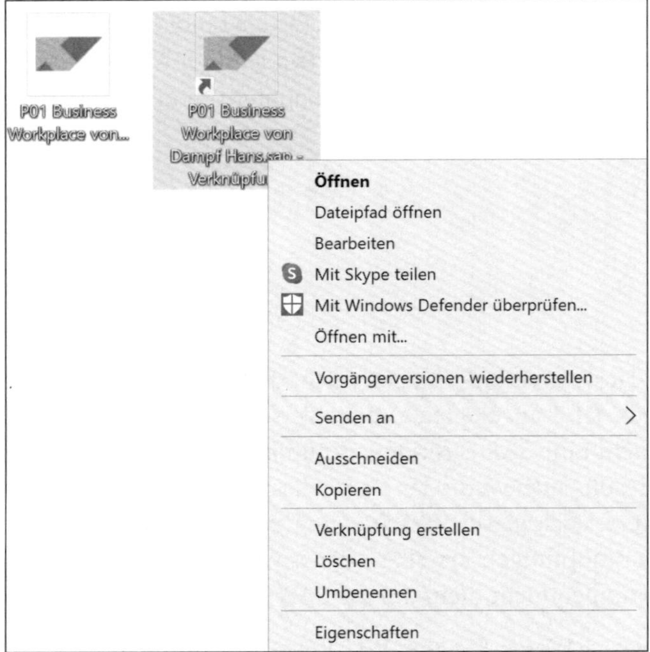

Desktop von Windows mit Kontextmenü zur Windows-Verknüpfung

2. Wählen Sie im Kontextmenü den Befehl **Eigenschaften**.
3. Klicken Sie im Fenster **Eigenschaften von** auf die Schaltfläche **Anderes Symbol**.
4. Im folgenden Fenster **Anderes Symbol** können Sie mit einem Doppelklick ein anderes Symbol auswählen.
5. Klicken Sie im Fenster **Eigenschaften von** auf die Schaltfläche **OK**.

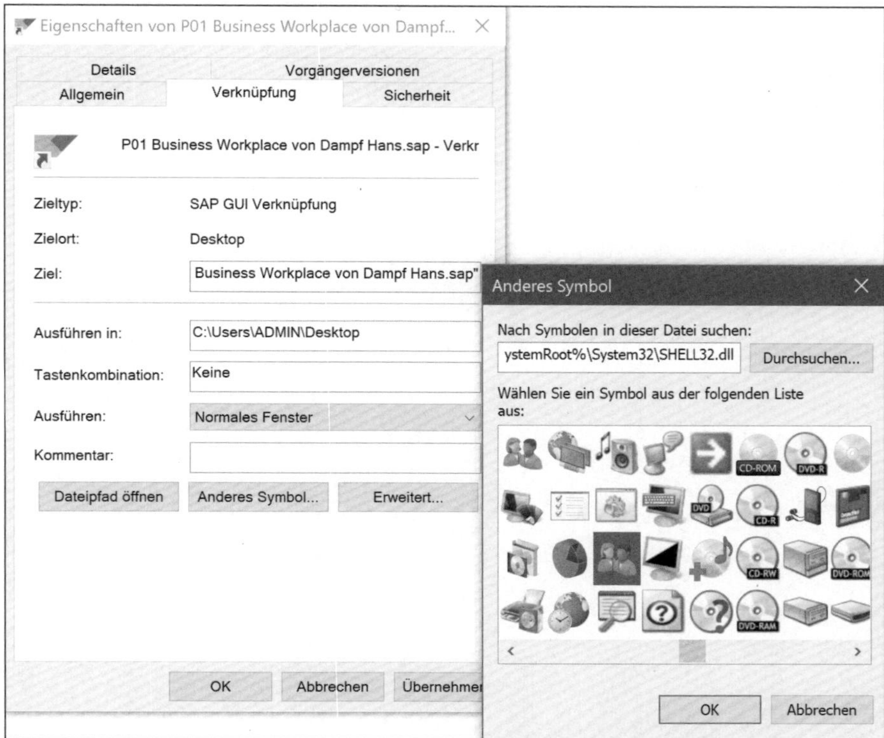

Im Hintergrund das Fenster »Eigenschaften von«, im Vordergrund das Fenster »Anderes Symbol«

» Tipp zum Tipp: Wenn Sie viele Verknüpfungen mit Tastenkombinationen belegt haben, können Sie diese in einer Textdatei dokumentieren. Für diesen »Spickzettel« erstellen Sie mit der gleichen Methode eine Windows-Verknüpfung. Mit der von Ihnen festgelegten Tastenkombination startet Windows automatisch das entsprechende Programm wie beispielsweise Microsoft Word und öffnet die Textdatei mit dem Spickzettel. Darüber hinaus können Sie auch das Zeichen der Tastenkombination in der Bezeichnung der jeweiligen Windows-Verknüpfung dokumentieren.

TEIL 4

Vorschlagswerte einsetzen

Erfassen Sie viele Daten? Dieser Buchteil ist die beste Vorbeugung gegen Karpaltunnelsyndrome und Sehnenscheidenentzündungen. Denn hier erfahren Sie, wie Sie Ihren Tippaufwand entscheidend verringern können. Stellen Sie Vorschlagswerte ein, und nutzen Sie diese. Damit machen Sie weniger falsche Eingaben, und Sie sparen wertvolle Zeit.

Für die Nutzung von Vorschlagswerten bietet das SAP-System viele verschiedene Methoden an, wie beispielsweise die Historie oder die Benutzerparameter. Spezielle Vorschlagswerte, die nur für Selektionsbilder in Reports oder für den Ausdruck gelten, behandeln wir in den entsprechenden Buchteilen.

› Tipps in diesem Teil

Tipp 25

Vorschlagswerte aus der Historie nutzen

Dieser Tipp ist kein Nice-to-have, sondern ein Muss für alle SAP-Anwender*innen! Folgende hilfreiche Funktion kennen Sie vielleicht von anderen Programmen, zum Beispiel von der Eingabe von Suchbegriffen in Google oder Bing: Sobald Sie das erste Zeichen eingeben, erscheint eine Auswahlliste mit Vorschlagswerten, die mit demselben Zeichen beginnen. Das wird im SAP-System als Historie bezeichnet.

Eine beispielhafte Auswahlliste sehen Sie in der folgenden Abbildung für das Feld **Personal**. Die Auswahlliste enthält Eingaben, die Sie in dieses Feld bereits einmal vorgenommen haben. Sie brauchen in diesem Fall den Rest der Eingabe nicht mehr zu tippen, sondern können den passenden Eintrag einfach aus der Liste übernehmen.

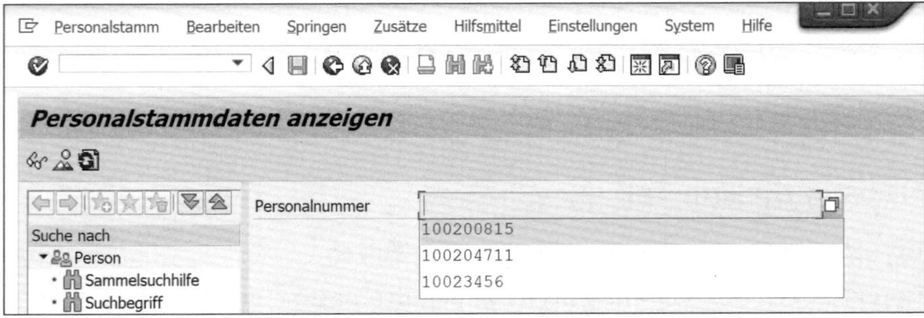

Feld »Personalnummer« mit Historie: Nach Eingabe der »1« erscheinen bisher eingegebene Personalnummern mit dieser Ziffer, hier in der Transaktion PA20 (Personalstammdaten anzeigen).

Zur Übernahme klicken Sie den gewünschten Eintrag einfach an. Wenn Sie lieber mit der Tastatur arbeiten, wählen Sie mit der Taste [↓] den gewünschten Eintrag aus. Anschließend übernehmen Sie den Eintrag mit der [⇆]-Taste aus der Liste in das Feld und wechseln gleichzeitig zum nächsten Feld.

› Und so geht's

Damit die Historie als Auswahlliste erscheint, bedarf es eventuell einer Voreinstellung, die Sie gemäß dem folgenden Ablauf durchführen.

1. Klicken Sie in der Systemfunktionsleiste ganz rechts auf das Symbol (**Lokales Layout anpassen**).
2. In dem damit geöffneten Layoutmenü wählen Sie den obersten Befehl **Optionen…** aus. Danach befinden Sie sich im Fenster **Optionen für SAP GUI**.

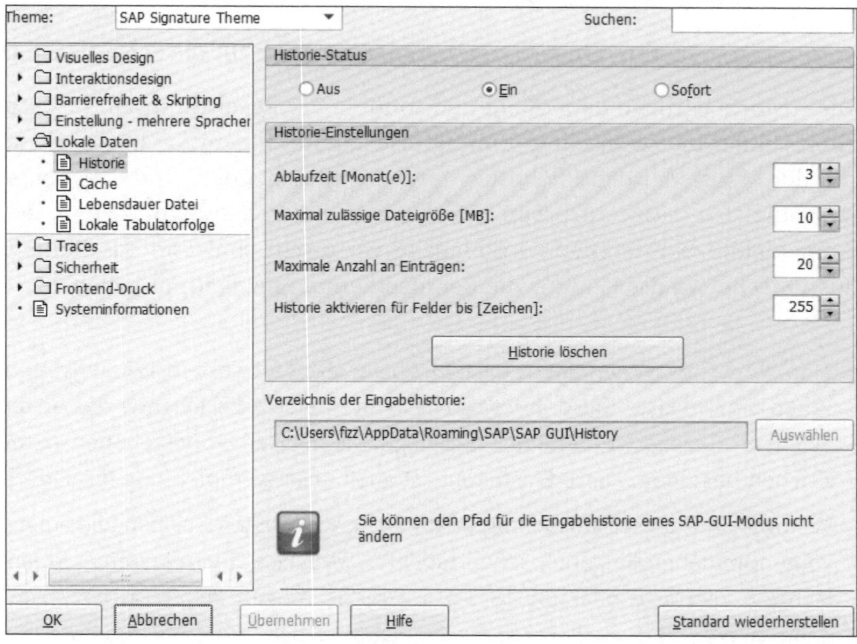

Einstellungen zur Historie im Ordner »Lokale Daten«

3. Öffnen Sie im linken Bildschirmteil den Ordner **Lokale Daten**, und klicken Sie auf den Unterpunkt **Historie**.
4. Im rechten Bildschirmteil können Sie nun verschiedene Einstellungen vornehmen:
   - Wir empfehlen Ihnen, das Optionsfeld **Ein** zu aktivieren. Dies bewirkt, dass die Liste mit den Vorschlagswerten erst nach Eingabe des ersten Zeichens erscheint.
   - Wenn Sie das Optionsfeld **Sofort** aktivieren, erscheint die Liste der letzten Eingaben automatisch, sobald Sie den Cursor in ein leeres Eingabefeld setzen, und nicht erst nach der Eingabe des ersten Zeichens.

- Mit den darunterliegenden Feldern **Ablaufzeit [Monat(e)]**, **Maximal zulässige Dateigröße [MB]** und **Maximale Anzahl an Einträgen** begrenzen Sie die Größe der Historie.
- Sie haben große Textfelder, in denen die Historie nicht funktioniert? In so einem Fall erhöhen Sie den Wert des Felds **Historie aktivieren für Felder bis [Zeichen]** zum Beispiel auf 150 Zeichen. Das Maximum beträgt 255 Zeichen. Gerade bei langen Feldeingaben wie dem Positionstext bei einer Buchung oder bei der Titelzeile einer Kurznachricht lohnt sich die Historie ganz besonders.

5. Bestätigen Sie Ihre Einstellungen mit einem Klick auf die Schaltfläche **OK**.

Die Historie wird auf dem Client und somit in der Regel auf Ihrem PC gespeichert. Einen unerwünschten Eintrag löschen Sie, indem Sie in der Historie mit der Maus oder den Pfeiltasten auf den zu löschenden Eintrag gehen und dann die [Entf]-Taste drücken. Dies ist zum Beispiel sinnvoll, wenn Sie im Anmeldebild bei der Kennworteingabe verrutscht sind und das Kennwort aus Versehen in das Feld für die Benutzerkennung eingetippt haben.

» Tipp zum Tipp: Wenn Sie in diesem Ablauf das Optionsfeld **Ein** aktivieren, sehen Sie die Liste mit den Vorschlagswerten erst nach Eingabe des ersten Zeichens. Gezeigt werden nur Vorschläge, die mit dem vorgegebenen ersten Zeichen beginnen. Diese Einstellung ist auch unsere Empfehlung für Sie!

Wenn Sie mit dieser Einstellung unabhängig vom ersten Zeichen alle zuletzt vorgenommenen Eingaben sehen möchten, drücken Sie im leeren Feld einfach die Leertaste oder die [←]-Taste. Sie mögen keine Tasten? Okay, dann funktioniert auch meistens ein Doppelklick. Aber nicht immer! In Selektionsbildern von Reports öffnet der Doppelklick ein Fenster mit Selektionsoptionen.

Tipp 26

Zentrale Vorschlagswerte in Benutzerparametern definieren

Besonders bei Organisationseinheiten wie Buchungskreis, Einkaufsorganisation, Werk oder Personalbereich wiederholen sich die Eingaben. Sie tippen in unterschiedlichen Transaktionen immer wieder die gleichen Nummern ein. Wäre es nicht schön, wenn das SAP-System diese Felder für Sie ausfüllt?

Im SAP-System können Sie zentrale Vorschlagswerte festlegen. Diese werden als Parameter bezeichnet und in der Praxis häufig genutzt. In diesem Tipp erfahren Sie, wie Sie Ihre Organisationseinheiten und andere häufig benötigte Feldeingaben einmal als zentrale Vorschlagswerte vorgeben, sodass Sie diese in vielen Transaktionen nie mehr eintippen müssen.

› Und so geht's

In jeder Komponente gibt es Felder, für die es sich anbietet, Vorschlagswerte festzulegen. Hier einige Beispiele:

- In der *Materialwirtschaft* benötigen Sie bei der Erfassung neuer Lieferanten (Transaktion MK01) oft dieselbe Einkaufsorganisation.
- Im *Vertrieb* geben Sie im Einstiegsbild zur Erfassung von Anfragen (Transaktion VA11), Angeboten (Transaktion VA21), Aufträgen (Transaktion VA01), Lieferplänen (Transaktion VA31) und Kontrakten (Transaktion VA41) immer wieder dieselbe Verkaufsorganisation, denselben Vertriebsweg und dieselbe Sparte an.
- In der *Buchhaltung* arbeiten viele Anwenderinnen und Anwender mit nur einem Buchungskreis. Diesen Buchungskreis geben Sie beispielsweise bei der Anlage, Pflege und Anzeige von Debitorenstammdaten (Transaktionen FD01, FD02 und FD03) oder Kreditorenstammdaten (Transaktionen FK01,

FK02 und FK03) an. Auch in der Postenanzeige (Transaktionen FBL1N, FBL3N, FBL5N, FAGLL03), in der Saldenanzeige (Transaktionen FS10N, FAGLB03, FD10N, FK10N) und in vielen weiteren Transaktionen ist der Buchungskreis anzugeben.

- In der *Personalwirtschaft* verwenden Sie oft denselben Personalbereich, beispielsweise bei der Erfassung von Bewerbern (Transaktion PB10).

Gleichgültig, mit welcher SAP-Komponente Sie arbeiten, die Methode zur Nutzung zentraler Vorschlagswerte ist immer gleich. Sie nutzen dazu die Transaktion SU3 (Pflege eigener Benutzervorgaben) oder alternativ die Transaktion SU52 (Eigene Benutzerparameter pflegen). Die Vorgehensweise ist in beiden Transaktionen die gleiche.

1. Wählen Sie in der Menüleiste die Menüoption **System ▸ Benutzervorgaben ▸ Eigene Daten**, oder verwenden Sie zum Aufruf dieser Transaktion den Code »SU3« im Befehlsfeld. Daraufhin erscheint das Fenster **Pflege eigener Benutzervorgaben**. Mit dem Start dieser Transaktion öffnet das SAP-System automatisch einen neuen Modus.
2. Klicken Sie auf das rechte Register mit der Bezeichnung **Parameter**.

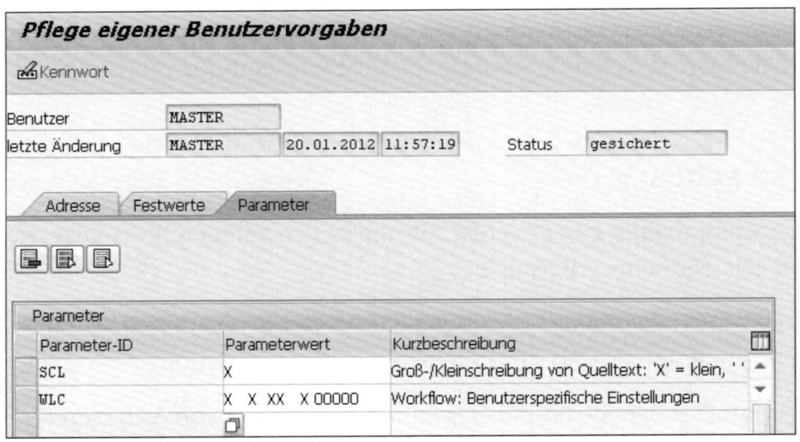

Fenster »Pflege eigener Benutzervorgaben«

3. Im Register **Parameter** klicken Sie links in der Spalte **Parameter-ID** in das erste freie Feld. Tragen Sie hier die Parameter-ID ein. Häufig benötigte Parameter-IDs finden Sie in der Tabelle am Ende dieses Tipps.
4. Rechts neben der Parameter-ID tippen Sie in der Spalte **Parameterwert** den gewünschten Vorschlagswert ein, beispielsweise die Nummer des Personalbereichs, für den Sie zuständig sind.

5. Drücken Sie die [↵]-Taste. Nun zeigt das SAP-System in der dritten Spalte **Kurzbeschreibung** die Bedeutung des Parameters.

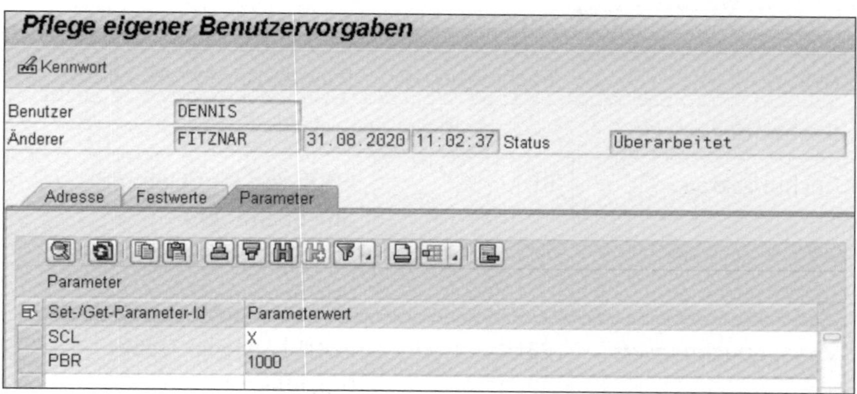

Fenster »Pflege eigener Benutzervorgaben« mit dem Parameter »PBR«

6. Wiederholen Sie die Schritte 3 bis 5, bis Sie alle gewünschten Vorschlagswerte definiert haben. Im folgenden Tipp 27, »Parameter-IDs mit der technischen Info finden«, lernen Sie, wie Sie selbst die Parameter-IDs finden.

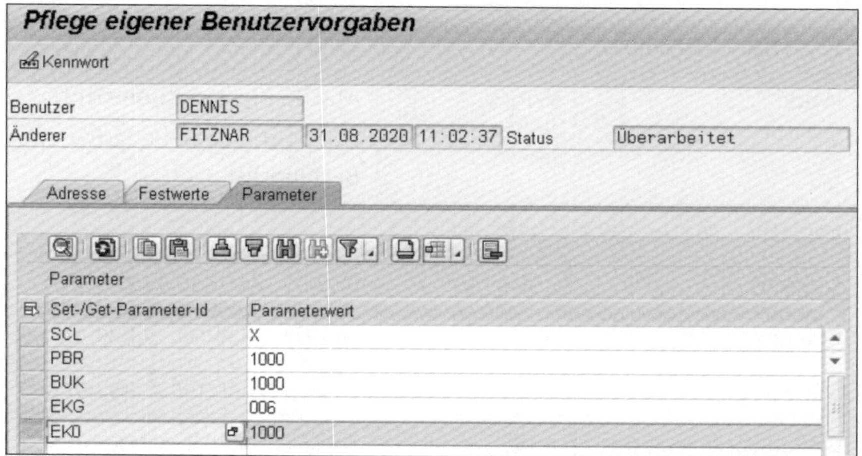

Fenster »Pflege eigener Benutzervorgaben« mit der Definition einiger Vorschlagswerte

7. Speichern Sie Ihre Eingaben mit einem Klick auf das Symbol 💾 (**Sichern**) in der Systemfunktionsleiste. Danach befinden Sie sich im Fenster **SAP Easy Access**.

Sie können nun die neuen Einstellungen testen. Bleiben Sie dazu in dem neu geöffneten Modus. Der Test funktioniert nicht im alten Modus, da dieser Ihre neue Parametereinstellung noch nicht kennt.

In der folgenden Tabelle finden Sie Parameter-IDs für Felder aus verschiedenen Komponenten. Außerdem sehen Sie hier, in welchen Transaktionen die Felder verwendet werden.

Feld	Parameter-ID	Transaktionen (Auswahl)
Rechnungswesen		
Buchungskreis	BUK	FD02 (Ändern Debitor (Buchhaltung)) FK03 (Anzeigen Kreditor (Buchhaltung))
Vorlagebuchungskreis	RBU	FD01 (Anlegen Debitor (Buchhaltung)) FK01 (Anlegen Kreditor (Buchhaltung))
Kostenrechnungskreis	CAC	KS01 (Kostenstelle anlegen) KB21N (Direkte Leistungsverrechnung erfassen)
Logistik – Allgemein		
Werk	WRK	MMBE (Bestandsübersicht) MD04 (Aktuelle Bedarfs-/Bestandsliste)
Logistik – Materialwirtschaft		
Lagerort	LAG	MMBE (Bestandsübersicht)
Branche	MTP	MM01 (Material anlegen)
Materialart	MTA	MM01 (Material anlegen)
Einkaufsorganisation	EKO	MK01 (Kreditor anlegen)
Logistik – Vertrieb		
Verkaufsorganisation	VKO	VD01 (Anlegen Debitor (Vertrieb)) VA01 (Kundenauftrag anlegen)

Häufig benötigte Parameter-IDs

Feld	Parameter-ID	Transaktionen (Auswahl)
Vertriebsweg	VTW	VD01 (Anlegen Debitor (Vertrieb)) VA01 (Kundenauftrag anlegen)
Sparte	SPA	VD01 (Anlegen Debitor (Vertrieb)) VA01 (Kundenauftrag anlegen)
Versandstelle	VST	VL01N (Auslieferung anlegen)
Auftragsart	AAT	VA01 (Kundenauftrag anlegen)
Logistik – Produktion		
Arbeitsplatz	AGR	CR12 (Kapazität ändern)
Dispobereich	BERID	MMBE (Bestandsübersicht) MD04 (Aktuelle Bedarfs-/ Bestandsliste, Einzeleinstieg)
Disponent	DGR	MD04 (Aktuelle Bedarfs-/ Bestandsliste, Sammeleinstieg)
Personalwesen		
Personalbereich	PBR	PB10 (Bewerber erfassen)
Personalteilbereich	PBS	PB10 (Bewerber erfassen)

Häufig benötigte Parameter-IDs (Forts.)

Die Vorschlagswerte gelten dauerhaft und nur für Ihren Benutzer. Und das Schöne daran: Die Vorschlagswerte gelten übergreifend für grundsätzlich alle Transaktionen mit dem entsprechenden Feld.

Doch auch hier gilt wieder die oberste SAP-Regel »Keine Regel ohne Ausnahmen«. Seien Sie nicht enttäuscht, wenn die Benutzerparameter nicht überall funktionieren. Es gibt folgende Ausnahmen:

- In manchen Transaktionen werden feldbezogene Vorschlagswerte grundsätzlich ignoriert. Zum Beispiel wird der Vorschlagswert für das Feld **Personalbereich** nicht in das Einstiegsbild der Transaktion PA40 (Personalmaßnahmen) übernommen.

- Manchmal gibt es die Möglichkeit, innerhalb einer Transaktion speziell für diese Transaktion Vorschlagswerte zu setzen. Dies gilt insbesondere für viele Belegtransaktionen wie ME21N (Bestellung anlegen).
- Für besonders häufig benötigte Felder wie **Buchungskreis** oder **Verkaufsorganisation** merkt sich das SAP-System Ihre jeweils letzte Eingabe und präsentiert diese als Vorschlagswert bis zur nächsten Anmeldung, auch wenn Sie eine abweichende Definition in Ihren Benutzervorgaben angegeben haben. Bei der nächsten Anmeldung sehen Sie wieder den ursprünglichen Parameterwert. Zu dieser Ausnahme gibt es eine Ausnahme: In manchen Transaktionen gilt die Ausnahme nicht.
- Darüber hinaus finden Sie in den Selektionsbildern vieler Reports keine Parameterwerte. Für Selektionsbilder gibt es jedoch eine eigene Funktion zur Definition von Vorschlagswerten, die sogenannten *Reportvarianten*. Dieses Thema behandeln wir in Tipp 65, »Vorschlagswerte in Reportvarianten speichern«.
- An manchen Stellen gelten Vorbelegungen aus dem Customizing.

Trotz dieser Ausnahmen werden Parameter in der Praxis sehr oft und sehr gerne genutzt. Nicht mehr benötigte Parameter löschen Sie, indem Sie wie beschrieben das Register mit der Bezeichnung **Parameter** aufrufen, dort die Zeile des entsprechenden Parameters markieren und dann auf das Symbol [Symbol] (Löschen) klicken.

» Tipp zum Tipp: Jeden Tag eine gute Tat! Haben Sie Vorschlagswerte gesammelt, und gibt es Kolleginnen und Kollegen, die diese auch brauchen können? Markieren Sie die Parameter, indem Sie in der Tabelle bei gedrückter linker Maustaste die beiden Spaltenüberschriften **SET-/GET-Parameter-Id** und **Parameterwert** markieren, und befördern Sie deren wertvollen Inhalt mit [Strg] + [C] in die Zwischenablage.

Kopieren Sie diesen Schatz mit [Strg] + [V] in eine Mail oder eine Excel-Tabelle, und schenken Sie diese einer Kollegin oder einem Kollegen. Sie oder er kann damit Ihre Parameter über die Zwischenablage in seine Benutzervorgaben übernehmen.

Tipp 27

Parameter-IDs mit der technischen Info finden

Haben Sie schon einmal eine Parameter-ID mit der Wertehilfe gesucht? Dann haben Sie sicher auch schon einmal ratlos vor einer unübersichtlichen Liste gesessen. In diesem Fall ist es hilfreich, die Parameter-ID über die technische Info zu ermitteln.

Die Parameter-ID wird auch als Identifikationsnummer des Feldes bezeichnet. Im SAP-System gibt es Tausende davon. In der Transaktion SU3 (Pflege eigener Benutzervorgaben) können Sie diese mit einem Klick auf das Symbol (**Wertehilfe**) suchen. Doch dies ist nicht der Königsweg zur Suche nach einer Parameter-ID.

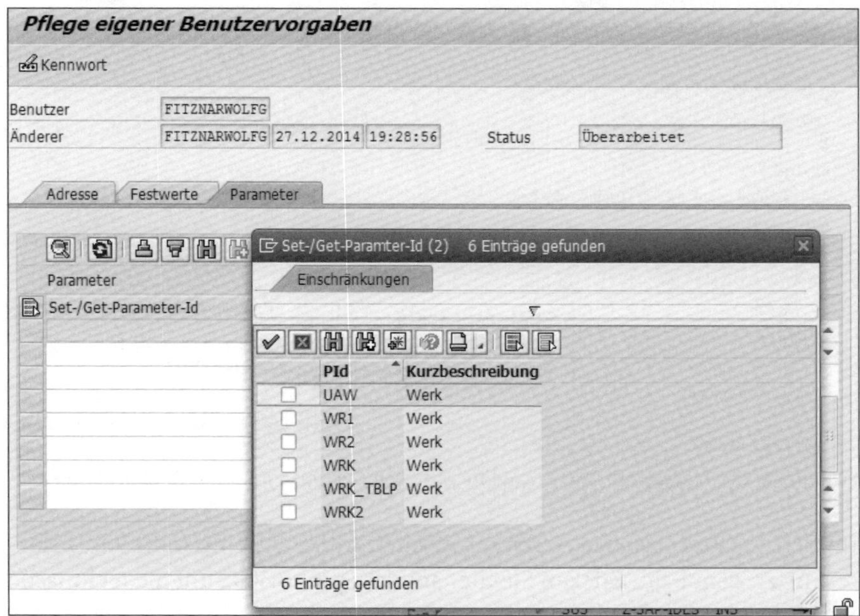

Werteliste der Parameter-IDs für die Kurzbeschreibung »Werk«

Wie Sie in der vorigen Abbildung sehen, gibt es für das Werk und auch für viele andere Feldnamen wie beispielsweise »Buchungskreis« viele Ergebnisse. Oft zu viele Ergebnisse, denn die Methode, eine Parameter-ID über die Wertehilfe herauszufinden, liefert keine Information darüber, welche die »normale« Parameter-ID ist. In diesem Fall ermitteln Sie die Parameter-ID besser über die technische Info. Zwar ist dieser Weg etwas umständlicher, führt dafür jedoch fast immer zum Erfolg.

› Und so geht's

Der sicherste Weg zum Aufspüren einer Parameter-ID ist die Nutzung der technischen Info, die über die Feldhilfe (F1-Hilfe) aufgerufen wird.

1. Starten Sie die Transaktion, die das gewünschte Feld enthält, zum Beispiel die Transaktion XK03 (Kreditor anzeigen (Zentral)) mit dem Feld **Buchungskreis**.
2. Setzen Sie den Cursor in das Feld, dessen Parameter-ID Sie ermitteln möchten. In unserem Beispiel setzen wir den Cursor in das Feld **Buchungskreis**.
3. Drücken Sie die F1-Taste, oder klicken Sie auf das Symbol (**Hilfe**).

Feldhilfe in der Transaktion XK03 (Kreditor anzeigen (Zentral)) für das Feld »Buchungskreis«

4. Im Fenster **Performance Assistant** erscheint die Feldhilfe mit einer Erläuterung zu dem Feld. Klicken Sie hier auf das Symbol , um die technische Info aufzurufen.

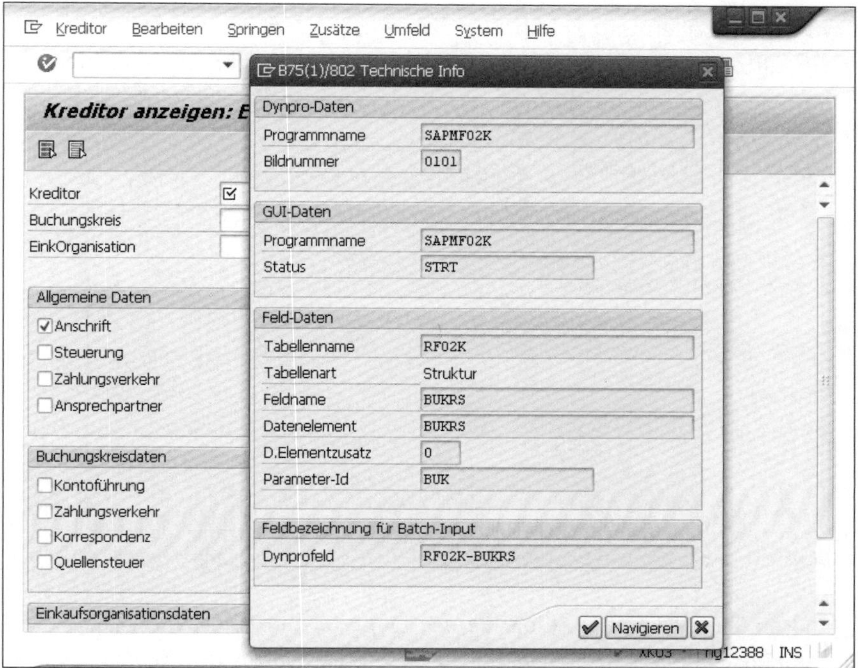

Technische Info mit dem Feld »Parameter-Id« für das Feld »Buchungskreis« in der Transaktion XK03 (Kreditor anzeigen (Zentral))

5. Im Fenster **Technische Info** sehen Sie im Bereich **Feld-Daten** im Feld **Parameter-Id**, dass das Feld die Parameter-ID BUK hat. Markieren Sie die Parameter-ID, und kopieren Sie diese mit der Tastenkombination [Strg] + [C] in die Zwischenablage von Windows.

6. Schließen Sie die Fenster mit der technischen Info und der Feldhilfe.

Nun können Sie, wie in Tipp 26, »Zentrale Vorschlagswerte in Benutzerparametern definieren«, beschrieben, den Vorschlagswert in der Transaktion SU3 (Pflege eigener Benutzervorgaben) bestimmen. Fügen Sie dort die Parameter-ID mit der Tastenkombination [Strg] + [V] ein.

» Tipp zum Tipp: Wenn in der technischen Info keine Parameter-ID angezeigt wird, bedeutet dies in der Regel, dass Sie für dieses Feld keinen Vorschlagswert über die Transaktion SU3 (Pflege eigener Benutzervorgaben) setzen können. In der Praxis haben wir es besonders in kundeneigenen Transaktionen jedoch erlebt, dass es manchmal noch eine Chance gibt. Klicken Sie doppelt in das Feld **Datenelement** im Fenster **Technische Info**. Sie befinden sich danach im *Dictionary* (siehe Abbildung). Hier definieren die Entwickler Tabellen und Felder mit den zugehörigen Parameter-IDs. Klicken Sie auf das Register **Zusatzeigenschaften**. Hier finden Sie eventuell eine **Parameter-Id**, die nicht in der technischen Info angezeigt wird.

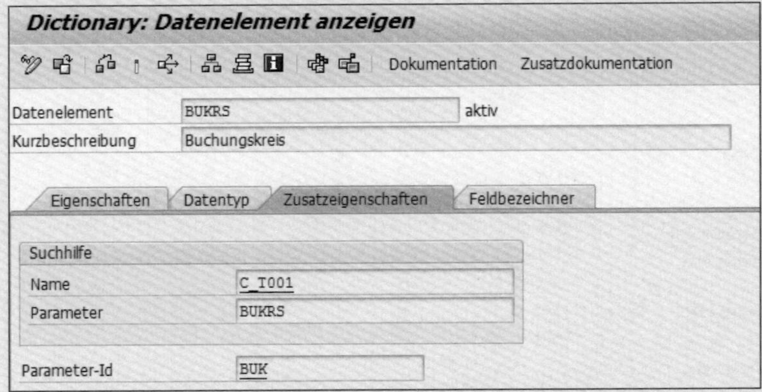

Register »Zusatzeigenschaften« im Dictionary für das Feld »Buchungskreis«

Sollten Sie zufälligerweise die Berechtigung für die Transaktion SE16H (Allgemeine Tabellenanzeige) haben, können Sie sich in der Tabelle TPARAT davon überzeugen, dass es ca. 10.000 verschiedene Parameter gibt.

Tipp 28

Transaktionsspezifische Vorschlagswerte definieren

Sie haben gemäß den letzten Tipps keine Parameter-IDs für Felder gefunden, für die Sie gerne Vorschlagswerte gesetzt hätten? Bitte nicht verzweifeln, wir sind mit diesem Buchteil noch nicht am Ende, und wir haben noch weitere Tipps für Sie. Manchmal gibt es die Möglichkeit, innerhalb einer Transaktion speziell für diese Transaktion eine Vielzahl von Vorschlagswerten zu setzen. Dies gilt insbesondere für viele Belegtransaktionen.

Die Parameter-IDs, die Sie in den vorhergehenden Tipps kennengelernt haben, sind nicht der einzige Weg ans Ziel! In einigen Transaktionen besteht die Möglichkeit, transaktionsspezifische Vorschlagswerte zu setzen. Ignoriert das SAP-System einen Parameter, den Sie über die Transaktion SU3 (Pflege eigener Benutzervorgaben) festgelegt haben, oder gibt es keine Parameter-ID? Vielleicht können Sie mit diesem Tipp dennoch von Vorschlagswerten profitieren!

› Und so geht's

Die Definition von Vorschlagswerten für spezielle Transaktionen zeigen wir Ihnen beispielhaft anhand der Transaktion ME21N (Bestellung anlegen). In der Tabelle am Ende dieses Tipps finden Sie weitere Transaktionen, für die Sie transaktionsspezifische Vorschlagswerte festlegen können.

In der Transaktion ME21N (Bestellung anlegen) werden wir für folgende Felder Vorschlagswerte definieren:

- Für das Feld **Unser Zeichen** in den Kopfdaten, das auf die Bestellung gedruckt wird und in der Praxis oft aus den Initialen der zuständigen Person aus dem Einkauf besteht.

- Für das Ankreuzfeld **BestätPflicht** in den Positionsdaten, in dem festgelegt wird, dass eine Auftragsbestätigung seitens des Lieferanten erfolgen soll. Wenn gewünscht, erstellt das SAP-System bei fehlender Bestätigung automatisch ein Mahnschreiben an den Lieferanten.

Felder »Unser Zeichen« (rechts oben in den Kopfdaten) und »BestätPflicht« (rechts unten in den Positionsdaten) in der Transaktion ME21N (Bestellung anlegen)

Für beide Felder gibt es keine Parameter-ID, aber die Vorbelegungsmöglichkeit innerhalb der Transaktion ME21N (Bestellung anlegen), die wir Ihnen nun vorstellen.

1. Starten Sie die Transaktion ME21N (Bestellung anlegen).

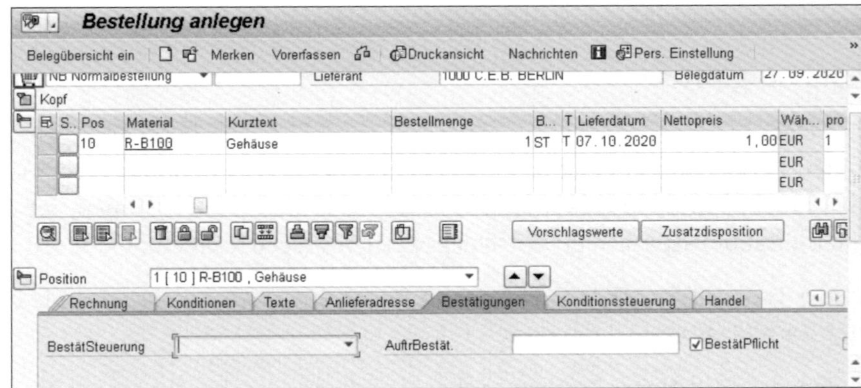

Transaktion ME21N (Bestellung anlegen)

2. Klicken Sie rechts in der Anwendungsfunktionsleiste auf die Schaltfläche **Pers. Einstellung**. Es erscheint ein Fenster mit zwei Registern.

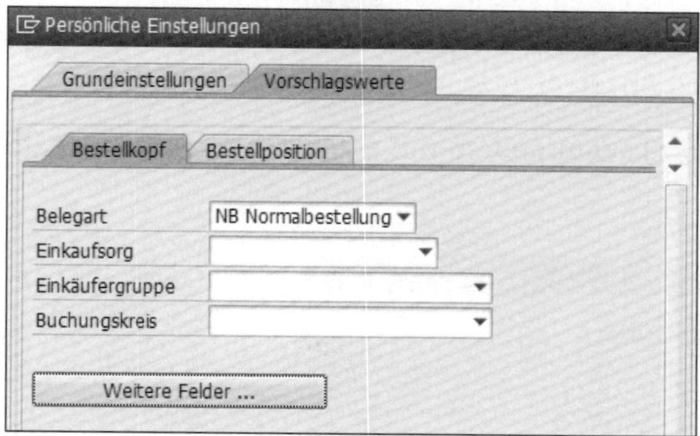

Transaktion ME21N (Bestellung anlegen) nach Klick auf die Schaltfläche »Pers. Einstellung« mit dem Hauptregister »Vorschlagswerte«

3. Klicken Sie auf das Hauptregister **Vorschlagswerte** und anschließend auf das untergeordnete Register **Bestellkopf**. Hier sehen Sie bereits einige Felder, für die Sie Vorschlagswerte festlegen können. Das Feld **Unser Zeichen**, das wir in unserem Beispiel benötigen, wird jedoch noch nicht angezeigt.

4. Um das Feld **Unser Zeichen** einzublenden, klicken Sie im Unterregister **Bestellkopf** auf die Schaltfläche **Weitere Felder**.

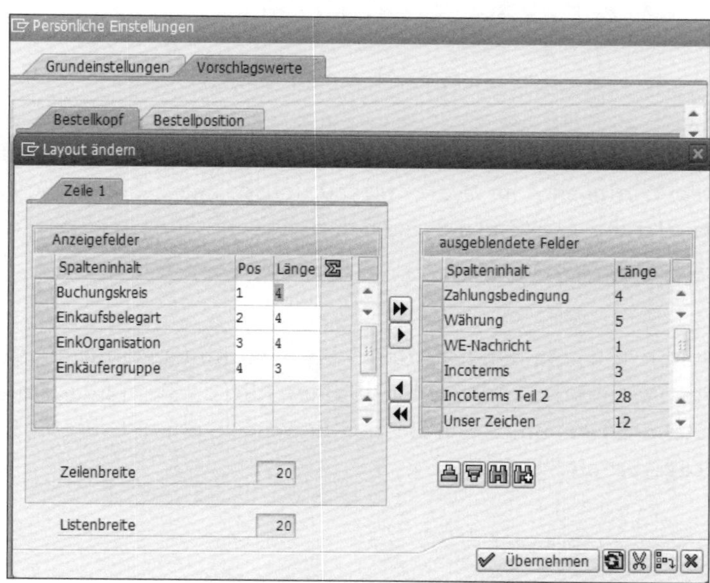

Persönliche Einstellungen für Vorschlagswerte im Bestellkopf mit weiteren Feldern im vorgelagerten Fenster »Layout ändern«

5. Prüfen Sie im rechten Fensterteil **ausgeblendete Felder**, ob Sie für weitere Felder wie **Unser Zeichen**, **Zahlungsbedingung** oder **Währung** Vorschlagswerte setzen möchten. Wenn ja, markieren Sie diese Felder, und klicken Sie auf das nach links gerichtete Dreieck ◀. Die markierten Felder werden in den linken Fensterteil **Anzeigefelder** übertragen.
6. Schließen Sie das Fenster **Layout ändern** mit einem Klick auf die Schaltfläche **Übernehmen**.

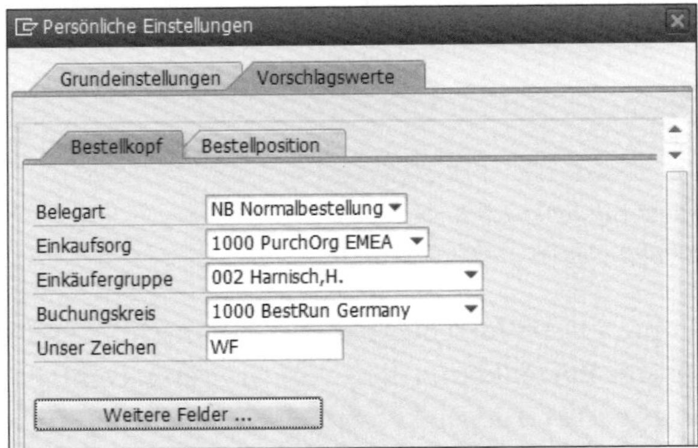

Ausgefüllte persönliche Einstellungen für Vorschlagswerte im Bestellkopf

7. Erfassen Sie nun im Fenster **Persönliche Einstellungen** Ihre weiteren individuellen Vorschlagswerte für den Bestellkopf.

» Tipp zum Tipp: Werden bei Ihnen keine Nummern zu den Organisationseinheiten angezeigt, sondern nur Texte wie »PurchOrg EMEA«? Die Anzeige der Nummern erhalten Sie über das Symbol (**Lokales Layout anpassen**) und den Befehl **Optionen...** Im Ordner **Interaktionsdesign** wählen Sie den Eintrag **Visualisierung 1** aus und aktivieren dort die Einstellung **Schlüssel in Dropdown-Listen anzeigen**.

8. Der gleiche Ablauf wie in den Schritten 3 bis 7 gilt nun auch für die Vorbelegung von Feldern in den Bestellpositionen. Klicken Sie auf das Unterregister **Bestellposition**, und legen Sie hier die Vorschlagswerte für die Felder **Werk**, **Lagerort** etc. fest.

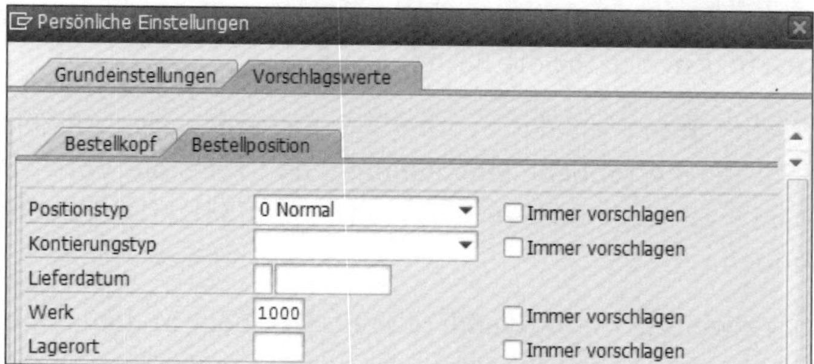

Persönliche Einstellungen für Vorschlagswerte in den Bestellpositionen

9. Um das Feld **BestätPflicht** einzublenden, klicken Sie auf die Schaltfläche **Weitere Felder**.

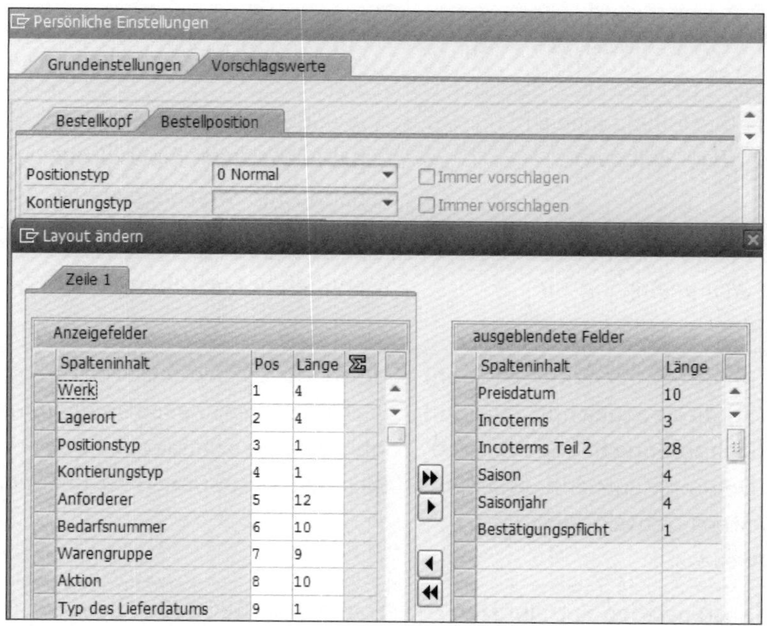

Persönliche Einstellungen für Vorschlagswerte in der Bestellposition und weitere Felder im vorgelagerten Fenster »Layout ändern«

10. Prüfen Sie im rechten Fensterteil **ausgeblendete Felder**, ob Sie für weitere Felder wie **Bestätigungspflicht** Vorschlagswerte setzen möchten. Wenn ja, markieren Sie diese Felder, und klicken Sie auf das nach links gerichtete Dreieck ◀. Die markierten Felder werden in den linken Fensterteil **Anzeigefelder** übertragen. Klicken Sie auf die Schaltfläche **Übernehmen**. Damit schließen Sie das Fenster **Layout ändern**.

11. Erfassen Sie nun im Fenster **Persönliche Einstellungen** Ihre weiteren individuellen Vorschlagswerte für die Bestellposition.

12. Klicken Sie rechts unten auf das Symbol (**Sichern**). Das SAP-System schließt das Fenster **Persönliche Einstellungen** und zeigt die Vorschlagswerte sofort an, wenn Sie sich in der Transaktion ME21N (Bestellung anlegen) befinden.

In der Praxis gibt es weitere oft verwendete Transaktionen, in denen Sie für die jeweilige Transaktion wertvolle Vorschlagswerte setzen können. Eine Auswahl dieser Transaktionen und den Weg zu den jeweiligen Einstellungen finden Sie in der folgenden Tabelle.

Transaktion	Weg zur Einstellung
MD03 (Einzelplanung einstufig)	Menübefehl **Einstellungen ▸ Sichern**
ME21N (Bestellung anlegen) ME51N (Banf anlegen)	Anwendungsfunktionsleiste: Schaltfläche **Pers. Einstellung**, Schaltfläche **Vorschlagswerte** unterhalb der Positionen
MIGO (Wareneingang zur Bestellung)	Menübefehl **Einstellungen ▸ Vorschlagswerte**
FB60 (Kreditorenrechnung erfassen) FB65 (Kreditorengutschrift erfassen) FB70 (Debitorenrechnung erfassen) FB75 (Debitorengutschrift erfassen) und weitere Transaktionen im Finanzwesen	Anwendungsfunktionsleiste: Schaltfläche **Bearbeitungsoptionen** oder alternativ die Transaktion FB00 (Bearbeitungsoptionen Buchhaltung)
KSB1 (Kostenstellen Einzelposten Istkosten anzeigen) und viele weitere Reports aus dem Controlling	Transaktion RPC0 (Benutzereinstellungen)
CO01 (Fertigungsauftrag anlegen)	Menübefehl **Auftrag ▸ Einstellungen ▸ Allgemein**

Beispiele für Transaktionen mit transaktionsbezogenen Vorschlagswerten

Wenn »Ihre« Transaktionen nicht in der Tabelle aufgeführt sind, suchen Sie in der Anwendungsfunktionsleiste und in der Menüleiste nach entsprechenden Funktionen.

Tipp 29

Temporäre Vorschlagswerte für einzelne Masken definieren

Sie erfassen hintereinander ähnliche Belege oder Stammdaten. Haben einige Felder immer die gleichen Werte, die Sie nach der Erfassung dieses Belegstapels nicht mehr brauchen? Auch für diesen Fall können Sie Vorschlagswerte festlegen, und das mit nur einem Menübefehl.

Vorschlagswerte bestimmen Sie üblicherweise gemäß Tipp 26, »Zentrale Vorschlagswerte in Benutzerparametern definieren«, mithilfe von Benutzerparametern. Die Methode »Halten Daten«, die wir Ihnen in diesem Tipp vorstellen, unterscheidet sich folgendermaßen von den Benutzerparametern:

- Die Vorschlagswerte der Methode »Halten Daten« gelten jeweils speziell für eine Maske (Bild) einer Transaktion. Sollen sie für mehrere Bilder oder unterschiedliche Transaktionen gelten, müssen Sie für jedes Bild einer Transaktion extra angelegt werden. Benutzerparameter gelten transaktionsübergreifend.
- Die Vorschlagswerte der Methode »Halten Daten« gelten nur bis zur Abmeldung vom SAP-System. Nach einer erneuten Anmeldung am SAP-System sind die Vorschlagswerte nicht mehr vorhanden. Benutzerparameter halten ein ganzes SAP-Leben, bis sie wieder gelöscht werden.
- Manchmal können mit der Methode »Halten Daten« Vorschlagswerte angegeben werden, für die keine Benutzerparameter definiert werden können. Ein Beispiel hierfür sehen Sie im folgenden Ablauf in der Transaktion PB10 (Ersterfassung Bewerberstammdaten) mit dem Feld **Grund**.

Der Vorteil gegenüber den Benutzerparametern: Die Vorschlagswerte sind sehr schnell erstellt und auch schnell wieder gelöscht. Benutzerparameter sollten Sie auf jeden Fall für alle Felder nutzen, in die Sie dauerhaft immer die gleichen Daten eintragen. Die Methode »Halten Daten« ist eine sinnvolle Ergänzung für die Erfassung ähnlicher Datensätze.

› Und so geht's

In der folgenden Tabelle finden Sie für jede Komponente eine Transaktion, mit deren Hilfe Sie die Methode »Halten Daten« testen können.

Komponente	Transaktion
Finanzwesen	FK01 (Anlegen Kreditor (Buchhaltung)) FB60 (Kreditorenrechnung erfassen) FB70 (Debitorenrechnung erfassen)
Controlling	KB11N (Manuelle Umbuchung von Primärkosten erfassen)
Personalwesen	PB10 (Ersterfassung Bewerberstammdaten)
Materialwirtschaft	MK01 (Anlegen Kreditor (Einkauf))
Vertrieb	VD01 (Anlegen Debitor (Vertrieb))

Transaktionen für die Menüfunktion »Halten Daten«

Sie wissen bereits: Die erste Regel im SAP-System heißt »Keine Regel ohne Ausnahme«, und diese Regel gilt auch für den folgenden Ablauf. Sie werden sehen, dass nicht jedes Feld mit Vorschlagswerten belegt werden kann. Manchmal steht die Funktion »Halten Daten« für einzelne Felder oder Masken nicht zur Verfügung. Dann zeigt das SAP-System in der Statusleiste üblicherweise eine entsprechende Meldung an.

1. Starten Sie eine der Transaktionen aus der Tabelle. In diesem Beispiel verwenden wir die Transaktion PB10 (Ersterfassung Bewerberstammdaten).

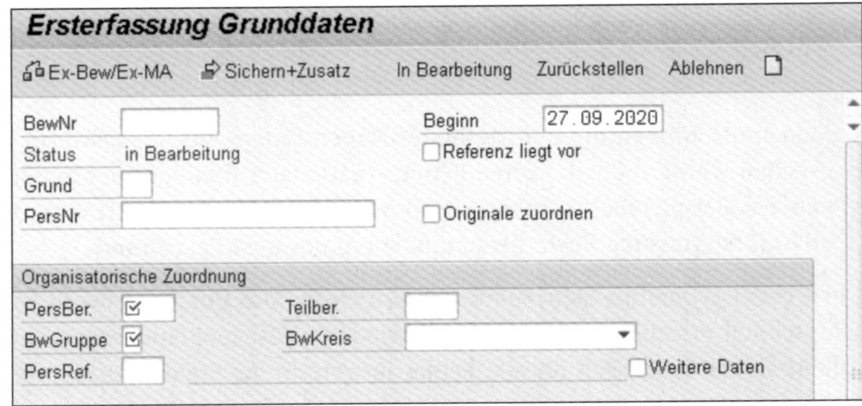

Einstiegsbild der Transaktion PB10 (Ersterfassung Bewerberstammdaten)

2. Tragen Sie Ihre Eingaben in die Felder ein, für die Vorschlagswerte erstellt werden sollen. In unserem Beispiel sind dies die Felder **Grund**, **BwGruppe**, **BwKreis**, **PersRef** und **PersBer**.

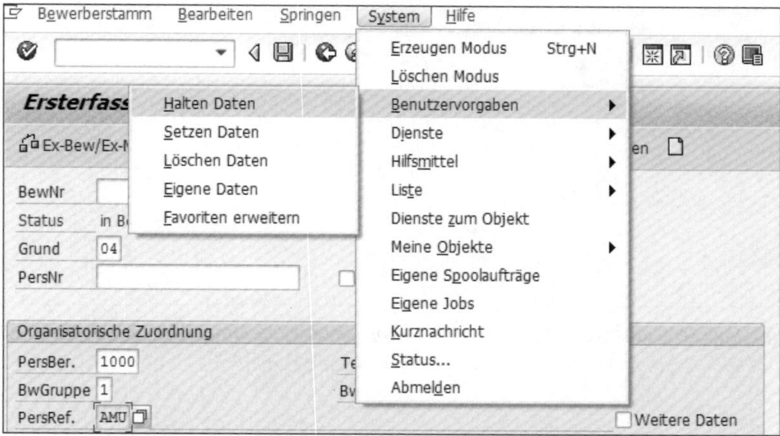

Einstiegsbild der Transaktion PB10 (Ersterfassung Bewerberstammdaten) mit dem Menübefehl »System« ▸ »Benutzervorgaben« ▸ »Halten Daten«

3. Später müssen mehrere weitere Stammsätze mit größtenteils gleichen Eingaben in diese Felder erfasst werden, und deshalb wollen Sie diese Daten bei der Erfassung der nächsten Stammsätze als Vorschlagswerte behalten. Dazu wählen Sie in der Menüleiste den Befehl **System ▸ Benutzervorgaben ▸ Halten Daten**. Die Eingaben in die entsprechenden Felder färben sich rot, und in der Statusleiste bestätigt eine Meldung, dass die Daten gehalten wurden.

4. Füllen Sie die restlichen Felder für den Bewerberstamm aus, und speichern Sie Ihre Eingaben mit einem Klick auf das Symbol (**Sichern**).

5. Nach dem Speichern wird Ihnen normalerweise eine leere Maske zur Erfassung des nächsten Datensatzes angezeigt. In unserem Fall sind nun die Felder, in denen die Eingaben vorher rot gefärbt waren, im Bild **Ersterfassung Grunddaten** mit den entsprechenden Vorschlagswerten gefüllt.

6. Genießen Sie die Erfassung weiterer Datensätze mit den zuvor definierten Vorschlagswerten!

7. Sobald Sie mit der Erfassung der ähnlichen Datensätze fertig sind, wählen Sie in der Menüleiste den Befehl **System ▸ Benutzervorgaben ▸ Löschen Daten**. Wenn Sie nun die Transaktion verlassen und erneut aufrufen, werden keine Vorschlagsdaten mehr angezeigt.

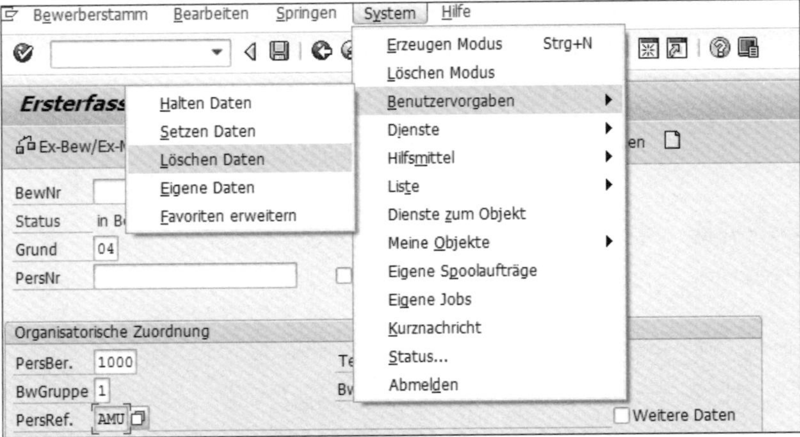

Einstiegsbild der Transaktion PB10 (Ersterfassung Bewerberstammdaten) mit dem Menübefehl »System« ▸ »Benutzervorgaben« ▸ »Löschen Daten«

» Tipp zum Tipp: Sie können im dritten Schritt auch den Befehl **System ▸ Benutzervorgaben ▸ Setzen Daten** wählen. Der Unterschied zu **Halten Daten**: Bei Auswahl von **Setzen Daten** können Sie die Feldwerte später nicht überschreiben. Damit werden die Felder grau hinterlegt und bei Drücken der [Tab]-Taste automatisch übersprungen. Dies verhindert ein versehentliches Überschreiben der Vorschlagswerte und ermöglicht gleichzeitig ein schnelleres Tabbing. (Anmerkung des Lektorats: Mit dem Wort »Tabbing« bezeichnen SAP-Gurus das Wechseln der Felder mithilfe der [Tab]-Taste.)

Tipp 30

Vorschlagswert für ein Feld mit mehreren möglichen Werten setzen

Vorschlagswerte erleichtern die Arbeit ungemein. Doch was, wenn Sie in einigen Fällen einen Wert abweichend von Ihrem Vorschlagswert einsetzen müssen? Dieser Tipp hilft Ihnen, sicherzustellen, dass Sie in solchen Fällen nicht aus Versehen den Vorschlagswert übernehmen.

Angenommen, Sie sind für zwei Werke zuständig, ein Hauptwerk mit der Nummer 1000 und ein Nebenwerk mit der Nummer 1001. Zu über 90 % benötigen Sie die Nummer 1000 des Hauptwerks in Ihren Eingaben. Bevor Sie den Vorschlagswert 1000 für das Hauptwerk setzen, sollten Sie Folgendes bedenken: Wenn Sie ein Mensch sind, der seine Daten immer konzentriert eingibt und seine Eingaben vor dem Abspeichern sorgfältig überprüft, haben wir keine Bedenken, wenn Sie in diesem Fall das Hauptwerk über die Parameter-ID vorbelegen. Sie dürfen weiterblättern zum nächsten Tipp.

Wenn Sie jedoch manchmal etwas zu schnell auf die Symbole (**Sichern**) oder (**Ausführen**) klicken, sollten Sie bei Ausnahmewerten die Vorschlagswerte vorsichtiger nutzen. Dies gilt insbesondere dann, wenn Sie Daten erfassen, die Sie nachträglich nicht korrigieren können. Gefährlich sind hier Buchungen oder Transaktionen, die Buchungen auslösen, wie beispielsweise Warenbewegungen. Besondere Vorsicht ist auch in der Personalwirtschaft bei Daten angebracht, die gehaltsrelevant sind und Rückrechnungen auslösen. Mit einem einfachen Trick umgehen Sie diese Gefahr.

› Und so geht's

Im Folgenden erklären wir Ihnen, wie Sie die Parameterdefinitionen flexibler gestalten können. Der Ablauf zur Parameterdefinition entspricht dem aus Tipp 26, »Zentrale Vorschlagswerte in Benutzerparametern definieren«.

Wollen Sie in dem eingangs erwähnten Beispiel mit den Werken 1000 und 1001 Vorschlagswerte nutzen, ohne einen festen Wert vorzugeben? Hierzu können Sie in der Parameterdefinition die ersten drei Ziffern »100« als Parameterwert für die Werksnummer angeben, da diese für beide Werke gleich sind, und sie mit einem Fragezeichen ergänzen. Diese Methode eignet sich aber natürlich nur für Felder, deren Einträge gegen eine Werteliste geprüft werden.

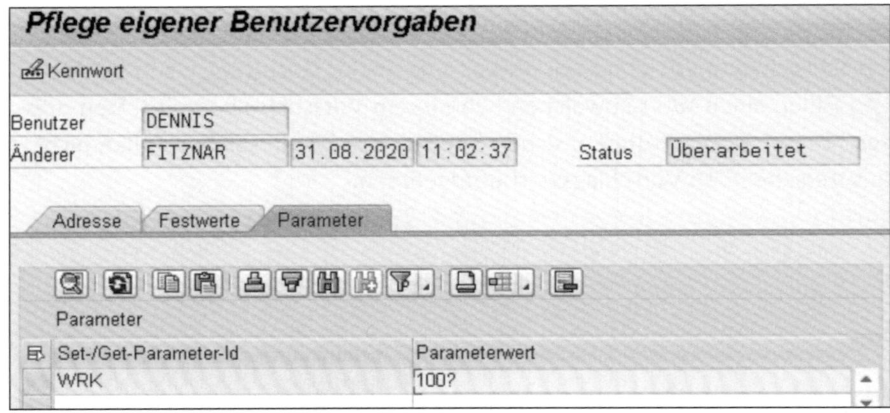

Parameterdefinition im Fenster »Pflege eigener Benutzervorgaben«

Bei der Erfassung müssen Sie später nur noch die letzte Ziffer gegen das Fragezeichen austauschen. Für den Fall, dass Sie doch einmal versehentlich zu schnell auf die Symbole (**Sichern**) oder (**Ausführen**) klicken, werden Sie in einer Fehlermeldung darauf aufmerksam gemacht, da die Werksnummer »100?« gegen eine Werteliste geprüft wird und dort nicht existiert.

Anders als bei anderen Transaktionen überprüft das SAP-System bei der Parametereingabe mit der Transaktion SU3 (Pflege eigener Benutzervorgaben) nicht, ob Sie einen gültigen Wert aus einer Werteliste eingegeben haben.

TEIL 5

Daten erfassen

Im letzten Teil haben wir Ihnen die Nutzung der Vorschlagswerte ans Herz gelegt. Bereits damit minimieren Sie Ihren Tippaufwand bei der Datenerfassung erheblich, und Sie verhindern falsche Eingaben. Mit den Tipps in diesem Teil können Sie Ihre Arbeitsgeschwindigkeit bei der Dateneingabe zusätzlich beträchtlich steigern.

› Tipps in diesem Teil

Tipp 31

Stammdaten mit Vorlagen erfassen

Erfassen Sie oft ähnliche Stammdaten? Erleichtern Sie Ihre Arbeit mit Vorlagen. Eine Vorlage ist nichts anderes als ein bereits vorhandener Stammsatz, den Sie als Blaupause verwenden.

Sie teilen dem SAP-System in der Einstiegsmaske mit, welchen Stammsatz Sie als Vorlage verwenden möchten. Daraufhin erhalten Sie statt leerer Erfassungsmasken bereits vorausgefüllte Masken. Die Daten aus dem bereits existierenden Vorlagestammsatz werden in den neu angelegten Stammsatz kopiert und können dort geändert, gelöscht und ergänzt werden.

› Und so geht's

In der folgenden Tabelle finden Sie einige Erfassungstransaktionen für häufig verwendete Stammdaten, in denen es eine Vorlagefunktion gibt.

Komponente	Transaktion
Finanzwesen	FD01 (Debitor anlegen (Buchhaltung)) FK01 (Kreditor anlegen (Buchhaltung))
Controlling	KS01 (Kostenstelle anlegen)
Materialwirtschaft	MK01 (Kreditor anlegen (Einkauf)) MM01 (Material anlegen)
Vertrieb	VD01 (Debitor anlegen (Vertrieb))
Personalwesen	OORA (Raum anlegen)

Ausgewählte Stammdatentransaktionen mit Vorlagefunktion

In allen Transaktionen aus dieser Tabelle finden Sie die Vorlagefunktion im Einstiegsbild. Und so nutzen Sie die Funktion:

1. Starten Sie eine Transaktion aus der vorherigen Tabelle, im Beispiel wird die Transaktion KS01 (Kostenstelle anlegen) gestartet.

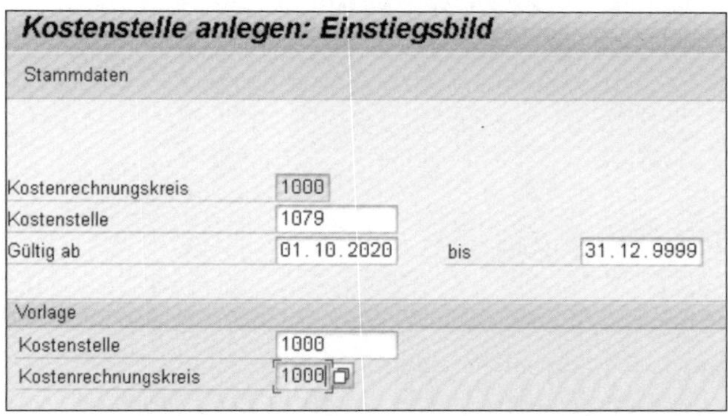

Einstiegsbild der Transaktion KS01 (Kostenstelle anlegen)

2. Füllen Sie das Einstiegsbild aus.
   - Geben Sie im unteren Teil des Bildes, in unserem Beispiel in der Feldgruppe **Vorlage** im Feld **Kostenstelle**, die Nummer des Stammsatzes an, den Sie als Vorlage nutzen wollen.
   - Vergessen Sie nicht die Vorgabe der Organisationseinheiten des Stammsatzes, in unserem Fall ist dies der **Kostenrechnungskreis**. Das ist wichtig, da in vielen Fällen bei fehlenden Organisationseinheiten die Daten aus der Vorlage nicht komplett in den neuen Stammsatz kopiert werden.
   - Nachdem Sie alle Einstellungen vorgenommen haben, bestätigen Sie das Einstiegsbild mit der [↵]-Taste.
3. Im folgenden Erfassungsbild sehen Sie nun, dass die Felder gemäß dem Stammsatz gefüllt sind, den Sie als Vorlage angegeben haben. Überarbeiten Sie im Erfassungsbild die kopierten Feldinhalte, und ergänzen Sie gegebenenfalls weitere Angaben.
4. Speichern Sie den neuen Stammsatz mit einem Klick auf das Symbol 💾 (**Sichern**) in der Systemfunktionsleiste.

Noch ein Hinweis: Wenn Sie Benutzerparameter für Felder im Erfassungsbild festgelegt haben (siehe Tipp 26, »Zentrale Vorschlagswerte in Benutzerparametern definieren«), werden diese in der Regel ignoriert, selbst wenn es in der Vorlage leere Felder gibt.

Erfassungsbild der Transaktion KS01 (Kostenstelle anlegen)

Das SAP-System übernimmt nicht immer alle Daten aus dem Vorlagestammsatz. Die Datenübernahme ist von mehreren Faktoren abhängig. Zum Beispiel gibt es folgende Regeln für die Anlage neuer Debitoren- und Kreditorenstammdaten (Transaktionen FD01 (Debitor anlegen (Buchhaltung)) und FK01 (Kreditor anlegen (Buchhaltung))):

- Geben Sie im Einstiegsbild (siehe nächste Abbildung) in der Feldgruppe **Vorlage** keinen Buchungskreis ein, werden keine Buchungskreisdaten in den neuen Stammsatz übernommen.
- Generell werden nur Daten übernommen, die nicht spezifisch sind. Zum Beispiel kopiert das SAP-System grundsätzlich keine Adressdaten, Mahnstufen oder Buchungssperren aus der Vorlage.

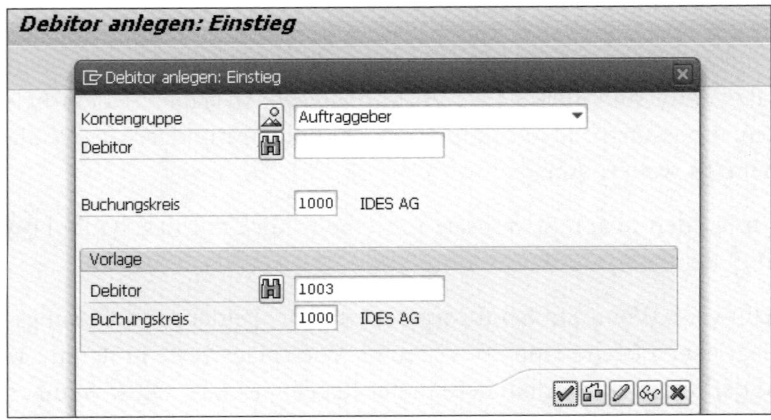

Einstiegsbild der Transaktion FD01 (Debitor anlegen (Buchhaltung))

Beachten Sie bei der Verwendung von Vorlagen, dass die kopierten Daten aus Vorlagen sorgfältig geprüft werden sollten, damit die Datenqualität erhalten bleibt. Hier kann eine Checkliste für die Felder helfen, auf die geachtet werden muss. Die Vorlagentechnik hat schon Anwenderinnen und Anwender dazu verführt, nach der Bestätigung des Einstiegsbildes zu schnell und damit falsche Daten aus der Vorlage zu sichern.

Darüber hinaus sollten Sie wissen, dass aus Vorlagen nicht immer jedes Feld mitkopiert wird. Welche Felder mitkopiert werden, kann von System zu System unterschiedlich sein, denn im Customizing können oft die zu kopierenden Felder festgelegt werden. Beispielsweise wäre es kritisch, wenn die Herstellerteilenummer aus dem Materialstamm mitkopiert würde, da diese per Definition von Material zu Material unterschiedlich sein muss.

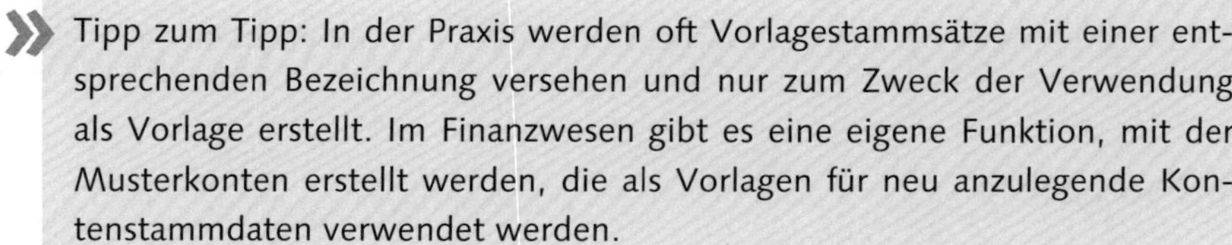

» Tipp zum Tipp: In der Praxis werden oft Vorlagestammsätze mit einer entsprechenden Bezeichnung versehen und nur zum Zweck der Verwendung als Vorlage erstellt. Im Finanzwesen gibt es eine eigene Funktion, mit der Musterkonten erstellt werden, die als Vorlagen für neu anzulegende Kontenstammdaten verwendet werden.

Tipp 32
Belege mit Vorlagen erfassen

Das schnellere Erfassen mithilfe von Vorlagen klappt nicht nur für Stammdaten, sondern funktioniert auch für viele Belege.

Auch für die Belegerfassung können Sie auf Vorlagen zurückgreifen. Dabei sind allerdings einige belegspezifische Besonderheiten zu beachten.

› Und so geht's

In der folgenden Tabelle finden Sie einige Belegtransaktionen mit Vorlagefunktionen.

Transaktionen	Vorlagefunktion
Finanzwesen	
FB60 (Kreditorenrechnung erfassen) und weitere Transaktionen zur Belegerfassung	Menübefehl **Springen ▸ Buchen mit Vorlage**
Controlling	
KB11N (Manuelle Umbuchung von Primärkosten erfassen) KB21N (Direkte Leistungsverrechnung erfassen) und weitere Transaktionen	Feld **VorlBeleg** im Register **Erfassungsdaten**

Belegtransaktionen mit Vorlagefunktionen

Transaktionen	Vorlagefunktion
Materialwirtschaft	
ME41 (Anfrage anlegen)	Menübefehl **Anfrage ▸ Kopieren**
ME21N (Bestellung anlegen) ME51N (Bestellanforderung anlegen)	Markierung des bereits angelegten Einkaufsbelegs in der Belegübersicht und Klick auf das Symbol [Symbol] (**Übernehmen**) Alternative: Nutzung der Schaltflächen **Als Vorlage sichern** und **Aus Vorlage laden** aus der Anwendungsfunktionsleiste
Vertrieb	
VA11 (Anfrage anlegen) VA21 (Angebot anlegen) VA01 (Kundenauftrag anlegen)	im Einstiegsbild mit der Schaltfläche **Anlegen mit Bezug**

Belegtransaktionen mit Vorlagefunktionen (Forts.)

Im Folgenden zeigen wir Ihnen am Beispiel der Transaktion VA01 (Kundenauftrag anlegen), wie Sie die Vorlagefunktion verwenden. Beachten Sie, dass es zwischen dieser und den anderen Transaktionen aus der Tabelle Unterschiede geben kann:

1. Starten Sie die Transaktion VA01 (Kundenauftrag anlegen).

Einstiegsbild der Transaktion VA01 (Kundenauftrag anlegen)

2. Füllen Sie im Einstiegsbild das Feld **Auftragsart**, und klicken Sie links in der Anwendungsfunktionsleiste auf die Schaltfläche **Anlegen mit Bezug**.

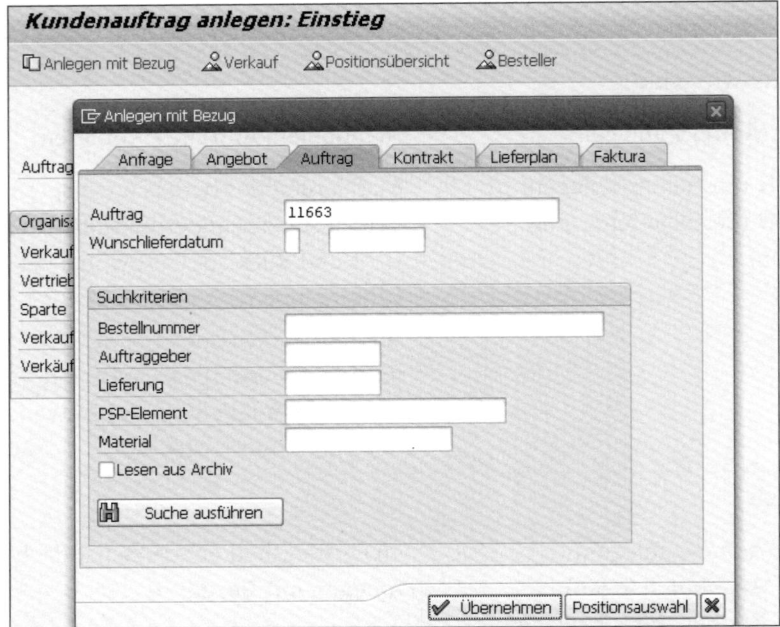

Bild »Anlegen mit Bezug« in der Transaktion VA01 (Kundenauftrag anlegen)

3. Klicken Sie im Fenster **Anlegen mit Bezug** auf das Register **Auftrag**, und geben Sie die Auftragsnummer des Auftrags ein, den Sie als Vorlage verwenden wollen. Danach bestätigen Sie dies mit einem Klick auf die Schaltfläche **Übernehmen**.

Bild »Terminauftrag anlegen« in der Transaktion VA01 (Kundenauftrag anlegen)

4. Überarbeiten Sie in den Erfassungsbildern die kopierten Feldinhalte, und ergänzen Sie gegebenenfalls weitere Angaben.

5. Speichern Sie den neuen Beleg mit einem Klick auf das Symbol (**Sichern**) in der Systemfunktionsleiste.

Speziell für Verkaufsbelege sollten Sie wissen, dass die eben durchgeführte Methode »Anlegen mit Bezug« die Bezüge zur Vorlage nachher im Belegfluss dokumentiert und dieser dadurch sehr unübersichtlich werden kann.

Belegfluss im Auftrag mit Anzeige des kopierten Vorlageauftrags in der ersten Zeile

Deshalb wird die Methode »Anlegen mit Bezug« für Kopien bestehender Belege im Vertrieb in der Praxis manchmal deaktiviert. Eine alternative Kopierfunktion für komplette Vertriebsbelege gibt es nicht. Jedoch gibt es Erfassungshilfen, mit denen Sie Positionszeilen oder Tabellenteile in den neuen Auftragsbeleg kopieren können. Eine dieser Funktionen versteckt sich hinter der Menüfunktion **Bearbeiten ▸ Weitere Funktionen ▸ Positionen vorschlagen**.

Wie bei Stammdaten gilt auch bei Belegen, dass aufgrund von Einstellungen in der Kopiersteuerung des Customizings nicht immer alle Felder kopiert werden.

Tipp 33

Zeilen in Erfassungstabellen kopieren

Sie erfassen Belege? Beim Anlegen von Aufträgen, Bestellanforderungen, Bestellungen, Buchungen oder anderen Belegen geben Sie oft viele Zeilen bzw. Positionen ein. Und in vielen Fällen ändern sich von Zeile zu Zeile nur ein oder zwei Felder. Sparen Sie in diesen Fällen viel Tipperei!

Sie bestellen bei einem Lieferanten sechs verschiedene Materialien. In der Positionsübersicht der Bestellung benötigen Sie dazu gemäß der nächsten Abbildung sechs Zeilen.

S..	Pos	P	Material	Kurztext	Bestellmenge	B...	T	Lieferdatum	Nettopreis
	10		T-MD2303	Sheet metal ST37-03	100,00	M2	T	11.12.2014	27,0
	20		T-MD2304	Sheet metal ST37-04	100,00	M2	T	11.12.2014	3,0
	30		T-MD2305	Sheet metal ST37-05	100,00	M2	T	11.12.2014	143,0
	40		T-MD2306	Sheet metal ST37-06	100,00	M2	T	11.12.2014	2,0
	50		T-MD2307	Sheet metal ST37-07	100,00	M2	T	11.12.2014	37,0
	60		T-MD2308	Sheet metal ST37-08	100,00	M2	T	11.12.2014	49,0

Transaktion ME21N (Bestellung anlegen) mit Positionsübersicht

Alle Angaben wie beispielsweise Lieferdatum und Menge sind gleich, nur die Materialnummern sind unterschiedlich. In diesem Fall sollten Sie nicht Zeile für Zeile neu eingeben, sondern nur die erste Zeile erfassen, diese kopieren und in den kopierten Zeilen die Materialnummern ändern.

› Und so geht's

Mit den Transaktionen aus der folgenden Tabelle können Sie das Kopieren von Zeilen testen.

Komponente	Transaktion
Finanzwesen	FB60 (Kreditorenrechnung erfassen) FB70 (Debitorenrechnung erfassen)
Controlling	KB11N (Manuelle Umbuchung von Primärkosten erfassen) KB21N (Direkte Leistungsverrechnung erfassen)
Materialwirtschaft	ME21N (Bestellung anlegen) ME51N (Bestellanforderung anlegen)

Transaktionen mit Kopierfunktion in der Positionstabelle

Und so nutzen Sie die Kopierfunktion:

1. Starten Sie eine der Transaktionen aus der Tabelle. In unserem Beispiel nutzen wir die Transaktion ME21N (Bestellung anlegen).
2. Erfassen Sie in unserem Beispiel im Kopf den Lieferanten und danach die erste Positionszeile.

Transaktion ME21N (Bestellung anlegen) mit einer erfassten Zeile in der Positionsübersicht

3. Markieren Sie am linken Tabellenrand die Zeile, und klicken Sie auf das Symbol (**Position kopieren**), das sich unterhalb der Tabelle befindet. Die markierte Zeile wird daraufhin kopiert und automatisch unterhalb der markierten Zeile eingefügt. So müssen Sie in unserem Fall nur die Materialnummer ändern, sofern die Stammdaten komplett gepflegt sind.

Transaktion ME21N (Bestellung anlegen) mit der kopierten Zeile in der Positionsübersicht

4. Wenn Sie mehrere ähnliche Positionen erfassen müssen, können Sie den letzten Schritt wiederholen. Dazu dürfen Sie auch mehrere Positionen markieren. Mit einem Klick auf das Symbol (**Position kopieren**) kopieren Sie so auch mehrere Positionen auf einen Schlag.

Sollte es wie beispielsweise in der Transaktion VA01 (Kundenauftrag anlegen) keine Kopierfunktion für Positionszeilen geben, klappt in der Regel das Kopieren in der Tabelle mit der Tastenkombination `Strg` + `Y`. Diese Funktion ist im nächsten Tipp 34, »Tabellenteile kopieren«, beschrieben.

Haben Sie aus Versehen zu viele Zeilen oder eine falsche Position kopiert? Durch Markieren der Positionen und einen Klick auf eines der Symbole oder (**Position Löschen**) beseitigen Sie die markierten Zeilen. Es gibt noch viele weitere Bearbeitungsmöglichkeiten für die Tabelleneinträge, die sich oft von Transaktion zu Transaktion unterscheiden. Die Bedeutung der Symbole erfahren Sie in der Quickinfo, wenn Sie mit der Maus darauf zeigen (siehe Tipp 11, »Quickinfo beschleunigen«).

Tipp 34
Tabellenteile kopieren

In einigen Transaktionen wie beispielsweise VA01 (Kundenauftrag anlegen) gibt es weder eine Vorlagefunktion noch eine Funktion zum Kopieren von Zeilen. Wie Sie in diesen Transaktionen dennoch Eingabeaufwand durch Kopieren minimieren, erfahren Sie in diesem Tipp.

In vielen Tabellen lassen sich Tabellenteile nicht auf die gewohnte Weise durch Ziehen mit der Maus markieren. Die Markiermöglichkeit ist standardmäßig auf den Inhalt eines Feldes oder auf eine Zeile beschränkt. Das Markieren mehrerer Felder ist jedoch die Voraussetzung, um einen Tabellenteil zu kopieren und damit den Erfassungsaufwand zu reduzieren. In diesem Tipp erfahren Sie, wie Sie in solchen Fällen dennoch ganze Zeilen oder andere Tabellenteile kopieren können.

› Und so geht's

Mit den Transaktionen aus der folgenden Tabelle können Sie das Kopieren von Tabellenteilen testen.

Komponente	Transaktion
Finanzwesen	FB60 (Kreditorenrechnung erfassen)
Controlling	KB21N (Direkte Leistungsverrechnung erfassen)
Materialwirtschaft	ME21N (Bestellung anlegen)
Vertrieb	VA01 (Kundenauftrag anlegen)
Personalwesen	PA70 (Schnellerfassung)

Transaktionen zur Markierung von Tabellenteilen

Das Kopieren aus Tabellen funktioniert nicht nur in Erfassungstransaktionen, sondern in der Regel auch in den entsprechenden Änderungs- und Anzeigetransaktionen.

Mit der folgenden Methode erfolgt die Kopie eines Tabellenteils oder eines einzelnen Feldes:

1. Starten Sie eine der Transaktionen aus der Tabelle. Im Beispiel wird die Transaktion VA01 (Kundenauftrag anlegen) gestartet.

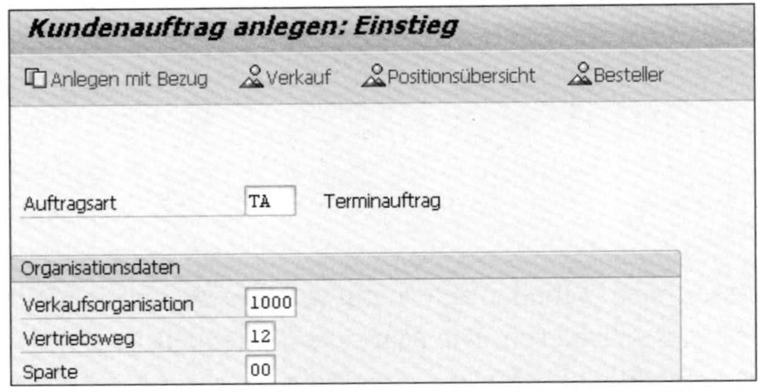

Einstiegsbild der Transaktion VA01 (Kundenauftrag anlegen)

2. Füllen Sie im Einstiegsbild die Felder **Auftragsart**, **Verkaufsorganisation**, **Vertriebsweg** und **Sparte**, und bestätigen Sie Ihre Eingaben mit ↵.

Transaktion VA01 (Kundenauftrag anlegen) mit dem ersten Register »Verkauf«

3. Nehmen Sie im ersten Register **Verkauf** Eintragungen in den Feldern **Auftraggeber** und **Bestellnummer** vor, und klicken Sie auf das zweite Register **Positionsübersicht**.

4. Erfassen Sie im zweiten Register **Positionsübersicht** in der Tabelle **Alle Positionen** die erste Auftragszeile.

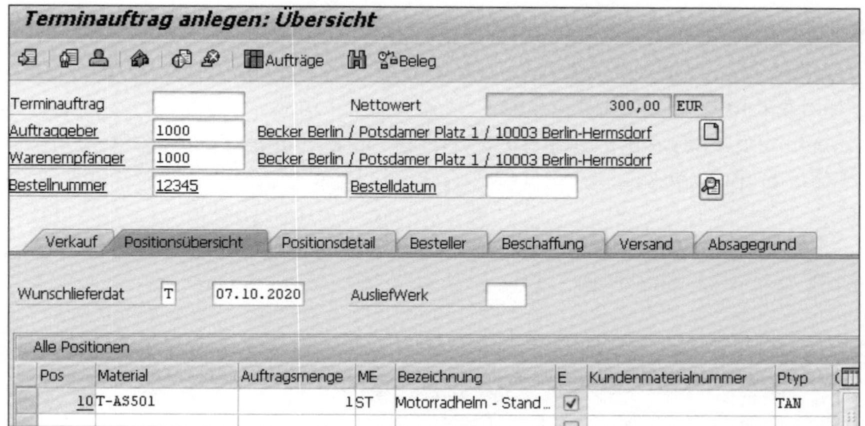

Transaktion VA01 (Kundenauftrag anlegen) mit dem zweiten Register »Positionsübersicht«

5. Der sichtbare Teil der ersten Zeile soll nun kopiert werden. Drücken Sie die Tastenkombination [Strg] + [Y]. Der Mauszeiger verwandelt sich in ein Fadenkreuz. Dies ist die Voraussetzung dafür, dass mehrere Felder in einer Tabelle markiert werden können.

6. Markieren Sie nun mit gedrückter linker Maustaste den Tabellenteil, der kopiert werden soll. Sie dürfen auch mehrere Zeilen und Spalten markieren.

7. Kopieren Sie die markierten Feldinhalte mit [Strg] + [C] in die Zwischenablage.

8. Klicken Sie in das Feld, ab dem die Feldinhalte eingefügt werden sollen.

9. Holen Sie die Feldinhalte mit [Strg] + [V] aus der Zwischenablage.

Natürlich lassen sich auch Daten aus einem anderen SAP-Fenster in das aktuelle Fenster übernehmen. In unserem Beispiel könnten Sie im anderen Fenster mit der Transaktion VA03 (Kundenauftrag anzeigen) einen alten Auftrag öffnen und daraus Teile der Positionstabelle in den neuen Auftrag übernehmen.

Sie können sich auch Kopiervorlagen in Microsoft Excel erstellen, die Sie über die Zwischenablage in die entsprechenden Erfassungstabellen im SAP-System einfügen. Wie Sie zur Erstellung der Kopiervorlagen Daten aus SAP nach Excel exportieren, erfahren Sie in Tipp 96, »Download-Funktionen finden«, und Tipp 97, »Frei wählbare Tabellenteile downloaden«.

» Tipp zum Tipp: In einigen Transaktionen dürfen Sie ausgefüllte Positionstabellen als Kopiervorlage für neue Belege abspeichern. In den Belegerfassungstransaktionen des Finanzwesens wie beispielsweise FB70 (Debitorenrechnung erfassen) verwalten Sie diese ausgefüllten Positionstabellen als Kontiervorlagen.

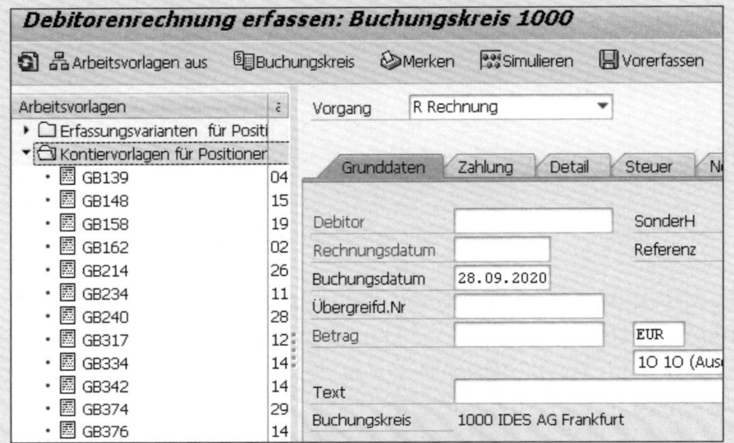

Transaktion FB70 (Debitorenrechnung erfassen), im linken Bildteil die Auswahl für Kontiervorlagen, rechts unten die Positionstabelle

» Und noch ein Tipp zum Tipp: Müssen Sie größere Datenmengen erfassen, und gibt es diese Daten bereits in Excel oder anderen Dateiformaten, beispielsweise Stücklisten für die Materialwirtschaft? Das SAP-System besitzt verschiedene Werkzeuge, wie zum Beispiel die LSMW (Legacy System Migration Workbench), mit denen Ihr*e Anwendungsbetreuer*in diese Daten in das SAP-System automatisiert übernehmen kann.

Tipp 35

Feldinhalte schneller kopieren

Übertragen Sie viele einzelne Feldinhalte von einem Fenster in ein anderes Fenster, zum Beispiel aus dem aktuellen SAP-Fenster in ein anderes SAP-Fenster oder in Excel oder auch im selben SAP-Fenster von Feld zu Feld? In diesem Tipp erfahren Sie, wie dies schneller funktioniert.

Üblicherweise kopieren Sie Feldinhalte mit folgender Methode:

1. Sie markieren den Feldinhalt, den Sie kopieren möchten.
2. Sie kopieren den Feldinhalt mit Strg + C in die Zwischenablage.
3. Sie wechseln an die Stelle, an der der Feldinhalt eingefügt werden soll.
4. Sie holen den Feldinhalt mit Strg + V aus der Zwischenablage.

Im SAP-System gibt es eine Methode, die diesen Ablauf beschleunigt und auf zwei Schritte reduziert.

› Und so geht's

Bevor Sie diese Methode testen, sollten Sie wissen, dass die Kopierfunktion dieses Tipps in vielen, jedoch nicht in allen Transaktionen funktioniert. Ein Beispiel hierfür sind ALV-Grid-Listen wie beispielsweise MM60 (Materialverzeichnis).

Die schnelle Kopierfunktion dieses Tipps funktioniert in ALV-Classic-Listen und in grundsätzlich jedem Feld von normalen Formularmasken. Je nach Komponente können Sie eine der Transaktionen aus der folgenden Tabelle für den folgenden Ablauf verwenden.

Komponente	Transaktion
Finanzwesen	FB60 (Kreditorenrechnung erfassen) FB70 (Debitorenrechnung erfassen)
Controlling	KB11N (Manuelle Umbuchung von Primärkosten erfassen) KB21N (Direkte Leistungsverrechnung erfassen)
Materialwirtschaft	ME41 (Anfrage anlegen)
Vertrieb	VA01 (Kundenauftrag anlegen)
Personalwesen	PA70 (Schnellerfassung)

Transaktionen für das beschleunigte Kopieren in Positionstabellen

Als Voraussetzung für das schnelle Ausschneiden und Kopieren benötigen Sie eine Voreinstellung. Danach führen Sie die Kopierfunktion durch. Im folgenden Beispiel starten Sie dazu die Transaktion VA01 (Kundenauftrag anlegen). Dort erfassen Sie einen Auftrag mit vielen Positionen und kopieren die Materialnummer.

1. Klicken Sie in der Systemfunktionsleiste ganz rechts auf das Symbol (**Lokales Layout anpassen**).

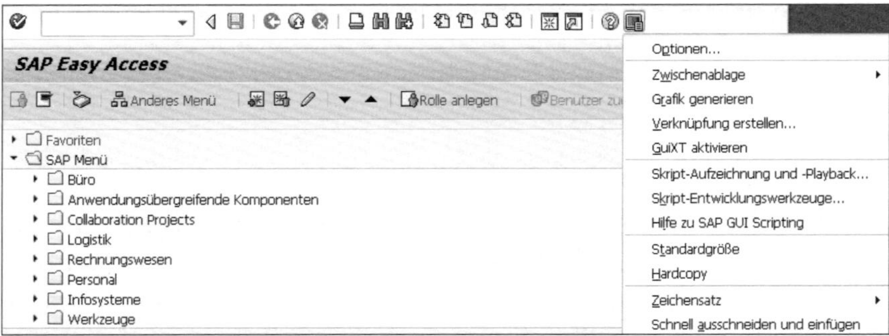

Layoutmenü mit dem Menübefehl »Schnell ausschneiden und einfügen«

2. In dem damit geöffneten Layoutmenü wählen Sie den Befehl **Schnell ausschneiden und einfügen** aus, der eigentlich »Schnell kopieren und einfügen« heißen müsste, da hiermit nichts »ausgeschnitten« wird.
3. Starten Sie eine der Transaktionen aus der vorhergehenden Tabelle oder eine andere Transaktion, in der Sie Daten ändern oder eingeben können. Im Beispiel wird die Transaktion VA01 (Kundenauftrag anlegen) gestartet.

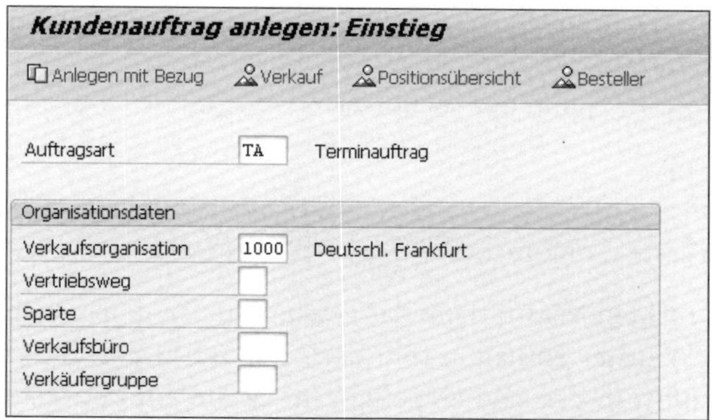

Einstiegsbild der Transaktion VA01 (Kundenauftrag anlegen)

4. Füllen Sie das Einstiegsbild aus, und bestätigen Sie es mit [↵].
5. Nehmen Sie im ersten Register **Verkauf** Eintragungen in den Feldern **Auftraggeber** und **Bestellnummer** vor, und klicken Sie auf das zweite Register **Positionsübersicht**.

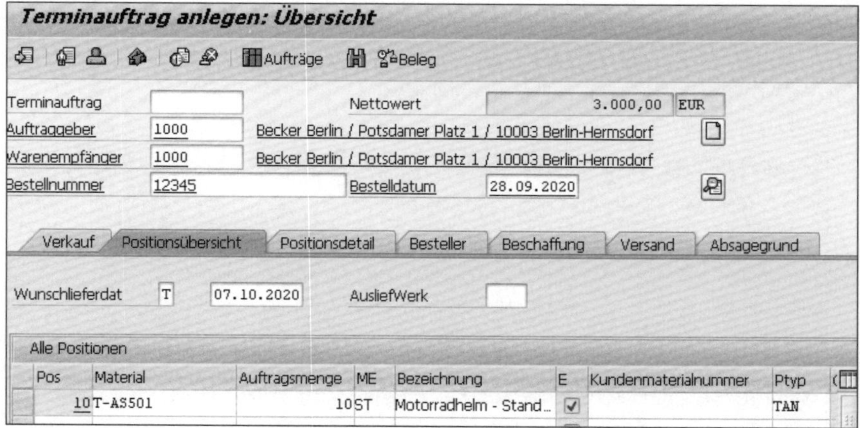

Transaktion VA01 (Kundenauftrag anlegen) vor dem Kopiervorgang

6. Markieren Sie nun mit der linken Maustaste den Feldinhalt, den Sie kopieren möchten. Und das geht so: Sie ziehen mit gedrückter Maustaste den Cursor über die Zeichenfolge, und am Ende angekommen lassen Sie die linke Maustaste los.
   - Durch die neue Einstellung im Layoutmenü ist der Feldinhalt nicht mehr markiert, sondern der Cursor steht wieder an der Stelle, an der Sie die linke Maustaste losgelassen haben.

- Durch das Loslassen der linken Maustaste wird der markierte Inhalt sofort in die Zwischenablage kopiert. Sie ersparen sich dadurch die Tastenkombination [Strg] + [C], mit der Sie normalerweise den Feldinhalt kopieren.
- Der bisherige Inhalt der Zwischenablage wird genauso überschrieben, als wenn Sie die Tastenkombination [Strg] + [C] drücken.

7. Klicken Sie mit der rechten Maustaste in das gewünschte Feld, das auch in einem anderen SAP-Fenster enthalten sein darf. Der Inhalt aus der Zwischenablage wird sofort in das Feld eingefügt, in das Sie mit der rechten Maustaste geklickt haben.
   - Durch die neue Einstellung im Layoutmenü erhält die rechte Maustaste die neue Funktion »Einfügen aus der Zwischenablage«.
   - Im SAP-System ersparen Sie sich dadurch die Tastenkombination [Strg] + [V], mit der Sie üblicherweise den Inhalt aus der Zwischenablage einfügen.
   - In einem anderen Programm wie zum Beispiel Excel nutzen Sie die normale Einfügefunktion, wie beispielsweise die Tastenkombination [Strg] + [V].

Transaktion VA01 (Kundenauftrag anlegen), nachdem der kopierte Inhalt mehrmals mit Rechtsklick in die Spalte »Material« eingefügt wurde

8. Nachdem Sie alle gewünschten Feldinhalte kopiert haben, schalten Sie die Funktion wieder aus. Klicken Sie dazu in der Systemfunktionsleiste wieder ganz rechts auf das Symbol (**Lokales Layout anpassen**), und wählen Sie den Menübefehl **Schnell ausschneiden und einfügen**.

» Tipp zum Tipp: Der Menübefehl **Schnell ausschneiden und einfügen** setzt die normale Funktion der rechten Maustaste außer Kraft. Das Kontextmenü, das sonst mit der rechten Maustaste gestartet wird, kann jedoch weiterhin mit der Tastenkombination ⇧ + F10 geöffnet werden.

Tipp 36

Tastatureinstellungen für die Datenerfassung optimieren

Auch mit den optimalen Einstellungen für die Tastatur können Sie Zeit sparen. Lesen Sie, welche Einstellungen sich für welchen Zweck besonders eignen. Die optimalen Tastatureinstellungen hängen zum Beispiel davon ab, ob Sie viel mit Vorlagen arbeiten oder ob Sie Daten vorwiegend in leere Erfassungsmasken eintragen.

Für die Datenerfassung gibt es zwei Modi: den *Einfügemodus* und den *Überschreibmodus*. Normalerweise empfehlen wir den Einfügemodus. Verwenden Sie jedoch Vorlagen, müssen Sie oft nur die letzten Zeichen eines Feldes ändern. Dann könnte der Überschreibmodus besser sein, mit dem Sie ganz einfach die letzten Ziffern übertippen. Diese und weitere Feineinstellungen lernen Sie im folgenden Ablauf kennen.

› Und so geht's

Der aktuelle Modus (Einfüge- oder Überschreibmodus) wird rechts unten in der Statusleiste angezeigt. Der Überschreibmodus wird mit »OVR« angezeigt, der Einfügemodus mit »INS«.

Statusleiste

Zwischen Einfüge- und Überschreibmodus wechseln Sie mit einem Klick auf die Anzeige **OVR** oder **INS** in der Statusleiste. Den gleichen Effekt erzielen Sie mit der Taste [Einfg] rechts unten auf der Tastatur.

» Tipp zum Tipp: Wir empfehlen die Einstellung **INS**. Einzige Ausnahme: Wenn Sie viele Daten korrigieren, bei denen jeweils an der gleichen Stelle oder am Feldende Korrekturen vorgenommen werden müssen, kann die Einstellung **OVR** von Vorteil sein.

Damit Sie den Cursor auf den ersten Blick sehen, ist es zusätzlich speziell für den Überschreibmodus sinnvoll, einen Blockcursor einzustellen. Diese und weitere Einstellungen nehmen Sie gemäß folgendem Ablauf über das Layoutmenü vor:

1. Klicken Sie in der Systemfunktionsleiste ganz rechts auf das Symbol (**Lokales Layout anpassen**).

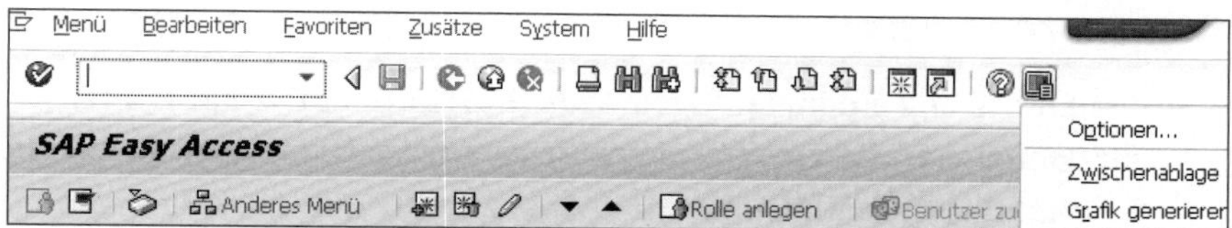

Layoutmenü mit dem Befehl »Optionen...«

2. In dem damit geöffneten Layoutmenü wählen Sie den Befehl **Optionen...** aus. Danach befinden Sie sich im Fenster **Optionen für SAP GUI**.

3. Öffnen Sie im linken Bildschirmteil den Ordner **Interaktionsdesign**, und klicken Sie in diesem Ordner auf den Eintrag **Tastatureinstellungen**.

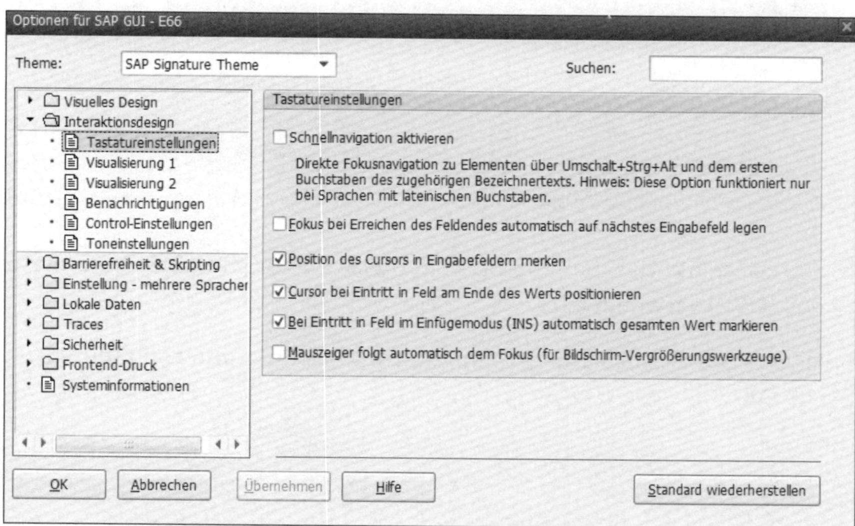

Tastatureinstellungen im Fenster »Optionen für SAP GUI«

Hier überprüfen Sie insbesondere folgende Einstellungen:

- **Fokus bei Erreichen des Feldendes automatisch auf nächstes Eingabefeld legen**: Damit sparen Sie sich das Drücken der [Tab]-Taste nach der Dateneingabe in einem komplett ausgefüllten Feld. Ist dieses Feld angekreuzt, springt der Cursor (hier Fokus genannt) automatisch zum nächsten Eingabefeld, wenn das Ende des aktuellen Feldes erreicht ist. Diese Funktion wird auch als *automatisches Tabbing* oder *Autotab* bezeichnet.
- **Cursor bei Eintritt in Feld am Ende des Werts positionieren**: Diese Einstellung gilt nur für den Feldwechsel mit einem Mausklick. In diesem Fall wird der Cursor an das Ende des Textes eines bereits gefüllten Eingabefeldes gesetzt, wenn Sie rechts neben den Text in den leeren Bereich des Eingabefeldes klicken. Ansonsten steht der Cursor im leeren Raum des Feldes.
- **Bei Eintritt in Feld im Einfügemodus (INS) automatisch gesamten Wert markieren**: Ist dieses Feld angekreuzt, wird automatisch der gesamte Text markiert, wenn Sie mit der [Tab]-Taste in ein Eingabefeld springen. Wenn Sie dann eine Eingabe vornehmen, wird der gesamte ursprüngliche Inhalt des Feldes gelöscht.

4. Die Einstellung für den anfangs erwähnten Blockcursor finden Sie an anderer Stelle. Klicken Sie im linken Bildschirmteil im Ordner **Interaktionsdesign** auf den Eintrag **Visualisierung 1**.

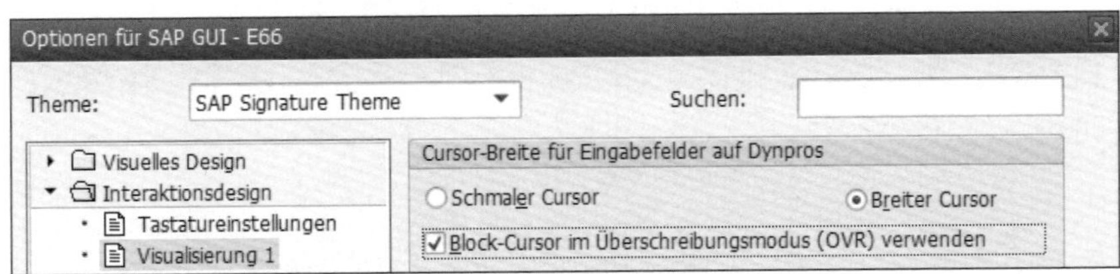

Einstellung für den Blockcursor im Überschreibmodus im Fenster »Optionen für SAP GUI«

5. Setzen Sie das Häkchen für das Feld **Block-Cursor im Überschreibungsmodus (OVR) verwenden**.
6. Sichern Sie die Einstellungen mit einem Klick links unten auf die Schaltfläche **OK**.

Tipp 37

Spaltenreihenfolge in Erfassungstabellen ändern (Table Control)

Müssen Sie in Positionstabellen bei jeder Zeile jeweils leere und damit überflüssige Spalten manuell überspringen? Das ist ein No-Go! Blenden Sie die überflüssigen Spalten einfach aus. Gestalten Sie Ihre Erfassungstabellen so, dass die Spaltenreihenfolge der Reihenfolge Ihrer Eingaben entspricht. Es lohnt sich!

Mit der Funktion *Table Control* (anderer Begriff: Tabelleneinstellungen), die wir Ihnen in diesem Tipp vorstellen, haben Sie in Erfassungstabellen die folgenden spannenden Möglichkeiten:

- Reihenfolge der Spalten ändern
- Spalten ausblenden
- Spaltenbreite verändern
- Tabelleneinstellungen speichern und aufrufen

Transaktion VA01 (Kundenauftrag anlegen) mit Erfassungstabelle

Das Table Control für Tabellen ist nicht zu verwechseln mit den Layouts bzw. Anzeigevarianten, mit denen Sie im Reporting die tabellarischen Reports gestalten.

› Und so geht's

In der folgenden Tabelle finden Sie einige Beispiele für Transaktionen, in denen Ihnen das Table Control zur Verfügung steht.

Komponente	Transaktion
Finanzwesen	FD01 (Debitor anlegen), FK01 (Kreditor anlegen), jeweils in den allgemeinen Daten im Register **Zahlungsverkehr**
Controlling	KB11N (Manuelle Umbuchung von Primärkosten erfassen) KB21N (Direkte Leistungsverrechnung erfassen)
Materialwirtschaft	ME21N (Bestellung anlegen) ME41 (Anfrage anlegen)
Vertrieb	VA01 (Kundenauftrag anlegen) VA21 (Angebot anlegen)
Personalwesen	PA70 (Schnellerfassung)

Transaktionen mit Table Control

Wenn Sie Tabelleneinstellungen für eine Erfassungstransaktion wie beispielsweise FD01 (Debitor anlegen (Buchhaltung)) vornehmen, können Sie diese auch in den verwandten Änderungs- und Anzeigetransaktionen wie FD02 (Debitor ändern (Buchhaltung)) und FD03 (Debitor anzeigen (Buchhaltung)) verwenden.

In anderen Transaktionen wie FB60 (Kreditorenrechnung erfassen) und FB70 (Debitorenrechnung erfassen) und weiteren Buchungstransaktionen des Finanzwesens können die entsprechenden Funktionen für die Buchungstransaktionen leider nur über Erfassungsvarianten durchgeführt werden, die mit der Transaktion SHDO (Transaktions- und Screenvarianten) angelegt und verwaltet werden.

Im Folgenden stellen wir Ihnen die Möglichkeiten des Table Controls vor und zeigen Ihnen, wie Sie die veränderte Darstellung als Variante speichern:

1. Starten Sie eine der Transaktionen aus der vorhergehenden Tabelle. Im Beispiel verwenden wir die Transaktion VA01 (Kundenauftrag anlegen).

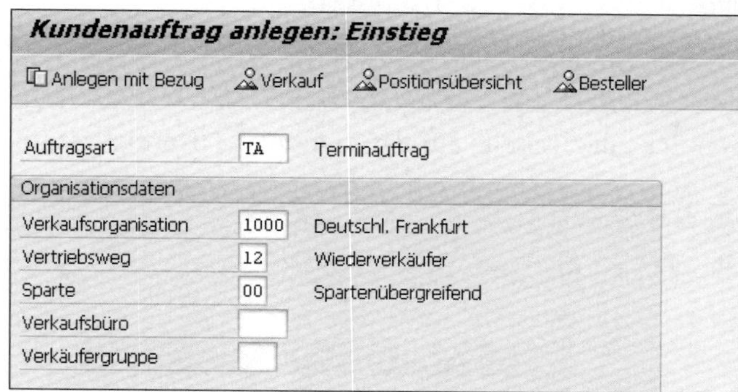

Einstiegsbild der Transaktion VA01 (Kundenauftrag anlegen)

2. Nehmen Sie im Auftragskopf Eintragungen in den Feldern **Auftraggeber** und **Bestellnummer** vor, und klicken Sie auf das zweite Register **Positionsübersicht**.

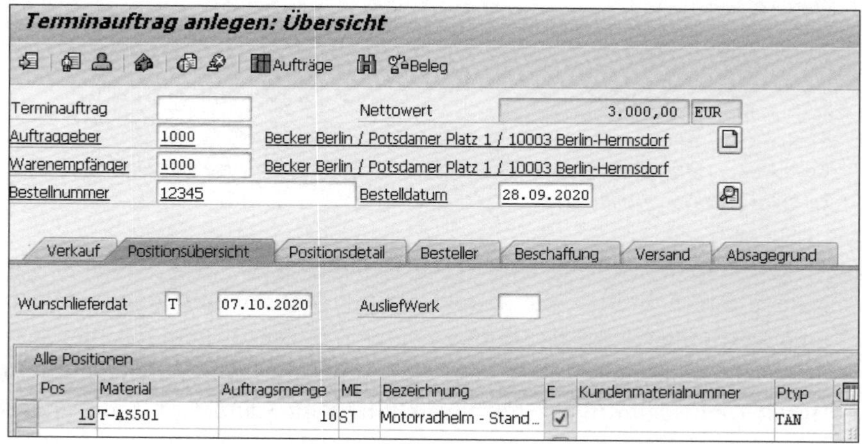

Transaktion VA01 (Kundenauftrag anlegen) mit dem Register »Positionsübersicht«

3. Erfassen Sie die erste Positionszeile des Auftrags.

4. Nehmen Sie Ihre gewünschten Einstellungen für die Darstellung in der Positionstabelle vor.

   – Sie verschieben eine Spalte, indem Sie die Spaltenüberschrift mit gedrückter linker Maustaste an die gewünschte Stelle ziehen.

   – Sie verändern die Spaltenbreite, indem Sie den Trennstrich zwischen zwei Spaltenüberschriften nach links oder nach rechts ziehen.

 - Sie blenden eine Spalte aus, indem Sie den rechten Trennstrich zwischen zwei Spaltenüberschriften komplett nach links bis zum Ende der vorhergehenden Spalte ziehen.

5. Als Nächstes speichern Sie die Tabelleneinstellungen als Variante, damit die Veränderungen dauerhaft zur Verfügung stehen. Klicken Sie dazu in der rechten oberen Ecke der Tabelle auf das Symbol ▦ (**Konfiguration**).

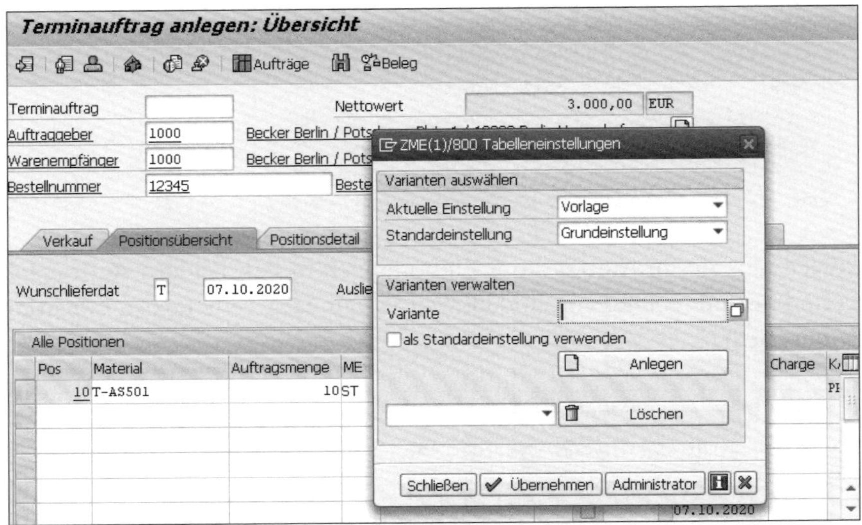

Geänderte Positionsübersicht der Transaktion VA01 (Kundenauftrag anlegen) mit dem Fenster »Tabelleneinstellungen«

6. Tragen Sie im Fenster **Tabelleneinstellungen** im Feld **Variante** einen Namen ein. Achtung Falle: Direkt darunter im Feld **als Standardeinstellung verwenden** (bzw. **als Standard nutzen**) setzen Sie kein Häkchen. Es sei denn, Sie wollen in Ihrem Unternehmen bekannt werden wie ein bunter Hund! Denn damit wird Ihre Einstellung zum Standard für alle anderen Benutzer!

7. Klicken Sie auf die Schaltfläche **Anlegen**. Damit sichern Sie Ihre Darstellungsvariante.

8. Nach dem Anlegen können Sie im zweitobersten Feld **Standardeinstellung** Ihre neue Variante voreinstellen, wenn das SAP-System diese Variante sofort nach dem Transaktionsaufruf anzeigen soll.

9. Klicken Sie auf die Schaltfläche **Übernehmen**. Damit blenden Sie das Fenster **Tabelleneinstellungen** wieder aus, und Sie befinden sich wieder in der Tabelle.

Tipp 38

Mehrere Table Controls verwenden

Mit Tipp 37, »Spaltenreihenfolge in Erfassungstabellen ändern (Table Control)«, können Sie mehrere Table-Control-Varianten anlegen. Haben Sie das gemacht? Dann sollten Sie natürlich noch wissen, wie Sie zwischen den verschiedenen Varianten wechseln!

In unserem Beispiel bauen wir auf dem vorangegangenen Tipp 37 auf und verwenden wieder die Transaktion VA01 (Kundenauftrag anlegen). Der Aufruf ist dort beschrieben.

1. Klicken Sie wieder in der rechten oberen Ecke der Tabelle auf das Symbol (**Konfiguration**).

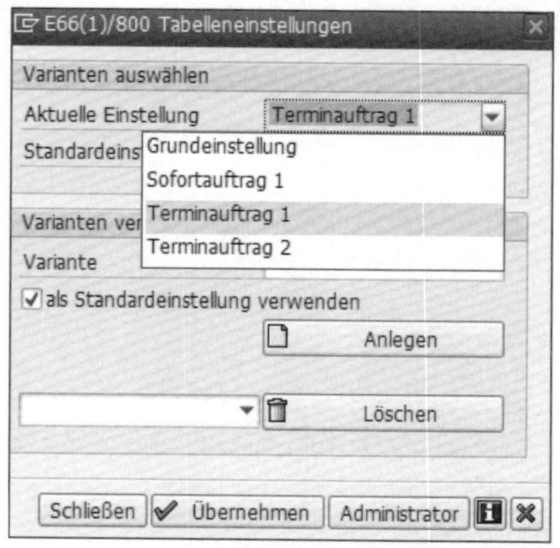

Fenster »Tabelleneinstellungen« mit geöffnetem Listenfeld »Aktuelle Einstellung«

2. Wählen Sie im Listenfeld **Aktuelle Einstellung** die gewünschte Variante. Darunter können Sie im Feld **Standardeinstellung** die Variante neu bestimmen, die sofort nach dem Transaktionsaufruf verwendet werden soll.

3. Klicken Sie auf die Schaltfläche **Übernehmen**. Damit blenden Sie das Fenster **Tabelleneinstellungen** aus, und Sie befinden sich mit den neuen Einstellungen wieder in der Tabelle.

Im Listenfeld **Aktuelle Einstellung** haben Sie den Eintrag **Grundeinstellung** gesehen. Dieser Eintrag kann nicht gelöscht werden, denn in ihm ist die SAP-Einstellung mit allen verfügbaren Spalten gespeichert. Haben Sie aus Versehen eine Spalte komplett ausgeblendet, kommen Sie über diese Variante wieder zu der ausgeblendeten Spalte.

» Tipp zum Tipp: Mithilfe der Schaltfläche **Administrator** können SAP-Betreuer*innen benutzerübergreifende Varianten anlegen. Sie haben dort erweiterte Möglichkeiten. Zum Beispiel können sie in breiten Tabellen die ersten Spalten am linken Bildschirmrand fixieren oder Spalten komplett ausblenden.

» Und noch ein Tipp zum Tipp: In einigen Transaktionen gibt es fertige Spaltenreihenfolgen für Positionstabellen, die Sie als Anwender*in abrufen können. In den Belegerfassungstransaktionen des Finanzwesens wie beispielsweise FB70 (Debitorenrechnung erfassen) werden diese gespeicherten Tabellenlayouts als Erfassungsvarianten bezeichnet und über die Arbeitsvorlagen aufgerufen. Im Controlling gibt es in der Transaktion KB21N (Direkte Leistungsverrechnung erfassen) und in weiteren Erfassungstransaktionen das Listenfeld **ErfassVar**, in dem Sie eine gespeicherte Erfassungsvariante aktivieren können.

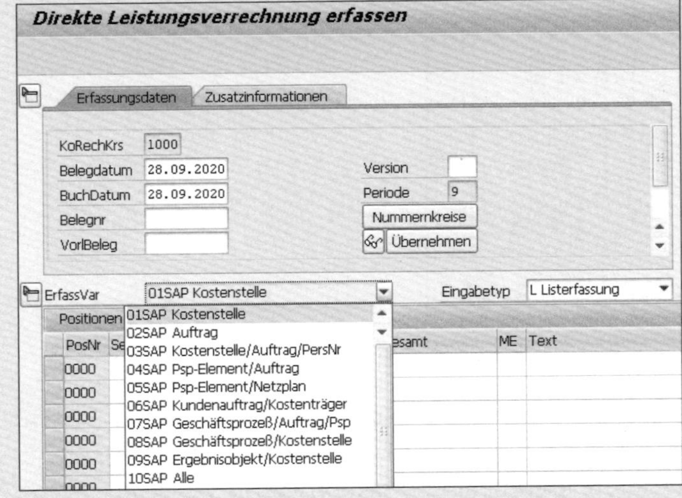

KB21N (Direkte Leistungsverrechnung erfassen) mit Auswahl der Erfassungsvarianten im Listenfeld »ErfassVar«

Tipp 39

Datumswerte schneller erfassen

Tippen Sie oft Datumswerte ein, zum Beispiel das aktuelle Datum? Mit diesem Tipp reduzieren Sie den Aufwand von zehn auf nur zwei Tasten. Auch bei der Erfassung anderer Datumswerte können Sie sich mit einfachen Tricks die Arbeit erleichtern.

Sie benötigen das heutige Datum als Angabe in einem Feld? Wie Sie gleich sehen werden, brauchen Sie dazu nur zwei Funktionstasten oder alternativ zwei Klicks, wenn Sie den hinterlegten Kalender nutzen.

› Und so geht's

In der folgenden Tabelle finden Sie einige Transaktionen, in denen Sie diesen Tipp ausprobieren können. Datumsfelder finden Sie hier jeweils im ersten Bild bzw. im Einstiegsbild.

Komponente	Transaktion
Finanzwesen	FBL1N (Posten anzeigen/ändern (Kreditorenbuchhaltung))
Controlling	KSB1 (Kostenstellen Einzelposten Istkosten anzeigen)
Materialwirtschaft	ME41 (Anfrage anlegen) MB51 (Materialbelegliste)
Vertrieb	VD04 (Kontoänderungen Debitor anzeigen)
Personalwesen	PA40 (Personalmaßnahmen)

Transaktionen mit Datumsfeldern

1. Starten Sie eine der Transaktionen aus der vorhergehenden Tabelle, und setzen Sie den Cursor in das leere Datumsfeld.

2. Drücken Sie die [F4]-Taste, oder klicken Sie auf das Symbol ☐ (**Wertehilfe**). Daraufhin zeigt das SAP-System ein Kalenderfenster an.

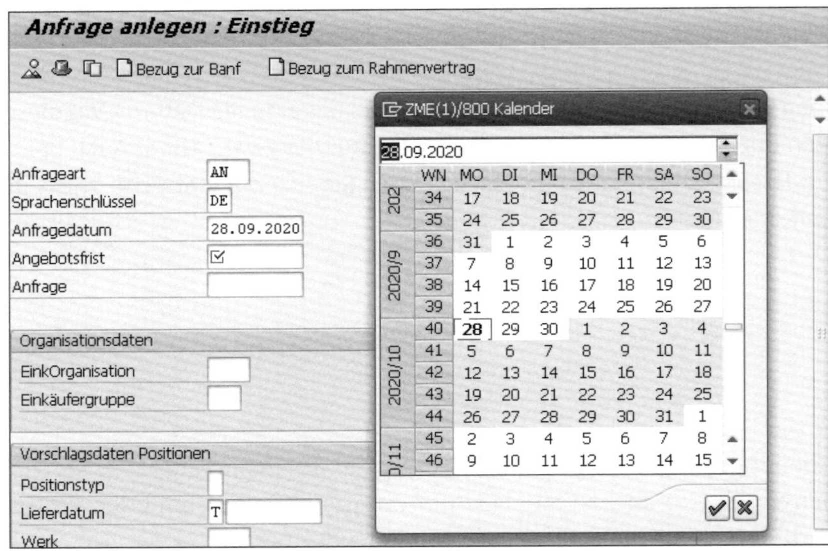

Datumsfeld »Anfragedatum« mit Kalender in der Transaktion ME41 (Anfrage anlegen)

3. Mit einem einfachen Klick auf das Datum übernehmen Sie dieses in das Eingabefeld. Alternativ übernehmen Sie das markierte Datum mit [F2] oder [↵].

   Ob die Datumsübernahme mit der [F2]-Taste oder mit [↵] erfolgt, sehen Sie, wenn Sie im Kalenderfenster mit der Maustaste auf das grüne Häkchen zeigen. Damit wird die Bedeutung des grünen Häkchens als Quickinfo angezeigt. Meistens funktioniert die [F2]-Taste.

Sie benötigen zur Datumseingabe zum Beispiel den übernächsten Montag und kennen das genaue Datum nicht? Dann dürfen Sie den Kalender verwenden, der in jedem Datumsfeld aufrufbar ist.

Das Fenster **Kalender** zeigt in der ersten Zeile das markierte Datum. Darunter im eigentlichen Kalender entspricht jede Kalenderzeile einer Woche, und in der linken Spalte sind das Jahr und der Monat angegeben. Mit der Bildlaufleiste auf der rechten Seite können Sie in den gewünschten Datumsbereich wechseln.

Nur für diejenigen, die ständig mit Datumseingaben zu tun haben: Aufgrund dieser Anordnung haben Sie mehrere Möglichkeiten, um mit der Tastatur im Kalender schnell zu einem bestimmten Tag zu navigieren. Voraussetzung dafür ist, dass sich der Fokus im Kalenderteil (also nicht in der oberen

Datumszeile) befindet. Mit der [Tab]-Taste wechseln Sie aus der Datumszeile in den Kalenderteil.

Taste	Funktion
[→]/[←]	tageweise Bewegung der Markierung
[Pos1]/[Ende]	Zeilenanfang (Montag)/Zeilenende (Sonntag)
[↑]/[↓]	wochenweise Bewegung der Markierung
[Bild↑]/ [Bild↓]	Bewegung der Markierung um zwei Wochen
[F2], [↵]	Übernahme des Datums in das Eingabefeld
[Esc]/[Alt] + [F4]	Schließt das Fenster.

Tastenfunktionen im Kalenderfenster

Falls Sie das genaue Datum bereits im Kopf haben, müssen Sie natürlich nicht den »Umweg« über den Kalender nehmen. In diesem Fall ist jedoch folgender Tipp hilfreich: Sie möchten ein Datum wie beispielsweise den 11. Juni 2021 eingeben? Tippen Sie nicht »11.06.2021«. Das SAP-System akzeptiert natürlich diese ausführliche Datumseingabe, aber es geht schneller mit einer Kurzform. Geben Sie statt »11.06.2021« nur »110621« ein. Sie sparen sich dadurch vier Zeichen: Die Eingabe der Punkte und der »20« in der Jahreszahl. Nach der Bestätigung mit [↵] ersetzt das SAP-System die Kurzform durch die ausführliche Schreibweise.

» Tipp zum Tipp: Auch bei der Erfassung von Uhrzeiten können Sie sich etwas ersparen: den Doppelpunkt. Geben Sie statt »12:30« einfach nur »1230« ein, das reicht.

TEIL 6

Daten pflegen

Datenpflege? Es gibt spannendere Tätigkeiten! Deshalb haben wir in diesem Buchteil Tipps für Sie, die Ihnen dabei Zeit sparen. Hier lernen Sie unter anderem, wie Sie wiederkehrende Korrekturen schneller durchführen oder zusätzliche Informationen zu Stammdaten und Belegen ergänzen.

› Tipps in diesem Teil

Tipp 40

Schnelländerungen in Belegen und Beleglisten durchführen

Sie haben einen Auftrag oder eine Bestellung mit vielen Positionen, und ein Lieferdatum soll für alle Positionen geändert werden. Einige Transaktionen bringen eine Funktion mit, mit der Sie alle Einträge einer Tabellenspalte auf einen Schlag ersetzen können.

Ein Liefertermin soll verschoben werden, weil das Lager bereits voll ist. Nicht selten gibt es in der Praxis Bestellungen oder Aufträge mit über 20 Positionen. Wenn Sie clever sind, nutzen Sie in einem solchen Fall die Funktion **Schnelländerung** und ersparen sich dadurch viel Tipperei.

Die Schnelländerung steht Ihnen auch zur schnellen Belegbearbeitung in den Postenlisten des Finanzwesens zur Verfügung. Dort können Sie zuvor selektierte Belege auf einen Schlag beispielsweise mit Zahlsperren, Mahnsperren oder neuen Zahlungsbedingungen versehen.

› Und so geht's

In der folgenden Tabelle sehen Sie einige Transaktionen, die eine Schnelländerung erlauben.

Komponente	Transaktion
Finanzwesen	FBL1N (Posten anzeigen/ändern (Kreditorenbuchhaltung)) FBL5N (Posten anzeigen/ändern (Debitorenbuchhaltung))

Transaktionen mit einer Funktion zur Schnelländerung

Komponente	Transaktion
Materialwirtschaft	ME22N (Bestellung ändern) ME52N (Bestellanforderung ändern)
Vertrieb	VA02 (Kundenauftrag ändern) VA22 (Kundenangebot ändern)

Transaktionen mit einer Funktion zur Schnelländerung (Forts.)

Und so setzen Sie die Schnelländerung ein:

1. Starten Sie eine der Transaktion aus der Tabelle. In unserem Beispiel verwenden wir die Transaktion ME22N (Bestellung ändern).

Bestellung mit mehreren Positionen

2. Markieren Sie am linken Tabellenrand die Positionen, die Sie ändern möchten. Sollen alle Positionen geändert werden, brauchen Sie hier nichts zu markieren.

3. Klicken Sie unterhalb der Positionstabelle auf das Symbol (**Schnelländerung**).

4. Im Fenster **Layout ändern** ändern Sie nun nicht das Layout, sondern Sie wählen hier die Felder für die Schnelländerung aus. Der rechte Fensterteil, der mit **ausgeblendete Felder** betitelt ist, zeigt die änderbaren Felder.

5. Um ein Feld zu ändern, markieren Sie es im rechten Fensterteil **ausgeblendete Felder** und klicken auf das Symbol (**sel. Felder einbl.**). Der Feldname wandert dann nach links in den Fensterteil **Anzeigefelder**.

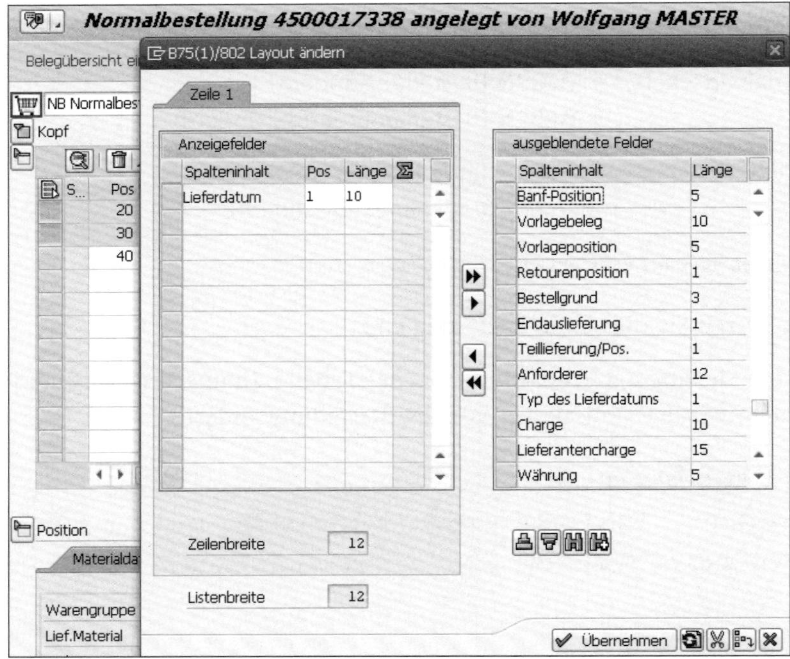

Transaktion ME22N (Bestellung ändern) mit Fenster »Layout ändern« zur Feldauswahl

6. Klicken Sie auf die Schaltfläche **Übernehmen**. Daraufhin erscheint das Fenster **Schnelländerung.**

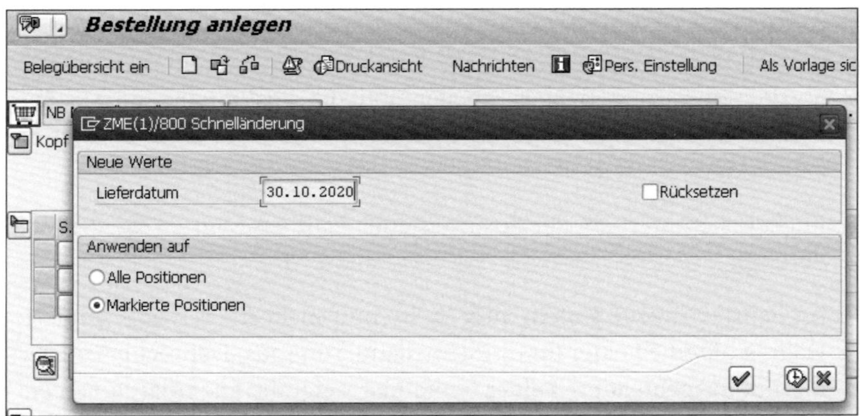

Bestellung mit Fenster »Schnelländerung«

7. Im Fenster **Schnelländerung** haben Sie folgende Möglichkeiten:

   – Links oben geben Sie den neuen Wert vor, in unserem Beispiel das neue Lieferdatum.

- Rechts daneben kreuzen Sie das Feld **Rücksetzen** nur an, wenn Sie Feldinhalte löschen wollen. Dazu geben Sie gleichzeitig links keinen neuen Wert vor.
- Im unteren Fensterteil markieren Sie das Feld **Alle Positionen**, wenn die Änderung nicht für alle Positionen durchgeführt wird.

Mit einem Klick auf das Symbol (**Änderungen durchführen**) ersetzen Sie die alten Werte der markierten Positionen.

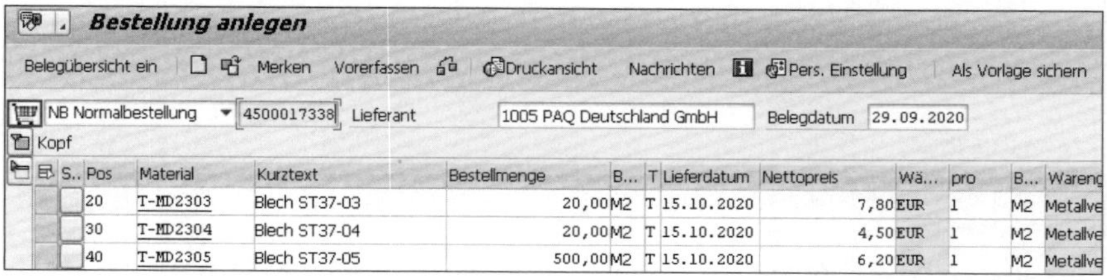

Bestellung nach der Schnelländerung

Der Ablauf geht noch schneller, wenn die zu ändernde Spalte in der Tabelle sichtbar ist. In diesem Fall markieren Sie nur die gewünschte Spalte in der Positionsübersicht mit einem Klick auf die Spaltenüberschrift, klicken auf das Symbol (**Schnelländerung**), geben den neuen Wert ein und bestätigen diesen.

Auch in der Komponente Vertrieb gibt es die Schnelländerung. In den Transaktionen VA02 (Kundenauftrag ändern) und VA22 (Kundenangebot ändern) sowie in Kontrakten und Lieferplänen stellt Ihnen das SAP-System ausgewählte Felder für die Schnelländerung zur Verfügung. Zu den änderbaren Feldern gehören **Absagegrund**, **Liefersperre**, **Fakturasperre**, **Lieferdatum**, **Lieferpriorität** und **Werk**. In den Transaktionen des Vertriebs gibt es kein Symbol. Dort wählen Sie aus der Menüleiste den Befehl **Bearbeiten ▸ Schnelländerung** aus.

In der Komponente Finanzwesen gilt »gebucht ist gebucht«. Für Belege in der Buchhaltung nehmen Sie daher üblicherweise keine Massenänderungen vor, da nachträgliche Änderungen für die meisten Felder nicht erlaubt sind. Stimmen beispielsweise die Konten oder die Beträge bei einer Vielzahl gebuchter Belege nicht, kann ein Massenstorno mit der Transaktion F.80 (Massenstornierung von Belegen) und danach eine Neuerfassung durchgeführt werden. Jedoch gibt es einige Felder, die auch bei gebuchten Buchhaltungsbelegen geändert werden dürfen. Dazu gehören Mahnsperren, Zahlsperren und Konditionen (Zahlungsbedingungen). Hierzu starten Sie in der jeweiligen Postenliste, markieren dort die gewünschten Positionen und klicken auf das Symbol (**Schnelländerung**). Im Fenster **Neue Werte** (siehe nächste Abbildung) geben Sie die neuen Werte vor und klicken auf die Schaltfläche **Änderungen ausführen**. Damit die Änderungen angezeigt werden, wählen Sie anschließend im Menü den Befehl **Liste ▸ Auffrischen**.

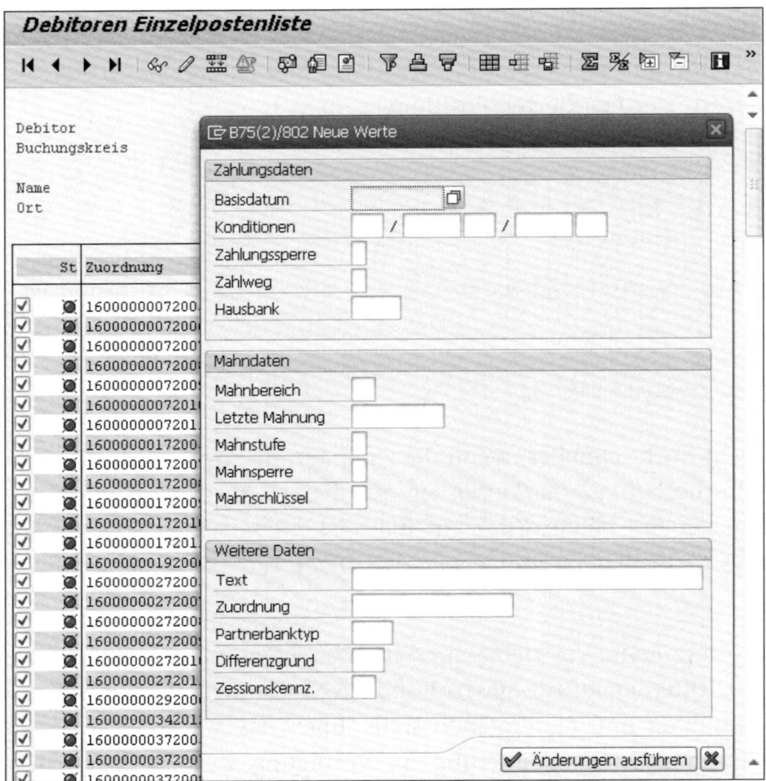

Transaktion FBL5N (Posten anzeigen/ändern (Debitorenbuchhaltung)) mit dem Fenster »Neue Werte«

» Tipp zum Tipp: Bevor Sie anfangen, einzeln in Hunderten oder Tausenden von Belegen oder Stammsätzen die gleichen Daten zu ändern oder zu ergänzen, wenden Sie sich vertrauensvoll an Ihren Key-User oder Ihre Anwendungsbetreuerin. Denn es gibt komponentenübergreifende Werkzeuge für Massenänderungen, wie beispielsweise die Transaktionen MASS oder LSMW (Legacy System Migration Workbench). Normalerweise haben Sie als Endanwender*in für diese Massenänderungen keine Berechtigung. Und selbst wenn, empfehlen wir Ihnen, dies die ersten Male im Vier-Augen-Prinzip nur zusammen mit einem erfahrenen Key-User oder Anwendungsbetreuer durchzuführen.

Tipp 41
Persönliche Notizen ergänzen

Möchten Sie vertrauliche Informationen zu einem Stammsatz wie einem Material, einer Mitarbeiterin oder einem Mitarbeiter, einem Kunden oder einem Lieferanten erfassen, sodass außer Ihnen keine andere Person diese lesen kann? Dann probieren Sie diesen Trick.

Ist Ihnen ganz links in der Titelleiste das Symbol [Symbol] schon einmal aufgefallen? Es erscheint in vielen Transaktionen, zum Beispiel wenn Sie einen Stammsatz oder einen Beleg wie einen Auftrag, eine Buchung oder eine Bestellung anzeigen oder bearbeiten. SAP bezeichnet das Symbol [Symbol] als »Dienste zum Objekt«. – Objekt, was ist das denn bitte? Ganz einfach: Damit ist im SAP-System der gerade in Bearbeitung befindliche Stammsatz oder Beleg gemeint.

Wie Sie im folgenden Ablauf sehen, werden die Dienste zum Objekt sichtbar, wenn Sie mit einem Klick auf das nach rechts unten gerichtete Dreieck [Symbol] das zugehörige Menü öffnen. Sie können damit dem Objekt (dem Stammsatz oder Beleg) persönliche Informationen hinzufügen, die benutzerbezogen gespeichert werden und die nur mit Ihrem Benutzer gelesen werden können.

› Und so geht's

In der folgenden Tabelle finden Sie aus jeder Komponente Anzeigetransaktionen für Stammdaten, mit denen Sie die geheimen Notizen erfassen und bearbeiten können.

Komponente	Transaktionen
Finanzwesen	FD03 (Debitor anzeigen (Buchhaltung)) FK03 (Kreditor anzeigen (Buchhaltung))
Controlling	KS03 (Kostenstelle anzeigen)

Ausgewählte Stammdatentransaktionen mit der Funktion »Dienste zum Objekt«

Komponente	Transaktionen
Materialwirtschaft	MK03 (Kreditor anzeigen (Einkauf)) MM03 (Material anzeigen)
Vertrieb	VD03 (Debitor anzeigen (Vertrieb))
Personalwesen	PA20 (Personalstammdaten anzeigen)

Ausgewählte Stammdatentransaktionen mit der Funktion »Dienste zum Objekt« (Forts.)

Neben den Stammdatentransaktionen gibt es auch viele Anzeigetransaktionen für Belege mit dieser Funktion. Anzeigetransaktionen, ist das kein Druckfehler? Nein, ausnahmsweise lassen sich hier neben den Änderungstransaktionen auch Anzeigetransaktionen nutzen, um diese speziellen Zusatzdaten zu erfassen und zu ändern.

Bei der erstmaligen Erfassung eines Stammsatzes oder Belegs mit Transaktionen wie FD01 (Debitor anlegen (Buchhaltung)) oder MM01 (Material anlegen) können Sie keine Notizen anlegen, da es das Objekt erst nach dem Speichern gibt. Zum Erfassen einer Notiz benötigen Sie ein bereits gespeichertes Objekt.

Im folgenden Ablauf wird einem Personalstammsatz eine Notiz hinzugefügt.

1. Starten Sie die Transaktion PA20 (Personalstammdaten anzeigen).

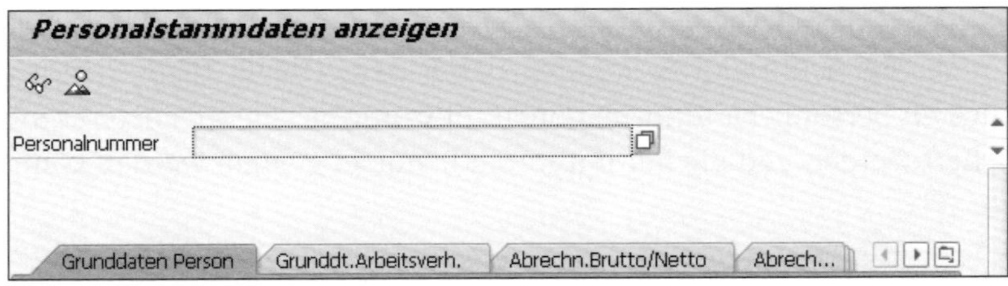

Einstiegsbild der Transaktion PA20 (Personalstammdaten anzeigen)

2. Im Einstiegsbild sehen Sie das Symbol [Symbol] (**Dienste zum Objekt**) noch nicht, denn Sie haben noch kein Objekt ausgewählt. Tippen Sie deshalb in das Feld **Personalnummer** eine Nummer ein, und bestätigen Sie dies mit [↵]. Nun befinden Sie sich im Personalstammsatz.
3. Jetzt möchten Sie eine vertrauliche Besprechungsnotiz für dieses Objekt, also für den Stammsatz, hinterlegen. Klicken Sie auf den rechten Teil [▾] des Symbols [Symbol] (**Dienste zum Objekt**).

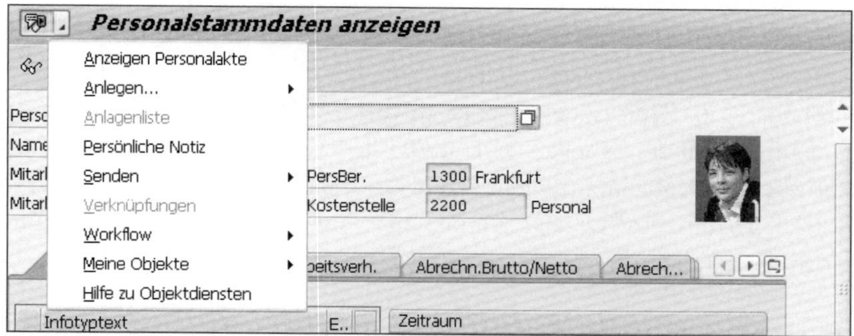

Personalstammsatz in der Transaktion PA20 (Personalstammdaten anzeigen) mit geöffnetem Menü mit den Diensten zum Objekt

4. Nach Auswahl des Menübefehls **Persönliche Notiz** erscheint ein Fenster zur Erfassung der Notiz.

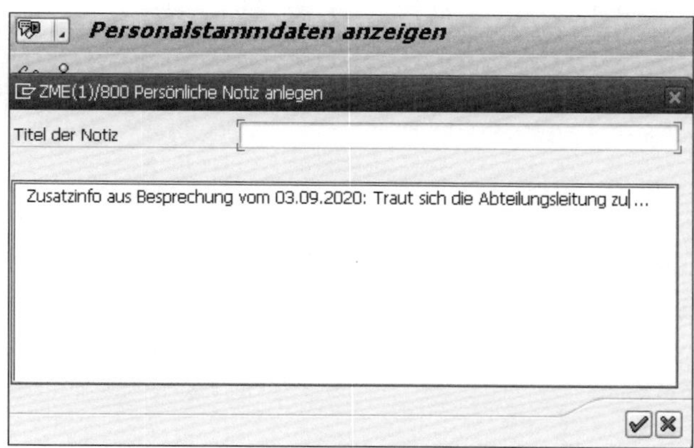

Fenster zur Erfassung persönlicher Notizen

5. Geben Sie optional einen Titel und darunter den eigentlichen Text ein.
6. Mit [↵] wird die Notiz gespeichert, und Sie befinden sich wieder am Ausgangspunkt, in unserem Fall im Personalstammsatz.

Diese Notiz können Sie später jederzeit nachlesen, ändern, ergänzen oder deren Inhalt löschen. Dazu starten Sie den Personalstammsatz mit einer der Transaktionen PA20 (Personalstammdaten anzeigen), PA30 (Personalstammdaten ändern) oder PA40 (Personalmaßnahmen). Praktischerweise lässt sich dieselbe Notiz durch unterschiedliche Transaktionen abrufen und bearbeiten, die sich jeweils auf dasselbe Objekt beziehen, wie beispielsweise einen einzelnen Personalstammsatz. Alle genannten Funktionen führen Sie über das Symbol [Symbol] (**Dienste zum Objekt**) und den Menübefehl **Persönliche Notiz** durch.

» Tipp zum Tipp: Allgemeine und persönliche Notizen werden technisch als SAP-Office-Dokumente behandelt. Wer die Berechtigung für eine der Transaktionen SQVI (QuickViewer) oder SE16H (Allgemeine Tabellenanzeige) hat, kann sich in der Tabelle SOOD (SAPoffice: Objektdefinition) eine Übersicht über die Notizen anzeigen lassen. Über das Feld **Besitzer** selektieren Sie Ihre Dokumente. Gezeigt werden hier nur die Titel und das Datum, jedoch keine Inhalte.

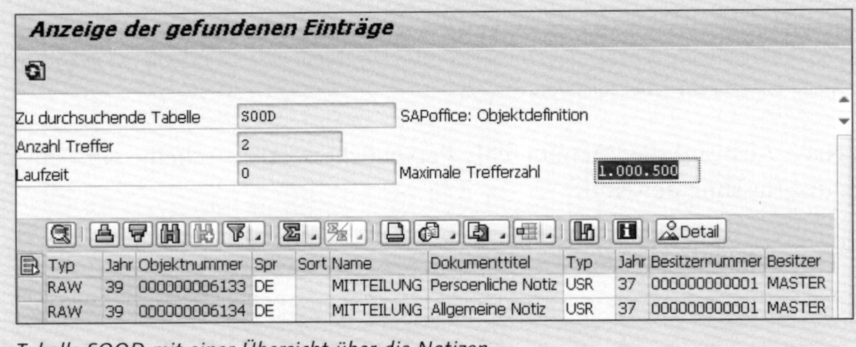

Typ	Jahr	Objektnummer	Spr	Sort	Name	Dokumenttitel	Typ	Jahr	Besitzernummer	Besitzer
RAW	39	000000006133	DE		MITTEILUNG	Persoenliche Notiz	USR	37	000000000001	MASTER
RAW	39	000000006134	DE		MITTEILUNG	Allgemeine Notiz	USR	37	000000000001	MASTER

Tabelle SOOD mit einer Übersicht über die Notizen

» Und noch ein Tipp zum Tipp: Für die Auftragstransaktionen VA02 und VA03 im Vertrieb benötigen Sie eine Voreinstellung für die Dienste zum Objekt. In den Benutzerparametern brauchen Sie hierzu die Parameter-ID SD_SWU_ACTIVE mit dem Wert X.

Tipp 42

Öffentliche Notizen ergänzen

Notizen, die auch für Ihre Kolleg*innen von Interesse sind, lassen sich auf einfachem Weg Stammsätzen oder Belegen hinzufügen.

Im vorhergehenden Tipp haben Sie eine vertrauliche Information an einen Stammsatz angefügt. Jetzt geht es um eine Zusatzinformation, die auch für Kolleginnen und Kollegen zugänglich sein soll, also um eine öffentliche Notiz. Dazu nutzen Sie dieselbe Funktion »Dienste zum Objekt«, die im vorangegangenen Tipp grundsätzlich beschrieben ist.

› Und so geht's

Im folgenden Ablauf fügen Sie einem Personalstammsatz eine öffentliche Zusatzinformation hinzu und rufen diese auf.

1. Starten Sie die Transaktion PA20 (Personalstammdaten anzeigen).

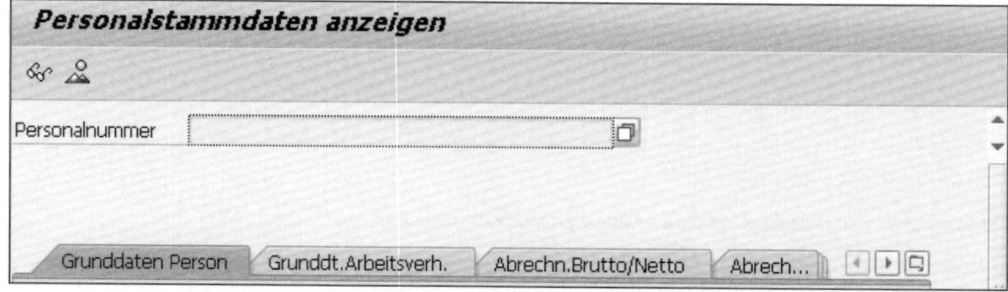

Einstiegsbild der Transaktion PA20 (Personalstammdaten anzeigen)

2. Tippen Sie in das Feld **Personalnummer** eine Nummer ein, und bestätigen Sie dies mit [↵]. Nun befinden Sie sich im Personalstammsatz.
3. Klicken Sie auf den rechten Teil des Symbols (**Dienste zum Objekt**).

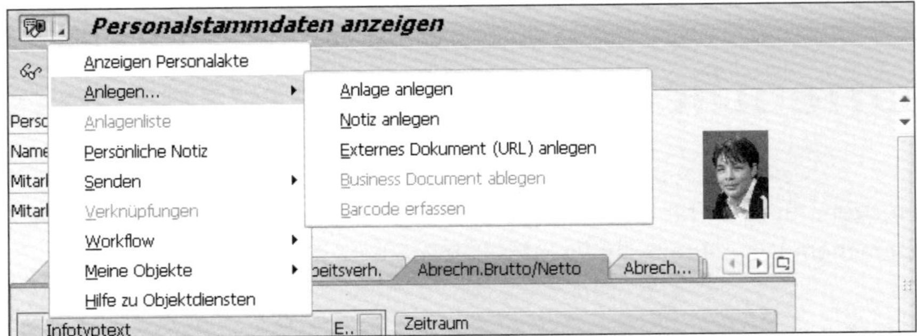

Personalstammsatz in der Transaktion PA20 (Personalstammdaten anzeigen) mit geöffnetem Menü mit den Diensten zum Objekt

4. Wählen Sie den Menübefehl **Anlegen... ▸ Notiz anlegen** aus.
5. Nach Auswahl des Befehls erscheint ein Fenster zur Erfassung der Notiz. Geben Sie einen Titel und darunter den eigentlichen Text ein.

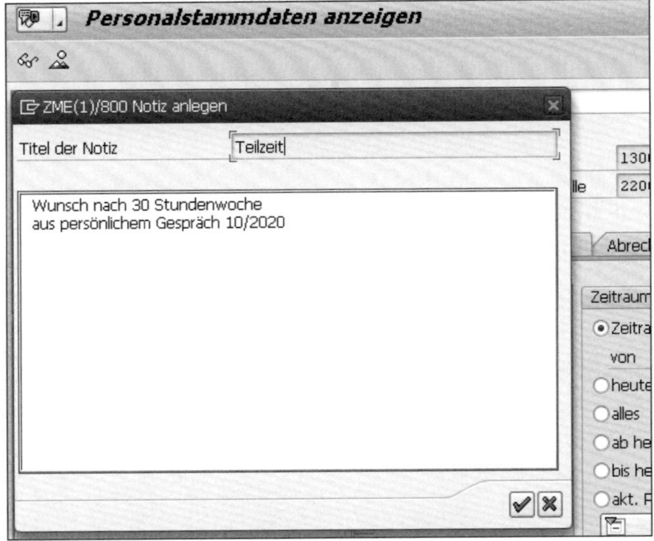

Fenster zur Erfassung öffentlicher Notizen

6. Mit [↵] wird die Notiz gespeichert, und Sie befinden sich wieder am Ausgangspunkt, in unserem Fall im Personalstammsatz.

Nun möchten Sie die Notiz sehen. Dazu bleiben Sie in Ihrem Stammsatz bzw. Beleg und rufen die Anlagenliste auf:

1. Klicken Sie auf den rechten Teil des Symbols (**Dienste zum Objekt**), und wählen Sie den Menübefehl **Anlagenliste**.

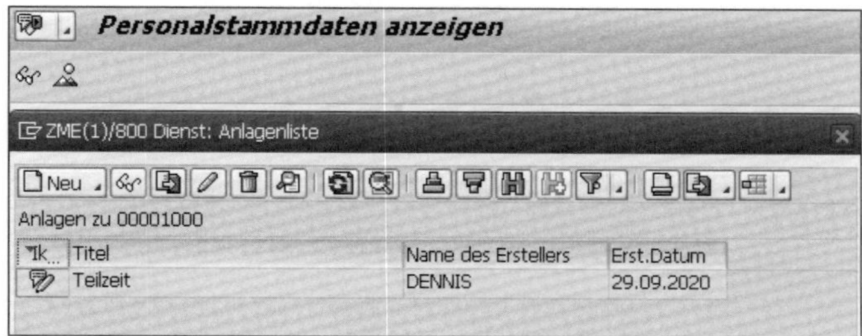

Anlagenliste

2. Die Anlagenliste zeigt die gespeicherten Anlagen und damit auch die davor erstellte Notiz. In der Spalte **Name des Erstellers** erkennen Sie über Ihren Benutzernamen Ihre eigene Notiz. Mit einem Doppelklick auf die entsprechende Zeile sehen Sie die Notiz in einem eigenen Fenster.

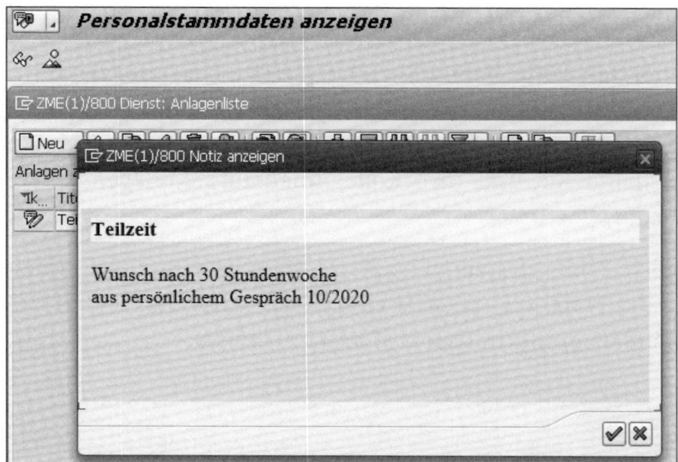

Anlagenliste mit öffentlicher Notiz

3. Schließen Sie die beiden zuletzt geöffneten Fenster **Notiz anzeigen** und **Dienst: Anlagenliste**, um in den Personalstammsatz zurückzugelangen.

» In neueren Releaseständen können neue Symbole für die Funktion »Dienste zum Objekt« verwendet werden. Neben dem Symbol (**Dienste zum Objekt**) kann das Symbol aktiviert werden, das anzeigt, wenn bereits eine Anlage existiert. Wenn Sie diese Anzeigeinformation nicht haben, müssen Sie jedes Mal die Anlagenliste öffnen, um zu prüfen, ob es eine Anlage gibt. Um in den Genuss der neuen Symbole zu kommen, können Sie Ihre Anwendungsbetreuerin oder Ihren Anwendungsbetreuer bitten, dass er Ihnen diese Korrektur einspielt.

Tipp 43

PC-Dateien als Anlagen speichern

Eine Artikelbeschreibung im PDF-Format, ein Bild, ein Besprechungsprotokoll in Microsoft Word oder sogar ein Video? Externe Dateien lassen sich auf einfache Weise mit Stammsätzen oder Belegen verknüpfen.

In den vorhergehenden Tipps haben Sie eine vertrauliche Information und eine öffentliche Notiz an einen Stammsatz angefügt. Nun möchten Sie eine Datei, die auf Ihrem PC gespeichert ist, an einen Stammsatz oder an einen Beleg anhängen, damit Sie und Ihre Kolleginnen und Kollegen jederzeit Zugriff darauf haben.

Fast alles ist möglich: Bilder, Dateien von Word oder Excel und PDF-Dateien. Dafür nutzen Sie die Funktion »Dienste zum Objekt«, die in Tipp 41, »Persönliche Notizen ergänzen«, grundsätzlich beschrieben ist.

› Und so geht's

Im folgenden Ablauf fügen Sie einem Personalstammsatz ein Besprechungsprotokoll aus einer Word-Datei hinzu und rufen diese auf.

1. Starten Sie eine Transaktion zum Ändern oder Anzeigen eines einzelnen Stammsatzes oder Belegs. In unserem Beispiel verwenden wir die Transaktion PA20 (Personalstammdaten anzeigen).

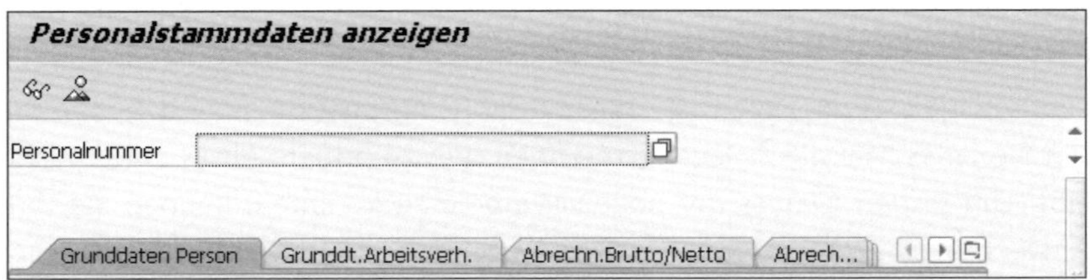

Einstiegsbild der Transaktion PA20 (Personalstammdaten anzeigen)

2. Tippen Sie in das Feld **Personalnummer** eine Nummer ein, und bestätigen Sie dies mit [↵]. Nun befinden Sie sich im Personalstammsatz.

3. Klicken Sie auf den rechten Teil des Symbols (**Dienste zum Objekt**).

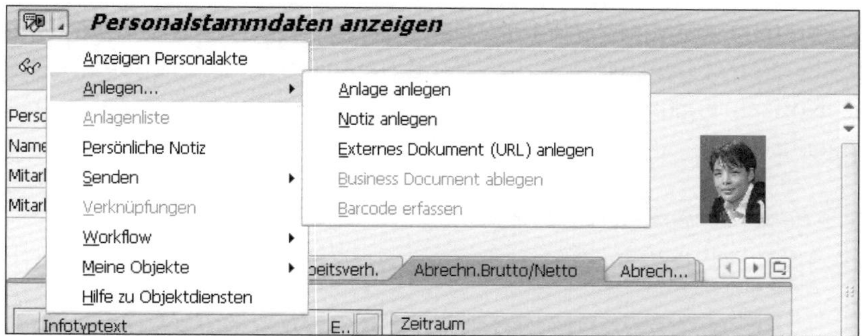

Personalstammsatz in der Transaktion PA20 (Personalstammdaten anzeigen) mit geöffnetem Menü mit den Diensten zum Objekt und dem Menübefehl »Anlegen« ▸ »Anlage anlegen«

4. Wählen Sie den Menübefehl **Anlegen... ▸ Anlage anlegen** aus. Nach Auswahl des Befehls erscheint ein Fenster, in dem nach dem Speicherort der Datei gefragt wird.

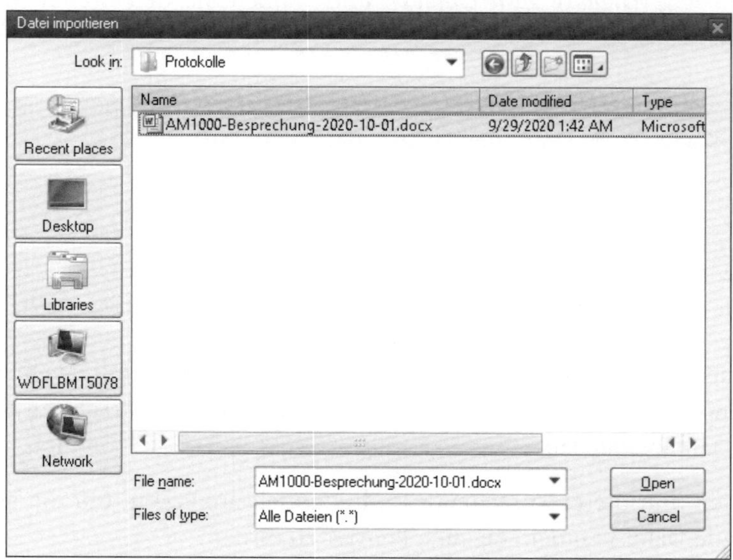

Fenster zur Auswahl der externen Datei

5. Wählen Sie das Verzeichnis aus, und klicken Sie doppelt auf den Dateinamen der Datei, die zu dem Stammsatz oder Beleg hinzugefügt werden soll.

Fertig! Sie haben die Datei in das SAP-System hochgeladen. Selbst wenn Sie die Datei auf Ihrem Laufwerk umbenennen oder löschen, können Sie den hochgeladenen Inhalt im SAP-System abrufen, da der Dateiinhalt in das SAP-System kopiert wurde.

Nun kommen wir zum Aufruf der Datei. Dazu bleiben Sie in Ihrem Stammsatz bzw. Beleg. Genauso wie die öffentlichen Notizen aus Tipp 42, »Öffentliche Notizen ergänzen«, sehen Sie auch die angehängten Dateien in der Anlagenliste.

Personalstammsatz in der Transaktion PA20 (Personalstammdaten anzeigen) mit geöffnetem Menü mit den Diensten zum Objekt und dem Menübefehl »Anlagenliste«

1. Klicken Sie im jeweiligen Stammsatz bzw. Beleg auf den rechten Teil des Symbols (**Dienste zum Objekt**), und wählen Sie den Menübefehl **Anlagenliste** aus.

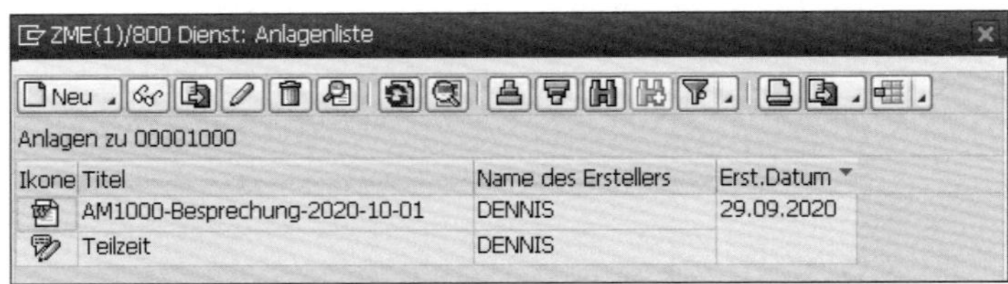

Anlagenliste mit externer Word-Datei

2. Die Anlagenliste zeigt die gespeicherten Anlagen und damit auch die davor eingefügte Datei. In der Spalte **Name des Erstellers** erkennen Sie, wer die Datei hochgeladen hat.
3. Sie können nun die entsprechende Zeile doppelt anklicken, um die entsprechende Datei in einem eigenen Fenster zu öffnen.

Das SAP-System öffnet die jeweilige PC-Datei zusammen mit dem zugehörigen Programm, beispielsweise Microsoft Word mit einem Vertragsentwurf oder Excel mit einer Personalkostenplanung.

» Tipp zum Tipp: Selbst Videos können in die Anlagenliste integriert werden. So kann beispielsweise die Instandhaltungsabteilung zu reparierende Schäden mit Videos dokumentieren und diese mit der Transaktion IW33 (Auftrag anzeigen) an die jeweiligen Instandhaltungsaufträge anhängen.

Wir hatten jedoch einen Fall, in dem die IT-Abteilung aus Angst vor dem »Überlaufen« der Datenbank ihr Veto gegen diese Methode eingelegt hat. Doch auch dafür gab es eine Lösung: Es wurden lediglich Links auf die Videos als Windows-Verknüpfungen verwendet, wobei die Videos auf einem Gruppenlaufwerk abgelegt wurden.

Mit dem Menübefehl **Anlegen... ▸ Externes Dokument (URL) anlegen** können Sie auch Links (Verweise auf Internetseiten) in die Anlagenliste aufnehmen.

Das SAP-System besitzt auch andere transaktionsspezifische Funktionen, mit denen Sie Dokumente anfügen und abrufen können. Jedoch sind diese meist umständlicher zu bedienen. In der Transaktion MM02 (Material ändern) gibt es Dokumenteninfosätze, die Sie über die Schaltfläche **Zusatzdaten** im Register **Dokumentdaten** anlegen und finden. Die gleiche Funktion finden Sie in weiteren Transaktionen, wie beispielsweise zu Kunden- und Lieferantenstammsätzen, über den Menübefehl **Zusätze ▸ Dokumente**. Ein Dokumenteninfosatz verweist auf eine in das SAP-System hochgeladene Datei.

Transaktion MM02 (Material ändern) mit Dokumenteninfosätzen im Register »Dokumentdaten«

Bevor Sie hier Ihre Dokumenteninfosätze eintragen, müssen Sie diese beispielsweise mit der Transaktion CV01N bzw. über eine spezielle Schaltfläche unter Angabe der Datei und weiterer Angaben erst einmal anlegen.

Obwohl diese Funktion umständlicher zu handhaben ist, gilt in der Praxis folgende Regel: Sprechen Sie sich innerhalb der Abteilung bzw. mit Ihren SAP-Ansprechpartner*innen ab, und nutzen Sie für Dokumente, die auch für Ihre Kolleginnen und Kollegen von Interesse sind, immer die gleiche Funktion. Werden Dokumenteninfosätze eingesetzt, gibt es hierfür in der Regel einen Grund, beispielsweise dass eine Versionierung geführt werden soll. Darüber hinaus gibt es für Dokumenteninfosätze einen eigenen Browser.

Tipp 44
Upload-Ordner einstellen

Sie laden oft Dateien in das SAP-System hoch? Sie müssen nicht kreuz und quer durch den Windows-Ordner klicken, um zu der Upload-Datei zu gelangen. Richten Sie Ihren persönlichen Upload-Ordner als SAP-Standardordner ein.

Das SAP-System merkt sich viel und hat ein großes Gedächtnis. Leider merkt es sich nicht den Ordner des Windows-Explorers, den Sie beim letzten Upload verwendet haben. Und deshalb klicken sich viele Anwenderinnen und Anwender bei jedem Upload im Windows-Explorer zum gewünschten Ordner durch. Das kann Ihnen nicht passieren. Denn in diesem Tipp lernen Sie den wenig bekannten Benutzerparameter »GR9 – SAP Grafik: Filetransfer UPLOAD Pfad« kennen, mit dem Sie Ihren persönlichen Upload-Ordner als Vorschlagswert festlegen. Auch wenn die Bezeichnung des Benutzerparameters mit »SAP-Grafik« beginnt, gilt die Einstellung für alle zugelassenen Dokumente, wie beispielsweise Text- oder PDF-Dateien.

Sie ahnen es schon: Die Einstellung funktioniert in einigen Transaktionen nicht. Aber die gute Nachricht ist, dass sie in der häufig benutzten Transaktion CV01N (Dokument anlegen) erfreulicherweise funktioniert.

› Und so geht's

Den Benutzerparameter setzen Sie wie folgt ein:

1. Wählen Sie in der Menüleiste die Menüoption **System ▸ Benutzervorgaben ▸ Eigene Daten**. Daraufhin erscheint das Fenster **Pflege eigener Benutzervorgaben**.

Pflege eigener Benutzervorgaben
Kennwort
Benutzer MASTER
letzte Änderung MASTER 20.01.2012 11:57:19 Status gesichert
Adresse Festwerte Parameter
Akad. Titel

Fenster »Pflege eigener Benutzervorgaben«

2. Klicken Sie auf das rechte Register mit der Bezeichnung **Parameter**.

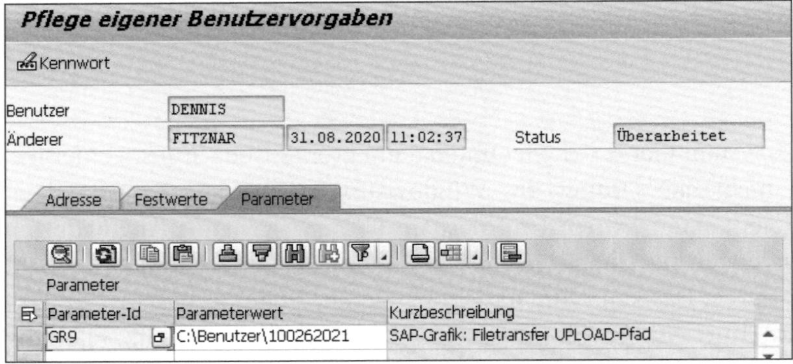

Fenster »Pflege eigener Benutzervorgaben« mit dem Parameter »GR9«

3. Im Register **Parameter** klicken Sie links in der Spalte **Parameter-ID** in das erste freie Feld. Tragen Sie hier die Parameter-ID »GR9« ein.

4. Rechts neben der Parameter-ID »GR9« tragen Sie in der Spalte **Parameterwert** den gewünschten Pfad Ihres Upload-Ordners ein, beispielsweise »C:\Benutzer\12345\Uploads«.

   Den Pfad für den Windows-Ordner brauchen Sie nicht einzutippen. Wenn Sie im Windows-Explorer in der zweiten Zeile von oben auf das Ordner-Icon klicken, wird der entsprechende Pfad markiert. Und damit können Sie ihn mit [Strg] + [C] in die Zwischenablage verfrachten und im SAP-System mit [Strg] + [V] einfügen.

5. Drücken Sie die [↵]-Taste. Nun zeigt das SAP-System in der dritten Spalte **Kurzbeschreibung** die Bedeutung des Parameters.

6. Speichern Sie Ihre Eingaben mit einem Klick auf das Symbol (**Sichern**) in der Systemfunktionsleiste. Danach befinden Sie sich im Fenster **SAP Easy Access**.

7. Testen Sie nun die Einstellung im neu geöffneten Modus. Wenn Sie den nächsten Upload durchführen, erhalten Sie sofort den gewünschten Ordner.

Sie können die Funktion an folgenden Stellen im SAP-System testen:

- Menübefehl **Anlegen... ▸ Anlage anlegen** aus dem Menü des Symbols (**Dienste zum Objekt**)
- Menübefehl **Favoriten ▸ Sonstige Objekte einfügen** nach Auswahl des URL-Typs **Web Adresse oder Datei**
- Transaktion MM02 (Material ändern) in den Zusatzdaten im Register **Dokumentdaten** und in vielen weiteren Transaktionen mit einer Upload-Funktion

» Tipp zum Tipp: Zusätzlich gibt es noch die Transaktion SO21 (PC-Arbeitsverzeichnis pflegen), mit der Anwendungsbetreuer*innen für den jeweiligen Benutzer einen Ordner zum Upload einstellen können. Verwenden Sie wie beschrieben den Benutzerparameter GR9, wird die Einstellung aus der Transaktion SO21 ignoriert.

Tipp 45

Klarnamen aus Benutzernamen ermitteln

Das kennen Sie sicher: Sie können eine Änderung nicht durchführen, weil sich jemand im Änderungsmodus im selben Stammsatz oder Beleg befindet und diesen sperrt. Hier gilt der Highlander-Spruch: »Es kann nur einen geben.« Erfahren Sie, wie Sie auch ohne Administratorrechte den Namen der Person herausfinden können, die die Sperrung verursacht.

Wenn Sie eine Änderung durchführen möchten, ein Kollege aber gerade im selben Stammsatz oder Beleg arbeitet, erscheint eine entsprechende Meldung in der Statusleiste. Das SAP-System zeigt dort in der Regel nur die Benutzer-ID, die die Sperrung verursacht. Toll! Und wie heißt dieser Mensch?

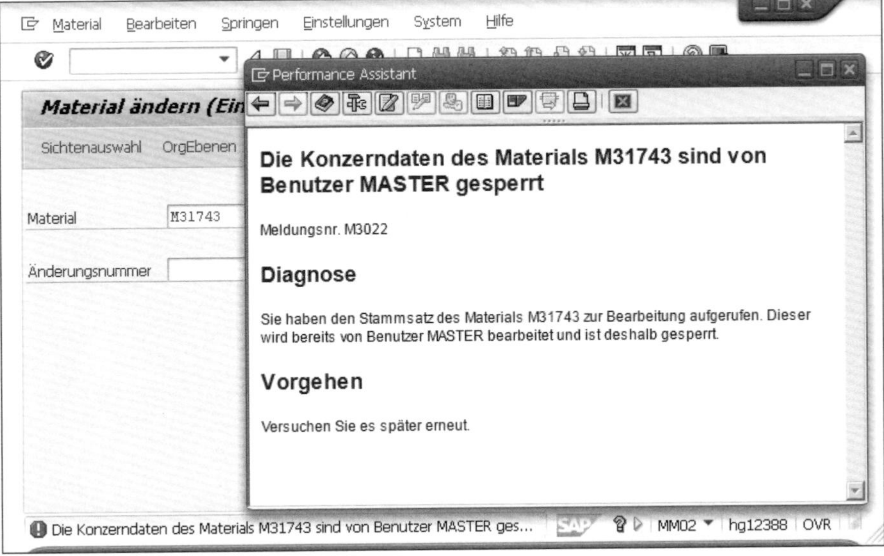

Sperrmeldung mit Benutzer-ID beim Start der Transaktion MM02 (Material ändern)

Auch in einem weiteren Fall interessiert Sie, welche Person sich hinter der Benutzer-ID versteckt. Das SAP-System speichert in der Regel die Änderungen an Stammsätzen oder Belegen mit der Benutzer-ID in sogenannten Änderungsbelegen ab, beispielsweise wenn jemand eine Menge oder einen Preis in einer Bestellung oder in einem Auftrag geändert hat oder wenn in einem Stammsatz Angaben wie eine Adresse oder eine Bezeichnung geändert wurden.

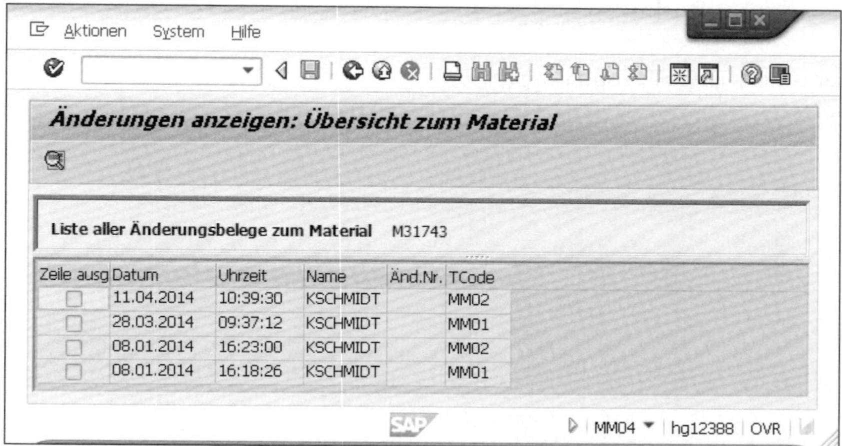

Anzeige der Stammsatzänderungen mit Benutzer-ID durch die Transaktion MM04 (Änderungsbelege Material anzeigen)

Nur in wenigen Transaktionen wird der Klarname des Erfassers oder Änderers angezeigt, beispielsweise in der Titelleiste der Transaktion ME23N (Bestellung anzeigen).

In allen anderen Fällen verwenden Sie diesen Trick, um den echten Namen und weitere Angaben zur Person wie die Telefonnummer und die E-Mail-Adresse herauszufinden. Damit können Sie im ersten Fall diese Person z. B. auf eine längere Sperrung aufmerksam machen und im zweiten Fall Rückfragen zu einer Datenänderung stellen.

› Und so geht's

Es gibt Transaktionen, mit denen Sie durch die Vorgabe der Benutzer-ID den Klarnamen recherchieren können. Dazu gehören folgende Transaktionen:

- SU01D (Benutzer anzeigen)
- S_BCE_68001393 (Benutzer nach Adressdaten)

Dies sind Transaktionen aus dem Ordner **Administration**, für die Sie als Anwender*in in der Regel keine Berechtigung haben. Jedoch haben Sie üblicherweise die Berechtigung für die Transaktion SO00 (SAP-Office: Kurznachricht), mit der Sie Mails verschicken können. Und damit geht's auch, wie Sie gleich sehen werden:

1. Öffnen Sie in der Menüleiste das Menü **System**, und wählen Sie den Befehl **Kurznachricht** aus. Es erscheint ein Bildschirmformular zur Erfassung der Nachricht.

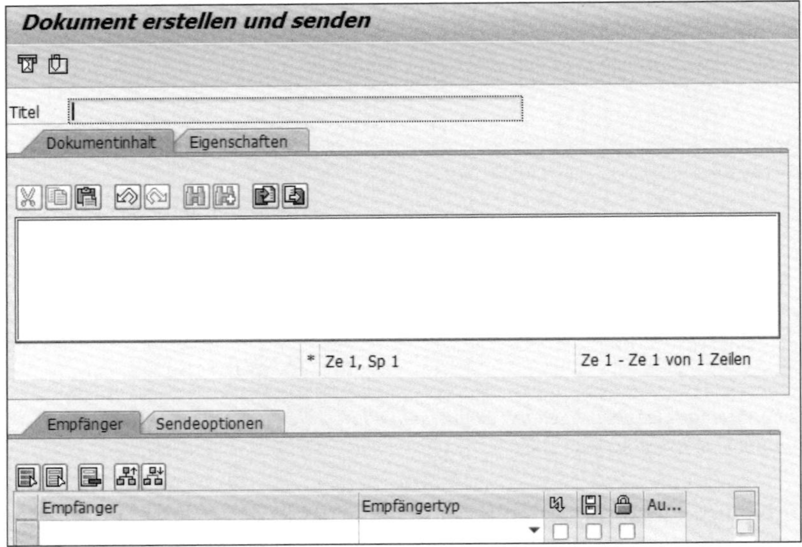

Fenster zur Erfassung einer Kurznachricht

2. Klicken Sie unten in das Feld **Empfänger**. Geben Sie dort die zu ermittelnde Benutzer-ID ein, die Ihnen in der Sperrmeldung begegnet ist.

3. Klicken Sie im Feld **Empfänger** doppelt auf die Benutzer-ID. High five! Sie sehen nun gemäß folgender Abbildung viele Angaben zum Benutzer, unter anderem auch den Klarnamen.

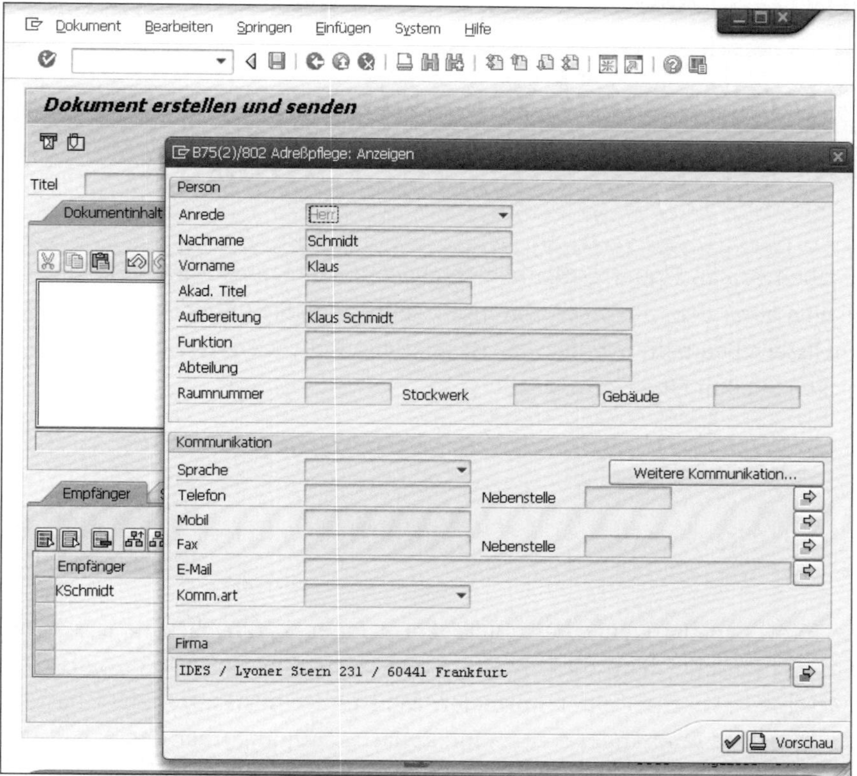

Im Hintergrund das Fenster zur Erfassung einer Kurznachricht, im Vordergrund das Fenster, das nach einem Doppelklick auf die Benutzer-ID erscheint

Tipp 46

Expressmail wegen Datensperrung verschicken

Sie haben gemäß Tipp 45, »Klarnamen aus Benutzernamen ermitteln«, den Kollegen gefunden, der einen Datensatz sperrt, den Sie unbedingt und schnellstens bearbeiten wollen? Er ist telefonisch nicht erreichbar? Dann schicken Sie ihm eine Expressmail!

Eine Expressmail ist eine besondere Form einer Kurznachricht. Das Wort »Express« täuscht, denn diese Mail ist nicht schneller als andere Mails. Der Unterschied zwischen einer normalen Mail und einer Expressmail besteht darin, dass der Empfänger sofort eine Benachrichtigung über den Erhalt der Mail in einem Pop-up-Fenster erhält wie in der nächsten Abbildung.

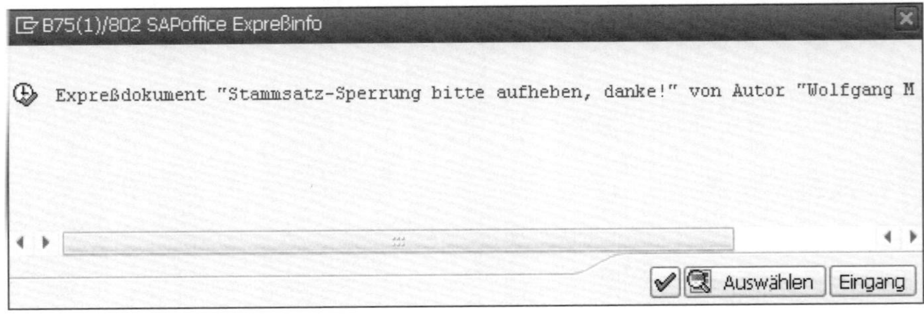

Expressnachricht

Da der Kollege momentan den Datensatz sperrt, ist er zumindest am SAP-System angemeldet. Deshalb besteht eine größere Wahrscheinlichkeit, dass er diese Mail sofort sieht, es sei denn, er ist gerade ohne Notebook in einer Besprechung.

› Und so geht's

Gehen Sie wie folgt vor, um eine Expressmail zu versenden:

1. Öffnen Sie in der Menüleiste das Menü **System**, und wählen Sie den Befehl **Kurznachricht** aus. Es erscheint ein Bildschirmformular zur Erfassung der Nachricht.

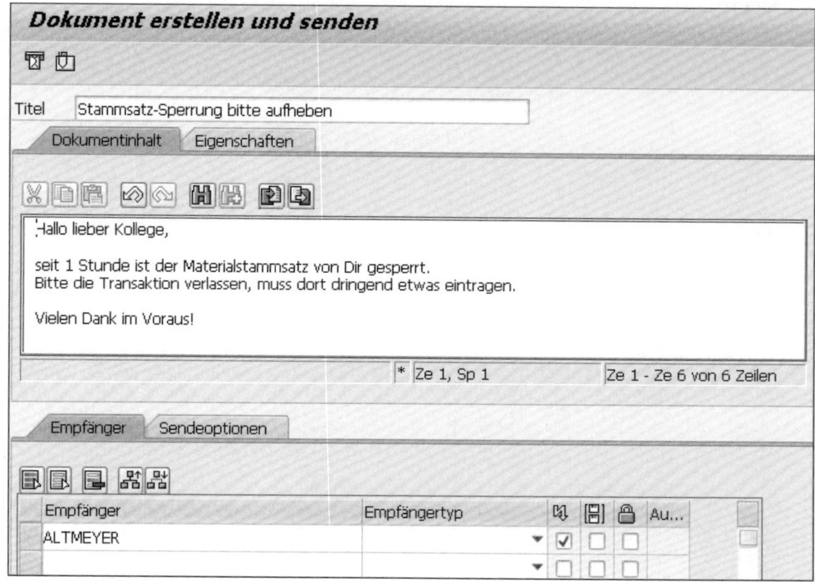

Fenster zur Erfassung der Kurznachricht

2. Tragen Sie im Fenster **Dokument erstellen und senden** folgende Eingaben ein:

   - Oben geben Sie den **Titel** ein, den der Empfänger sofort lesen soll.
   - Darunter tippen Sie den Text der Nachricht ein.
   - Klicken Sie weiter unten in das Feld **Empfänger**. Geben Sie dort die Benutzer-ID ein. Sie können hier gerne zu Testzwecken auch Ihren eigenen Benutzernamen eintragen.
   - Markieren Sie in der Zeile, in der Sie das Feld **Empfänger** befüllt haben, das Ankreuzfeld in der Spalte (**Expressmail**).

3. Klicken Sie ganz links in der Anwendungsfunktionsleiste auf das Symbol (**Senden**), und die Nachricht ist verschickt. Der Empfänger erhält die Expressnachricht als Pop-up-Fenster auf seinem Bildschirm. Eine entsprechende Abbildung sehen Sie im ersten Bild dieses Tipps.

» Tipp zum Tipp: Eine Viertelstunde ist vergangen, und keine Reaktion des Empfängers? Sie sitzen wie auf Kohlen und müssen dringend die Änderung vornehmen, weil Sie beispielsweise eine eilige Bestellung durchführen müssen? Dann können Sie Ihren Key-User bitten, mit der »russischen Methode« dessen Modus zu beenden. Er kann mit der Transaktion SM04 (Benutzerliste) einzelne Modi von beliebigen Benutzern schließen und damit die Sperrung beseitigen.

Tipp 47

Mit der Objekthistorie letzte Änderungen finden

Sie haben letzten Freitag Daten gepflegt. Heute ist Montag, und Sie wissen nicht mehr, wo Sie am Freitag aufgehört und welche Transaktion Sie zur Datenpflege verwendet haben. Nach drei Klicks haben Sie sich informiert und können dort weiterarbeiten, wo Sie aufgehört haben. Werfen Sie dazu einfach einen Blick in die Objekthistorie.

Mit einem kleinen Trick können Sie die jeweils letzten 20 Stammsätze und Belege anzeigen lassen. Wenn Sie in der Materialwirtschaft tätig sind, können Sie beispielsweise jeweils die letzten 20 Materialstammsätze oder die letzten 20 Materialbelege anzeigen lassen. Als Buchhalter finden Sie jeweils die letzten 20 Debitorenstammsätze oder die letzten 20 Buchungen.

Gleichgültig, ob Materialstammsatz, Materialbeleg, Debitorenstammsatz oder Buchung, dies alles bezeichnet SAP als »Objekt«. Und deshalb tragen das entsprechende Anzeigefenster und die entsprechende Funktion jeweils den Namen »Objekthistorie«.

› Und so geht's

Wählen Sie in der Menüleiste den Befehl **System ▸ Meine Objekte ▸ Objekthistorie**. Diese erscheint als eigenes Fenster. Sollte die Fehlermeldung »Objekthistorie ist systemweit ausgeschaltet« erscheinen, finden Sie weitere Informationen am Ende des Tipps.

Folgende Informationen können Sie der Objekthistorie entnehmen:

- In der Spalte **Objekt** sehen Sie die Art des angezeigten, bearbeiteten oder angelegten Belegs oder Stammsatzes.

- In der Spalte **Beschreibung** finden Sie entweder eine Belegnummer oder den Kurztext für das Objekt eines Stammsatzes.
- In den Spalten **Zugriffsdatum** und **Zugriffszeit** sehen Sie den Zeitpunkt Ihres letzten Zugriffs.

B75(1)/802 Objekthistorie

Objekt	Beschreibung	Zugriffsdatum	Zugriffszeit
Standard Material	INSTRUMENTENTAFEL	22.08.2014	21:06:14
Buchhaltungsbeleg	100001000000012014	22.08.2014	20:30:04
Belegzeile Buchhltg	100001000000012014001	22.08.2014	20:30:02
Warenbewegung	00500080371999	22.08.2014	20:29:29
Buchhaltungsbeleg	100050000055041999	22.08.2014	20:26:35
Mitarbeiter	00001000	22.08.2014	20:24:23
Lieferant	C.E.B. BERLIN	22.08.2014	20:18:43

Objekthistorie mit Materialstammsatz, Buchhaltungsbeleg, Personalstammsatz und weiteren Objekten

Klicken Sie doppelt in die Zeile des gewünschten Objekts, wird die entsprechende Transaktion mit dem jeweiligen Objekt gestartet. In unserem Beispiel klicken wir doppelt auf die erste Zeile mit der Beschreibung INSTRUMENTENTAFEL. Letzteres ist der Materialkurztext. Das SAP-System startet sofort die entsprechende Transaktion MM03 (Material anzeigen) und trägt die Nummer des Materials INSTRUMENTENTAFEL in das Einstiegsbild ein.

Einstiegsbild der Transaktion MM03 (Material anzeigen) mit der Nummer des Materials INSTRUMENTENTAFEL

Haben Sie ein Objekt geändert, erfolgt der Absprung aus der Objekthistorie in der Regel in die entsprechende Anzeigetransaktion. Dazu ein Beispiel: Wenn Sie ein Material mit der Transaktion MM02 (Material ändern) geändert haben, führt der Doppelklick in die Transaktion MM03 (Material anzeigen).

» Tipp zum Tipp: Die Objekthistorie kann ausgeschaltet sein. Ist sie deaktiviert, kann ein*e Systembetreuer*in diese Historie mit dem Report RSSGOSHIRE einschalten. Dies klappt jedoch nicht benutzerbezogen, sondern nur systemweit. Ab der Einschaltung protokolliert das SAP-System grundsätzlich alle Objekte, die Sie anlegen, ändern oder anzeigen. Jedoch kann die Objekthistorie mithilfe eines Benutzerparameters (siehe Tipp 26, »Zentrale Vorschlagswerte in Benutzerparametern definieren«) auf einzelne Benutzer eingeschränkt werden. Ist die Objekthistorie systemweit eingeschaltet, kann sie über den Benutzerparameter SOBJHIST = 'X' für einzelne Benutzer ausgeschaltet werden.

Alternativ gelangen Sie mit der Transaktion SBWP (SAP Business Workplace) zur Objekthistorie, die im Business Workplace als eigene Mappe abgelegt ist.

Transaktion SBWP (SAP Business Workplace) mit Objekthistorie

Es gibt eine Alternative, um die zuletzt aufgerufenen Stammsätze oder Belege anzeigen zu lassen. Mit der Funktion »Historie« (siehe Tipp 25, »Vorschlagswerte aus der Historie nutzen«) sehen Sie die letzten Einträge in einem Feld. Wenn Sie wissen, dass Sie beispielsweise zuletzt Personalstammdaten bearbeitet haben, starten Sie die Transaktion PA30 (Personalstammdaten pflegen). In deren Einstiegsbild drücken Sie im leeren Feld **Personalnummer** die Leertaste und erhalten damit die zuletzt eingetragenen Nummern. Diese Liste enthält auch die Nummern, die Sie in anderen Transaktionen verwendet haben, wie beispielsweise PA40 (Personalmaßnahmen).

Tipp 48

Änderungslisten für Stammsätze und Belege anzeigen

Sie waren im Urlaub und wollen nach Ihrer Rückkehr auf einen Blick sehen, welche Änderungen an Ihren Stammsätzen oder Belegen durchgeführt wurden? Hierzu gibt es Spezialtransaktionen und -funktionen, die Sie in diesem Tipp kennenlernen.

Es gibt Transaktionen zur Anzeige von Änderungsbelegen. Änderungsbelege werden vom SAP-System automatisch angelegt, wenn Sie Änderungen an Stammdaten oder Belegen speichern. Mit diesen Transaktionen sehen Sie in Änderungsbelegen, wer wann welches Feld geändert hat, sowie die alten und die neuen Feldwerte.

› Und so geht's

Die folgende Tabelle enthält eine Auswahl der Transaktionen, mit denen Sie Listen von Änderungsbelegen anzeigen lassen können. Am Ende des Tipps zeigen wir Ihnen zudem noch einige alternative Möglichkeiten, über die Sie auch in anderen Transaktionen Änderungslisten anzeigen lassen können.

Komponente	Transaktionen
Finanzwesen	FD04 (Debitoränderungen (Buchhaltung)) FK04 (Kreditoränderungen (Buchhaltung)) FB04 (Belegänderungen)
Controlling	KS05 (Kostenstelle: Änderungen anzeigen)

Transaktionen zur Anzeige von Änderungen

Komponente	Transaktionen
Materialwirtschaft	MK04 (Änderungen Kreditor (Einkauf)) MM04 (Änderungsbelege Material)
Vertrieb	VD04 (Änderungen Debitor (Vertrieb))

Transaktionen zur Anzeige von Änderungen (Forts.)

Und so informieren Sie sich in Änderungslisten über durchgeführte Änderungen:

1. Starten Sie eine der Transaktionen aus der Tabelle. In unserem Beispiel verwenden wir die Transaktion FD04 (Debitoränderungen (Buchhaltung)). Alle Transaktionen aus der Tabelle haben einen gleichen bzw. ähnlichen Ablauf.

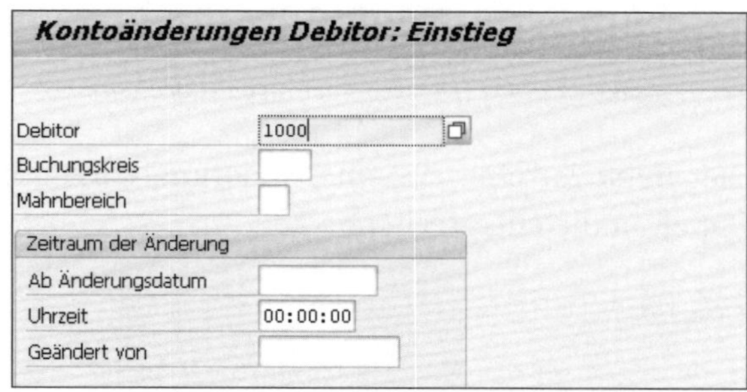

Einstiegsbild der Transaktion FD04 (Debitoränderungen (Buchhaltung))

2. Im Einstiegsbild bestimmen Sie mindestens die Debitorennummer. Darüber hinaus können Sie die Anzeige der Änderungen mit dem Änderungsdatum oder mit dem Benutzernamen eingrenzen. Bestätigen Sie Ihre Eingabe mit der Taste [↵].

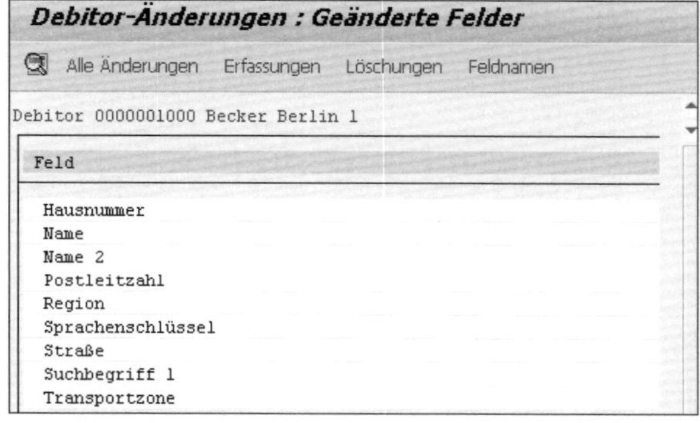

Auflistung der geänderten Felder in der Transaktion FD04 (Debitoränderungen (Buchhaltung))

3. Sie sehen erst einmal nur die Felder, die geändert wurden. In der Anwendungsfunktionsleiste befinden sich Schaltflächen, mit denen Sie sich noch weitere Informationen zu den geänderten Feldern holen können. Klicken Sie auf die Schaltfläche **Alle Änderungen**, damit Sie die komplette Änderungsliste erhalten.
4. Nun sehen Sie zusätzlich, wann Werte in den Feldern geändert wurden. In den Spalten **Neu** und **Alt** zeigt das SAP-System die korrigierten und vorherigen Einträge.

Debitor-Änderungen : Überblick

Geänderte Felder Erfassungen Löschungen Feldnamen

Debitor 0000001000 Becker Berlin 1

Datum	Feld	Neu	Alt
06.11.14	Hausnummer	46	25
06.11.14	Straße	Hermsdorfer Str.	Potsdammer Platz
04.11.14	Hausnummer	25	13

Anzeige aller Änderungen in der Transaktion FD04 (Debitoränderungen (Buchhaltung))

Sie wollen sehen, welcher Benutzer eine einzelne Änderung vorgenommen hat? Klicken Sie doppelt in die entsprechende Zeile.

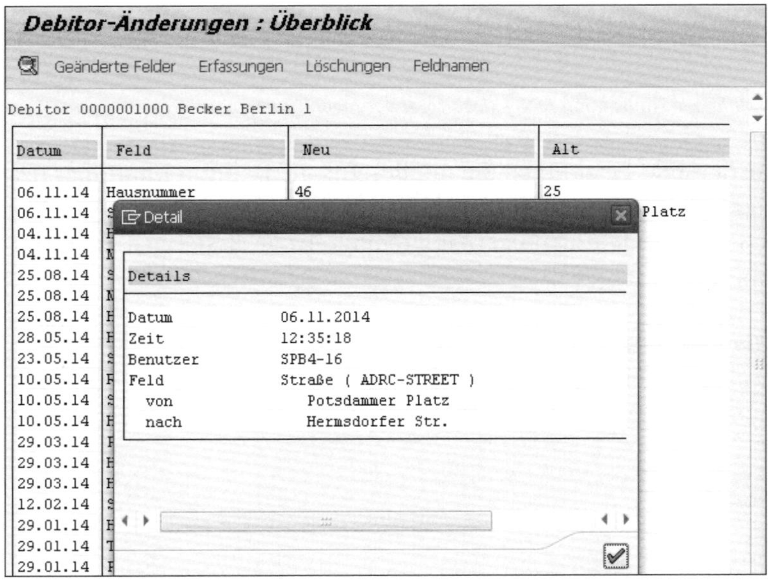

Anzeige eines Änderungsbelegs in der Transaktion FD04 (Debitoränderungen (Buchhaltung))

5. Nun erhalten Sie in einem eigenen Fenster alle Informationen inklusive des Benutzernamens, der die Änderung vorgenommen hat. Dies ist der sogenannte Änderungsbeleg.

Vermissen Sie in der Tabelle am Kapitelanfang einige Transaktionen? Manchmal gibt es keine eigenen Transaktionen zur Anzeige von Änderungsbelegen, sondern Menüfunktionen innerhalb der normalen Änderungs- bzw. Anzeigetransaktionen. Dazu zwei Beispiele:

- In der Transaktion VA03 (Kundenauftrag anzeigen) geben Sie im Einstiegsbild die Auftragsnummer ein, zu der Sie die Änderungen sehen möchten. Danach wählen Sie in der Menüleiste den Befehl **Umfeld ▸ Änderungen**.
- In der Transaktion ME23N (Bestellung anzeigen) wechseln Sie in die Bestellung, zu der Sie die Änderungen sehen möchten. Danach wählen Sie in der Menüleiste den Befehl **Umfeld ▸ Belegkopf ▸ Änderungen Kopf** oder **Umfeld ▸ Belegposition ▸ Änderungen Position**.
- In der Transaktion FB03 (Beleg anzeigen) geben Sie im Einstiegsbild die Nummer des Buchhaltungsbelegs ein und bestätigen diese mit [↵]. Im Beleg wählen Sie in der Menüleiste den Befehl **Umfeld ▸ Belegänderungen**.

» Tipp zum Tipp: Mit entsprechenden Berechtigungen können Sie bzw. Ihr Key-User auch Reports und direkte Tabellenauswertungen starten, um übergreifende Änderungsauswertungen zu erhalten. Beispiele hierfür sind der Report RSSCD100 (Änderungsbelege anzeigen) und die Tabellen CDHDR (Änderungsbelegkopf) und CDPOS (Änderungsbelegpositionen). Darüber können für alle Komponenten Änderungsauswertungen durchgeführt werden.

TEIL 7

Mit F4-Hilfen Daten schnell finden

Wer sucht der findet. Jedoch sollte die Sucherei nicht zu lange dauern! Damit Sie gegenüber Kunden, Lieferanten oder Kolleg*innen immer sofort auskunftsfähig sind, sollten Sie sich die Tipps dieses und des nächsten Buchteils zu Herzen nehmen.

› Tipps in diesem Teil

Tipp 49

»Magisches Dreieck« für Suchhilfen nutzen

Sie haben eine Suche über eine Suchhilfe durchgeführt, die nicht das gewünschte Ergebnis gebracht hat, und nun wollen Sie die Suchvorgaben schnell korrigieren. Schließen Sie in solchen Fällen nicht die Trefferliste, um sie nachfolgend nochmals aufzurufen, sondern nutzen Sie stattdessen das »magische Dreieck«, um sofort aus der Trefferliste in die Suchhilfe zu wechseln.

Bevor wir Sie in die Geheimnisse des magischen Dreiecks einweihen, möchten wir zunächst einige Grundlagen zur Suchhilfe klären. Wann erscheint eine *Suchhilfe* (anderer Begriff: *F4-Hilfe*)? Nach Drücken der F4-Taste bzw. nach einem Klick auf das Symbol (**Wertehilfe**) gibt es bekannterweise zwei Möglichkeiten:

- Es erscheint sofort eine Werteliste mit möglichen Eingabewerten, beispielsweise bei der Suche nach einem Länderkurzzeichen.
- Es erscheint ein Fenster mit mehreren Suchhilfen, die durch Register gewählt werden. Dieses Fenster wird auch als *Sammelsuchhilfe* bezeichnet.

Sammelsuchhilfe für das Feld »Material« mit mehreren Suchhilfen, im Vordergrund die Suchhilfe »Materialnummer/-kurztext«

Die einzelnen Suchhilfen sind Formulare, in die Sie Suchvorgaben eintragen. Das ist bei umfangreichen Datenbeständen wie Belegen, Debitoren, Konten, Kostenstellen, Personalnummern oder Materialien der Fall. Und erst nach der ausgeführten Suche gelangen Sie in eine *Werteliste* (andere Bezeichnung: *Trefferliste*).

› Und so geht's

Gehen Sie folgendermaßen vor, um das magische Dreieck für Suchhilfen zu nutzen:

1. Starten Sie eine beliebige Transaktion, im Beispiel verwenden wir die Transaktion MMBE (Bestandsübersicht).

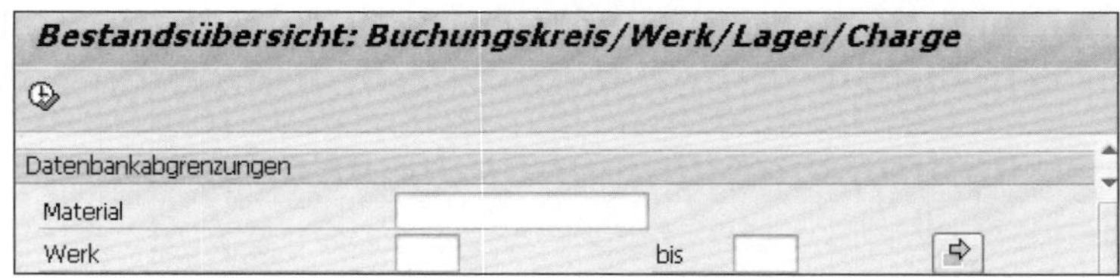

Transaktion MMBE (Bestandsübersicht) mit Einstiegsbild

2. Klicken Sie in das Feld **Material**, und drücken Sie hier die [F4]-Taste, oder klicken Sie auf das Symbol (**Wertehilfe**). Das SAP-System zeigt in einem eigenen Fenster die Sammelsuchhilfe für das Feld **Material**.

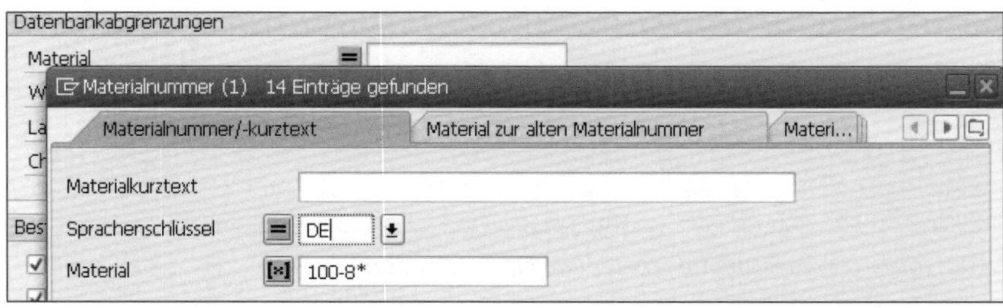

Suchhilfe »Materialnummer/-kurztext« (im Vordergrund) zum Feld »Material« (im Hintergrund)

3. Wählen Sie, wenn notwendig, mit einem Klick auf das erste Register die Suchhilfe **Materialnummer/-kurztext** aus.

4. Geben Sie in das Feld **Material** »100-8*« ein, und drücken Sie die Taste [↵]. Es erscheint die Trefferliste.

Materialnummer (1) 14 Einträge gefunden

Materialnummer/-kurztext | Material zur alten Materialnummer | Materi...

Materialkurztext	Sprac...	Material
FARBE FARBLOSER ROHSTOFF	DE	100-80
FARBE ANTHRAZIT MIT GLANZ	DE	100-810
FARBE BLAU MIT GLANZ	DE	100-806

Trefferliste für die Suchhilfe »Materialnummer/-kurztext«

5. In der Trefferliste stellen Sie fest, dass Sie eigentlich die Materialien sehen wollten, die mit den Zeichen »100-3« beginnen. Ausgehend von der Trefferliste möchten Sie deshalb auf dem schnellsten Weg zu den Materialien mit »100-3*« wechseln. Klicken Sie dazu unterhalb der Registerbezeichnungen auf das Symbol [▼], das wir bereits als »magisches Dreieck« bezeichnet haben. Nun sehen Sie beides gleichzeitig: oben die Suchhilfe und unten die Trefferliste.

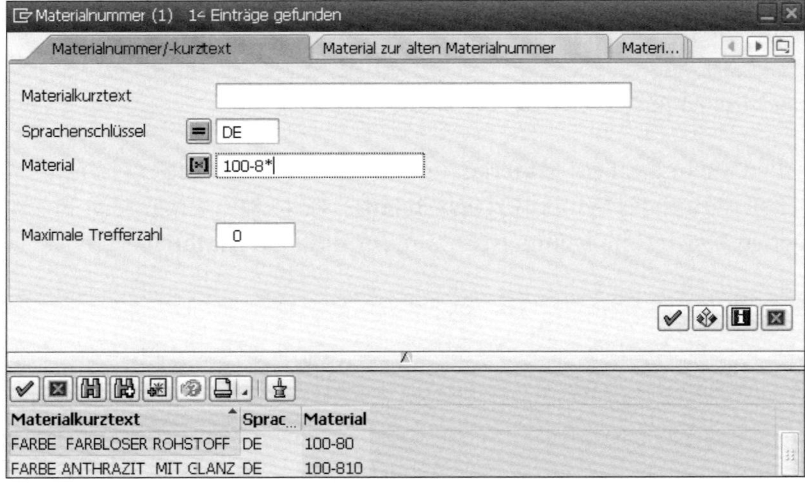

Trefferliste für die Suchhilfe »Materialnummer/-kurztext«

6. Geben Sie im oberen Fensterteil in das Feld **Material** »100-3*« ein, und drücken Sie die [↵]-Taste. Es erscheint die neue Trefferliste ohne Suchhilfe. Auch hier lässt sich mit einem Klick auf das Symbol [▼] die Suchhilfe einblenden.

Sie können das magische Dreieck für Suchhilfen auch nutzen, wenn Sie eine Suche erfolgreich beendet haben und für dasselbe Feld eine nochmalige Suche durchführen möchten. So können Sie zum Beispiel mehrere Materialnummern in verschiedenen aufeinanderfolgenden Suchvorgängen suchen.

Auch in Wertelisten steht Ihnen das magische Dreieck zur Verfügung, mit dem Sie umfangreiche Wertelisten neu selektieren und temporär auf den notwendigen Umfang reduzieren können. Darüber hinaus erfahren Sie in Tipp 51, »Persönliche Wertelisten erstellen«, wie Sie dauerhaft reduzierte Wertelisten erstellen.

Tipp 50

Nummern für Stammdaten und Belege schneller finden

Die F4-Hilfe nutzen Sie, damit Ihnen in einem Fenster gemäß Ihren Suchvorgaben eine Werteliste angezeigt wird. Oft benötigen Sie hierzu keine F4-Hilfe, da Sie den Suchtext direkt in das Eingabefeld eintragen können.

Namen können wir uns in der Regel besser merken als Nummern. In häufig genutzten Feldern wie beispielsweise **Material**, **Kontonummer**, **Bank**, **Lieferant** oder **Auftraggeber** reicht es, einen Teil des Namens oder der Bezeichnung einzutippen, und das SAP-System zeigt Ihnen sofort eine entsprechende Liste. Diese komfortable Funktion für Wertelisten gibt es jedoch nicht in allen Feldern.

Für diese Fälle gibt es die F4-Hilfe, in der Sie über einen Namen oder eine Bezeichnung die passende Nummer suchen können. Doch wussten Sie, dass Sie sich dieses Fenster mit den Suchhilfen sparen und stattdessen den Suchbegriff direkt in das Feld eingeben können?

› Und so geht's

Wir zeigen Ihnen den Trick am Beispiel der Sammelsuchhilfe für die Personalnummer. Eine Sammelsuchhilfe ist ein Suchfenster, das mehrere Register enthält. Ein Register entspricht hierbei einer einzelnen Suchhilfe. Der Trick funktioniert, wenn Sie immer dieselbe Suchhilfe aus der Sammelsuchhilfe nutzen. Dazu nutzen wir im folgenden Beispiel die Suchhilfe **Nachname – Vorname** aus der Komponente Personalwesen:

1. Wir verwenden in unserem Beispiel die Transaktion PA20 (Personalstammdaten anzeigen). Damit möchten Sie einen Personalstammsatz aufrufen, kennen aber nur einen Teil des Nachnamens.

Einstiegsbild der Transaktion PA20 (Personalstammdaten anzeigen)

2. Nun lüften wir das Geheimnis der Methode. Das SAP-System nutzt für den Suchtext, den Sie im folgenden Schritt eingeben, das erste Feld in der zuletzt verwendeten, aktuellen Suchhilfe. Und dazu muss die richtige Suchhilfe aktiv sein. Um dies zu überprüfen, drücken Sie nun die Taste [F4]. Dieser Schritt ist nur nötig, wenn Sie nicht wissen, welche Suchhilfe Sie zuletzt verwendet haben.

Einstiegsbild der Transaktion PA20 (Personalstammdaten anzeigen) mit der Sammelsuchhilfe für das Feld »Personalnummer«

3. Sollte die Suchhilfe **Nachname – Vorname** nicht im Vordergrund erscheinen, klicken Sie nun auf das Register **Nachname – Vorname**. Danach schließen Sie diese Sammelsuchhilfe wieder.

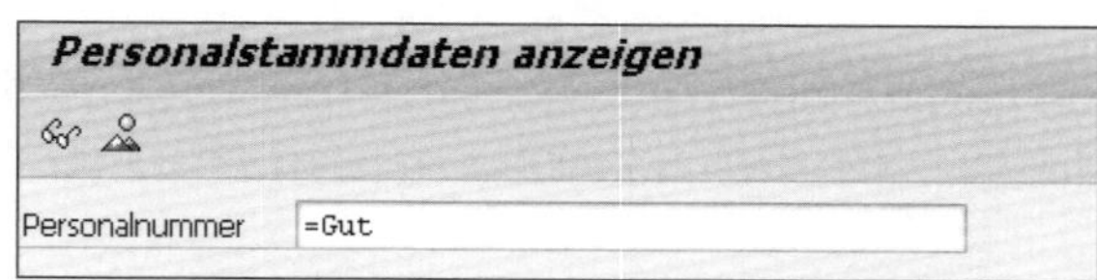

Einstiegsbild der Transaktion PA20 (Personalstammdaten anzeigen) mit Eingabe des Suchschlüssels »=Gut«

4. In das Feld, für das Sie eine Stammsatznummer benötigen, tragen Sie eine der folgenden Angaben ein, wobei wir in unserem Beispiel eine Person mit dem Nachnamen »Gutjahr« suchen:

- »=Namensteil«, wenn Sie die ersten Zeichen des Namens kennen, beispielsweise »=Gut«. Dafür benötigen Sie hier ausnahmsweise keinen Stern * als Joker, denn das SAP-System ergänzt in diesem Fall Ihre Eingaben am Ende immer automatisch mit dem Stern *. In unserem Fall geben wir den Suchschlüssel »=Gut« ein.
- »=Namen«, wenn Sie den Namen bzw. Suchbegriff genau kennen, beispielsweise »=Gutjahr«
- »=*Namensteil«, wenn Sie einen Teil der Zeichenfolge aus dem Namen bzw. Suchbegriff kennen, beispielsweise »=*jahr«

5. Bestätigen Sie Ihre Eingabe mit der [↵]-Taste. Nun gibt es mehrere Möglichkeiten, wie das SAP-System reagiert:

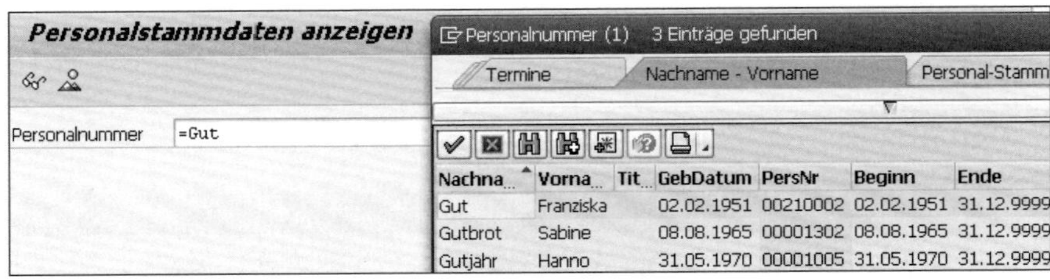

Werteliste der Transaktion PA20 (Personalstammdaten anzeigen) nach Bestätigung der Eingabe des Suchschlüssels »=Gut«

- Findet das SAP-System mehrere Werte, weil es den gleichen Namen oder den gleichen Namensteil mehrfach gibt oder weil Sie den Joker * eingesetzt haben, erscheint sofort die Werteliste.
- Findet das SAP-System keine Daten, zeigt es links unten in der Statusleiste eine entsprechende Meldung und öffnet die Suchhilfe genauso, als wenn Sie zur Suche die [F4]-Taste oder das Symbol ◻ (**Wertehilfe**) verwendet hätten.
- Findet das SAP-System genau einen Wert, ersetzt es Ihre Suchvorgabe durch die Nummer des Stammsatzes und drückt stellvertretend für Sie die [↵]-Taste.

Weil es so schön war, testen wir die Methode nun für den Fall, dass das SAP-System genau einen Wert findet, da wir diesmal die exakte Schreibweise kennen.

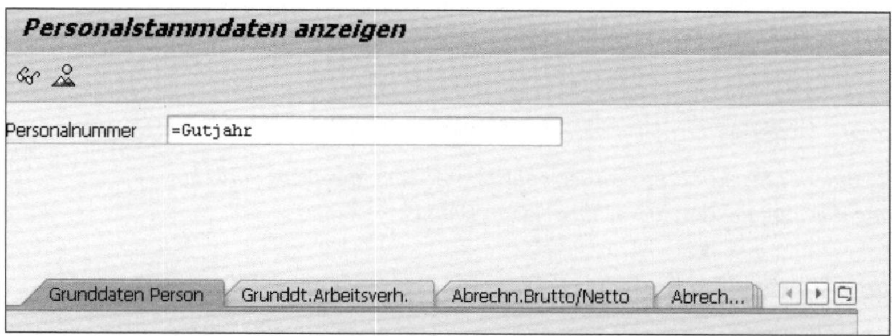

Einstiegsbild der Transaktion PA20 (Personalstammdaten anzeigen) vor Bestätigung der Eingabe des Suchschlüssels »=Gutjahr«

In unserem zweiten Beispiel geben wir »=Gutjahr« vor. Bestätigen Sie diesen eindeutigen Suchschlüssel mit der [↵]-Taste. Gibt es, wie in unserem Fall, den Namen nur einmal, gelangen Sie sofort in das nächste Bild. In der Transaktion PA20 (Personalstammdaten anzeigen) füllt das SAP-System das Einstiegsbild sofort mit den Mitarbeiterdaten, als wenn Sie die gefundene Personalnummer mit der [↵]-Taste bestätigt hätten.

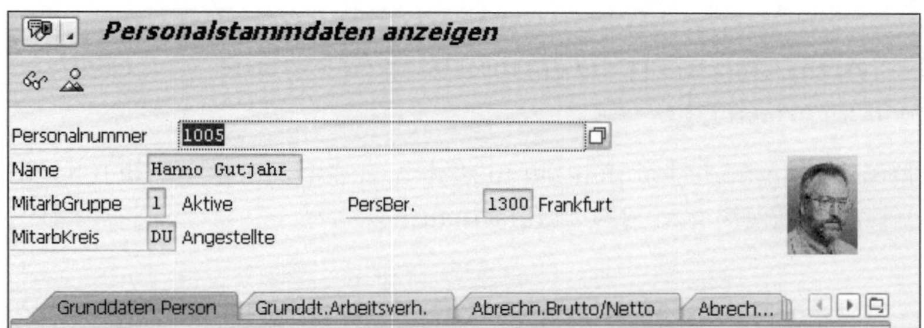

Einstiegsbild der Transaktion PA20 (Personalstammdaten anzeigen) nach Bestätigung der Eingabe des Suchschlüssels »=Gutjahr«

Sie können sich in unserem dritten Beispiel nicht an den Nachnamen erinnern, wissen aber genau, dass Dennis der richtige Vorname ist? Dann gehen Sie wie folgt vor:

1. Das Feld **Vorname** steht an zweiter Stelle in der Suchhilfe. Wollen Sie in einem Feld suchen, das nicht an erster Stelle in der Suchhilfe steht, geben Sie nach dem Gleichheitszeichen »=« jeweils so viele Punkte an, wie die Stelle des Feldes in der Suchhilfe innehat. Geben Sie in unserem Fall also »=..Dennis« ein.

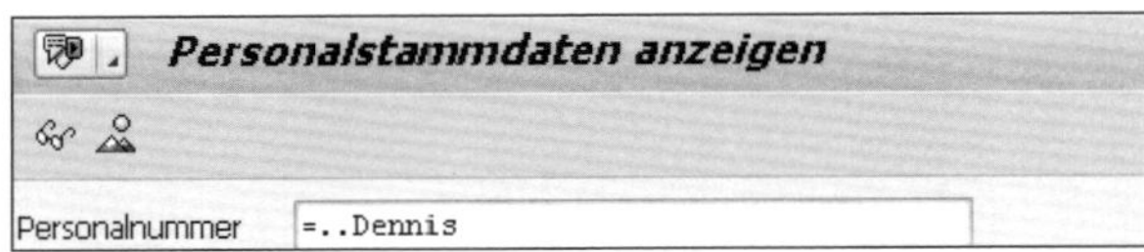

Einstiegsbild der Transaktion PA20 (Personalstammdaten anzeigen) vor Bestätigung der Eingabe des Suchschlüssels »=..Dennis«

2. Bestätigen Sie den Suchschlüssel mit der [↵]-Taste.

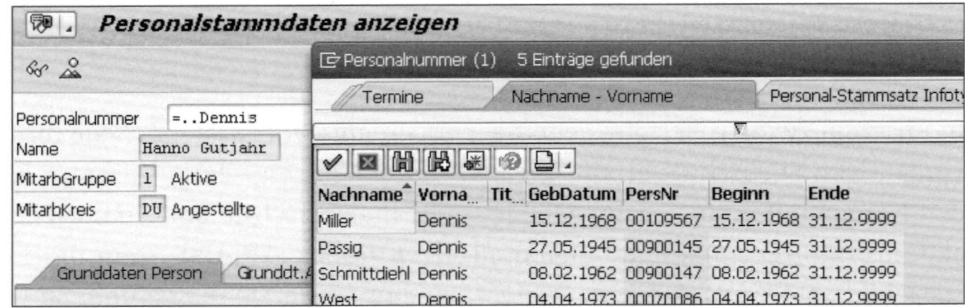

Werteliste der Transaktion PA20 (Personalstammdaten anzeigen) nach Bestätigung der Eingabe des Suchschlüssels »=..Dennis«

3. Das SAP-System zeigt sofort die entsprechende Werteliste, weil es diesen Vornamen mehrfach gibt.

Diese praktische Methode können Sie in vielen, jedoch nicht in allen Suchhilfen verwenden. Probieren Sie es einfach aus!

Tipp 51

Persönliche Wertelisten erstellen

Wertelisten und Trefferlisten aus der F4-Hilfe sind oft sehr lang und enthalten unnötigen Ballast. Weg mit dem Ballast! Benötigen Sie beispielsweise nur 20 oder 30 Werte wie Kostenstellen, Warengruppen, Kontonummern oder Materialien? Machen Sie sich das SAP-Leben einfacher. Jetzt und sofort! Ersetzen Sie die standardmäßig erscheinende Liste durch eine eigene übersichtliche Liste, die nur und genau die Werte enthält, die Sie in der Praxis benötigen.

Oft enthalten Wertelisten viele überflüssige Einträge, die ein umständliches Scrollen in langen Listen zur Folge haben. Sie können eine standardmäßig erscheinende Liste durch eine eigene ersetzen, die nur die Werte enthält, die Sie benötigen. Das ist dann Ihre *persönliche Werteliste*.

› Und so geht's

Unser Beispiel: Ihnen sollen in der Werteliste der Länder nur die 28 Länder der EU statt der über 200 Länder des SAP-Systems angezeigt werden.

1. Starten Sie eine beliebige Transaktion, die das Feld **Land** enthält, zum Beispiel die Transaktion SU3 (Pflege eigener Benutzervorgaben). Mit dem Start dieser Transaktion öffnet das SAP-System automatisch einen neuen Modus.
2. Im ersten Register **Adresse** klicken Sie in der Feldgruppe **Person** rechts oben auf das Symbol (**Weitere Felder**).

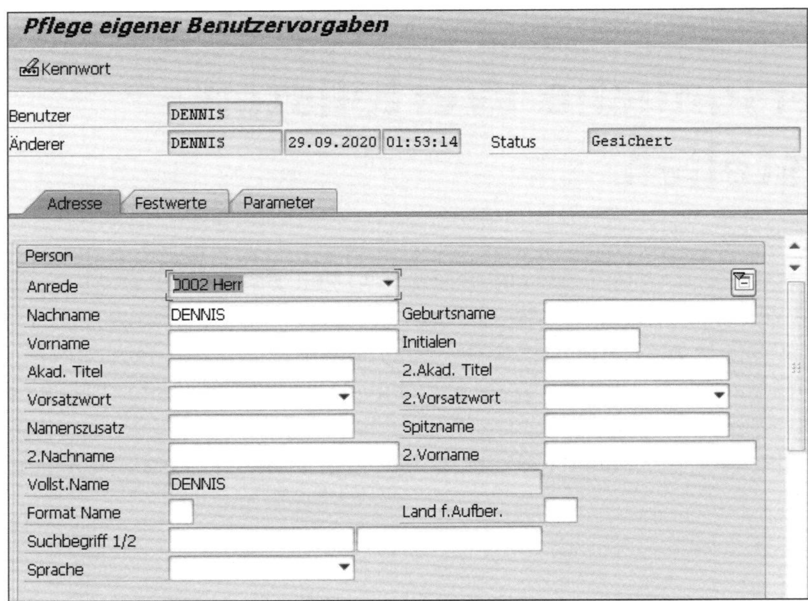

Fenster »Pflege eigener Benutzervorgaben« nach dem Klick auf das Symbol für die Anzeige weiterer Felder

3. Klicken Sie in das Feld **Land f.Aufber.**, und drücken Sie hier die F4-Taste, oder klicken Sie auf das Symbol (**Wertehilfe**). Das SAP-System zeigt alle Länder in der Werteliste.

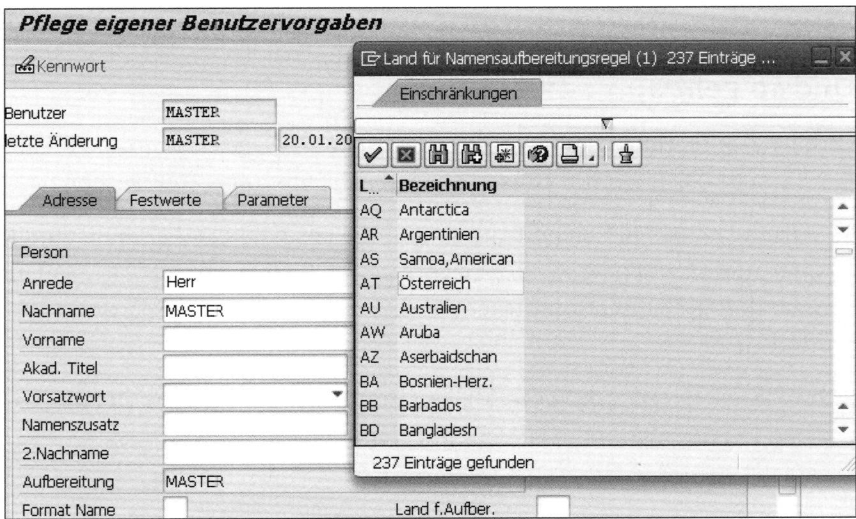

Fenster »Pflege eigener Benutzervorgaben« mit der Werteliste zum Feld »Land f.Aufber.«

4. Markieren Sie mit der linken Maustaste das erste Land, das Sie in Ihre persönliche Werteliste übernehmen möchten, und klicken Sie auf das Symbol (**Einfügen in persönliche Liste**).
5. Wiederholen Sie Schritt 4, bis Sie alle gewünschten Länder in die persönliche Werteliste übernommen haben. Damit wird diese Werteliste angelegt, jedoch noch nicht angezeigt.
6. Klicken Sie auf das Symbol (**Persönliche Liste**), um die persönliche Werteliste anzuzeigen.

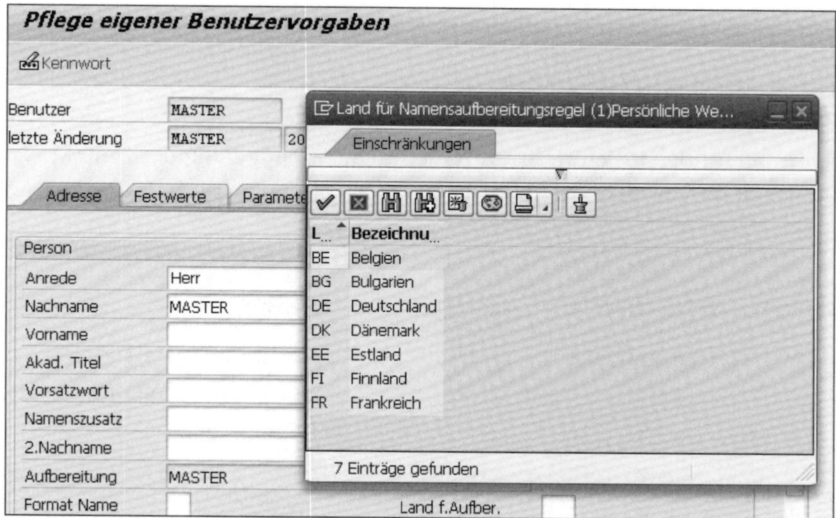

Fenster »Pflege eigener Benutzervorgaben« mit der persönlichen Werteliste zum Feld »Land f.Aufber.«

7. Klicken Sie auf das Symbol (**Alle Werte anzeigen**), um ausgehend von der persönlichen Werteliste wieder die komplette Liste anzuzeigen.
8. Schließen Sie danach das Fenster der Werteliste.

Und noch eine gute Nachricht: Die persönlichen Wertelisten gelten transaktionsübergreifend. Gleichgültig, in welcher Transaktion Sie sich befinden: Wenn Sie die Wertehilfe im gleichen Feld einer anderen Transaktion öffnen, erscheint immer die von Ihnen erstellte persönliche Werteliste. Probieren Sie es aus! Sie können die Werteliste für das Feld **Land** beispielsweise in den Transaktionen öffnen, die in der folgenden Tabelle aufgelistet sind.

Komponente	Transaktionen (Auswahl)
Finanzwesen	FD03 (Debitor anzeigen (Buchhaltung)) FK03 (Kreditor anzeigen (Buchhaltung))
Controlling	KS03 (Kostenstelle anzeigen)
Materialwirtschaft	MK03 (Kreditor anzeigen)
Vertrieb	VD03 (Debitor anzeigen)
Personalwesen	PA20 (Personalstammdaten anzeigen) im Infotyp »Familie/Bezugsperson«

Transaktionen mit Zugriff auf das Feld »Land«

In den persönlichen Wertelisten haben Sie alle Möglichkeiten, die Sie auch in normalen Wertelisten haben. Diese Möglichkeiten finden Sie in der folgenden Tabelle.

Symbol	Bezeichnung	Taste(n)	Funktion
	Übernehmen	↵	Übernahme des markierten Wertes in ein eingabebereites Feld, auch möglich mit Doppelklick
	Schließen	Esc	Schließen des Fensters mit der Werteliste
	Suchen	Strg + F	Suche nach Werten mithilfe von Suchbegriffen
	Erneut Suchen	Strg + G	Fortsetzung einer Suche, wenn es mehrere Einträge mit dem Suchbegriff in der Liste gibt
	Lokal Drucken	Strg + P	sofortiger Ausdruck der Werteliste auf dem lokalen Drucker, auf dem Sie standardmäßig auch Ihre Microsoft-Word-Texte oder -Excel-Tabellen ausdrucken.

Funktionen für Wertelisten

Zusätzlich lassen sich Spalten mit einem Klick auf die Spaltenüberschrift auf- und absteigend sortieren. Noch mehr Funktionen gibt es nach Rechtsklick im Kontextmenü. Zum Beispiel individuelle Einstellungen für Spalten (siehe Tipp 56, »Voreinstellungen für einzelne Wertelisten durchführen«) oder die Möglichkeit zum Download.

Tipp 52

Persönliche Wertelisten bearbeiten

Gibt es neue Kostenstellen oder neue Warengruppen? Nichts ist so beständig wie der Wandel! Auch persönliche Wertelisten müssen von Zeit zu Zeit angepasst werden.

Das Hinzufügen weiterer Werte, in unserem Fall weiterer Länder, funktioniert, wie in Tipp 51, »Persönliche Wertelisten erstellen«, beschrieben. Nachfolgend lernen Sie den Ablauf zum Löschen einzelner Werte kennen, die Sie nicht mehr in der persönlichen Werteliste sehen möchten.

› Und so geht's

Für das Löschen von Werten verwenden wir eine andere Transaktion als im letzten Tipp, damit Sie gleichzeitig sehen, dass Wertelisten transaktionsübergreifend gelten.

1. Starten Sie eine beliebige Transaktion, die das Feld **Land** enthält, zum Beispiel die Transaktion FK03 (Kreditor anzeigen (Buchhaltung)).

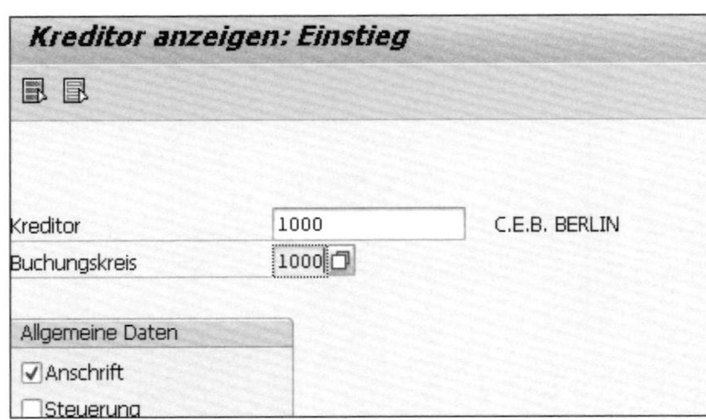

Einstiegsbild der Transaktion FK03 (Kreditor anzeigen (Buchhaltung))

2. Geben Sie eine Kreditorennummer und den Buchungskreis vor, setzen Sie im Feld **Anschrift** ein Häkchen, und bestätigen Sie Ihre Auswahl mit der [↵]-Taste.

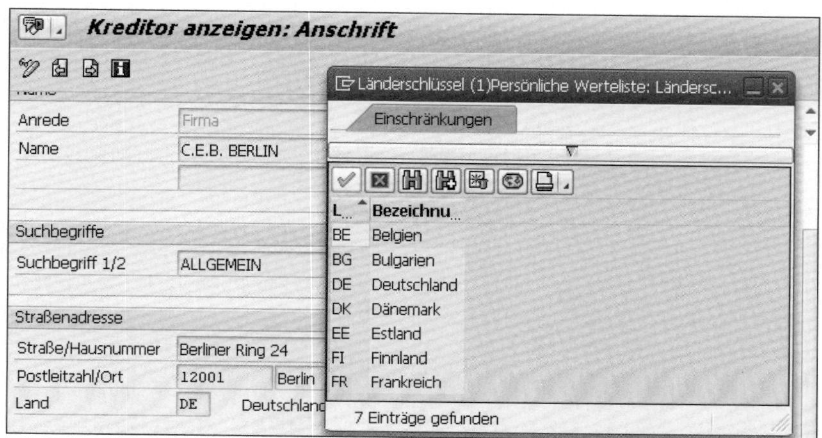

Bild »Anschrift« der Transaktion FK03 (Kreditor anzeigen (Buchhaltung)) mit persönlicher Werteliste für das Feld »Land«

3. Klicken Sie in das Feld **Land**, und drücken Sie hier die [F4]-Taste, oder klicken Sie auf das Symbol [Symbol] (**Wertehilfe**).

4. Um Werte zu löschen, wechseln Sie – wenn notwendig – mit dem Symbol [Symbol] (**Persönliche Liste**) in die persönliche Werteliste. Sollte die persönliche Liste nicht sofort automatisch erscheinen, erfahren Sie in Tipp 53, »Persönliche Wertelisten standardmäßig anzeigen«, wie Sie hierzu die entsprechende Voreinstellung einrichten.

5. Sie haben zwei Möglichkeiten:

   - Einen einzelnen Wert löschen Sie, indem Sie diesen mit der Maus markieren und anschließend auf das Symbol [Symbol] (**Löschen aus pers. Werteliste**) klicken.

   - Die komplette persönliche Liste löschen Sie ausgehend vom Kontextmenü der persönlichen Werteliste mit dem Befehl **Persönliche Werteliste löschen**.

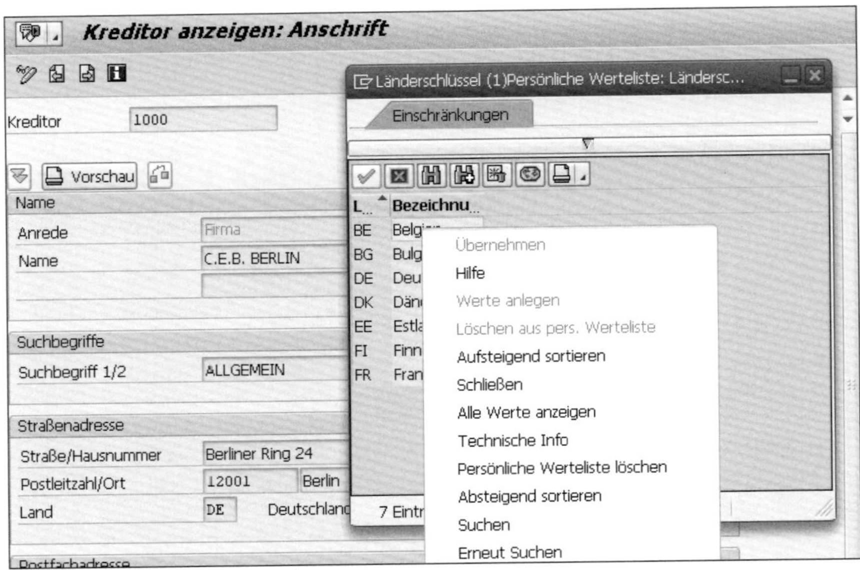

Persönliche Werteliste für das Feld »Land« mit Kontextmenü

Der Aufbau der persönlichen Listen ist natürlich mit einem kleinen Arbeitsaufwand verbunden. Wenn die Anzahl der Werte gering ist, gibt es eine einfache Alternative zur persönlichen Werteliste: die Nutzung der Feldhistorie (siehe Tipp 25, »Vorschlagswerte aus der Historie nutzen«). Der Aufwand für persönliche Listen lohnt sich speziell für Eingabefelder, die Sie oft nutzen und für die die Wertelisten nicht ständig nachgepflegt werden müssen. Dies sind in der Regel Felder wie Stammdaten oder Organisationseinheiten, zum Beispiel Kostenstellen, Sachkonten, Mengeneinheiten, Materialien, Produktionsstraßen, Lagerorte oder Personalteilbereiche. Wenn die persönliche Liste einmal eingerichtet ist, ersparen Sie sich die Suchläufe bzw. das Scrollen in langen Listen.

Persönliche Wertelisten können Sie auch für Sammelsuchhilfen verwenden, zum Beispiel für die Suche nach Kostenstellen, Sachkonten und Materialien. In diesem Fall bezieht sich eine persönliche Werteliste immer auf die Suchhilfe, in der die persönliche Werteliste erstellt wurde. Wechseln Sie in der Sammelsuchhilfe das Suchregister, wird die jeweilige persönliche Wertehilfe im neuen Suchregister ignoriert.

Tipp 53

Persönliche Wertelisten standardmäßig anzeigen

Sie möchten, dass Ihre persönlichen Wertelisten sofort und automatisch angezeigt werden? Nichts leichter als das!

Sie haben persönliche Wertelisten eingerichtet (siehe Tipp 51, »Persönliche Wertelisten erstellen«) und ärgern sich, dass Sie dennoch jedes Mal zunächst auf das Symbol klicken müssen, bevor die mühevoll gepflegte Liste angezeigt wird? Das lässt sich ändern!

Eventuell gibt es bei Ihnen eine globale Voreinstellung für alle persönlichen Wertelisten, die verhindert, dass diese nicht sofort und automatisch erscheinen. Hier erfahren Sie, wie Sie die entsprechende Voreinstellung für alle persönlichen Wertelisten einrichten, die Sie erstellt haben.

› Und so geht's

Mit wenigen Handgriffen stellen Sie sicher, dass standardmäßig die persönlichen Wertelisten sofort angezeigt werden:

1. Wählen Sie über die Menüleiste im Menü **Hilfe** den Befehl **Einstellungen**.

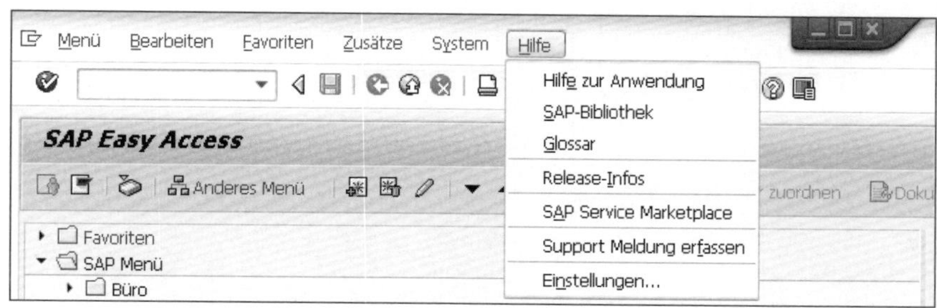

Menü »Hilfe« mit dem Befehl »Einstellungen«

2. Klicken Sie auf das Register **F4-Hilfe**.

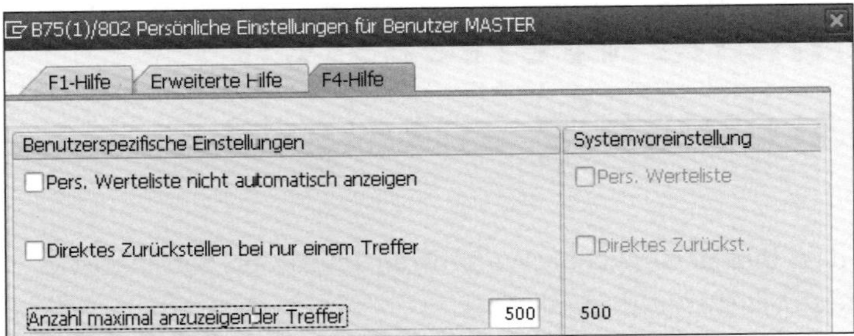

Fenster »Persönliche Einstellungen« mit dem Register »F4-Hilfe«

3. Sollte das Feld **Pers. Werteliste nicht automatisch anzeigen** markiert sein, entfernen Sie die Markierung.
4. Speichern Sie Ihre Eingaben mit der [↵]-Taste.

Die neue Einstellung wirkt sofort. Beim nächsten Aufruf einer Werteliste erscheint sofort und automatisch Ihre persönliche Werteliste.

Tipp 54

Maximale Trefferanzahl dauerhaft ändern

Sie haben eine F4-Suche durchgeführt und sind sich sicher, dass es den gewünschten Wert in der Trefferliste gibt. Doch Sie finden ihn nicht? Das kann daran liegen, dass die Ausgabe beispielsweise auf 500 Datensätze beschränkt ist, der gesuchte Datensatz aber dummerweise der 501. ist und deshalb nicht mehr angezeigt wird.

Sie können in der Regel direkt vor der Suche die maximale Trefferanzahl erhöhen. Praktischer für Sie ist die Nutzung einer generellen Voreinstellung, mit der Sie erreichen, dass mehr als 500 Treffer angezeigt werden. Dagegen ist nichts einzuwenden, wenn das SAP-System eine gute Performance besitzt.

› Und so geht's

Wenn Sie generell die Trefferanzahl für alle F4-Suchen erhöhen möchten, folgen Sie dieser Anleitung:

1. Wählen Sie über die Menüleiste im Menü **Hilfe** den Befehl **Einstellungen**.

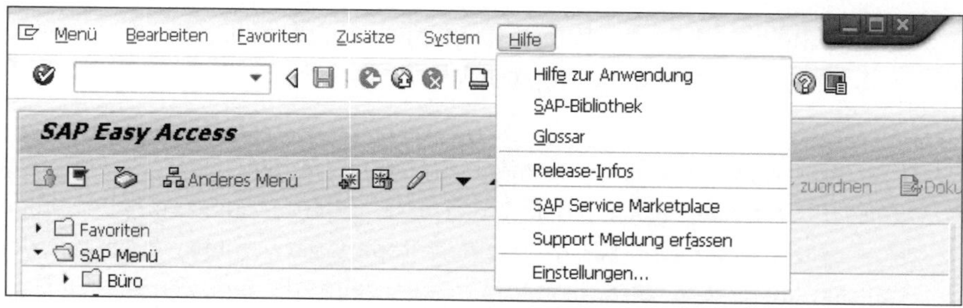

Menü »Hilfe« mit dem Befehl »Einstellungen«

2. Klicken Sie auf das Register **F4-Hilfe**.

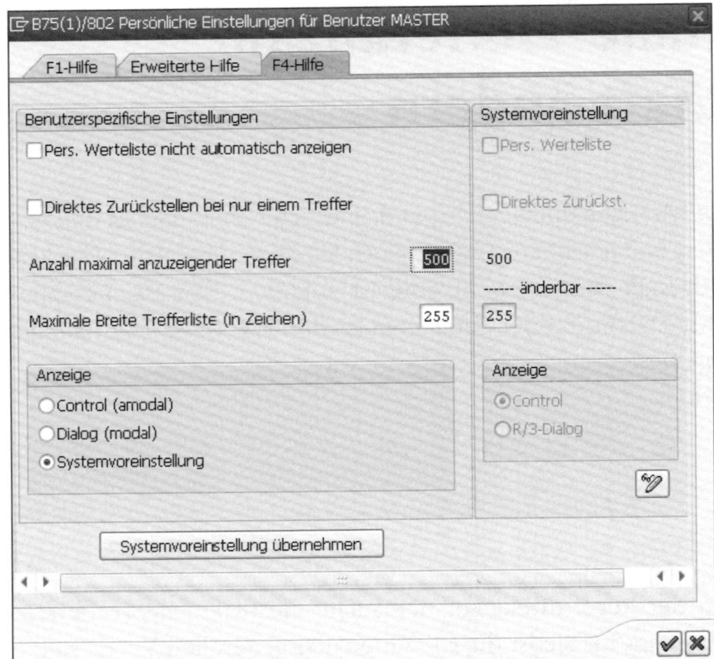

Fenster »Persönliche Einstellungen« mit dem Register »F4-Hilfe«

3. Erhöhen Sie die Trefferanzahl im Feld **Anzahl maximal anzuzeigender Treffer**. Die höchste Zahl, die Sie hier eingeben können, ist »9999«. Dennoch wird das SAP-System die Suche nach 5.000 Treffern einstellen. Mehr als 5.000 Treffer sind mit der F4-Suche generell nicht möglich. Diese Obergrenze gilt auch für die in der SAP-Online-Dokumentation erwähnte Vorgabe von »0«, die angeblich »alle möglichen Eingaben« anzeigt.
4. Speichern Sie Ihre Eingaben mit der [↵]-Taste.
5. Testen Sie die F4-Suche. Falls sie zu lange dauert, stellen Sie die Trefferanzahl zurück auf einen niedrigeren Wert.

» Tipp zum Tipp: Benötigen Sie mehr als 5.000 Einträge, weil Sie beispielsweise über einen Download in Excel eine größere Auswertung erstellen wollen? Dann können Sie dazu einen Report verwenden. Auch bei der Transaktion SE16H (Allgemeine Tabellenanzeige) können Sie – wenn Sie hierfür die Berechtigung haben – die Beschränkung der maximalen Trefferanzahl komplett beseitigen.

Tipp 55

Volltreffer direkt in das Eingabefeld übernehmen

Ziel der F4-Suche ist in der Regel ein einziger Wert. Liefert die Suche gemäß Ihren Vorgaben genau diesen einen Wert, erscheint unnötigerweise die Trefferliste mit einer Zeile. Das muss nicht sein!

In diesem Tipp erfahren Sie, wie Sie bei einem Volltreffer, also einem Suchergebnis mit nur einem Treffer, die Anzeige der in diesem Fall überflüssigen Trefferliste abstellen und dafür sorgen, dass der gefundene Wert sofort und automatisch in das Eingabefeld übernommen wird.

› Und so geht's

Dazu ein Beispiel: Sie wollen Stammdaten bearbeiten, zum Beispiel Kunden-, Lieferanten-, Material- oder Personalstammdaten, und kennen nicht die Nummer des Stammsatzes. Dann drücken Sie im entsprechenden Eingabefeld für die Stammsatznummer die F4-Taste oder klicken auf das Symbol (**Wertehilfe**) und geben in der Suchhilfe gemäß der folgenden Abbildung eine genaue Suchvorgabe an.

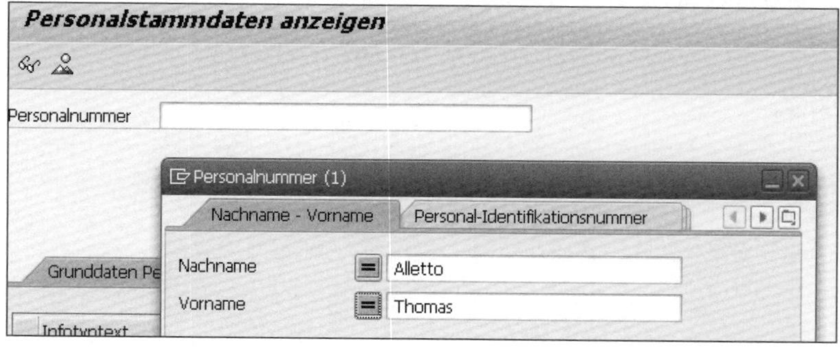

Einstiegsbild der Transaktion PA20 (Personalstammdaten anzeigen) mit der Suchhilfe »Nachname – Vorname«

Das SAP-System findet nun aufgrund Ihrer exakten Suchvorgabe diesen einen Mitarbeiter und zeigt ihn in der Trefferliste (siehe folgende Abbildung).

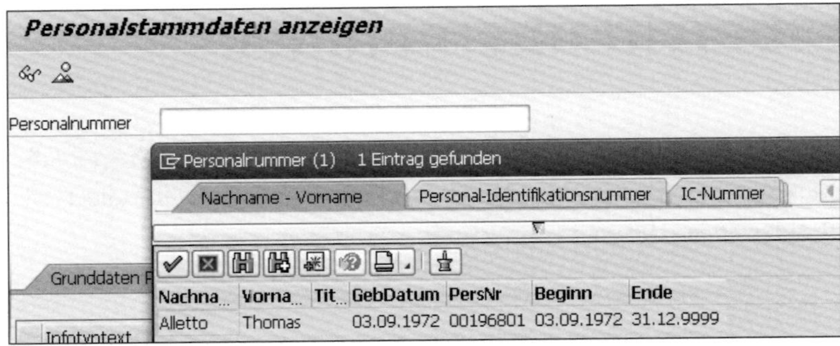

Einstiegsbild der Transaktion PA20 (Personalstammdaten anzeigen) mit der Trefferliste für die Suchhilfe »Nachname – Vorname«

Die Trefferliste ist an dieser Stelle überflüssig. Das SAP-System soll sofort den gewünschten Wert, in unserem Fall die Personalnummer, in das Eingabefeld übernehmen und keine Trefferliste anzeigen.

Im folgenden Ablauf stellen Sie grundsätzlich für alle F4-Suchhilfen die Anzeige der Trefferliste bei nur einem Treffer ab und bestimmen gleichzeitig, dass der gefundene Treffer sofort und automatisch in das Eingabefeld übernommen wird, von dem aus die F4-Hilfe aufgerufen wurde. Bei vielen F4-Suchvorgängen sparen Sie sich dadurch das überflüssige Fenster und einen Doppelklick. Die nötige Einstellung ist nur wenige Klicks entfernt:

1. Wählen Sie über die Menüleiste im Menü **Hilfe** den Befehl **Einstellungen**.

Menü »Hilfe« mit dem Befehl »Einstellungen«

2. Klicken Sie auf das Register **F4-Hilfe**.

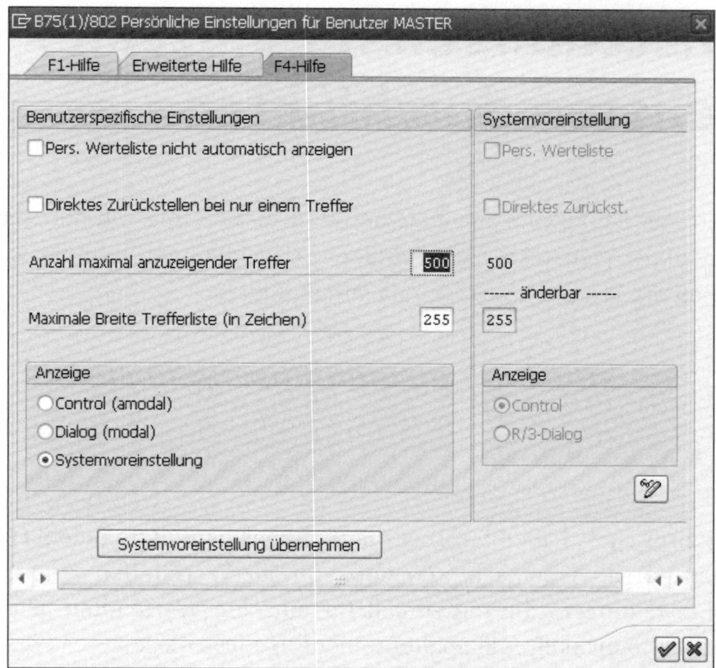

Fenster »Persönliche Einstellungen« mit dem Register »F4-Hilfe«

3. Aktivieren Sie zum automatischen Ausblenden der Trefferliste das Feld **Direktes Zurückstellen bei nur einem Treffer**, indem Sie dort ein Häkchen setzen.
4. Speichern Sie Ihre Eingaben mit einem Klick auf das Symbol ✓ (**Sichern**) oder mit der Taste [↵].

Tipp 56

Voreinstellungen für einzelne Wertelisten durchführen

Sie verwenden sehr häufig eine Suchhilfe und sind zum Beispiel mit der Spaltenreihenfolge in der Trefferliste nicht zufrieden? Da kann Ihnen geholfen werden! Sie können die Spaltenreihenfolge dauerhaft ändern.

In den letzten drei Tipps haben Sie über die Menüleiste mit dem Befehl **Hilfe ▸ Einstellungen** Vorgaben gemacht, die global für alle Wertehilfen gelten. Es gibt jedoch Einstellungen, die individuell für einzelne Wertehilfen gelten. Dazu gehört die Möglichkeit, die Spaltenreihenfolge festzulegen.

Die meisten SAP-Anwenderinnen und -Anwender verwenden tagtäglich sehr oft die gleichen Suchhilfen. Zum Beispiel Lagermitarbeiter*innen, die Materialien suchen, oder Abteilungen, die Stammdaten wie Debitoren oder Kreditoren anlegen und vor der Anlage überprüfen, ob es den anzulegenden Stammsatz eventuell bereits gibt. In diesen Fällen lohnt es sich oft, eine Suchhilfe anzupassen.

Für die meisten Suchhilfen können Sie individuell Spalten ausblenden und ausgeblendete Spalten wieder einblenden. Darüber hinaus lassen sich individuell für einzelne Suchhilfen die Einstellungen aus Tipp 53, »Persönliche Wertelisten standardmäßig anzeigen«, und Tipp 54, »Maximale Trefferanzahl dauerhaft ändern«, abweichend vom Standard festlegen.

Diese Einstellungen gelten je Werte- bzw. Trefferliste transaktionsübergreifend. Wenn Sie also beispielsweise in der Transaktion FK03 (Kreditor anzeigen (Buchhaltung)) eine Einstellung für eine Suchhilfe für Kreditoren vornehmen, gilt diese genauso in der Transaktion FBL1N (Posten anzeigen/ändern (Kreditorenbuchhaltung)), wenn Sie dort mit der gleichen Suchhilfe einen Kreditor suchen.

› Und so geht's

Im folgenden Ablauf lernen Sie die individuellen Einstellungsmöglichkeiten für Wertelisten kennen:

1. Starten Sie die Transaktion mit der Suchhilfe, die Sie ändern wollen, zum Beispiel die Transaktion FK03 (Kreditor anzeigen (Buchhaltung)).

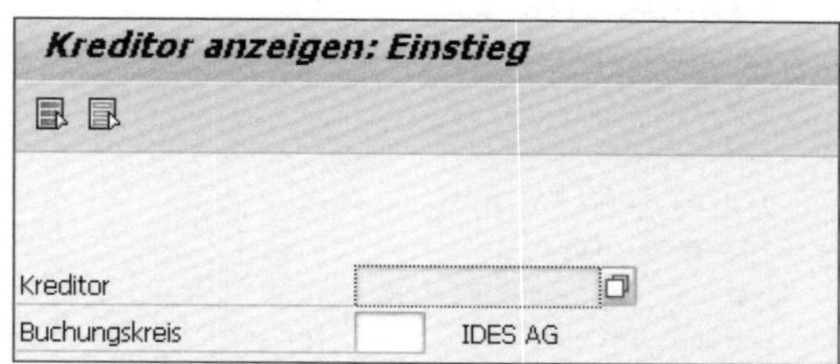

Einstiegsbild der Transaktion FK03 (Kreditor anzeigen (Buchhaltung))

2. Klicken Sie in das entsprechende Feld, dessen Suchhilfe Sie verändern wollen, zum Beispiel in das Feld **Kreditor**.
3. Öffnen Sie die Trefferliste bzw. die Suchhilfe mit der F4-Taste bzw. mit einem Klick auf das Symbol (**Wertehilfe**).

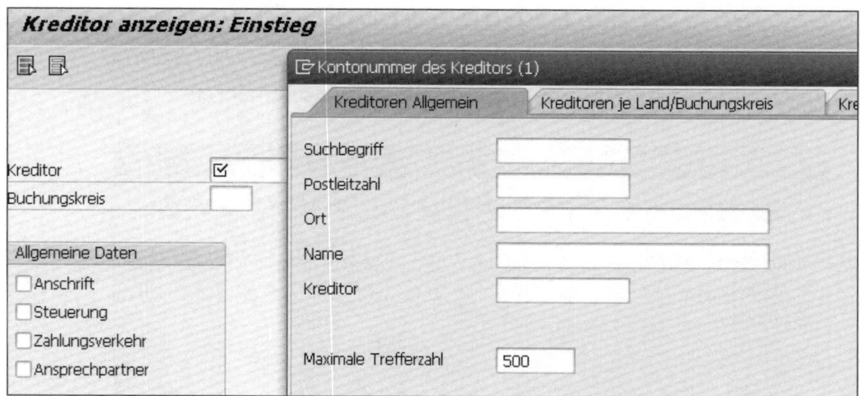

Einstiegsbild der Transaktion FK03 (Kreditor anzeigen (Buchhaltung)) mit der Suchhilfe »Kreditoren Allgemein«

4. In der Suchhilfe tragen Sie eine beliebige Suchvorgabe ein und starten die Suche mit der ↵-Taste.

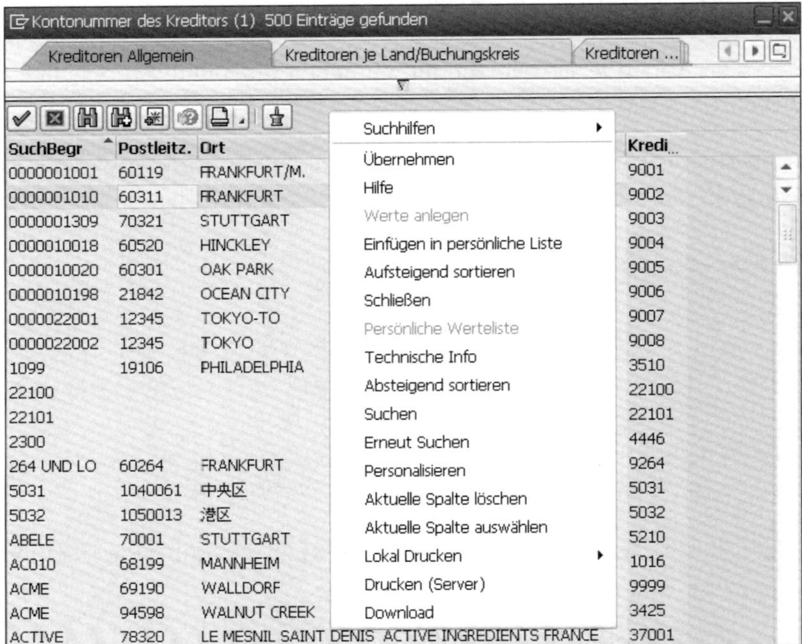

Trefferliste für die Suchhilfe »Kreditoren Allgemein« mit Kontextmenü

5. Sie befinden sich nun in der Treffer- bzw. Werteliste. Öffnen Sie hier mit einem Klick der rechten Maustaste in einen leeren Bereich das Kontextmenü, und wählen Sie den Menübefehl **Personalisieren**.

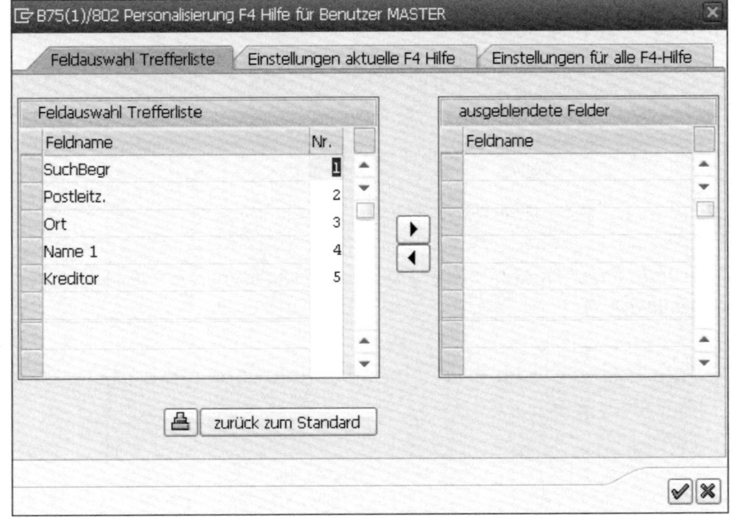

Fenster »Personalisierung F4-Hilfe« mit dem ersten Register »Feldauswahl Trefferliste«

6. Im ersten Register **Feldauswahl Trefferliste** können Sie die Spalten der Trefferliste bearbeiten.
   - Blenden Sie Felder aus bzw. wieder ein, indem Sie mit den Symbolen ▶ und ◀ die zuvor markierten Felder von links nach rechts bzw. umgekehrt verschieben.
   - Die Spaltenreihenfolge verändern Sie, indem Sie die Nummerierung in der Spalte **Nr.** ändern.

» Tipp zum Tipp: Für Sie als Anwender*in werden im ersten Register **Feldauswahl Trefferliste** keine zusätzlichen Felder angeboten, die Sie als zusätzliche Spalten in die Trefferliste übernehmen können. Sie können nur Felder ausblenden. Wenn Ihnen in einzelnen Suchhilfen bzw. Trefferlisten Felder fehlen, wie zum Beispiel das Feld »Telefonnummer« oder das IBAN-Feld für die Selektion von Kunden, bleibt nur noch ein Change Request (Änderungsantrag). Berater*innen können Suchhilfen im Customizing verändern bzw. neu erstellen.

7. Im zweiten Register **Einstellungen aktuelle F4 Hilfe** (siehe folgende Abbildung) nehmen Sie weitere individuelle Einstellungen für diese Suchhilfe vor, die Sie größtenteils bereits aus den vorangegangenen Tipps dieses Buchteils kennen. Wenn Sie hier abweichende Einstellungen vornehmen, gelten diese speziell für diese aktuelle F4-Hilfe anstelle der globalen Vorgaben.

   Unten links in der Feldgruppe **Selektionspopup** sehen Sie zusätzlich das Feld **nicht anzeigen**. Für einige Felder wird Ihnen jedes Mal nach Drücken der F4-Taste ein Dialogfenster angezeigt, in dem das SAP-System unnötigerweise zuerst eine Suchhilfe (Selektionspopup) anzeigt, obwohl alle Werte sofort auf den Bildschirm passen würden. Diese Suchhilfe ist in diesem Fall überflüssig und kann hier ausgestellt werden.

8. Das dritte Register **Einstellungen für alle F4-Hilfen** entspricht genau dem Fenster, das Sie nach dem Aufruf des Befehls **Hilfe ▸ Einstellungen** sehen. Die Möglichkeiten haben wir bereits in den vorhergehenden Tipps dieses Buchteils besprochen. Der Unterschied zum zweiten Register **Einstellungen aktuelle F4 Hilfe**: Hier vorgenommene Einstellungen gelten global für alle F4-Listen, die Sie aufrufen, und nicht nur für die aktuelle F4-Liste.

9. Bestätigen Sie Ihre Einstellungen mit der [↵]-Taste.

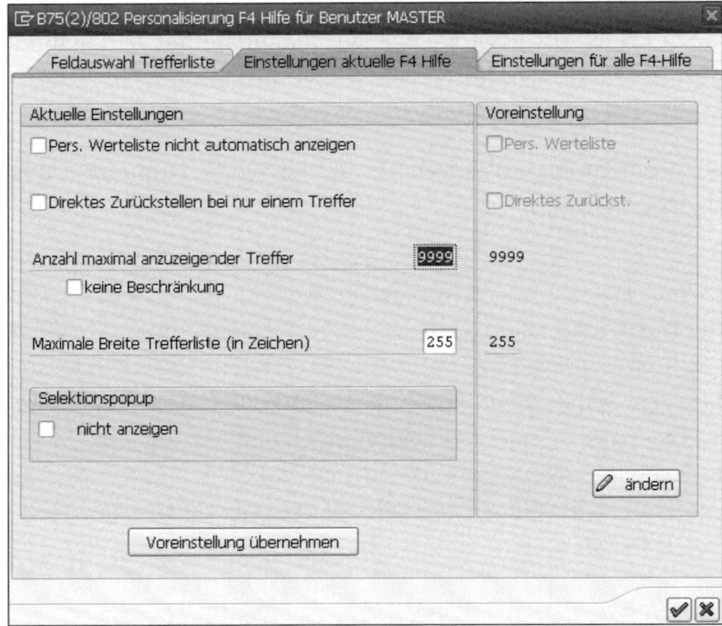

Fenster »Personalisierung F4 Hilfe« mit dem zweiten Register »Einstellungen aktuelle F4 Hilfe«

TEIL 8

Daten gezielt selektieren

Wer im SAP-System Daten für Auswertungen sucht, findet sie in der Regel auch. Oder auch nicht. Eine wichtige Voraussetzung dafür ist die gezielte Nutzung der Möglichkeiten, die zur Selektion bereitgestellt werden. Und genau darum geht es in diesem Buchteil, nach dessen Studium Sie Ihre gewünschten Daten garantiert finden werden.

› Tipps in diesem Teil

Tipp 57
Daten mit Kopfparametern schneller selektieren

Manchmal benötigt das SAP-System viel Zeit, bis es die Ergebnisse einer Selektion endlich auf dem Bildschirm präsentiert. Das muss nicht sein. Oft können Sie die Suchzeiten durch intelligente Vorgaben deutlich verkürzen.

Manche Anwenderinnen und Anwender übersetzen die drei Buchstaben SAP scherzhaft mit »Sanduhr-Anzeige-Programm« oder »Selektion, Ausführen, Pause«. Dies unterstellt unberechtigterweise, dass SAP ein langsames Programm ist. Manchmal braucht es tatsächlich etwas Zeit, bis eine Umsatzauswertung, eine Bestellwertanalyse, eine Fehlzeitenstatistik oder andere Daten auf dem Bildschirm erscheinen. Wie bei jeder anderen Software kann es auch bei einem SAP-System vorkommen, dass die Reaktionszeit aufgrund großer Datenmengen zu wünschen übrig lässt. Die Reaktionszeit wird »neudeutsch« auch als *Performance* bezeichnet.

Eine schlechte Performance kann verschiedene Ursachen haben, für die ein Softwarehersteller nicht verantwortlich ist. Vielleicht ist der Serverrechner zu schwach. Oder die Datenleitung zwischen dem Server und den Clients, das sogenannte Netzwerk, ist überlastet. Möglicherweise ist der Serverrechner gerade sehr belastet, weil beispielsweise einige Jobs laufen. Denken Sie daran: Auf einem SAP-System werden oft mehrere Millionen Kunden oder Rechnungen verwaltet und ausgewertet. Aber auch Sie haben es in der Hand, mithilfe gezielter Selektionen eventuelle Wartezeiten entscheidend zu verkürzen.

› Und so geht's

Wenn Sie Belege selektieren, sollten Sie im Selektionsbild, wenn irgendwie möglich, immer die Kopfdaten zur Selektion verwenden. Zu den typischen

Kopfdaten für Belege gehören beispielsweise das Buchungsdatum, das Erfassungsdatum oder der Benutzername des Erfassers. Im Folgenden sehen Sie den Ablauf der optimierten Selektion am Beispiel der Transaktion MB51 (Materialbelegliste):

1. Starten Sie die Transaktion MB51 (Materialbelegliste).

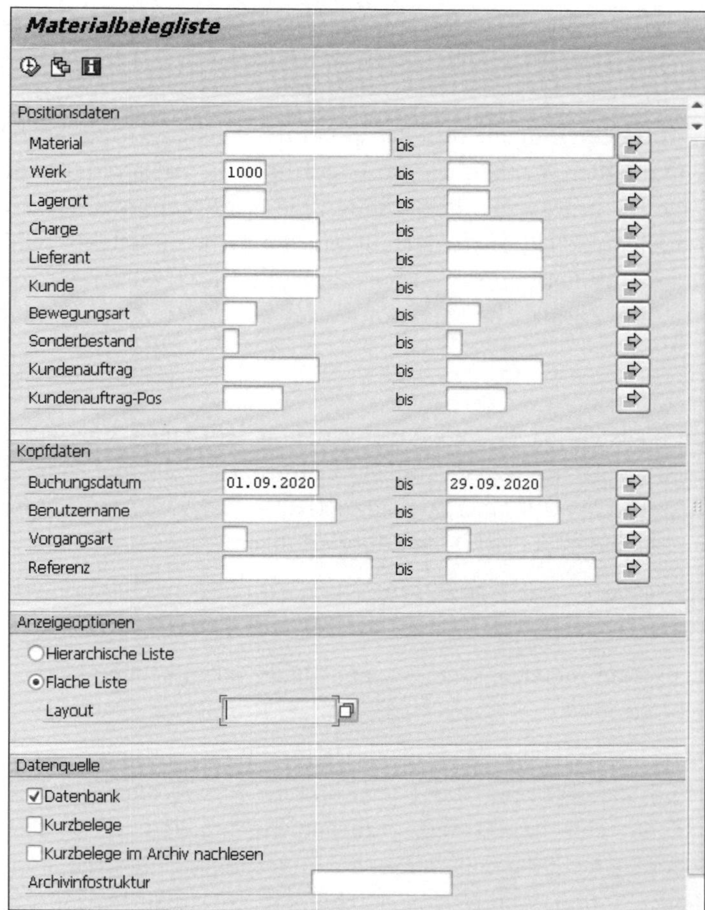

Einstiegsbild der Transaktion MB51 (Materialbelegliste)

2. Geben Sie in das Feld **Buchungsdatum** einen Zeitraum ein, und nutzen Sie, wenn möglich, weitere Felder insbesondere aus der Feldgruppe **Kopfdaten** zur Selektion.

3. Bestätigen Sie die Selektion mit dem Symbol (**Ausführen**). Das SAP-System zeigt das Suchergebnis im Fenster **Materialbelegliste**.

```
Materialbelegliste

Material              Materialkurztext                     Werk Name 1
LOrt BwA S MatBeleg    Pos Buch.dat.  Menge in ErfassME EME

M81363                Metall-Kanister 50L                  1000 Werk Hamburg
0001 101   5000000022    1 11.04.2014                30  ST
0001 101   5000000012    1 28.03.2014                 9  ST
0001 101   5000000013    1 28.03.2014                32  ST
```

Liste der Transaktion MB51 (Materialbelegliste)

Um die Suche zu beschleunigen, sollten Sie bei der Suche so viele Selektionsvorgaben wie möglich machen. Denn: Je geringer die Anzahl der gefundenen Datensätze ist, umso schneller erhalten Sie das Ergebnis. Dazu können Sie oft zusätzliche Selektionsfelder nutzen, die nicht im Selektionsbild angezeigt werden. Diese erhalten Sie über die Funktion »Freie Abgrenzungen« (siehe Tipp 64, »Zusätzliche Selektionsfelder aus freien Abgrenzungen nutzen«).

» Tipp zum Tipp: Falls ein häufig verwendeter Report sehr lange Suchzeiten aufweist, suchen Sie nach Alternativen. Dies kann zum Beispiel ein anderer Report oder manchmal auch eine passende F4-Hilfe sein. Oder testen Sie, ob Sie mit den folgenden Transaktionen Auswertungen schneller erhalten:

- SQVI (QuickViewer), siehe Tipp 90, »ALV-Reports mit dem QuickViewer ausführen«
- SE16H (Allgemeine Tabellenanzeige), wenn Sie die entsprechende Berechtigung besitzen

Dies funktioniert insbesondere dann, wenn Sie für die Auswertungen weniger Felder als im Standardreport benötigen und die Auswertung dort beispielsweise auf nur eine bzw. wenige Tabellen beschränken. Wenn dies nicht klappt oder Sie nicht die entsprechenden Berechtigungen haben, können Sie die Suche automatisch als Job durchführen lassen (siehe Tipp 98, »Langläufer mit Job durchführen«).

Tipp 58
Langläufer abbrechen

Sie haben gerade eine umfangreiche Abfrage ausgeführt und warten und warten und warten. Da fällt Ihnen ein, dass Sie eine Angabe zur Selektion vergessen haben. Doch der Vorgang lässt sich weder abbrechen noch lässt sich das Fenster schließen? In diesem Tipp erfahren Sie, wie Sie mithilfe einer versteckten Funktion sogenannte »Langläufer« beenden können.

Manche Reports haben eine sehr lange Laufzeit, insbesondere wenn Sie die Selektion nicht gezielt vornehmen. Diese Reports werden auch als *Langläufer* bezeichnet. Dies können Auswertungen wie eine Bestellwertanalyse sein, in der viel gerechnet wird und die deshalb eine hohe Rechenleistung des Servers beansprucht. So etwas kann die *Performance* des SAP-Systems verschlechtern.

Damit die Antwortzeiten des SAP-Systems nicht beeinträchtigt werden, gibt es für die Reportausführung eine bestimmte zeitliche Höchstdauer, beispielsweise 15 Minuten. Wird diese überschritten, bricht das SAP-System den Report als Langläufer automatisch ab, wenn Sie ihn selbst – und nicht im Hintergrund als Job – gestartet haben. Damit Sie diese Höchstdauer nicht abwarten müssen, zeigen wir Ihnen im folgenden Ablauf, wie Sie einen Report manuell abbrechen können.

› Und so geht's

So machen Sie mit Langläufern kurzen Prozess:

1. Starten Sie einen Report, beispielsweise mit der Transaktion MB51 (Materialbelegliste).
2. Bestätigen Sie das Einstiegsbild mit dem Symbol (**Ausführen**).

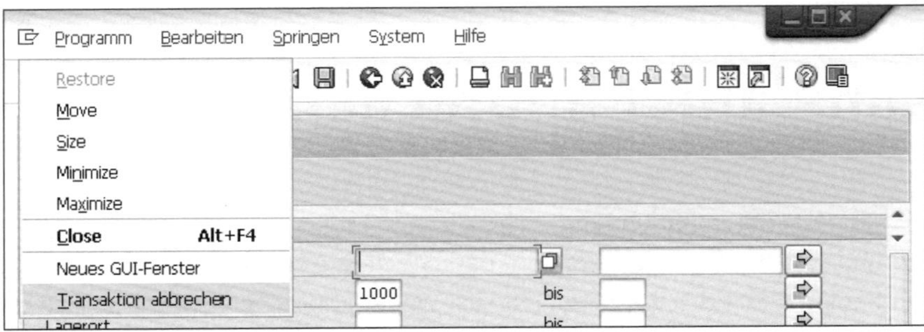

Fenstermenü mit dem Befehl »Transaktion abbrechen«

3. Um den Report abzubrechen, klicken Sie in der linken oberen Fensterecke auf das Symbol [Symbol], während die Selektion läuft. Daraufhin öffnet sich das Fenstermenü.

4. Wählen Sie den Menübefehl **Transaktion abbrechen**. Daraufhin erscheint die Meldung »Die aktuelle Transaktion wurde zurückgesetzt«, und Sie befinden sich wieder im SAP-Menü.

» Tipp zum Tipp: Möchten Sie weiterarbeiten, während die Selektion läuft? Sie können den Report auch laufen lassen und ein zusätzliches Fenster öffnen, wenn das erste Fenster blockiert ist. Dazu wählen Sie in Schritt 4 im Fenstermenü den Befehl **Neues GUI-Fenster**. In älteren GUI-Versionen nennt sich dieser Befehl **Modus erzeugen**.

Tipp 59

Mit Jokern flexibler selektieren

Wahrscheinlich kennen Sie bereits folgende Funktion: Mit dem Joker * ersetzen Sie beliebig viele Zeichen. Doch kennen Sie den Joker +, der einzelne Zeichen ersetzt?

Während der Joker * in der Selektion beliebig viele Zeichen ersetzt, steht der Joker + für genau ein Zeichen. Diesen Joker können Sie beispielsweise sehr gut bei sprechenden Nummern von Materialien nutzen, deren Zeichenfolge nach einer festen Logik aufgebaut ist.

› Und so geht's

Im folgenden Beispiel mit Materialnummern entsprechen die ersten drei Ziffern dem Modellnamen (AM2 oder AM3). Danach folgen ein Bindestrich und von der fünften bis zur siebten Stelle drei Ziffern, die das einzelne Material näher identifizieren. Am Ende der Materialnummer kann es optional weitere Feinspezifikationen geben, wie Sie in der Abbildung sehen können.

Material	Materialkurztext
AM2-840-F	SITZE LEDER SCHWARZ
AM2-840-H	SITZ HINTEN LEDER SCHWARZ
AM2-840-L	SITZ VORN LINKS LEDER SCHWARZ
AM2-840-R	SITZ VORN RECHTS LEDER SCHWARZ
AM3-840-F	Sitze Leder Schwarz
AM3-840-H	Sitz hinten Leder Schwarz
AM3-840-L	Sitz vorn links Leder Schwarz
AM3-840-R	Sitz vorn rechts Leder Schwarz

Materialnummern

Genau diese Liste soll nun erstellt werden. Sie enthält alle Ledersitze, die durch die Ziffern »840« an fünfter bis siebter Stelle eindeutig bestimmt sind.

Starten Sie eine Transaktion, in der zum Beispiel Materialnummern selektiert werden können. Nachfolgend verwenden wir die Transaktion MM60 (Materialverzeichnis).

Materialverzeichnis

Datenbankabgrenzungen

Material	++++840*	bis		
Werk	1000	bis		
Materialart		bis		
Warengruppe		bis		
Ersteller		bis		

☑ Nur bewertete Materialien

Selektionsbild der Transaktion MM60 (Materialverzeichnis)

Geben Sie in das Feld **Material** »++++840*« und in das Feld **Werk** die Nummer »1000« ein, und bestätigen Sie das Einstiegsbild mit dem Symbol (**Ausführen**). Es erscheint die entsprechende Liste.

Materialverzeichnis

Material	Werk	BewertArt	Materialkurztext	Ltz. Änd	MArt	Warengrp	BME	EKG	ABC
AM2-840-F	1000		SITZE LEDER SCHWARZ	28.02.1997	HALB	004	ST	007	
AM2-840-H	1000		SITZ HINTEN LEDER SCHWARZ	27.11.2006	HALB	004	ST	007	
AM2-840-L	1000		SITZ VORN LINKS LEDER SCHWARZ	27.11.2006	HALB	004	ST	007	
AM2-840-R	1000		SITZ VORN RECHTS LEDER SCHWARZ	27.11.2006	HALB	004	ST	007	
AM3-840-F	1000		Sitze Leder Schwarz	27.02.2002	HALB	004	ST		
AM3-840-H	1000		Sitz hinten Leder Schwarz	06.06.1996	HALB	004	ST	007	
AM3-840-L	1000		Sitz vorn links Leder Schwarz	06.06.1996	HALB	004	ST	007	
AM3-840-R	1000		Sitz vorn rechts Leder Schwarz	06.06.1996	HALB	004	ST	007	

Liste der Transaktion MM60 (Materialverzeichnis)

Ein weiteres Beispiel dazu für die Suche nach Kunden, Lieferanten oder Mitarbeitenden mithilfe des Namens: Der Suchbegriff »*Me+r*« befördert vielleicht die Namen Meyr und Meir in die Trefferliste, aber nicht Meier, denn für die Zeichenkette »ie« wären zwei +-Zeichen erforderlich, also »*Me++r*«.

Beachten Sie noch folgende Hinweise zum Einsatz von Jokern: Die Joker * und + können Sie auch in den Suchhilfen der F4-Hilfe einsetzen, jedoch nicht beim Befehl »search_sap_menu« (siehe Tipp 13, »Transaktionen im SAP-Menü schneller finden«), bei den Fernglassymbolen (**Suchen**) und im ALV (**Weitersuchen**) oder in einer Trefferliste.

Tipp 60

Mit dem Joker * Mussfelder austricksen

Sie möchten mit einem Report alle Datensätze sehen. Doch das SAP-System streikt! Es führt die Selektion nicht durch, weil es eine Selektion in einem Mussfeld verlangt. Manchmal können Sie das SAP-System austricksen …

SAP möchte, dass Sie nach dem Ausführen von Reports *nicht* in endlose Warteschleifen geraten. Deshalb produziert das System in diversen Reports wie MB51 (Materialbelegliste), MB52 (Lagerbestandsliste) oder in den Postenlisten des Finanzwesens Warnmeldungen, die Sie jedoch mit der [↵]-Taste wegdrücken können. In anderen Reports geht hingegen gar nichts mehr: In Transaktionen wie SM37 (Übersicht über Jobauswahl) oder VL22 (Änderungsbelege Lieferung anzeigen) gibt es Mussfelder, welche die Ausführung verhindern.

› Und so geht's

Als Beispiel nehmen wir die Transaktion SM37 (Übersicht über Jobauswahl). Dort ist das Feld **Benutzername** ein Mussfeld. Wenn Sie den voreingetragenen Benutzernamen löschen, weil Sie beispielsweise alle Jobs des aktuellen Tages sehen wollen, verhindert das SAP-System die Ausführung des Reports. Verflixt!

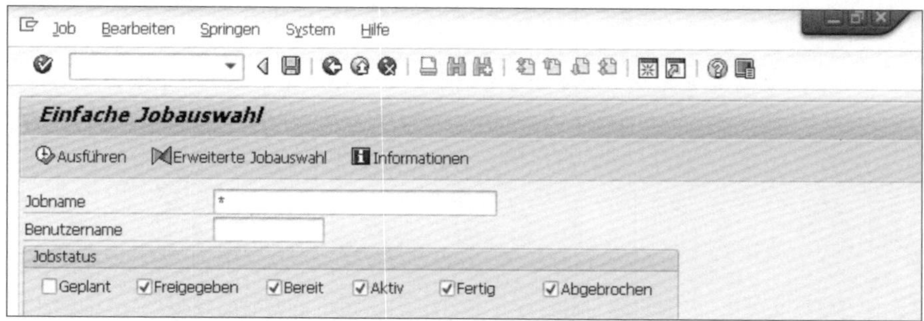

Einstiegsbild der Transaktion SM37 (Übersicht über Jobauswahl) mit dem Mussfeld »Jobname«

Und so klappt's dennoch: Geben Sie im Selektionsbild in das Feld **Benutzername** den Joker * ein, dann erhalten Sie die entsprechende Liste.

Tipp 61
Selektionsoptionen nutzen

Sie benötigen eine Aufstellung beispielsweise aller Kunden, Lieferanten oder Mitarbeiter*innen, die nicht aus Deutschland sind. Wie soll das funktionieren? Gemäß Tipp 63, »Mehrfachselektionen mit Upload vereinfachen«, in der Mehrfachselektion alle 87 Länder aufzählen, aus denen Ihre Kunden stammen? Mit den Selektionsoptionen geht's einfacher.

Selektionsoptionen können grundsätzlich in jedem Selektionsbild für Eingabefelder verwendet werden. Mögliche Selektionsoptionen sehen Sie in der folgenden Abbildung. Die ersten beiden Selektionsoptionen **Muster** und **Muster ausschließen** bedeuten, dass Joker wie * oder + verwendet werden.

Selektionsoption...	Bedeutung
[*]	Muster
]*[	Muster ausschließen
=	Einzelwert
≥	Größer oder gleich
≤	Kleiner oder gleich
>	Größer
<	Kleiner
≠	Ungleich

Selektionsoptionen

› Und so geht's

Im Folgenden zeigen wir Ihnen, wie Sie mithilfe der Selektionsoptionen alle Mitarbeiterinnen und Mitarbeiter auswählen, die *nicht* den Wert DE für das Feld **Nationalität** haben.

1. Starten Sie eine beliebige Transaktion, mit der Sie einen Report aufrufen. In unserem Beispiel verwenden wir die Transaktion S_AHR_61016369 (Mitarbeiterliste) und selektieren dort nach dem Feld **Nationalität**.

2. Klicken Sie doppelt in das Feld, für das Sie die Selektionsoptionen nutzen wollen. In unserem Fall ist es das Feld **Nationalität**. Es erscheint das Fenster mit den Selektionsoptionen, das Sie in der nächsten Abbildung sehen.

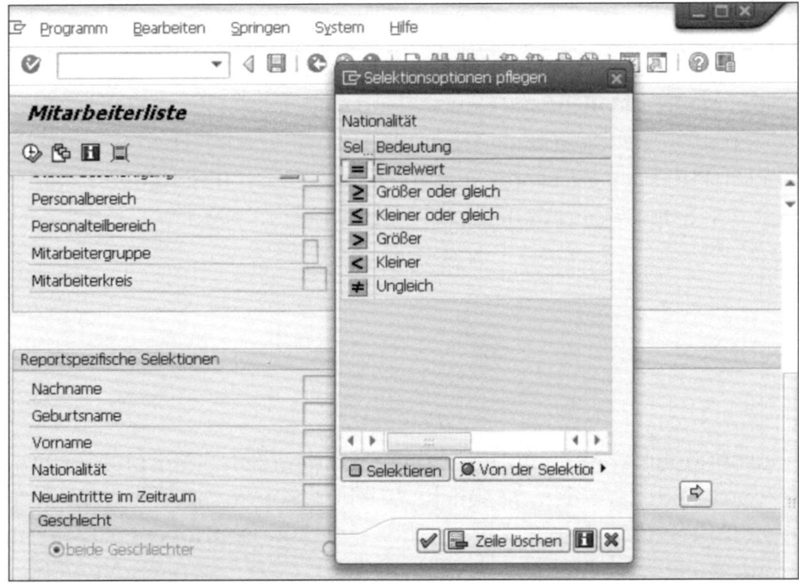

Selektionsbild der Transaktion S_AHR_61016369 (Mitarbeiterliste) mit dem Fenster »Selektionsoptionen«

3. Wählen Sie mit einem Doppelklick die gewünschte Selektionsoption aus, in unserem Fall die unterste Option (**Ungleich**). Links neben dem Eingabefeld für die Nationalität erscheint ein Ungleichzeichen auf grünem Hintergrund.

4. Tragen Sie »DE« für »Deutschland« ein, und bestätigen Sie die Selektion mit dem Symbol (**Ausführen**). In unserem Fall erscheint eine Liste wie in folgender Abbildung.

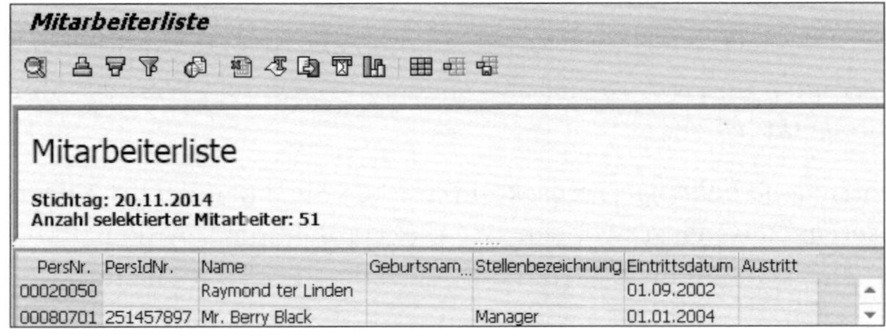

Listbild der Transaktion S_AHR_61016369 (Mitarbeiterliste)

Der Vorteil dieser Vorgehensweise liegt auf der Hand: Anstatt mühsam alle anderen Länder in einer Mehrfachselektion auszuwählen, haben Sie nur ein Land angegeben und dieses aus der Suche ausgeschlossen.

Nun eine neue Aufgabenstellung: Sie benötigen eine Aufstellung aller ausländischen Kreditoren. Gemäß den neuen Erkenntnissen aus dem vorangehenden Beispiel kommen Sie auf die schlaue Idee, mithilfe der Selektionsoption ≠ (**Ungleich**) alle Datensätze auszuschließen, die im Feld **Land** den Eintrag »DE« für Deutschland haben. Für die Liste wollen Sie die F4-Wertehilfe nutzen, da Sie so am schnellsten zum Ergebnis kommen. Hierzu starten Sie die Transaktion MK03 (Anzeigen Kreditor (Einkauf)).

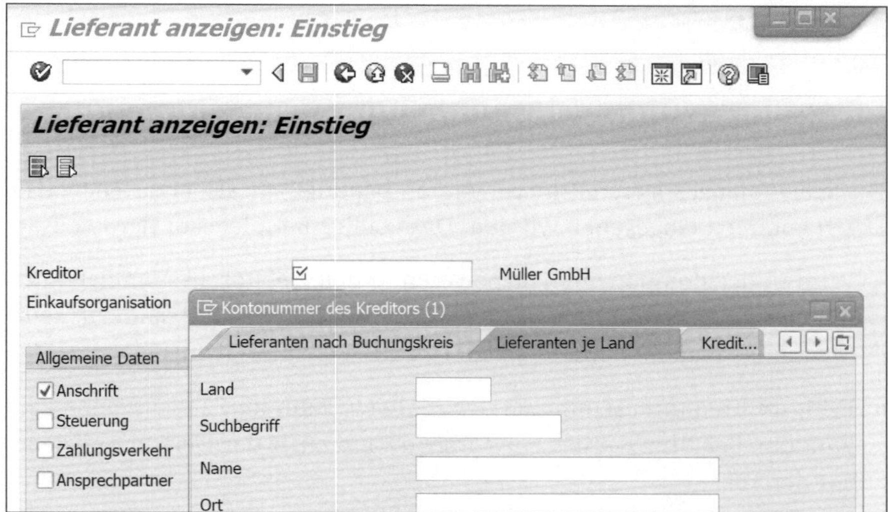

Einstiegsbild der Transaktion MK03 (Anzeigen Kreditor (Einkauf)) mit Fenster der Wertehilfe für das Feld »Kreditor«

Im Einstiegsbild drücken Sie im Feld **Kreditor** die [F4]-Taste. Damit öffnet sich die Suchmaske. Voller Vorfreude doppelklicken Sie in das Feld **Land**, um die Selektionsoptionen zu sehen, doch es passiert – nichts! Die Selektionsoptionen funktionieren nämlich nicht überall. Die Alternative ist in unserem Fall, die Transaktion S_ALR_87012180 (Adressliste Debitoren) zu starten und dort in den freien Abgrenzungen die Selektionsoption für das Feld **Land** aufzurufen.

Tipp 62
Leere Felder selektieren

Viele Fehler im System sind auf nicht gefüllte Felder zurückzuführen. Doch wie findet man leere Felder? Dieses Thema gehört eigentlich zu den Selektionsoptionen aus dem vorhergehenden Tipp. Jedoch war es uns eine eigene Überschrift im Inhaltsverzeichnis wert. Denn viele Anwender*innen wissen nicht, wie sie leere Felder selektieren.

Die Selektion nach leeren Feldern wird oft benötigt, um sicherzustellen, dass Daten komplett eingegeben wurden. Dazu einige Beispiele aus der Praxis:

- Wird in der Komponente Finanzwesen in den Debitorenstammdaten das Mahnverfahren vergessen, erstellt das SAP-System im Mahnlauf keine Mahnung. Und ohne Mahnung gibt es oft keinen Geldeingang.
- Fehlt im Kreditorenstammsatz der Zahlweg, kann im Zahllauf keine Zahlung durchgeführt werden, und irgendwann steht der Gerichtsvollzieher vor der Tür.
- Enthält der Materialstammsatz für die Komponente Vertrieb kein Gewicht, kann keine Auslieferung erstellt werden.
- Enthält der Materialstammsatz keine Warengruppe, wird er in gruppenbezogenen Auswertungen nicht berücksichtigt. Die entsprechenden Reports sind unvollständig und nicht aussagekräftig.

Nun müssen Sie nur noch wissen, wie man leere Felder findet. Viele Anwenderinnen und Anwender behelfen sich bei der Suche nach leeren Feldern eines umständlichen Workarounds. Sie selektieren dazu alle Datensätze in eine ALV-Tabelle (siehe Tipp 69, »ALV-Darstellungen kennenlernen«) und sortieren aufsteigend nach dem entsprechenden Feld, sodass alle leeren Felder zu Beginn untereinander angezeigt werden. Das geht viel einfacher!

Materialverzeichnis

Material	Werk	BewertArt	Materialkurztext	Ltz. Änd	MArt	Warengrp	BME	EKG	ABC	DMk	BewKl
AM2-700	1000		INSTRUMENTENTAFEL	27.02.2002	HALB		ST		A	PD	7900
AM2-701	1000		Instrumententafel	28.02.1997	FERT		ST		A	PD	7920
AM2-750-A	1000		Radio BUSINESS SOUND	16.02.1999	HALB	002	ST	007		PD	7900
AM2-750-B	1000		RADIO MOUNTAIN SOUND	17.02.1997	HALB	002	ST	007		PD	7900

Listbild der Transaktion MM60 (Materialverzeichnis) mit aufsteigender Sortierung für das Feld »Warengruppe«

› Und so geht's

Wie Sie im folgenden Ablauf sehen, finden Sie mit einer Selektionsoption schnell und sicher leere Felder:

1. Starten Sie eine Transaktion, in der Sie nach leeren Feldern selektieren wollen. Wir verwenden in unserem Beispiel die Transaktion MM60 (Materialverzeichnis), um Materialien ohne Warengruppe aufzuspüren.
2. Klicken Sie doppelt in das Feld **Warengruppe**. Es erscheint das Fenster mit den Selektionsoptionen.

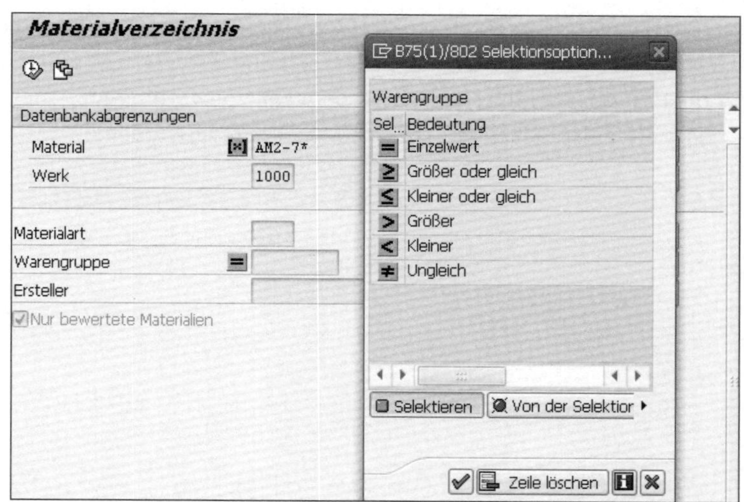

Selektionsbild der Transaktion MM60 (Materialverzeichnis) mit dem Fenster »Selektionsoptionen«

3. Wählen Sie mit einem Doppelklick die Selektionsoption [=] (**Einzelwert**). Links neben dem Eingabefeld für die Warengruppe erscheint das Gleichheitszeichen [=] auf grünem Hintergrund.

4. Bestätigen Sie im Einstiegsbild die Selektion mit dem Symbol (**Ausführen**). Das SAP-System zeigt das Ergebnis im Fenster **Materialverzeichnis**.

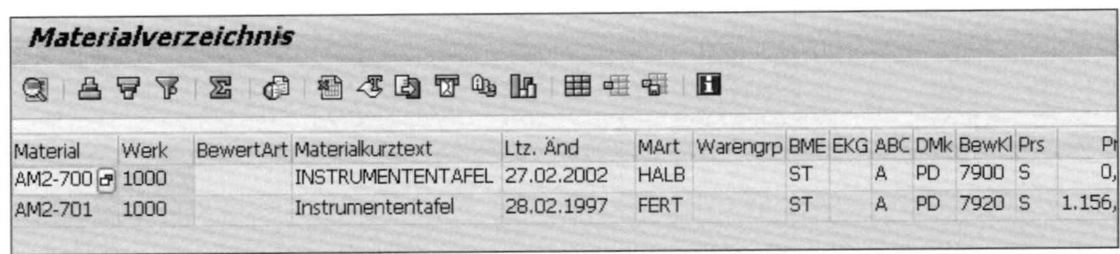

Material	Werk	BewertArt	Materialkurztext	Ltz. Änd	MArt	Warengrp	BME	EKG	ABC	DMk	BewKl	Prs	Pr
AM2-700	1000		INSTRUMENTENTAFEL	27.02.2002	HALB		ST		A	PD	7900	S	0,
AM2-701	1000		Instrumententafel	28.02.1997	FERT		ST		A	PD	7920	S	1.156,

Listbild der Transaktion MM60 (Materialverzeichnis)

Benötigen Sie umgekehrt alle Datensätze mit Feldern, die gefüllt sind? Dies erreichen Sie, indem Sie statt der Selektionsoption (**Einzelwert**) die unterste Selektionsoption (**Ungleich**) verwenden. Dieser Trick funktioniert auch in ALV-Listen, wenn Sie dort mit einem Filter eine Nachselektion in der Liste durchführen (siehe Tipp 87, »Die zweite Chance: Mit Filtern nachselektieren«).

» Tipp zum Tipp: Noch ein Sahnehäubchen: Die Prüfung auf leere Felder kann gemäß den Tipps im Buchteil 12, »Abläufe mithilfe von Jobs automatisieren«, ganz bequem automatisiert und zu frei auswählbaren Zeiten durchgeführt werden. Darüber hinaus kann im Customizing für wichtige Felder eine Eingabepflicht festgelegt werden (Mussfelder), die leere Felder verhindert. Dies macht die Prüfjobs überflüssig, da in diesem Fall von vornherein sichergestellt ist, dass die entsprechenden Daten manuell erfasst werden.

Tipp 63

Mehrfachselektionen mit Upload vereinfachen

Sind Sie für eine spezielle Gruppe von Kunden, Lieferanten, Materialien, Lagerorten oder Personalteilbereichen zuständig? Tippen Sie diese Gruppe in der Mehrfachselektion immer wieder manuell ein? Dann können Sie sich das Leben erleichtern, indem Sie diese Gruppe von Einzelwerten einmalig zum Beispiel in Microsoft Excel ablegen, um sie bei Bedarf in das SAP-System hochzuladen.

Über die Mehrfachselektion erstellen Sie eine Liste von Einzelwerten für eine Selektion. Wenn Sie immer wieder dieselben Werte in der Mehrfachselektion auswählen, müssen Sie diese Liste nicht von Hand eintippen. Sie können die Liste auch aus Excel über die Zwischenablage in die Mehrfachselektion übernehmen.

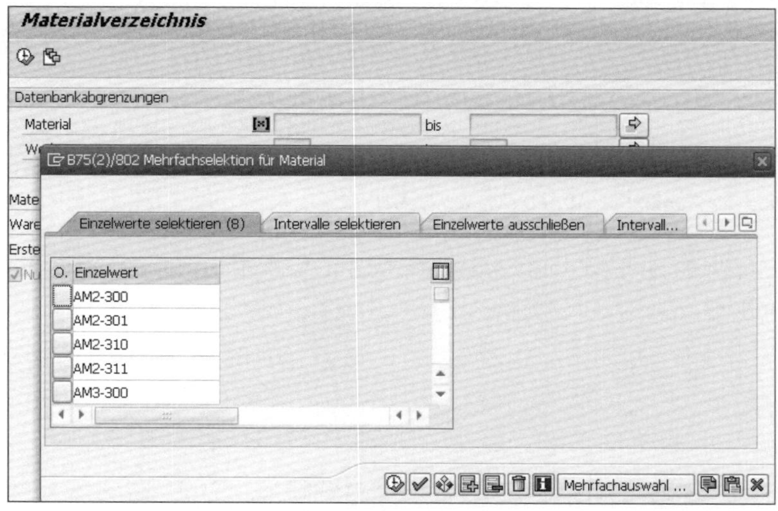

Im Hintergrund das Einstiegsbild der Transaktion MM60 (Materialverzeichnis), im Vordergrund das Fenster der Mehrfachselektion mit einer Liste von Materialnummern

› Und so geht's

In unserem Beispiel sind Sie für alle Motoren zuständig, deren Materialnummer mit den Zeichen AM beginnt. Diese möchten Sie in Transaktionen wie MM60 (Materialverzeichnis), MB51 (Materialbelegliste) oder MB52 (Lagerbestandsliste) mithilfe der Mehrfachselektion auswählen.

1. Speichern Sie die Werte in einer Excel-Tabelle. Sind es viele Einzelwerte, nutzen Sie die Möglichkeit des Downloads (siehe Tipp 96, »Download-Funktionen finden«).
2. Markieren Sie die Werte in Excel, und kopieren Sie sie mit der Tastenkombination Strg + C in die Zwischenablage.

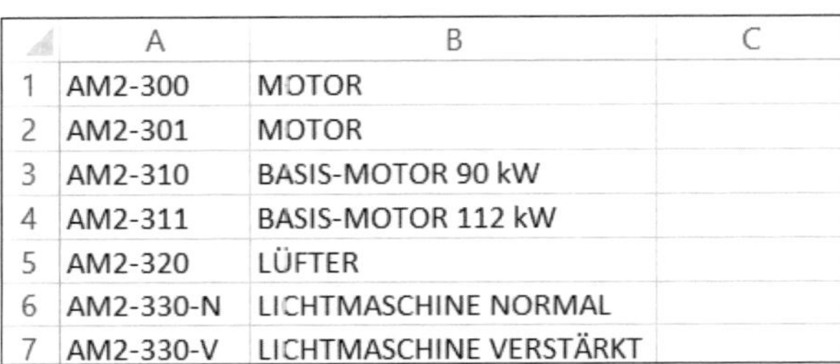

	A	B	C
1	AM2-300	MOTOR	
2	AM2-301	MOTOR	
3	AM2-310	BASIS-MOTOR 90 kW	
4	AM2-311	BASIS-MOTOR 112 kW	
5	AM2-320	LÜFTER	
6	AM2-330-N	LICHTMASCHINE NORMAL	
7	AM2-330-V	LICHTMASCHINE VERSTÄRKT	

Excel-Tabelle mit Materialnummern

3. Starten Sie eine Transaktion, die eine Möglichkeit zur Mehrfachselektion bietet, beispielsweise die Transaktion MM60 (Materialverzeichnis).

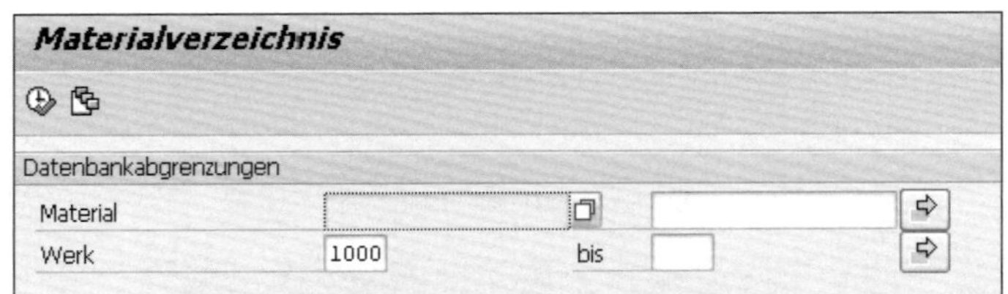

Einstiegsbild der Transaktion MM60 (Materialbelegliste)

4. Klicken Sie rechts neben dem Feld **Material** auf das Symbol ⇨ (**Mehrfachselektion**).

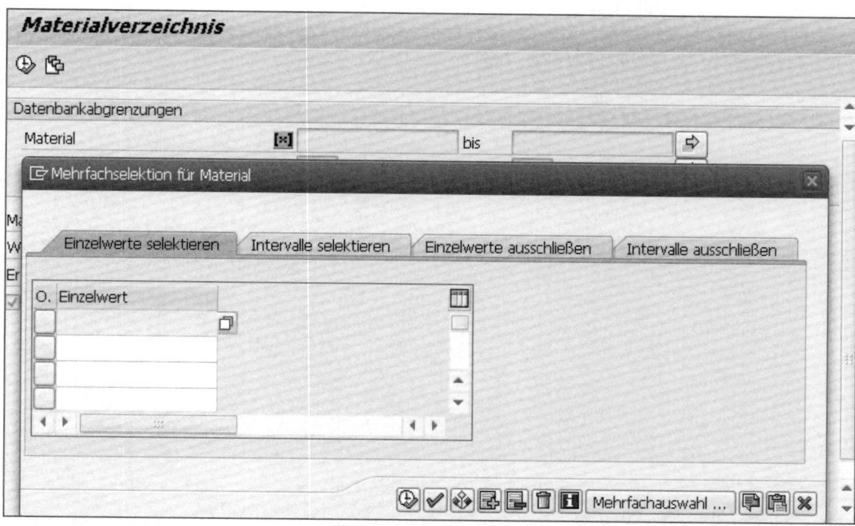

Im Hintergrund das Einstiegsbild der Transaktion MM60 (Materialverzeichnis), im Vordergrund das leere Fenster der Mehrfachselektion

5. Wenn Sie jetzt in die Spalte **Einzelwert** mit der Tastenkombination [Strg] + [V] eine größere Menge an Werten aus der Zwischenablage einfügen, haben Sie folgendes Problem: SAP füllt nur die sichtbaren Felder. Wenn Sie beispielsweise 150 Materialnummern aus der Zwischenablage einfügen wollen, übernimmt SAP nur zehn Materialnummern für die zehn sichtbaren Zeilen. Sie müssten den Cut-and-Paste-Vorgang also 15-mal wiederholen. Doch auch für dieses Problem gibt es eine Lösung.

   Im ersten Register **Einzelwerte selektieren** fügen Sie wie folgt die Werte ein: Klicken Sie dazu rechts unten auf das Symbol (**Upload aus der Zwischenablage**), um den Inhalt aus der Zwischenablage zu übernehmen, und alle Werte – auch 150 – werden eingefügt. Na also, geht doch! Außerdem stehen Ihnen hier noch zwei weitere Optionen zur Verfügung:

   - Mit dem Symbol (**Import aus Textfile**) erreichen Sie die Übernahme der Materialnummern aus einer Textdatei, in der dann natürlich nur die gewünschten Materialnummern stehen dürfen.
   - Mit der Schaltfläche **Mehrfachauswahl** gelangen Sie in die F4-Hilfe des jeweiligen Feldes. Dort können Sie die Werte selektieren und anschließend in die Mehrfachselektion übernehmen.

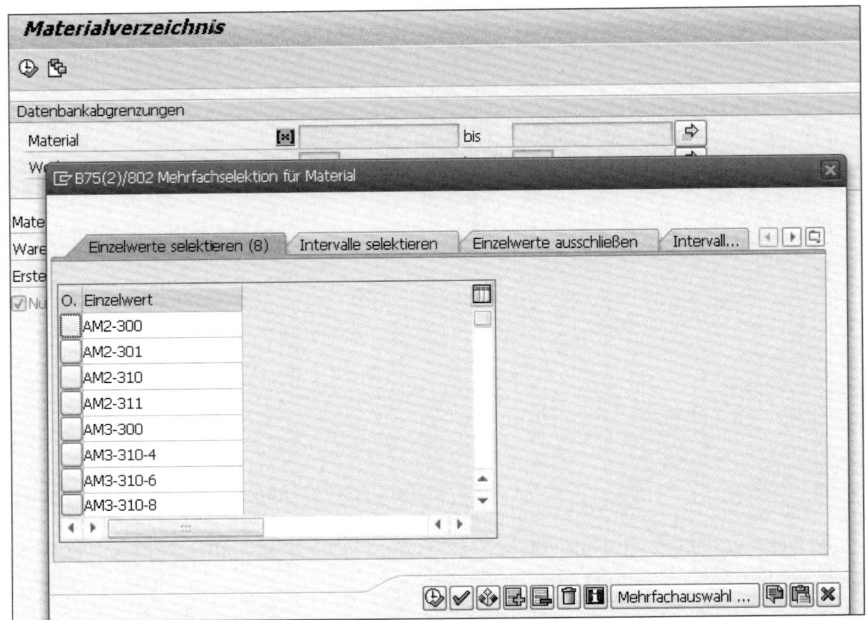

Im Hintergrund das Einstiegsbild der Transaktion MM60 (Materialverzeichnis), im Vordergrund das Fenster der Mehrfachselektion mit den importierten Materialnummern

6. Bestätigen Sie die Mehrfachselektion mit dem Symbol (**Übernehmen**). Sie befinden sich wieder im Einstiegsbild. Hier ist nur der erste Einzelwert zu sehen. Jedoch erkennen Sie beim Symbol (**Mehrfachselektion**) an dem grünen Block unter dem Pfeil die aktive Mehrfachselektion.

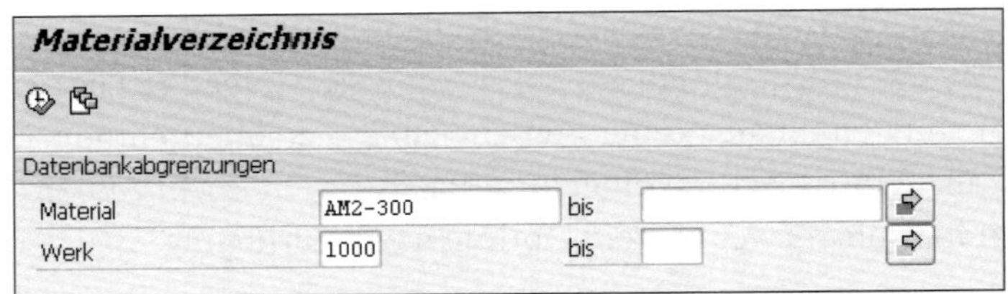

Einstiegsbild der Transaktion MM60 (Materialverzeichnis) mit aktiver Mehrfachselektion

7. Bestätigen Sie im Einstiegsbild die Selektion mit dem Symbol (**Ausführen**). Das SAP-System zeigt das Suchergebnis im Fenster **Materialverzeichnis**.

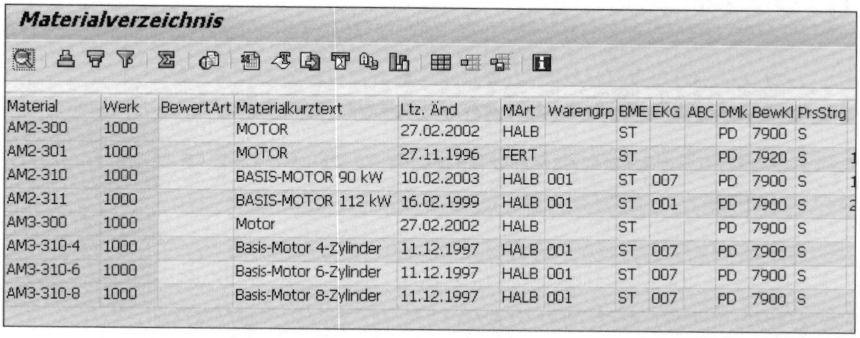

Materialverzeichnis

Material	Werk	BewertArt	Materialkurztext	Ltz. Änd	MArt	Warengrp	BME	EKG	ABC	DMk	BewKl	PrsStrg
AM2-300	1000		MOTOR	27.02.2002	HALB		ST			PD	7900	S
AM2-301	1000		MOTOR	27.11.1996	FERT		ST			PD	7920	S
AM2-310	1000		BASIS-MOTOR 90 kW	10.02.2003	HALB	001	ST	007		PD	7900	S
AM2-311	1000		BASIS-MOTOR 112 kW	16.02.1999	HALB	001	ST	001		PD	7900	S
AM3-300	1000		Motor	27.02.2002	HALB		ST			PD	7900	S
AM3-310-4	1000		Basis-Motor 4-Zylinder	11.12.1997	HALB	001	ST	007		PD	7900	S
AM3-310-6	1000		Basis-Motor 6-Zylinder	11.12.1997	HALB	001	ST	007		PD	7900	S
AM3-310-8	1000		Basis-Motor 8-Zylinder	11.12.1997	HALB	001	ST	007		PD	7900	S

Listbild der Transaktion MM60 (Materialverzeichnis)

Benötigen Sie öfter die gleiche Mehrfachselektion? Sie können diese auch in einer Reportvariante speichern. Mehr dazu erfahren Sie in Tipp 65, »Vorschlagswerte in Reportvarianten speichern«.

» Tipp zum Tipp: Manchmal gibt es Erfassungstabellen, in die Sie mehr Zeilen kopieren wollen, als auf dem Bildschirm angezeigt werden, und es gibt keine Uploadfunktion. Sie kopieren dann die Daten paketweise in die jeweilige Tabelle. Und das macht nicht wirklich Spaß!

Damit der Schmerz nicht ganz so groß ist, stellen Sie den Bildschirm einfach hochkant! Drehen Sie ihn physisch um 90 Grad, also vom Quer- ins Hochformat. Die Bildschirmanzeige selbst kippen Sie, indem Sie nach einem Rechtsklick auf eine freie Stelle des Desktops **Anzeigeeinstellungen** wählen. Hier können Sie die Bildschirmausrichtung von Querformat auf Hochformat ändern. Die Shortcuts hierzu: die gedrückte [Strg]- und [Alt]-Taste und jeweils die entsprechende Pfeiltaste. Damit verdoppeln Sie die Anzahl der angezeigten Zeilen, und die Anzahl der manuellen Cut-and-Paste-Kopiervorgänge halbiert sich.

Tipp 64

Zusätzliche Selektionsfelder aus freien Abgrenzungen nutzen

Sie haben einen wunderschönen Report entdeckt, jedoch fehlen Ihnen Felder zur Selektion. Für dieses Problem gibt es oft eine Lösung, denn in vielen Reports hat SAP weitere Selektionsfelder in den sogenannten freien Abgrenzungen versteckt.

Stellen Sie sich vor, Sie kommen aus dem Urlaub und wollen die Daten überprüfen, die Ihre Vertretung erfasst hat. In vielen Einstiegsbildern stehen Ihnen dazu die Selektionsfelder für das Erfassungsdatum und den Erfasser zur Verfügung, die jedoch im Standard nicht eingeblendet sind.

Der Platz auf dem Bildschirm ist begrenzt. Deshalb finden Sie in den Einstiegsbildern vieler Reports oft nicht alle Felder, die Sie zur Selektion benötigen. Lesen Sie in diesem Tipp, wie Sie die ausgeblendeten Felder anzeigen können.

› Und so geht's

Über die Funktion »freie Abgrenzungen« erhalten Sie in vielen Reports zahlreiche weitere Selektionsfelder. Und zu den freien Abgrenzungen gelangen Sie entweder mit dem Symbol (**freie Abgrenzungen**) oder über die Menüleiste im Menü **Bearbeiten**. Nicht alle, aber viele Reports bieten diese Funktion. Die folgende Tabelle zeigt einige Beispiele für gängige Transaktionen aus unterschiedlichen Komponenten.

Komponente	Transaktion
Finanzwesen	FBL5N (Posten anzeigen/ändern (Debitorenbuchhaltung)) FBL1N (Posten anzeigen/ändern (Kreditorenbuchhaltung))
Controlling	KSB1 (Kostenstellen Einzelposten Istkosten anzeigen)
Personalwesen	S_AHR_61016369 (Mitarbeiterliste)
Materialwirtschaft	ME1M (Infosätze zum Material)
Vertrieb	VC/2 (Kundenstammblatt)

Transaktionen zum Aufruf von Reports mit freien Abgrenzungen

Einige weitere Transaktionen wie VA05 (Liste Aufträge) und viele Reports in der Komponente Personalwesen bieten Schaltflächen wie **Weitere Selektionsbedingungen** oder **Weitere Selektionen**, über die Sie zusätzliche Selektionsfelder erhalten.

In unserem Beispiel suchen wir nach Belegen in der Debitorenbuchhaltung mit der Transaktion FBL5N (Posten anzeigen/ändern (Debitorenbuchhaltung)). Dort sollen alle Posten mit einer Liefersperre aufgrund eines Kreditlimits angezeigt werden:

1. Starten Sie eine beliebige Transaktion, in der freie Abgrenzungen möglich sind, zum Beispiel die Transaktion FBL5N (Posten anzeigen/ändern (Debitorenbuchhaltung)).

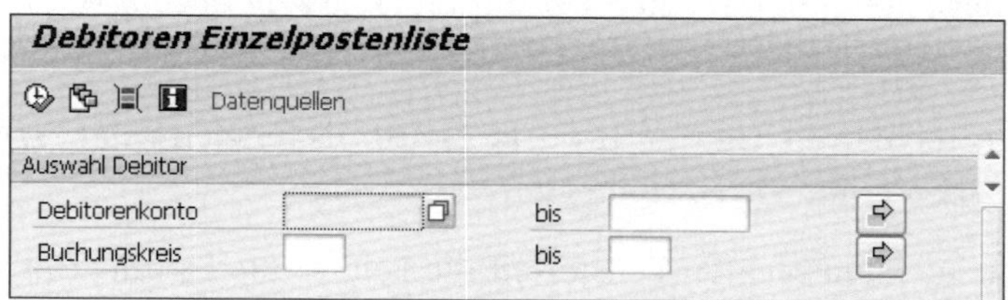

Einstiegsbild der Transaktion FBL5N (Posten anzeigen/ändern (Debitorenbuchhaltung)) ohne freie Abgrenzungen

2. Im Selektionsbild öffnen Sie mit einem Klick auf das Symbol]≡[(**freie Abgrenzungen**) den oberen Fensterteil.

Einstiegsbild der Transaktion FBL5N (Posten anzeigen/ändern (Debitorenbuchhaltung)) mit freien Abgrenzungen

- Im rechten Fensterteil **Freie Abgrenzungen** sehen Sie die Felder, die das SAP-System standardmäßig für die Eingabe von zusätzlichen Selektionswerten zur Verfügung stellt.
- Der linke Fensterteil enthält mehrere Ordner, aus denen Sie Felder Ihrer Wahl in den rechten Fensterteil übernehmen können. Diejenigen Felder, die im rechten Fensterteil zur Verfügung stehen, sind im linken Fensterteil grün markiert.

3. Öffnen Sie im linken Fensterteil, falls notwendig, den Ordner **Kundenstamm**, und klicken Sie dort doppelt auf das Feld **Zentrl. Liefersperre**. Damit wird das Feld in den rechten Fensterteil **Freie Abgrenzungen** übernommen.
4. Geben Sie im rechten Fensterteil im Feld **Zentrl. Liefersperre** den Wert »01« für den Sperrgrund »Kreditlimit« vor.
5. Entfernen Sie aus dem rechten Fensterteil die Felder, die Sie nicht brauchen. Klicken Sie hierzu im linken Fensterteil auf das Feld, das Sie entfernen wollen, und im Anschluss auf das Icon.
6. Bestätigen Sie die Selektion mit dem Symbol (**Ausführen**). Das SAP-System zeigt die Liste unter Berücksichtigung Ihrer freien Abgrenzungen an.

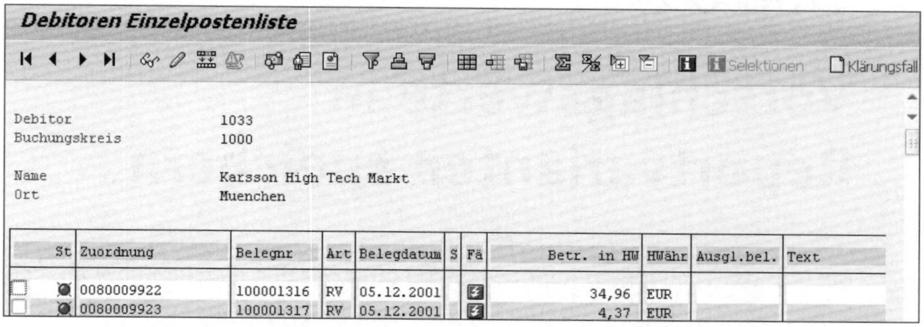

Debitoren Einzelpostenliste

Selektionen Klärungsfall

Debitor 1033
Buchungskreis 1000

Name Karsson High Tech Markt
Ort Muenchen

	St	Zuordnung	Belegnr	Art	Belegdatum	S	Fä	Betr. in HW	HWähr	Ausgl.bel.	Text
		0080009922	100001316	RV	05.12.2001			34,96	EUR		
		0080009923	100001317	RV	05.12.2001			4,37	EUR		

Liste der Transaktion FBL5N (Posten anzeigen/ändern (Debitorenbuchhaltung)) mit Einzelposten, die eine Liefersperre aufgrund eines Kreditlimits haben

Das SAP-System vergisst Ihre freien Abgrenzungen sehr schnell, denn bereits beim nächsten Start der Transaktion befindet sich das Bild wieder auf dem alten Stand. Benötigen Sie häufig zusätzliche Selektionsfelder aus dem rechten Fensterteil **Freie Abgrenzungen**? Wenn Sie clever sind, erstellen Sie in diesem Fall eine Reportvariante (siehe Tipp 65, »Vorschlagswerte in Reportvarianten speichern«). Damit ersparen Sie sich den Aufwand, Felder jedes Mal auswählen zu müssen.

» Tipp zum Tipp: Falls ein Report keine freien Abgrenzungen für Sie bereithält, gibt es noch weitere Chancen: In der Liste des Reports gibt es in der Regel eine Filterfunktion, die Sie zur nachträglichen Selektion nutzen können (siehe Tipp 87, »Die zweite Chance: Mit Filtern nachselektieren«). Bezieht sich die Auswertung nur auf eine Tabelle, lässt sich mit einem QuickView (Tipp 89, »Eigene ALV-Reports mit dem QuickViewer anlegen«) oder der Transaktion SE16H (Allgemeine Tabellenanzeige) jedes Feld der entsprechenden Tabelle für die Auswertung nutzen.

Unsere Empfehlung: Gibt es freie Abgrenzungen, nutzen Sie diese im Normalfall, bevor Sie auf die genannten Alternativen zurückgreifen. Freie Abgrenzungen verursachen weniger Aufwand als eine Selektion mit der Transaktion SE16H (Allgemeine Tabellenanzeige) oder dem QuickViewer.

Tipp 65

Vorschlagswerte in Reportvarianten speichern

Bei grundsätzlich jedem Report, den Sie öfter mit den gleichen oder ähnlichen Selektionen und mit mehreren Vorgaben ausführen, lohnt es sich, die Selektionswerte in einer Reportvariante zu speichern.

Manchmal müssen Sie in Selektionsbildern sehr viele Angaben machen, um danach die richtigen Daten zu erhalten. Wenn Sie diese Angaben häufiger benötigen, ist es sinnvoll, diese in Reportvarianten zu speichern. Der Einsatz von Reportvarianten hat gleich mehrere Vorteile:

- So ersparen Sie sich, die Selektionskriterien beim Starten der Reports jedes Mal neu einzugeben.
- Genaue Selektionen in den Reportvarianten führen dazu, dass die Listen genau die notwendigen Daten enthalten. Dadurch werden die Listen kürzer, übersichtlicher und sind schneller erstellt. Dies hat wiederum den Nebeneffekt, dass das SAP-System weniger belastet ist und die Antwortzeiten des Systems weniger lang ausfallen. Ihre Kolleginnen und Kollegen werden es Ihnen danken!
- Oft der wichtigste Vorteil: Sie erhalten immer die richtigen Ergebnisse in Ihren Listen und Auswertungen, wenn Sie einmal die richtigen Vorgaben in Reportvarianten abspeichern und danach konsequent nutzen.

› Und so geht's

Nur die folgenden drei Schritte sind notwendig, um eine Reportvariante zu erstellen:

1. Sie starten den Report.
2. Im Selektionsbild geben Sie Ihre Selektion ein.
3. Danach speichern Sie diese Selektion als Reportvariante.

In diesem Tipp zeigen wir Ihnen am Beispiel der Transaktion MB51 (Materialbelegliste) den standardmäßigen Ablauf zur Anlage und Verwendung einer Reportvariante. Danach haben wir weitere spezielle Tipps zu Reportvarianten für Sie:

1. Starten Sie den Report, für den Sie eine Variante speichern möchten. In unserem Beispiel starten wir die Transaktion MB51 (Materialbelegliste). Damit gelangen Sie in das Selektionsbild. Eine Reportvariante legen Sie immer ausgehend vom Selektionsbild des Reports an.

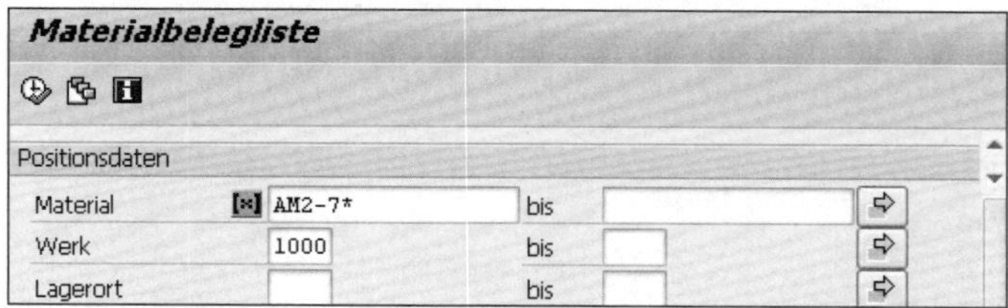

Oberer Teil des Selektionsbildes des Reports »Materialbelegliste« (Transaktion MB51)

2. Geben Sie im Selektionsbild Ihre Selektion ein. Diese entspricht den Vorgaben, die Sie im nächsten Schritt als Vorschlagswerte speichern. Es werden übrigens auch umfangreiche Mehrfachselektionen (siehe Tipp 63, »Mehrfachselektionen mit Upload vereinfachen«) und freie Abgrenzungen (siehe Tipp 64, »Zusätzliche Selektionsfelder aus freien Abgrenzungen nutzen«) gespeichert.
3. Testen Sie die Selektion mit einem Klick auf das Symbol (**Ausführen**) in der Anwendungsfunktionsleiste.

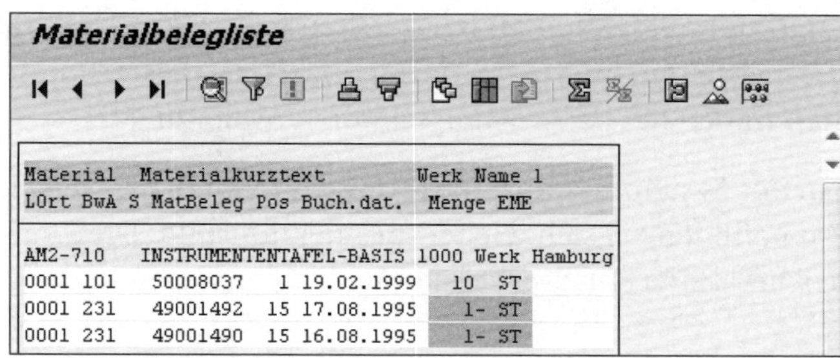

Listbild des Reports »Materialbelegliste« (Transaktion MB51)

4. Wenn alles zu Ihrer Zufriedenheit ist, wechseln Sie mit einem Klick auf das Symbol (**Zurück**) aus der Liste bzw. Auswertung in das Selektionsbild zurück.

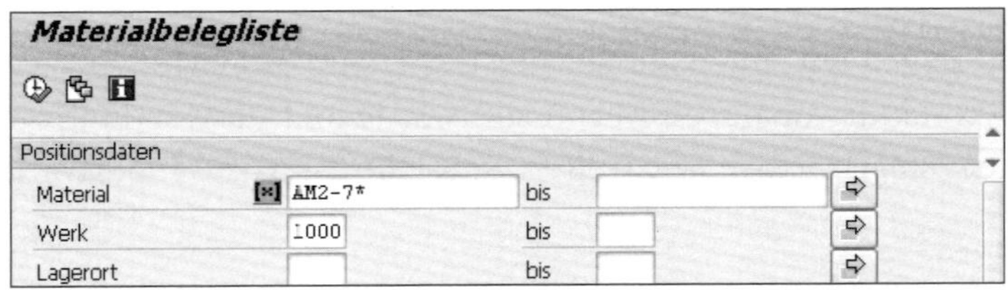

Selektionsbild des Reports »Materialbelegliste« (Transaktion MB51)

5. Um die Selektion zu speichern, klicken Sie in der Systemfunktionsleiste auf das Symbol (**Sichern**). Es erscheint das Bild **Variantenattribute**.

Variantenattribute

6. Lassen Sie sich im Bild **Variantenattribute** nicht von der Vielzahl der Einstellmöglichkeiten irritieren, Sie müssen nur die Felder **Variantenname** und **Bedeutung** für die Kurzbeschreibung der Reportvariante füllen, alle anderen Felder sind optional. Sinnvoll ist in jedem Fall, die Option **Variante schützen** zu markieren. Weitere Informationen zu dieser und den weiteren Optionen finden Sie im Anschluss an diese Anleitung.

7. Klicken Sie nun in der Systemfunktionsleiste auf das Symbol (**Sichern**). Nach dem Sichern befinden Sie sich wieder im Selektionsbild. Die Reportvariante ist gespeichert. Eine entsprechende Meldung erscheint in der Statusleiste.

8. Schließen Sie den Report mit dem Symbol (**Zurück**), um zum SAP-Menü zurückzukehren.

In diesem Ablauf haben Sie nur die Felder **Variantenname** und **Bedeutung** ausgefüllt. Folgende Einstellmöglichkeiten sind an dieser Stelle noch interessant:

- Das Ankreuzen des Feldes **Nur für Hintergrundverarbeitung** bewirkt, dass die Variante nur für die Reportausführung in der Hintergrundverarbeitung verwendet werden kann und nur dort in der F4-Hilfe angezeigt wird. Diese Einstellung ist für umfangreiche Reports mit langen Laufzeiten sinnvoll. Die Hintergrundverarbeitung wird unter anderem in Tipp 98, »Langläufer mit Job durchführen«, behandelt.
- Beachten Sie, dass im Gegensatz zu den Parametern und vielen anderen Einstellungen die Reportvarianten benutzerübergreifend gelten. Deshalb sollten Sie das Feld **Variante schützen** immer ankreuzen, um Ihre Reportvariante gegen Änderungen oder Löschversuche durch andere Benutzer zu schützen. Wenn das Feld angekreuzt ist, können nur noch Sie diese Reportvariante ändern und löschen.
- Außerdem können Sie im unteren Bildteil **Objekte des Selektionsbildes** Einstellungen für einzelne Felder des Selektionsbildes vornehmen. Die Felder sind hier zeilenweise aufgelistet. Zum Beispiel können einzelne Felder des Selektionsbildes gegen Änderungen geschützt oder ausgeblendet werden. Mehr Informationen dazu finden Sie in Tipp 67, »Felder in Reportvarianten ausblenden und schützen«.

Nachdem Sie die Reportvariante definiert haben, verwenden Sie sie nun im Selektionsbild:

1. Starten Sie den entsprechenden Report. Eine Reportvariante starten Sie grundsätzlich ausgehend vom Selektionsbild des Reports.

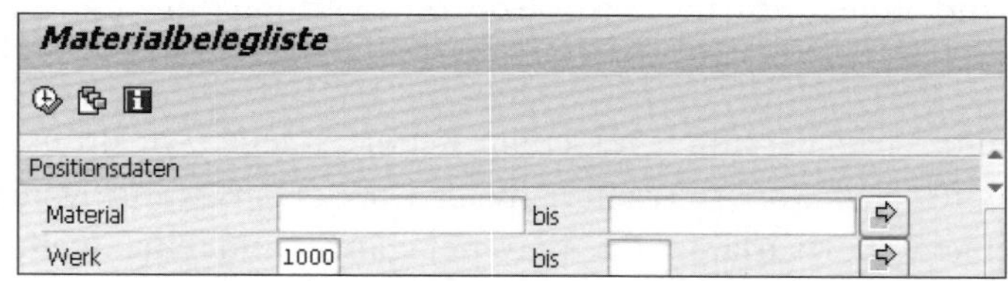

Selektionsbild des Reports »Materialbelegliste« (Transaktion MB51)

2. Im Selektionsbild tragen Sie dieses Mal nichts ein, denn die Selektion haben Sie ja bereits in der Reportvariante gespeichert. Stattdessen klicken Sie in der Anwendungsfunktionsleiste auf das Symbol (**Variante holen**).

3. Manchmal zeigt das SAP-System ein Selektionsfenster für Varianten, das Sie einfach mit der [↵]-Taste bestätigen.

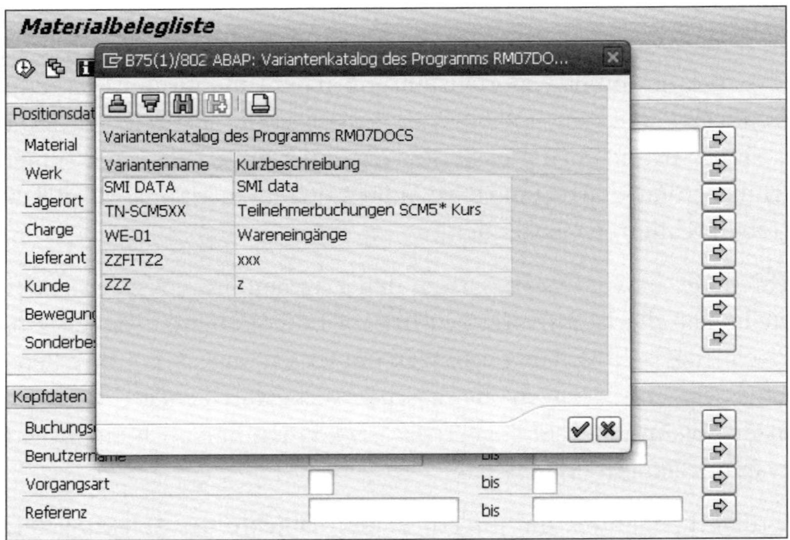

Variantenkatalog

4. Im Fenster **Variantenkatalog** wählen Sie mit einem Doppelklick die von Ihnen angelegte Reportvariante aus. Hier sehen Sie grundsätzlich alle Varianten für den aktuellen Report inklusive der Varianten, die von anderen Benutzern angelegt wurden.

Nach der Auswahl der Reportvariante sehen Sie im Selektionsbild die entsprechenden Selektionsvorgaben als Vorschlagswerte. Dank Ihrer Variante ersparen Sie sich die erneute manuelle Eingabe der Selektionskriterien. Sie klicken nun auf das Symbol [⊕] (**Ausführen**) ganz links in der Anwendungsfunktionsleiste, und Ihnen wird die Liste bzw. Auswertung auf dem Bildschirm angezeigt.

Sie können beliebig viele Varianten für einen Report anlegen, in unserem Fall könnten wir für den Report »Materialbelegliste« (Transaktion MB51) beispielsweise eine Reportvariante für Wareneingänge und eine weitere Variante für Warenausgänge anlegen.

» Tipp zum Tipp: Verwenden Sie aussagekräftige Namen für Ihre Variantennamen und Kurzbezeichnungen, insbesondere dann, wenn Sie viele Reportvarianten im selben Report nutzen. Informieren Sie sich vorher am besten bei Ihrem Key-User, Ihrer Anwendungsbetreuerin bzw. Ihrem Anwendungsbetreuer nach den hierfür üblichen Namenskonventionen.

» Und noch ein Tipp zum Tipp: Wäre es nicht schön, wenn man sich wie bei Layouts eine Standardvariante einstellen könnte? Es geht! Aber leider nur in einigen wenigen Modulen wie EAM (PM) oder QM. Dort geben Sie für die Reportvariante, die sofort bei Aufruf des Reports die Felder vorbelegen soll, folgende Bezeichnung ein: »U_«, gefolgt von Ihrem Benutzernamen. Bei einem Benutzernamen WF152DF wäre dies die Bezeichnung U_WF152DF.

Liebe SAP, kann man diese Methode auch für Reports der anderen Module ermöglichen? Oder gibt es dazu einen Trick, den wir nicht kennen? Dann bitte an *fitznar@gmx.net*, wir revanchieren uns! Jedoch gibt es noch eine zweite Chance. Lesen Sie dazu bitte den letzten Buchteil, in dem wir das Skripting behandeln!

Tipp 66

Reportvarianten ändern und löschen

Nichts ist so beständig wie die Veränderung. Deshalb erfahren Sie in diesem Tipp, wie Sie nachträglich die Selektion in bereits gespeicherten Reportvarianten ändern und nicht mehr benötigte Reportvarianten löschen.

Manchmal ist es notwendig, die Selektionsvorgaben einer Reportvariante zu ändern oder zu löschen. Der Ablauf hierzu ähnelt dem, wenn Sie in Microsoft Word eine Textdatei aufrufen, diese ändern und unter dem gleichen Dateinamen wieder speichern. Für diesen Tipp benötigen Sie Vorkenntnisse aus dem vorhergehenden Tipp.

› Und so geht's

Gehen Sie folgendermaßen vor, um eine Reportvariante zu ändern:

1. Starten Sie den Report, für den Sie eine Reportvariante gespeichert haben.

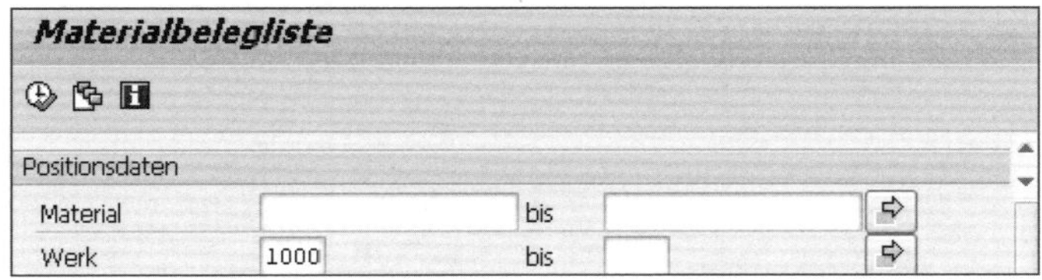

Selektionsbild des Reports »Materialbelegliste« (Transaktion MB51)

2. Im Selektionsbild klicken Sie in der Anwendungsfunktionsleiste auf das Symbol (**Variante holen**).

3. Manchmal zeigt das SAP-System ein Selektionsfenster für Varianten, das Sie einfach mit der [↵]-Taste bestätigen.

4. Im Fenster **Variantenkatalog** wählen Sie mit einem Doppelklick die Variante aus, die Sie ändern wollen.
5. Im Selektionsbild nehmen Sie nun die gewünschten Änderungen vor.
6. Klicken Sie anschließend in der Systemfunktionsleiste auf das Symbol (**Sichern**). Es erscheint das Bild **Variantenattribute**.

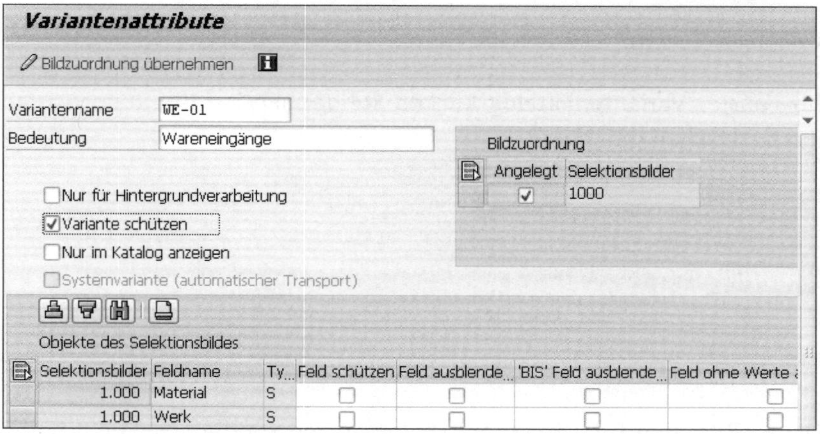

Variantenattribute

7. Klicken Sie im Bild **Variantenattribute** auf das Symbol (**Sichern**).
8. Sie werden nun in einem Dialogfenster gefragt, ob die bestehende Variante überschrieben werden soll. Klicken Sie auf die Schaltfläche **Ja**.

Damit sind die Änderungen gespeichert. Beim nächsten Aufruf der Reportvariante werden die geänderten Werte bereits verwendet.

Für das Ändern von *Variantennamen* gibt es keine spezielle Funktion. Hierzu gibt es nur eine Methode: Speichern Sie die Reportvariante unter dem neuen Namen ab, und löschen Sie anschließend die Variante mit dem alten Namen.

Leider lassen sich Reportvarianten im Gegensatz zu ALV-Layouts nicht benutzerspezifisch anlegen. Löschen Sie deshalb Reportvarianten, die nur Sie nutzen, wenn Sie sie nicht mehr benötigen, damit der Variantenkatalog übersichtlich bleibt und kein Wildwuchs entsteht. Zum Löschen von Reportvarianten gehen Sie wie folgt vor:

1. Starten Sie den entsprechenden Report.
2. Im Selektionsbild wählen Sie aus der Menüleiste den Befehl **Springen ▸ Varianten ▸ Löschen…**.

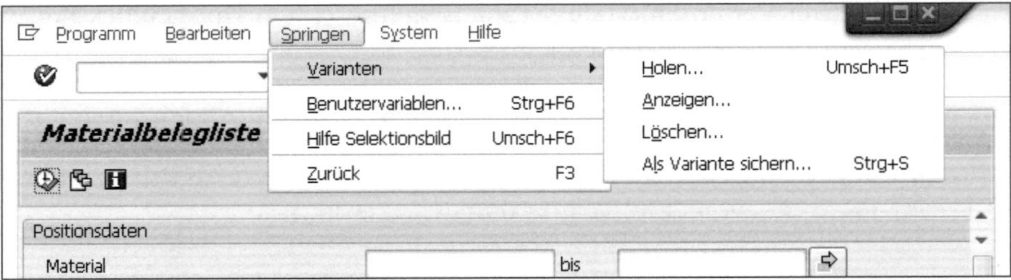

Untermenü »Varianten« mit dem Befehl »Löschen«

3. Im Fenster **Variantenkatalog** klicken Sie doppelt auf die Reportvariante, die Sie löschen möchten.

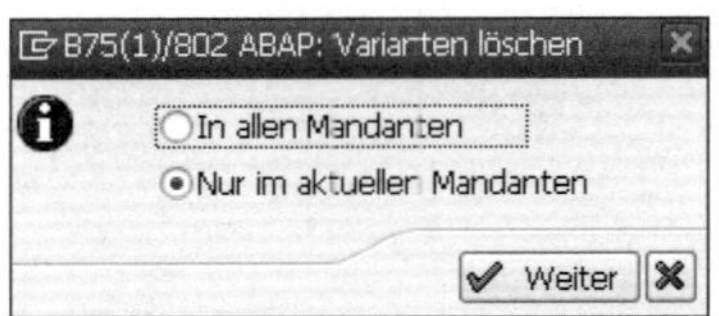

Sicherheitsabfrage vor dem Löschen einer Reportvariante

4. Das SAP-System fragt in einem Dialogfenster, ob die Löschung mandantenübergreifend vorgenommen werden soll. Markieren Sie das Optionsfeld **Nur im aktuellen Mandanten**, und klicken Sie auf die Schaltfläche **Weiter**. Es erscheint eine Sicherheitsabfrage. Bestätigen Sie mit einem Klick auf die Schaltfläche **Ja**, dass Sie die Reportvariante wirklich löschen wollen.

   Die Reportvariante ist nun gelöscht und wird in der Auswahl nicht mehr angezeigt.

Zu Reportvarianten gibt es eine interessante Alternative: Selektionen können Sie auch als Filtereinstellungen in Layoutvarianten speichern. Wenn Sie wie in unserem Fall die Selektionsvorgaben als leicht und schnell änderbare Vorschlagswerte benötigen, empfehlen wir Ihnen die hier vorgestellte Methode mit den Reportvarianten. Wenn Sie jedoch nach Feldern selektieren möchten, die im Selektionsbild nicht angeboten werden, sollten Sie sich unbedingt Tipp 87, »Die zweite Chance: Mit Filtern nachselektieren«, durchlesen.

» Tipp zum Tipp: Key-User mit entsprechenden Berechtigungen beispielsweise für eine der Transaktionen SQVI (QuickViewer) oder SE16H (Allgemeine Tabellenanzeige) können in der Tabelle VARID Reportvarianten anzeigen. Sie sehen dort eine Übersicht mit Benutzer, Reportname, Erstellungsdatum und Änderungsdatum.

Tipp 67

Felder in Reportvarianten ausblenden und schützen

Einige Selektionsbilder erstrecken sich über mehrere Bildschirmseiten. Sie benötigen jedoch in der Regel nur wenige Felder, die bequem auf einer Seite Platz haben. In diesem Tipp erfahren Sie, wie Sie nicht benötigte Felder ausblenden und das Selektionsbild übersichtlich halten.

Transaktionen wie beispielsweise MB51 (Materialbelegliste) oder FBL5N (Posten anzeigen/ändern (Debitorenbuchhaltung)) besitzen umfangreiche Selektionsbilder, die nicht auf einen Bildschirm passen. Sie müssen bei manchen Selektionen regelmäßig nach unten blättern, um Ihre Angaben einzutragen, während Sie weiter oben stehende Selektionsfelder nicht brauchen.

Auch für Kolleginnen und Kollegen, die das SAP-System nicht oft nutzen, ist es manchmal eine Zumutung, bei selten genutzten Reports das Feld wie die Stecknadel im Heuhaufen suchen zu müssen, das für den Report wichtig ist. In beiden Fällen bietet es sich an, nicht benötigte Felder über Reportvarianten auszublenden.

› Und so geht's

Für diesen Tipp benötigen Sie Vorkenntnisse aus Tipp 65, »Vorschlagswerte in Reportvarianten speichern«. Als Beispiel dient uns hier die in der Logistik oft benötigte Transaktion MB51 (Materialbelegliste).

1. Starten Sie die Transaktion MB51 (Materialbelegliste), und geben Sie im Selektionsbild Ihre Selektion ein.

Materialbelegliste

Positionsdaten

Material	T*	bis	
Werk	1000	bis	
Lagerort		bis	
Charge		bis	
Lieferant		bis	
Kunde		bis	
Bewegungsart	101	bis	

Oberer Teil des Selektionsbildes des Reports »Materialbelegliste« (Transaktion MB51)

2. Speichern Sie die Selektion mit einem Klick auf das Symbol (**Sichern**) in der Systemfunktionsleiste. Es erscheint das Bild **Variantenattribute**.

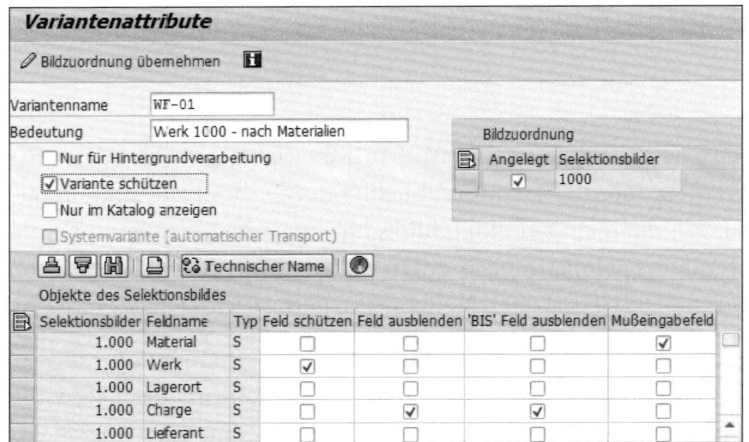

Variantenattribute

Bildzuordnung übernehmen

Variantenname: WF-01

Bedeutung: Werk 1000 - nach Materialien

- [ ] Nur für Hintergrundverarbeitung
- [x] Variante schützen
- [ ] Nur im Katalog anzeigen
- [ ] Systemvariante (automatischer Transport)

Bildzuordnung

Angelegt	Selektionsbilder
✓	1000

Technischer Name

Objekte des Selektionsbildes

Selektionsbilder	Feldname	Typ	Feld schützen	Feld ausblenden	'BIS' Feld ausblenden	Mußeingabefeld
1.000	Material	S				✓
1.000	Werk	S	✓			
1.000	Lagerort	S				
1.000	Charge	S		✓	✓	
1.000	Lieferant	S				

Fenster »Variantenattribute« mit den Spalten »Feld schützen«, »Feld ausblenden«, »'BIS' Feld ausblenden« und »Mußeingabefeld«

3. Bestimmen Sie einen Namen im Feld **Variantenname**, eine Kurzbeschreibung im Feld **Bedeutung**, und – sicher ist sicher – setzen Sie das Häkchen im Ankreuzfeld **Variante schützen**.

4. Jetzt wird's spannend: Widmen Sie Ihre Aufmerksamkeit der unteren Feldgruppe **Objekte des Selektionsbildes**. Diese enthält die Felder des Selektionsbildes und hierfür viele Einstellmöglichkeiten in den folgenden Spalten. In der Abbildung sind folgende Spalten angekreuzt:

   - **Mußeingabefeld** für das Feld **Material**
   - **Feld schützen** für das Feld **Werk**
   - **Feld ausblenden** und **'BIS' Feld ausblenden** für das Feld **Charge**

5. Klicken Sie nun in der Systemfunktionsleiste auf das Symbol (**Sichern**). Nach dem Sichern befinden Sie sich wieder im Selektionsbild. Hier sehen Sie sofort die Auswirkungen der Einstellungen:

   - Das Feld **Material** enthält ein Kästchen mit Häkchen, es ist ein Musseingabefeld. Das bedeutet, dass der Report ohne Vorgabe der Materialnummer mit dieser Reportvariante nicht ausgeführt werden kann. Das ist in der Regel sinnvoll, denn ohne Selektion des Materials hat dieser Report oft enorme Laufzeiten. (Sie haben aber in Tipp 60, »Mit dem Joker * Mussfelder austricksen«, gelernt, wie Sie Mussfelder durch Eingabe eines Sternchens (*) überlisten können. Das klappt auch hier.)
   - Der Eintrag »1000« im Feld **Werk** ist geschützt und kann nicht überschrieben werden. Dies ist zum Beispiel sinnvoll, wenn Lagermitarbeiter nur für ein Werk zuständig sind.
   - Das Feld **Charge** ist inklusive des zugehörigen »Bis-Feldes« ausgeblendet, da in unserem Fall diese SAP-Funktion nicht verwendet wird.

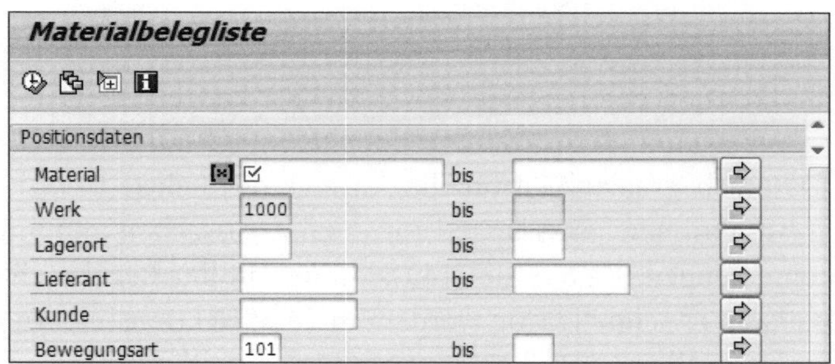

Selektionsbild mit Mussfeld »Material«, geschütztem Feld »Werk« und ohne das ausgeblendete Feld »Charge«

Sie wissen nun, wie Sie Selektionsbilder auf wirklich notwendige Felder reduzieren und sicherer machen, indem Sie Felder schützen, Felder ausblenden und Mussfelder bestimmen. Das ist jedoch noch nicht das Ende der Möglichkeiten. Im nächsten Tipp zeigen wir Ihnen, wie Sie Datumsfelder automatisch bestücken lassen.

Tipp 68

Datumsangaben in Reportvarianten dynamisch vorbelegen

In Reportvarianten ist es nicht sinnvoll, Datumswerte aus dem Selektionsbild zu speichern, denn diese Datumswerte sind schnell nicht mehr aktuell. Wie wäre es jedoch, wenn das SAP-System selbst auf der Basis des aktuellen Datums die Datumswerte berechnen könnte?

Wenn Sie Transaktionen wie beispielsweise MB51 (Materialbelegliste) oder FBL5N (Posten anzeigen/ändern (Debitorenbuchhaltung)) nutzen, geben Sie in der Regel Datumsbegrenzungen für die Anzeige der Belege bzw. Posten vor, da diese Transaktionen sonst lange Laufzeiten verursachen und unübersichtliche Listen erzeugen. Da Sie die Transaktionen in der Regel mehrmals am Tag nutzen, kann es schnell lästig werden, in den Selektionsbildern jedes Mal ein Datumsintervall von Hand einzutippen.

In Reportvarianten für Selektionsbilder erlaubt das SAP-System die Festlegung variabler Vorschlagswerte mithilfe der sogenannten *dynamischen Datumsvariablen*. Beispielsweise können Sie hier vorbelegen, dass vom aktuellen Datum aus gerechnet immer die letzten 21 Tage oder der aktuelle Monat ausgewertet werden soll.

› Und so geht's

Für diesen Tipp benötigen Sie Vorkenntnisse aus Tipp 65, »Vorschlagswerte in Reportvarianten speichern«, und natürlich einen Report mit Datumsfeldern. Je nach Anwendungsgebiet können Sie einen Report aus der folgenden Tabelle auswählen. Darüber hinaus gibt es noch viele weitere Reports mit Datumsfeldern.

Komponente	Transaktion
Finanzwesen	FAGLL03 (Posten anzeigen/ändern (neues Hauptbuch)) FBL5N (Posten anzeigen/ändern (Debitorenbuchhaltung)) FBL1N (Posten anzeigen/ändern (Kreditorenbuchhaltung)) FBL3N (Posten anzeigen/ändern (altes Hauptbuch))
Controlling	KSB1 (Kostenstellen Einzelposten Istkosten anzeigen)
Personalwesen	S_AHR_610_16362 und weitere Reports aus den Ordnern **Mitarbeiter** und **Organisatorische Einheit** aus dem Infosystem der Komponente Administration
Materialwirtschaft	MB51 (Materialbelegliste)
Vertrieb	VA05N (Liste Aufträge)

Transaktionen zum Aufruf von Reports mit Datumsfeldern

Im folgenden Beispiel werden wir die Datumsfelder im Report MB51 (Materialbelegliste) dynamisch vorbelegen. Da wir in unserem Beispiel den Report meist verwenden, um die Warenbewegungen der letzten 21 Tage anzuzeigen, möchten wir die Datumsfelder entsprechend vorbelegen:

1. Starten Sie die Transaktion MB51 (Materialbelegliste).

Materialbelegliste

Positionsdaten

Material		bis	
Werk	1000	bis	
Lagerort		bis	
Charge		bis	
Lieferant	1000	bis	
Kunde		bis	
Bewegungsart		bis	
Sonderbestand		bis	

Kopfdaten

Buchungsdatum		bis	
Benutzername		bis	

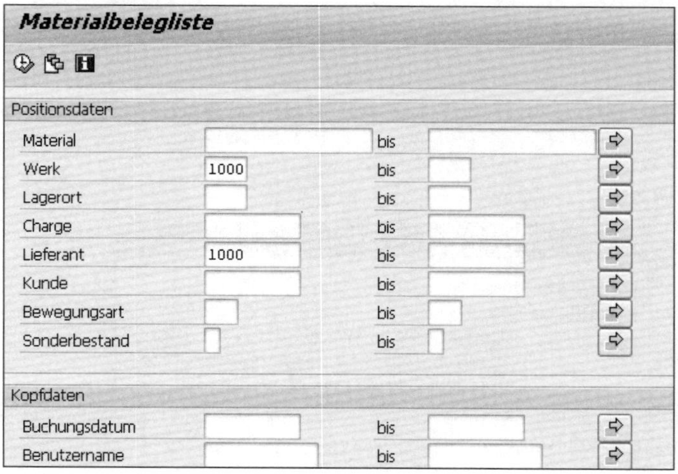

Oberer Teil des Selektionsbildes des Reports »Materialbelegliste« mit Feldern für das Buchungsdatum (Transaktion MB51)

2. Geben Sie im Selektionsbild Ihre Selektion ein. Lassen Sie die Datumsfelder leer, die dynamisch berechnet werden sollen.

3. Um die Selektion zu speichern, klicken Sie in der Systemfunktionsleiste auf das Symbol (**Sichern**). Es erscheint das Bild **Variantenattribute**.

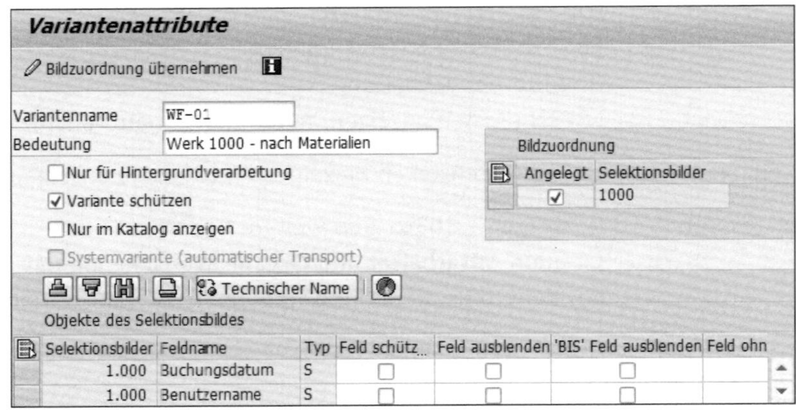

Fenster »Variantenattribute« mit dem Bildteil »Objekte des Selektionsbildes«

4. Füllen Sie die Felder **Variantenname** und **Bedeutung**.

5. Scrollen Sie im unteren Bildteil **Objekte des Selektionsbildes** nach rechts, bis die Spalte **Selektionsvariable** zu sehen ist, und öffnen Sie in dieser Spalte für die Zeile **Buchungsdatum** die Wertehilfe mit der F4-Taste. Daraufhin erscheint ein Auswahlfenster für die Variablenart.

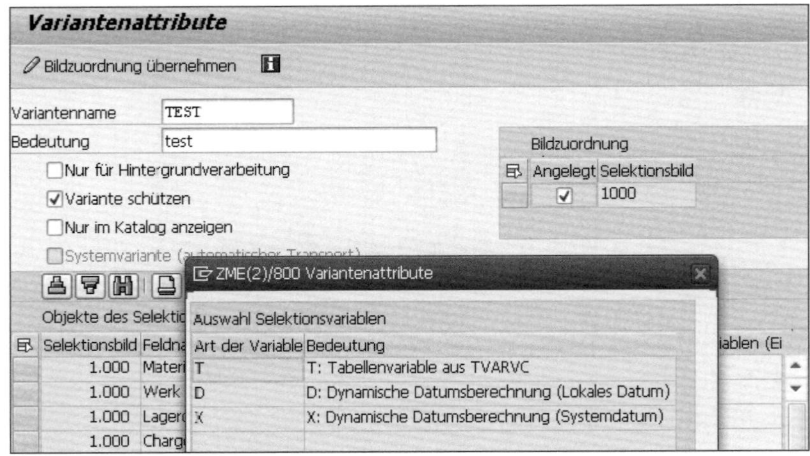

Fenster zur Auswahl der Variablenart »Dynamische Datumsberechnung«

6. Übernehmen Sie die Variablenart **D** mit einem Doppelklick auf den Eintrag **D: Dynamische Datumsberechnung (Lokales Datum)**. Diese Variablenart wird nur für Datumsfelder angeboten.

7. Klicken Sie nun im unteren Bildteil **Objekte des Selektionsbildes** zwei Spalten weiter rechts in die Spalte **Name der Variablen**, und öffnen Sie hier für die Zeile **Buchungsdatum** die Wertehilfe mit der [F4]-Taste. Daraufhin erscheint ein Auswahlfenster, in dem Sie aus verschiedenen Möglichkeiten zur dynamischen Bestimmung des Datums auswählen können. In unserem Beispiel entscheiden wir uns für die Option **Tagesdatum – xxx, Tagesdatum + yyy**.

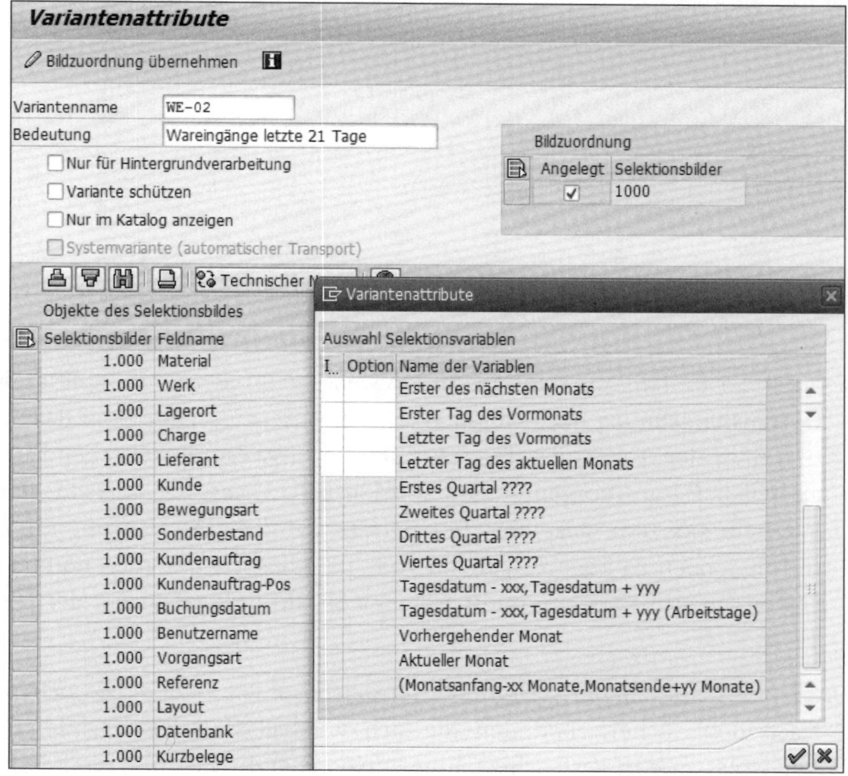

Fenster für die Auswahl der Selektionsvariablen

8. Bestätigen Sie nun die gewählte Selektionsvariable mit einem Klick auf das grüne Häkchen.

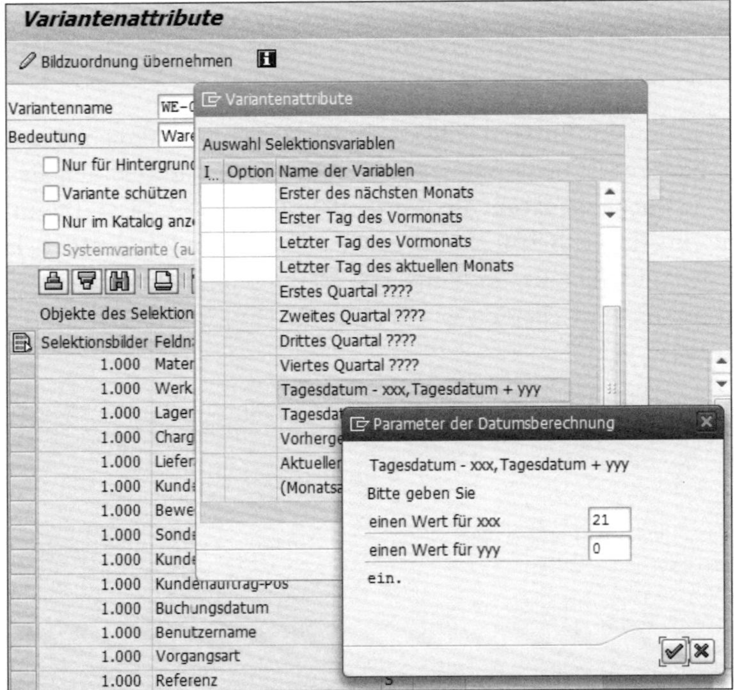

Fenster zur Angabe der Tagesanzahl und des Fabrikkalenders

9. Nach der Bestätigung fragt das SAP-System Sie im Fenster **Parameter der Datumsberechnung** nach einem Wert. Für unsere Variable fragt das System nach der Anzahl der Tage, für die die Auswertung ausgehend vom aktuellen Datum vorgenommen werden soll. Wenn Sie im Feld **einen Wert für xxx** zum Beispiel »21« eingeben, wird die Auswertung immer für die letzten 21 Tage ausgehend vom aktuellen Datum vorgenommen. Geben Sie also »21« ein, und bestätigen Sie Ihre Eingaben mit der [↵]-Taste.

10. Klicken Sie nun in der Systemfunktionsleiste auf das Symbol (**Sichern**). Nach dem Sichern befinden Sie sich wieder im Selektionsbild. Die Reportvariante ist gespeichert. Eine entsprechende Meldung erscheint in der Statusleiste.

Testen Sie nun die dynamische Datumsvariable, indem Sie die neu angelegte Reportvariante aufrufen, wie in Tipp 65, »Vorschlagswerte in Reportvarianten speichern«, gezeigt. In unserem Beispiel, dem Report »Materialbelegliste« (Transaktion MB51), sehen Sie im Selektionsbild in der Feldgruppe **Kopfdaten**, dass die Werte für das Buchungsdatum ausgehend vom aktuellen Datum automatisch gesetzt wurden.

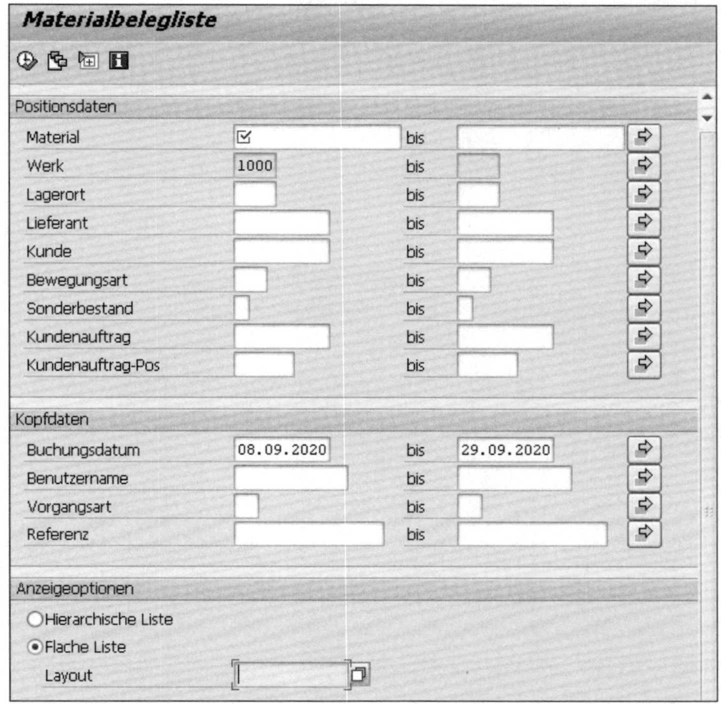

Selektionsbild des Reports »Materialbelegliste« mit automatisch ausgefülltem Buchungsdatum

» Tipp zum Tipp: Auch für Zeitfelder bietet Ihnen das SAP-System zeitspezifische Variablen an. Diese dynamische Zeitberechnung wird gerne benutzt, wenn zum Beispiel im Mehrschichtbetrieb in der Produktion oder in der Instandhaltung ein Bedarf an zeitbezogenen Auswertungen besteht.

TEIL 9

Layouts mit dem SAP List Viewer erstellen und verwalten

Das SAP-System nutzt den SAP List Viewer, um Ihnen vorgefertigte Auswertungen auf dem Bildschirm zu präsentieren. Diese Standardauswertungen sind wie Kleider von der Stange: Manchmal passen sie und manchmal eben auch nicht. Wenn nicht, bietet Ihnen das SAP-System viele Optionen, um mit wenig Aufwand aus einer Standardauswertung eine maßgenaue Auswertung zu erstellen.

Der *SAP List Viewer* hieß früher »ABAP List Viewer« und wird auch heute noch unter der Abkürzung *ALV* gehandelt. SAP bezeichnet den SAP List Viewer als »ein flexibles Werkzeug zur Listendarstellung«. Sie können die Spaltenreihenfolge, -auswahl und -breite verändern, Spalten fixieren, nach Zeilen filtern und sortieren, Zwischensummen bilden und vieles mehr.

Der Funktionsumfang des SAP List Viewers ist so mächtig, dass wir ihm gleich zwei Teile gewidmet haben. Während sich die Tipps in diesem Teil vor allem an ALV-Neulinge richten, kommen im folgenden Teil auch diejenigen Leser auf ihre Kosten, die den SAP List Viewer bereits eine Weile einsetzen.

› Tipps in diesem Teil

Tipp 69

ALV-Darstellungen kennenlernen

Den SAP List Viewer gibt es mit zwei grundsätzlichen Darstellungsformen: ALV Grid und ALV Classic. Hier erfahren Sie, welche Unterschiede es zwischen diesen Darstellungsformen gibt.

Das *ALV Grid* entspricht ungefähr einer Tabellendarstellung im Excel-Look. Diese moderne Darstellungsform bietet in der Regel mehr Funktionen und insbesondere mit der Maus mehr Möglichkeiten für eine leichtere Bearbeitung und Navigation als die folgende Darstellungsform.

Materialbelegliste

Material	Werk	LOrt	BwA	S	Materialbeleg	Pos	Buch.dat.	Menge in ErfassME	EME
AM2-310	1000	0001	231		49001492	6	17.08.1995	1-	ST
AM2-310	1000	0001	231		49001490	6	16.08.1995	1-	ST
AM2-320	1000	0001	231		49001492	7	17.08.1995	1-	ST

Transaktion MB51 (Materialbelegliste) als ALV Grid

Die zweite Darstellungsform ist die ältere *ALV-Classic-Liste*, die in der Regel weniger Funktionen als das ALV Grid bietet und oft umständlicher zu bedienen ist.

Materialbelegliste

```
Material                  Materialkurztext                          Werk Name 1
LOrt BwA S MatBeleg    Pos Buch.dat.  Menge in ErfassME EME

AM2-310                   BASIS-MOTOR 90 kW                         1000 Hamburg
0001 231   49001492      6 17.08.1995                1- ST
0001 231   49001490      6 16.08.1995                1- ST
```

Transaktion MB51 (Materialbelegliste) als ALV-Classic-Liste

Manche Anwenderinnen und Anwender empfinden jedoch eine gut programmierte ALV-Classic-Liste als angenehmer als die entsprechende Darstellung im ALV Grid.

In diesem Tipp gehen wir auf die unterschiedlichen Darstellungsformen des ALV näher ein.

› Und so geht's

In einigen Reports können Sie zwischen den Darstellungsformen ALV Grid und ALV Classic wählen. Andere Reports werden ohne Auswahlmöglichkeit nur in einer festen Darstellungsform angezeigt. Gibt es für Reports beide Darstellungsformen, können Sie in der Regel zwischen den Darstellungsformen wechseln und manchmal voreinstellen, in welcher Darstellungsform der Report gezeigt wird.

Vielleicht fragen Sie sich, warum es mit der ALV-Classic-Liste und dem ALV Grid zwei unterschiedliche ALV-Darstellungen gibt. Dies hat historische Gründe. Viele Listen gab es bereits im ALV-Classic-Format, bevor Ende der 1990er-Jahre das ALV Grid eingeführt wurde. Danach hat SAP viele Listen in diesem neuen Format bereitgestellt, und das alte Format wird zusätzlich weiterhin angeboten.

Die meisten Listen erscheinen mittlerweile im moderneren ALV Grid. Dazu gehören beispielsweise folgende Listen, die Sie auch für die Durchführung der weiteren Tipps in diesem Buchteil verwenden können.

Komponente	Transaktion
Finanzwesen	FBL5N (Posten anzeigen/ändern (Debitorenbuchhaltung))
Controlling	KSB1 (Kostenstellen Einzelposten Istkosten anzeigen)
Personalwesen	S_AHR_61016369 (Mitarbeiterliste)
Materialwirtschaft	MB51 (Materialbelegliste)
Vertrieb	VA05N (Liste Aufträge)

Transaktionen zum Aufruf von Reports mit ALV-Darstellung

All diese Listen lassen sich auch im ALV-Classic-Format darstellen. Einige sehr oft verwendete Reports wie beispielsweise MB51 (Materialbelegliste) erscheinen standardmäßig als ALV-Classic-Liste, und hier sollten Sie zumindest für sich herausfinden, ob das ALV Grid eventuell die bessere Alternative ist.

Im folgenden Ablauf sehen Sie am Beispiel der Materialbelegliste zuerst die Darstellungsform ALV-Classic-Liste und danach dieselben Daten als ALV Grid.

1. Starten Sie die Transaktion MB51 (Materialbelegliste).

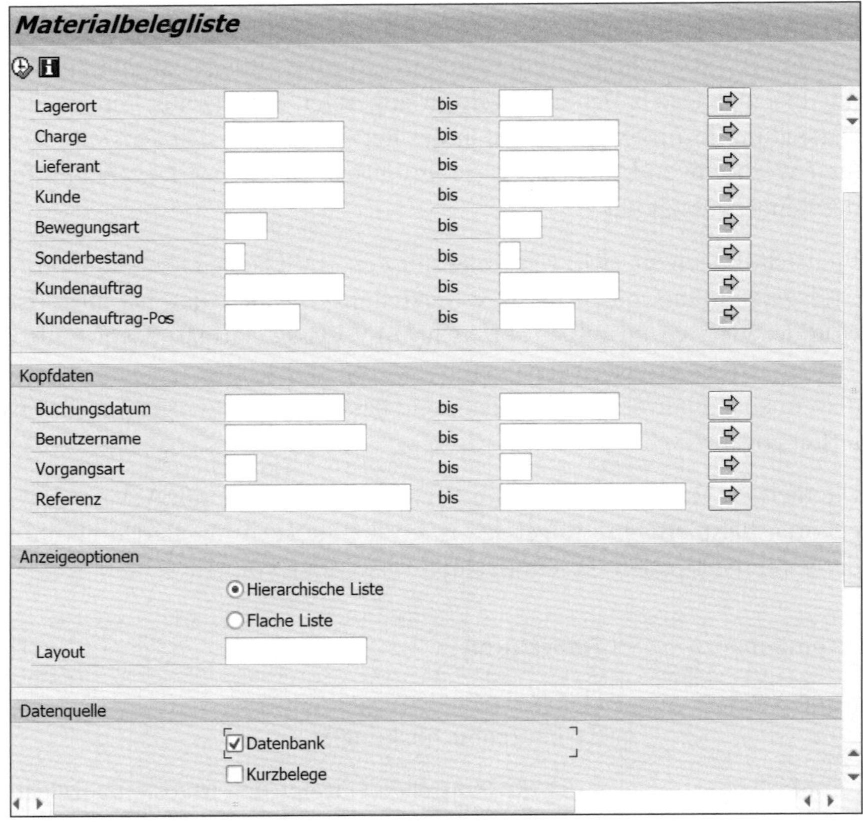

Selektionsbild der Transaktion MB51 (Materialbelegliste)

2. Wählen Sie die Anzeigeoption **Hierarchische Liste**, und klicken Sie in der Anwendungsfunktionsleiste auf das Symbol (**Ausführen**). Die Liste wird in der Darstellungsform ALV Classic angezeigt.

Materialbelegliste

```
Material          Materialkurztext                     Werk Name 1
LOrt BwA S MatBeleg    Pos Buch.dat.  Menge in ErfassME EME

AM2-310           BASIS-MOTOR 90 kW                    1000 Werk Hamburg
0001 231   49001492      6 17.08.1995              1- ST
0001 231   49001490      6 16.08.1995              1- ST

AM2-320           LÜFTER                               1000 Werk Hamburg
0001 231   49001492      7 17.08.1995              1- ST
0001 231   49001490      7 16.08.1995              1- ST
```

Liste der Transaktion MB51 (Materialbelegliste) als ALV Classic

3. Klicken Sie in der Anwendungsfunktionsleiste auf das Symbol (**Detailliste**), damit Sie die Liste im ALV Grid erhalten.

Materialbelegliste

Material	Werk	LOrt	BwA	S	Materialbele...	Pos	Buch.dat.	Menge in ErfassME	EME
AM2-310	1000	0001	231		49001492	6	17.08.1995	1-	ST
AM2-310	1000	0001	231		49001490	6	16.08.1995	1-	ST
AM2-320	1000	0001	231		49001492	7	17.08.1995	1-	ST
AM2-320	1000	0001	231		49001490	7	16.08.1995	1-	ST

Liste der Transaktion MB51 (Materialbelegliste) als ALV Grid

4. Nun befinden Sie sich in der ALV-Grid-Darstellung. Klicken Sie in der Systemfunktionsleiste auf das Symbol (**Zurück**). Damit sehen Sie die Materialbelegliste wieder in der ALV-Classic-Darstellung.

Auf den ersten Blick ist die Darstellung im ALV Classic übersichtlicher, da es hier für jedes Material einen eigenen Informationsblock gibt, der mit einem Strich abgetrennt ist. Die Schritte für den Wechsel zwischen ALV Classic und ALV Grid unterscheiden sich von Liste zu Liste:

- Im Vertrieb können Sie mit der Transaktion VA05N (Liste Aufträge) in der Listdarstellung mit dem Symbol (**Druckvorschau**) in das ALV-Classic-Format wechseln. Dieser Weg gilt auch für S_AHR_61016369 (Mitarbeiterliste).
- Wie Sie in den Transaktionen FBL5N (Posten anzeigen/ändern (Debitorenbuchhaltung)) und KSB1 (Kostenstellen Einzelposten Istkosten anzeigen) zwischen ALV Grid und ALV Classic wechseln, erfahren Sie im nächsten Tipp.

Tipp 70

In die optimale ALV-Darstellung wechseln

Wie bereits im vorherigen Tipp erwähnt, zeigt Ihnen das SAP-System manchmal standardmäßig eine klassische Liste, obwohl dieselbe Liste im moderneren und flexibleren ALV Grid darstellbar ist. An Listen aus dem Rechnungswesen sehen Sie, dass es oft nur weniger Klicks zu einem Darstellungswechsel bedarf.

Die Methoden zum Wechsel der Darstellung sind von Komponente zu Komponente und teilweise sogar von Liste zu Liste unterschiedlich. Im folgenden Ablauf sehen Sie, wie der Wechsel in den Komponenten Finanzwesen und Controlling für die oft benötigten Postenlisten erfolgt.

› Und so geht's

Fast jede Mitarbeiterin und jeder Mitarbeiter der Finanzbuchhaltung nutzt eine oder mehrere der Postenlisten aus der folgenden Tabelle.

Transaktionscode	Transaktionsbezeichnung
FBL1N	Posten anzeigen/ändern (Kreditorenbuchhaltung)
FBL3N	Posten anzeigen/ändern (altes Hauptbuch)
FBL5N	Posten anzeigen/ändern (Debitorenbuchhaltung)
FAGLL03	Posten anzeigen/ändern (neues Hauptbuch)

Transaktionen zur Postenanzeige im Finanzwesen

Oft ist die ALV-Classic-Liste voreingestellt, die in diesem Fall bereits ein gutes Design besitzt. Wie der Wechsel in die ALV-Grid-Darstellung erfolgt, sehen Sie im folgenden Ablauf.

1. Starten Sie mit einer der Transaktionen aus der vorangehenden Tabelle in das Selektionsbild einer Postenliste. Wir verwenden in unserem Beispiel die Transaktion FBL1N (Posten anzeigen/ändern (Kreditorenbuchhaltung)).

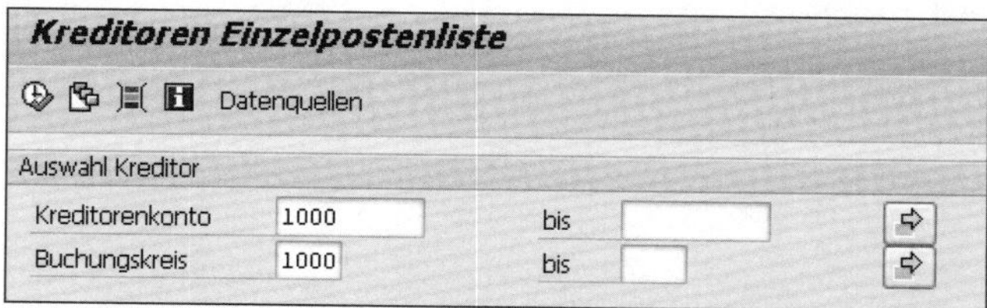

Transaktion FBL1N (Posten anzeigen/ändern (Kreditorenbuchhaltung)) mit Selektionsbild

2. Füllen Sie das Selektionsbild aus, und klicken Sie in der Anwendungsfunktionsleiste auf das Symbol (**Ausführen**).

ALV-Classic-Liste der Transaktion FBL1N (Posten anzeigen/ändern (Kreditorenbuchhaltung)) mit geöffnetem Menü »Einstellungen«

3. Wechseln Sie in der Einzelpostenliste die Darstellung mit dem Menübefehl **Einstellungen ▸ Liste umschalten**. Damit schalten Sie zwischen ALV-Grid- und ALV-Classic-Liste hin und her.

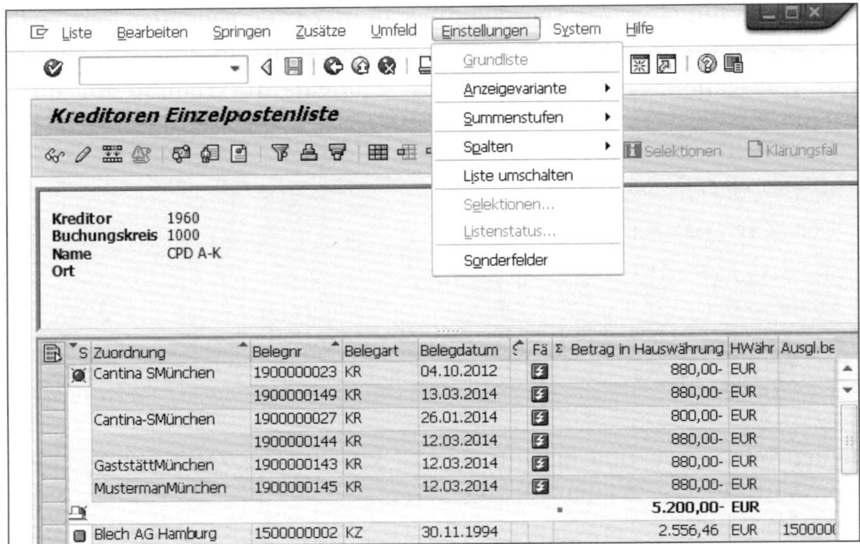

ALV-Grid-Liste der Transaktion FBL1N (Posten anzeigen/ändern (Kreditorenbuchhaltung))

Auch in der Komponente Controlling können Sie Postenlisten in beiden Darstellungsformen erzeugen. Das folgende Verfahren funktioniert unter anderem für die Transaktionen aus folgender Tabelle.

Transaktionscode	Transaktionsbezeichnung
KSB1	Kostenstellen Einzelposten Istkosten
KSB2	Kostenstellen Einzelposten Obligo
KSBP	Kostenstellen Einzelposten Plankosten
KOB1	Aufträge Einzelposten Istkosten
KOBP	Aufträge Einzelposten Plankosten

Transaktionen zur Postenanzeige im Controlling

1. Starten Sie die Transaktion KSB1 (Kostenstellen Einzelposten Istkosten anzeigen).

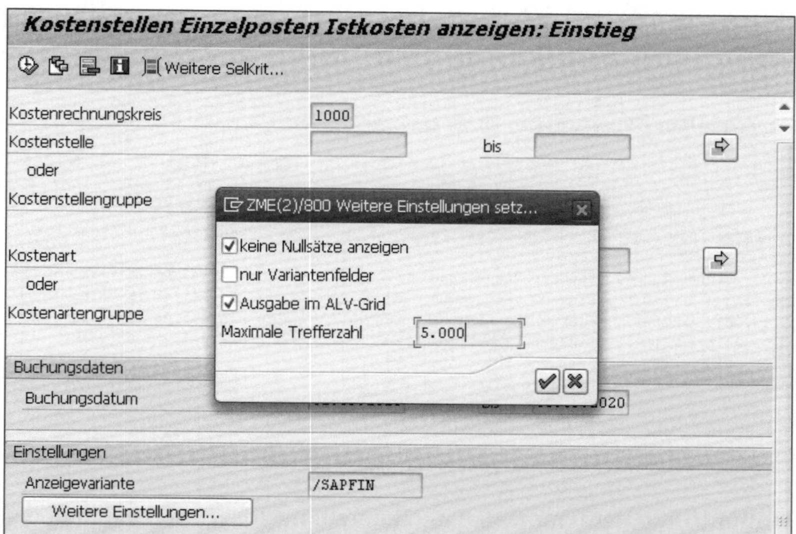

Selektionsbild der Transaktion KSB1 (Kostenstellen Einzelposten Istkosten anzeigen) mit dem Fenster »Weitere Einstellungen setzen«

2. Füllen Sie das Selektionsbild aus, und klicken Sie links unten auf die Schaltfläche **Weitere Einstellungen**.
3. Setzen Sie, wenn notwendig, im Fenster **Weitere Einstellungen setzen** das Häkchen vor dem Ankreuzfeld **Ausgabe im ALV-Grid**, und bestätigen Sie die Einstellung mit der [↵]-Taste. Ohne das entsprechende Häkchen erhalten Sie eine ALV-Classic-Liste.
4. Klicken Sie in der Anwendungsfunktionsleiste auf das Symbol (**Ausführen**).

Kostenstellen Einzelposten Istkosten anzeigen

Beleg Stammsatz

BuchDatum	Kostenart	Kostenartenbezeichn.	Belegart	Wert/BWähr	G	Gegenkonto
06.07.2014	405100	Einkauf Verpackung	KR	54.545,45	K	79291
12.07.2014		Einkauf Verpackung	KR	54.545,45	K	79365
12.07.2014		Einkauf Verpackung	KR	54.545,45	K	78365
24.07.2014		Einkauf Verpackung	KR	54.545,45	K	79262
07.07.2014	417000	Bezogene Leistungen	WE	45,00	S	191100

Postenliste der Transaktion KSB1 (Kostenstellen Einzelposten Istkosten anzeigen) als ALV Grid

5. Klicken Sie in der Anwendungsfunktionsleiste auf das Symbol (**Druckvorschau**). Damit schalten Sie die Darstellung auf ALV Classic um.

Kostenstellen Einzelposten Istkosten anzeigen

Beleg Stammsatz

BuchDatum	Kostenart	Kostenartenbezeichn.	BelArt	Wert/BWähr	G	Gegenkonto
06.07.2014	405100	Einkauf Verpackung	KR	54.545,45	K	79291
12.07.2014	405100	Einkauf Verpackung	KR	54.545,45	K	79365
12.07.2014	405100	Einkauf Verpackung	KR	54.545,45	K	78365
24.07.2014	405100	Einkauf Verpackung	KR	54.545,45	K	79262
07.07.2014	417300	Bezogene Leistungen	WE	45,00	S	191100
28.07.2014	417300	Bezogene Leistungen	WE	45,00	S	191100

Postenliste der Transaktion KSB1 (Kostenstellen Einzelposten Istkosten anzeigen) als ALV-Classic-Liste

Für bestimmte Reports können Sie die Darstellungsform voreinstellen, damit Sie nicht jedes Mal nach einem Reportaufruf von Hand in Ihre gewünschte Darstellungsform wechseln müssen. Auch hier unterscheiden sich die Methoden von Liste zu Liste:

- Für die Postenlisten im *Finanzwesen* erfolgt die Voreinstellung mit der Transaktion FB00 (Bearbeitungsoptionen Buchhaltung) im Register **Einzelposten** in der Feldgruppe **Darstellung**.
- Viele klassische Listen des *Einkaufs* stellen Sie mit der Parameter-ID ME_USE_GRID und dem Parameterwert »X« (X in Großschreibung!) auf das dort deutlich bessere ALV-Grid-Format um. Dazu gehören die Stammdatenreports zum Orderbuch, zu den Infosätzen und den Quotierungen sowie auch viele ME9-Transaktionen zur Nachrichtenausgabe. Wie Sie einen Parameter definieren, lesen Sie in Tipp 26, »Zentrale Vorschlagswerte in Benutzerparametern definieren«.
- Für einige Listen aus der Bestandsführung, beispielsweise die allseits beliebte Bestandsauswertung mit Transaktion MB52 (Lagerbestandsliste), wird die Voreinstellung im Customizing durchgeführt. Ein Tipp für Ihre*n SAP-Betreuer*in: Diese Einstellung erfolgt im Einführungsleitfaden über den Pfad **Materialwirtschaft ▸ Bestandsführung und Inventur ▸ Berichtswesen ▸ Druckfunktionen Berichtswesen einstellen** in der Spalte **Grid Control**.

Tipp 71

Vorgefertigte Layouts verwenden

Warum das Rad neu erfinden? Bevor Sie anfangen, eigene Layouts zu basteln, sehen Sie erst einmal nach, ob jemand für Ihren Report bereits ein passendes Layout erstellt hat.

In einem Layout (anderer Begriff: Anzeigevariante) sind Einstellungen wie die Sortierung, die Spaltenreihenfolge, die Spaltenauswahl und viele weitere Einstellungen gespeichert. In vielen ALV-Reports gibt es bereits fertige Layouts, die jemand für Sie erstellt hat. Dieser Jemand kann SAP selbst sein oder ein netter Mensch aus Ihrem Unternehmen, zum Beispiel ein Consultant oder ein Key-User. Je nach Report gibt es unterschiedliche Methoden, mit denen die vorgefertigten Layouts aufgerufen werden. In diesem Tipp stellen wir Ihnen diese Methoden vor.

› Und so geht's

Bevor wir Ihnen zeigen, wie Sie Layouts auswählen, sollten Sie sich mit den unterschiedlichen *Layoutarten* vertraut machen, die Sie auch in der Layoutauswahl der Transaktion FBL5N (Posten anzeigen/ändern (Debitorenbuchhaltung)) sehen.

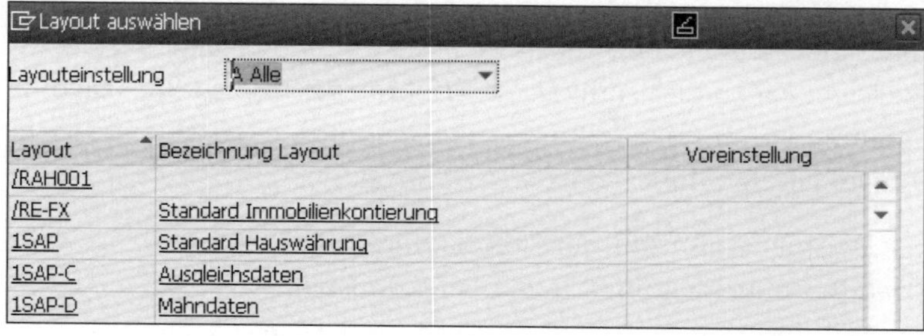

Fenster zur Layoutauswahl für die Transaktion FBL5N (Posten anzeigen/ändern (Debitorenbuchhaltung))

- *SAP-Layouts* (anderer Begriff: SAP-Default-Anzeigevarianten) sind Layouts, die von SAP selbst erstellt und mitgeliefert wurden. Davon gibt es über 1.000 Stück, sie stehen jedoch nicht in jeder SAP-Komponente zur Verfügung. Die Namen der SAP-Layouts beginnen immer mit einer Zahl, zum Beispiel »1SAP«.
- *Benutzerübergreifende Layouts* sind Layouts, die in Ihrem Unternehmen beispielsweise von einem Key-User erstellt wurden und von allen verwendet werden können. Diese Layouts beginnen immer mit dem Zeichen /, zum Beispiel »/RE-FX«.
- *Benutzerspezifische Layouts* sind Layouts, die Sie selbst erstellt haben und die nur mit Ihrem Benutzer aufgerufen werden können. Diese Layouts beginnen immer mit einem Buchstaben. Dazu kommen wir später.

Die Tabelle enthält Transaktionen, in denen SAP-Layouts verfügbar sind.

Komponente	Transaktion
Finanzwesen	FBL5N (Posten anzeigen/ändern (Debitorenbuchhaltung))
Controlling	KSB1 (Kostenstellen Einzelposten Istkosten anzeigen)
Vertrieb	VA05 (Liste Aufträge)

Transaktionen, für die SAP-Layouts zur Verfügung stehen

Je nach Transaktion steht Ihnen *in der Liste* mindestens eine der folgenden Funktionen zur Aktivierung eines bereits fertigen Layouts zur Verfügung. In allen Fällen gelangen Sie zur Auswahl in eine Liste der vorgefertigten Layouts:

- Symbol (**Layout auswählen**) in der Anwendungsfunktionsleiste
- Befehl **Einstellungen ▸ Anzeigevariante ▸ Auswählen** in der Menüleiste
- Tastenkombination Strg + F9

Darüber hinaus gibt es in vielen Reports eine Auswahlmöglichkeit *im Selektionsbild*. In welchen Fällen dies sinnvoll ist, erfahren Sie in Tipp 88, »Layouts in Reportvarianten voreinstellen«. Im Normalfall werden Sie, wie im nachfolgenden Ablauf gezeigt, die Layouts *in der Liste* aktivieren.

1. Starten Sie beispielsweise mit der Transaktion FBL5N (Posten anzeigen/ändern (Debitorenbuchhaltung)) in das Selektionsbild.

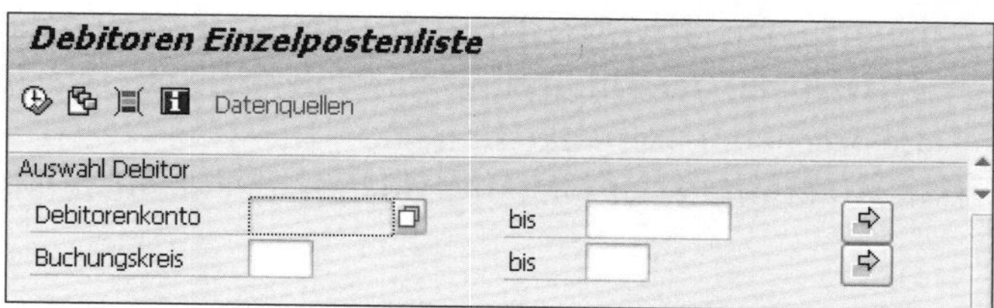

Selektionsbild der Transaktion FBL5N (Posten anzeigen/ändern (Debitorenbuchhaltung))

2. Füllen Sie das Selektionsbild aus, indem Sie beispielsweise eine Debitorennummer in das Feld **Debitorenkonto** eingeben. Bereits hier im Selektionsbild haben Sie die Möglichkeit, über das Feld **Layout** ein Layout für die folgende Liste auszuwählen. Das ist uns jedoch zu umständlich, denn dazu müssten Sie jedes Mal nach unten scrollen. Deshalb klicken Sie jetzt in der Anwendungsfunktionsleiste auf das Symbol (**Ausführen**).

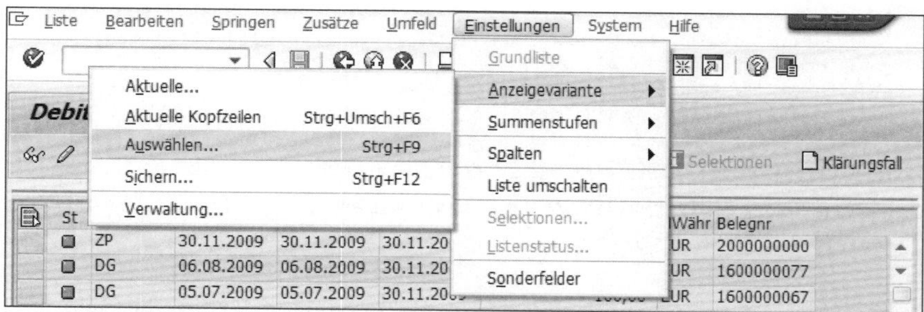

Postenliste der Transaktion FBL5N (Posten anzeigen/ändern (Debitorenbuchhaltung)) mit dem Menübefehl zur Auswahl eines anderen Layouts

3. In der Postenliste klicken Sie in der Anwendungsfunktionsleiste auf das Symbol (**Layout auswählen**). Damit erhalten Sie eine Liste der vorgefertigten Layouts zur Auswahl. In anderen Reports fehlt dieses Symbol manchmal in der Anwendungsfunktionsleiste.

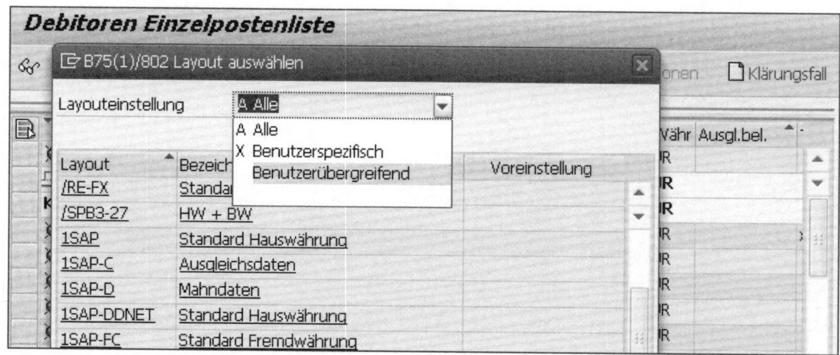

Postenliste der Transaktion FBL5N (Posten anzeigen/ändern (Debitorenbuchhaltung)) mit dem Fenster zur Auswahl eines anderen Layouts

In diesem Fall wählen Sie aus der Menüleiste den Befehl **Einstellungen ▸ Anzeigevariante ▸ Auswählen**, oder in unserer Postenliste noch einfacher: Sie drücken die entsprechende Tastenkombination [Strg] + [F9]. Diese Tastenkombination funktioniert in vielen, jedoch leider nicht in allen Listen.

4. Im Fenster **Layout auswählen** sollten Sie erst einmal dafür sorgen, dass die Layouts aller Layoutarten angezeigt werden. Öffnen Sie dazu die Liste für das Feld **Layouteinstellung**, und wählen Sie den Eintrag **Alle**.

5. Klicken Sie in die Zeile des gewünschten Layouts. Da wir in unserem Beispiel die Daten des Zahlungsausgleichs sehen möchten, wählen wir das Layout **1SAP-C Ausgleichsdaten** aus. Damit wird das Fenster **Layout auswählen** geschlossen, und das SAP-System zeigt die Liste in der neuen Darstellung.

St	Belegnr	Ausgl.bel.	Ausgleich	Fä	Nettofäll.	Verzug	Σ Betrag in BW	Währg	Text
■	1600000007	2000000000	30.11.2009		05.01.2005	1.790	100,00-	EUR	
■	1600000007	2000000000	30.11.2009		05.01.2006	1.425	100,00-	EUR	
■	1600000007	2000000000	30.11.2009		05.01.2007	1.060	100,00-	EUR	
■	1600000007	2000000000	30.11.2009		05.01.2008	695	100,00-	EUR	
■	1600000007	2000000000	30.11.2009		05.01.2009	329	100,00-	EUR	

Postenliste der Transaktion FBL5N (Posten anzeigen/ändern (Debitorenbuchhaltung)) im Layout »1SAP-C Ausgleichsdaten«

War kein passendes Layout dabei? Im nächsten Tipp lernen Sie, wie Sie ein eigenes Layout erstellen. Vorher sollten Sie jedoch mithilfe der eben vorgestellten Methode prüfen, ob es ein vorgefertigtes Layout als Ausgangsbasis gibt, das Ihren Vorstellungen einigermaßen entspricht. Wenn es ein solches Layout gibt, aktivieren Sie dieses vor Beginn Ihrer eigenen Anpassungen, damit Sie nicht alle Einstellungen von Hand vornehmen müssen.

Tipp 72

Nützliche Funktionen für ALV-Listen finden

Der SAP List Viewer kann mehr, als Sie vielleicht denken. In diesem Tipp geben wir Ihnen einen Überblick über die wichtigsten Funktionen.

In diesem Tipp erhalten Sie eine Übersicht über die vielfältigen Standardfunktionen des SAP List Viewers, die sich hinter den Symbolen in der Anwendungsfunktionsleiste verbergen.

Transaktion FBL5N (Posten anzeigen/ändern (Debitorenbuchhaltung)) mit Symbolen der Anwendungsfunktionsleiste

Und so geht's

Um diese Funktionen zu testen, können Sie eine beliebige Transaktion für einen ALV-Report verwenden. In der folgenden Tabelle finden Sie einige Beispiele.

Komponente	Transaktion
Finanzwesen	FBL5N (Posten anzeigen/ändern (Debitorenbuchhaltung))
Controlling	KSB1 (Kostenstellen Einzelposten Istkosten anzeigen)
Personalwesen	S_AHR_61016369 (Mitarbeiterliste)

Transaktionen zum Aufruf von Reports mit ALV-Darstellung

Komponente	Transaktion
Materialwirtschaft	MB51 (Materialbelegliste)
Vertrieb	VA05 (Liste Aufträge)

Transaktionen zum Aufruf von Reports mit ALV-Darstellung (Forts.)

1. Starten Sie eine der Transaktionen aus der Tabelle. Im Beispiel verwenden wir die Transaktion FBL5N (Posten anzeigen/ändern (Debitorenbuchhaltung)).

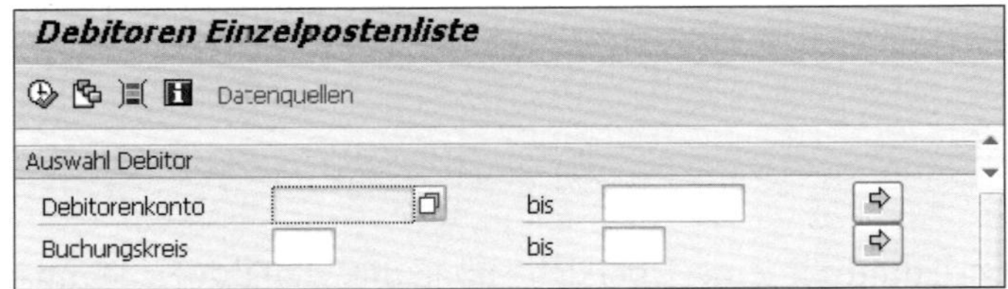

Selektionsbild der Transaktion FBL5N (Posten anzeigen/ändern (Debitorenbuchhaltung))

2. Füllen Sie das Selektionsbild aus, und klicken Sie in der Anwendungsfunktionsleiste auf das Symbol (**Ausführen**).

Postenliste der Transaktion FBL5N (Posten anzeigen/ändern (Debitorenbuchhaltung)) im ALV Grid

3. Nun können Sie die Funktionen aus der folgenden Tabelle ausprobieren, soweit diese in Ihrer Liste vorhanden sind.

Symbol	Übliche Bezeichnung	Funktion
	Details anzeigen	Zeigt die Feldinhalte der aktuellen Zeile in Form einer Karteikarte an.
	Sortieren	Sortiert die Liste gemäß der markierten Spalte auf- oder absteigend.

Symbole in der Anwendungsfunktionsleiste des SAP List Viewers

Symbol	Übliche Bezeichnung	Funktion
	Filter setzen	Öffnet ein eigenes Fenster, in dem Sie zusätzliche Selektionen durchführen können, ohne dazu in das Selektionsbild zurückzukehren (siehe Tipp 87, »Die zweite Chance: Mit Filtern nachselektieren«).
	Druckvorschau	Zeigt die Tabelle als Druckvorschau. Dies entspricht in der Regel der Darstellung als ALV-Classic-Liste.
	Textverarbeitung, Tabellenkalkulation	Überträgt die Daten auf den PC direkt in Microsoft Excel oder Word (siehe Tipp 96, »Download-Funktionen finden«). Dazu muss jedoch zuvor auf dem PC die Integration zwischen SAP und den Microsoft-Programmen konfiguriert werden.
	Lokale Datei	Überträgt die Datensätze auf den PC in eine lokale Datei (siehe Tipp 96, »Download-Funktionen finden«).
	Mail-Empfänger	Versendet die dargestellte Tabelle als E-Mail.
	Grafik	Stellt Zahlen in einer Grafik dar.
	Layout ändern	Öffnet ein eigenes Fenster, in dem Sie viele Layoutänderungen durchführen können wie beispielsweise Sortierungen und die Spaltenanordnung (siehe Tipp 74, »Spalten kombinieren (ALV Grid)«).
	Aktuelle Anzeigevariante	Dieses Symbol hat dieselbe Funktion wie das Symbol (**Layout ändern**, siehe Tipp 74, »Spalten kombinieren (ALV Grid)«).

Symbole in der Anwendungsfunktionsleiste des SAP List Viewers (Forts.)

Symbol	Übliche Bezeichnung	Funktion
	Layout auswählen	Aktiviert gespeicherte Darstellungen für das Layout (siehe Tipp 71, »Vorgefertigte Layouts verwenden«).
	Layout sichern	Speichert Einstellungen wie Sortierung und Spaltenauswahl als Layout, das später aktiviert werden kann (siehe Tipp 76, »Schatzsuche im ALV: Verborgene Spalten sichtbar machen«).
	Listenstatus	Informiert über die Funktionen des SAP List Viewers oder über die Anzahl der Datensätze und deren Sortierung.
	Werte summieren, Zwischensummen	Zeigt Summen und Zwischensummen in zusätzlichen Summenzeilen (siehe Tipp 83, »Schnelle Berechnungen erstellen«).
	Beleg anzeigen, ändern	Zeigt die Beleginformationen im Bildschirmformular.

Symbole in der Anwendungsfunktionsleiste des SAP List Viewers (Forts.)

Die Symbole und deren Bezeichnungen, die im SAP List Viewer in den unterschiedlichen Listen zur Verfügung stehen, sind weitgehend gleich. Jedoch verfügen nicht alle Listen über den vollen Funktionsumfang des SAP List Viewers. Andererseits gibt es in der Anwendungsfunktionsleiste für einige Listen spezielle Funktionen, die über den normalen Umfang des SAP List Viewers hinausgehen.

Beachten Sie darüber hinaus auch die Funktionen, die Ihnen in den Kontextmenüs und in den Menüs der Menüleiste angeboten werden. Hier finden Sie manchmal zusätzliche Funktionen wie beispielsweise zum Fixieren von Spalten.

Auch wenn Ihnen viele Funktionen aus der Tabelle wahrscheinlich bereits bekannt sind, werden Sie in den folgenden Tipps spannende Anwendungsmöglichkeiten für einige Funktionen kennenlernen.

Tipp 73

Markierungen in ALV-Listen durchführen

Bevor Sie beispielsweise schnelle Sortierungen in der ALV-Liste durchführen, sollten Sie wissen, wie Sie die Sortierspalte markieren. Auch um Listeninhalte zum Beispiel nach Excel zu kopieren, benötigen Sie die Kenntnisse, wie Sie diese hierfür markieren.

Nicht nur zwischen ALV -Grid- und ALV-Classic-Liste gibt es unterschiedliche Möglichkeiten für die Markierung von Inhalten, auch zwischen den einzelnen Listen gibt es einige Unterschiede. So steht Ihnen in einigen Listen wie beispielsweise den Listen der Transaktionen MB51 (Materialbelegliste) oder MM60 (Materialverzeichnis) kein Markierungsknopf zur Markierung mehrerer Zeilen zur Verfügung.

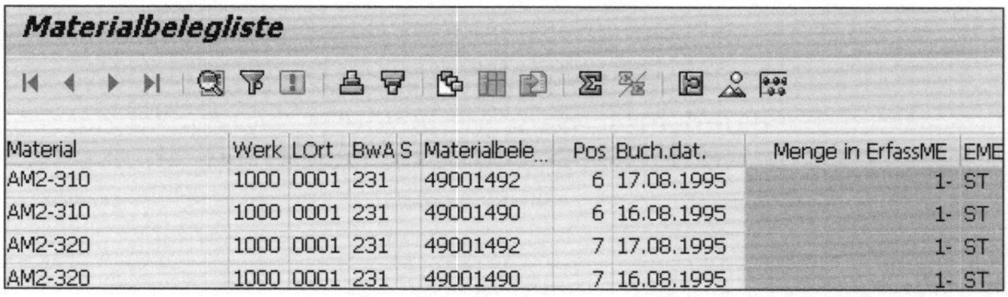

Materialbelegliste

Material	Werk	LOrt	BwA	S	Materialbele...	Pos	Buch.dat.	Menge in ErfassME	EME
AM2-310	1000	0001	231		49001492	6	17.08.1995	1-	ST
AM2-310	1000	0001	231		49001490	6	16.08.1995	1-	ST
AM2-320	1000	0001	231		49001492	7	17.08.1995	1-	ST
AM2-320	1000	0001	231		49001490	7	16.08.1995	1-	ST

Transaktion MB51 (Materialbelegliste) im ALV Grid ohne Markierungsknöpfe für Zeilen

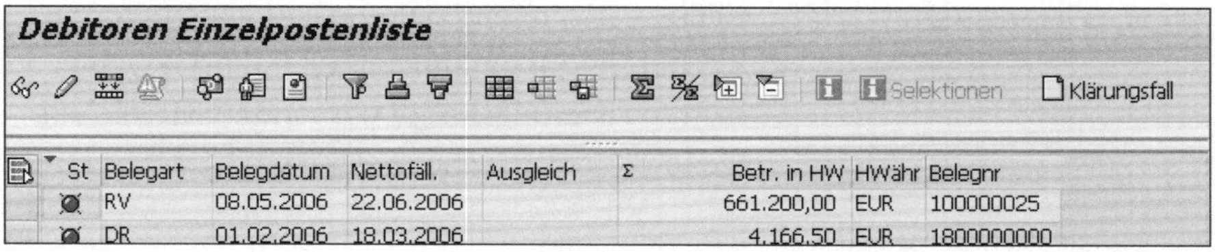

Debitoren Einzelpostenliste

Selektionen Klärungsfall

St	Belegart	Belegdatum	Nettofäll.	Ausgleich	Σ	Betr. in HW	HWähr	Belegnr
	RV	08.05.2006	22.06.2006			661.200,00	EUR	100000025
	DR	01.02.2006	18.03.2006			4.166,50	EUR	1800000000

Postenliste der Transaktion FBL5N (Posten anzeigen/ändern (Debitorenbuchhaltung)) im ALV Grid mit Markierungsknöpfen für Zeilen

In diesem Tipp lernen Sie die unterschiedlichen Möglichkeiten für die Markierung in ALV-Listen kennen.

› Und so geht's

Starten Sie in eine Liste mit ALV-Grid-Darstellung, um die verschiedenen Funktionen zur Markierung testen zu können. Sie können dazu eine der Transaktionen aus der Tabelle aus Tipp 72, »Nützliche Funktionen für ALV-Listen finden«, verwenden. Im Beispiel verwenden wir die Transaktion FBL5N (Posten anzeigen/ändern (Debitorenbuchhaltung)).

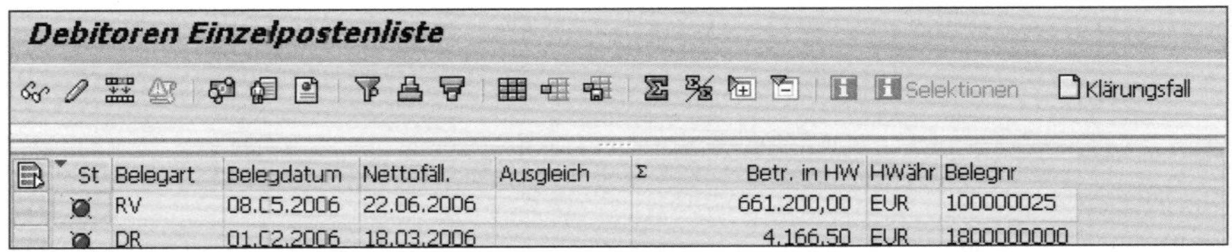

Postenliste der Transaktion FBL5N (Posten anzeigen/ändern (Debitorenbuchhaltung)) im ALV Grid

In der folgenden Tabelle finden Sie einen Überblick über die Methoden zur Markierung von Listeninhalten und weitere Funktionen.

Aktion	Methode
Einzelnes Feld markieren	Klicken Sie in das gewünschte Feld. Wenn Sie den Zelleninhalt mit Strg + C kopieren möchten, müssen Sie vorher eventuell zusätzlich die Tastenkombination Strg + Y drücken.
Eine Spalte markieren	Klicken Sie auf den Spaltennamen (Spaltenüberschrift).
Eine Zeile markieren	Klicken Sie auf das Ankreuzfeld bzw. den Markierungsknopf am linken Zeilenrand. Wenn kein Markierungsknopf vorhanden ist, klicken Sie in die entsprechende Zeile.

Methode zur Markierung von Listeninhalten

Aktion	Methode
Mehrere aufeinanderfolgende Zeilen/Spalten markieren	Halten Sie die [⇧]-Taste gedrückt, und klicken Sie zunächst auf die erste und anschließend auf die letzte Zeile/Spalte des Bereichs, den Sie markieren möchten. Dies funktioniert nur bei Zeilen mit Markierungsknopf.
Mehrere einzelne Zeilen/ Spalten markieren	Markieren Sie zunächst eine Zeile/Spalte. Drücken Sie anschließend die [Strg]-Taste, und halten Sie diese gedrückt, während Sie weitere Zeilen/Spalten markieren. Dies funktioniert nur bei Zeilen mit dem Markierungsknopf.
Komplette Tabelle markieren	Klicken Sie auf das Symbol (**Alle markieren**) in der oberen linken Tabellenecke. Wenn dieses Symbol nicht vorhanden ist, wählen Sie über die Menüleiste den Befehl **Bearbeiten ▸ Alle markieren** aus.

Methode zur Markierung von Listeninhalten (Forts.)

Markierungen eignen sich beispielsweise gut, um die Sortierung innerhalb einer Liste zu verändern. Probieren Sie es aus: Markieren Sie zum Beispiel eine Spalte, und klicken Sie nacheinander auf die Symbole (**Sortieren aufsteigend**) und (**Sortieren absteigend**).

Tipp 74
Spalten kombinieren (ALV Grid)

Die vorgefertigten Layouts passen nicht? Die Liste enthält überflüssige Spalten, oder es fehlen wichtige Informationen? Kein Problem! In diesem Tipp lesen Sie, wie Sie Spalten hinzufügen und entfernen.

Eine der größten Stärken der ALV-Listen liegt darin, dass Sie Spalten frei hinzufügen und anordnen können. So enthalten Ihre Auswertungen genau die Informationen, die Sie benötigen. Da sich die Vorgehensweisen zwischen ALV-Grid- und ALV-Classic-Liste stark unterscheiden, stellen wir sie Ihnen jeweils in einem eigenen Tipp vor. Den Anfang macht das ALV Grid.

› Und so geht's

Als Beispiel verwenden wir die Transaktion MB51 (Materialbelegliste). Dort blenden wir die Spalte **Werk** aus sowie die Spalten **Materialkurztext** und **Benutzername** ein. In den folgenden zwei Abbildungen sehen Sie die Liste vor und nach der Änderung.

Material	Werk	LOrt	BwA	S	Materialbele...	Pos	Buch.dat.	Menge in ErfassME	EME
AM2-710	1000	0001	101		50008037	1	19.02.1999	10	ST
AM2-710	1000	0001	231		49001492	15	17.08.1995	1-	ST
AM2-710	1000	0001	231		49001490	15	16.08.1995	1-	ST

Transaktion MB51 (Materialbelegliste) im ALV Grid mit Standardlayout

Material	Materialkurztext	LOrt	BwA	S	Materialbele...	Pos	Buch.dat.	Menge	EME	Benutzername
AM2-710	INSTRUMENTENTAFEL-BASIS	0001	101		50008037	1	19.02.1999	10	ST	SHIRAZI
AM2-710	INSTRUMENTENTAFEL-BASIS	0001	231		49001492	15	17.08.1995	1-	ST	HEINZ
AM2-710	INSTRUMENTENTAFEL-BASIS	0001	231		49001490	15	16.08.1995	1-	ST	WEIS
AM2-720-K	LÜFTERDÜSE-KLIMA	0001	101		50008038	1	19.02.1999	242	ST	SHIRAZI

Transaktion MB51 (Materialbelegliste) im ALV Grid mit geändertem Layout

1. Starten Sie in eine Liste mit ALV-Grid-Darstellung. Sie können dazu eine der Transaktionen aus der Tabelle aus Tipp 72, »Nützliche Funktionen für ALV-Listen finden«, verwenden.

Materialbelegliste

Material	Werk	LOrt	BwA	S	Materialbele...	Pos	Buch.dat.	Menge in ErfassME	EME
AM2-710	1000	0001	101		50008037	1	19.02.1999	10	ST
AM2-710	1000	0001	231		49001492	15	17.08.1995	1-	ST
AM2-710	1000	0001	231		49001490	15	16.08.1995	1-	ST
AM2-720-K	1000	0001	101		50008038	1	19.02.1999	242	ST

Transaktion MB51 (Materialbelegliste) im Standardlayout

2. Klicken Sie in der Anwendungsfunktionsleiste auf das Symbol (**Aktuelle Anzeigevariante**) oder auf das Symbol (**Layout ändern**). In beiden Fällen gelangen Sie in das Fenster **Layout ändern**.

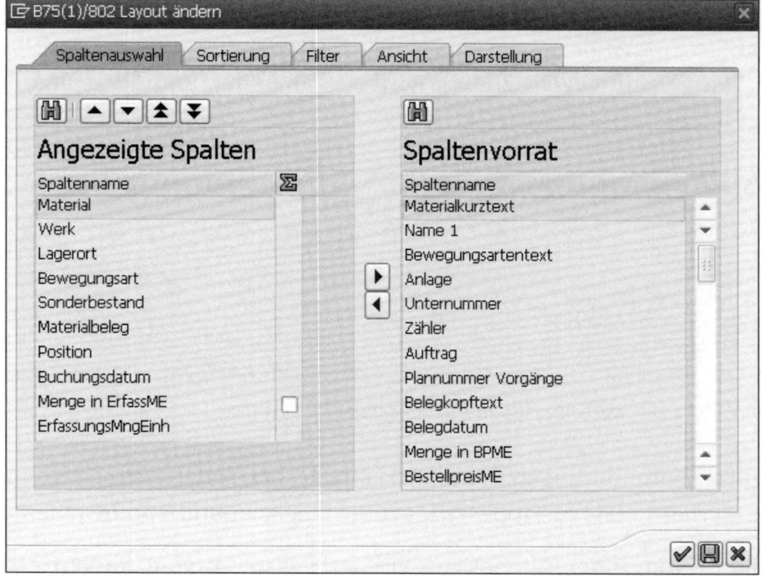

Fenster »Layout ändern« in der Transaktion MB51 (Materialbelegliste)

3. Im Fenster **Layout ändern** finden Sie fünf verschiedene Register. Zum Ein- und Ausblenden der Spalten benötigen Sie das erste Register **Spaltenauswahl**.

   - Die Spalten, die momentan in der Liste eingeblendet sind, sehen Sie im linken Fensterteil **Angezeigte Spalten**.
   - Der rechte Fensterteil, der mit **Spaltenvorrat** betitelt ist, zeigt die ausgeblendeten Spalten. Und das sind manchmal ganz schön viele! Um die gewünschten Felder in der umfangreichen Liste schneller zu finden, gibt es hier eine Suchfunktion. Hilfreich kann auch eine alphabetische Sor-

tierung sein, die Sie mit einem Einfachklick auf die Überschrift **Spaltenname** durchführen.

4. Um eine Spalte auszublenden, markieren Sie im linken Fensterteil **Angezeigte Spalten** deren Namen und klicken auf das Symbol ▶. Der Spaltenname wandert dann nach rechts in den Fensterteil **Spaltenvorrat**.
5. Um eine Spalte einzublenden, markieren Sie im rechten Fensterteil **Spaltenvorrat** deren Namen und klicken auf das Symbol ◀. Den Spaltennamen finden Sie danach im linken Fensterteil **Angezeigte Spalten**.
6. Die Spaltenreihenfolge verändern Sie im linken Fensterteil **Angezeigte Spalten**. Dort klicken Sie auf den Spaltennamen und verschieben ihn mit einem Klick auf ▲ oder ▼ gemäß der gewünschten Reihenfolge.

Aktivieren Sie Ihre Änderungen mit einem Klick auf das Symbol ✔ (**Übernehmen**). Das Fenster **Layout ändern** wird ausgeblendet, und die neuen Einstellungen werden sofort angezeigt.

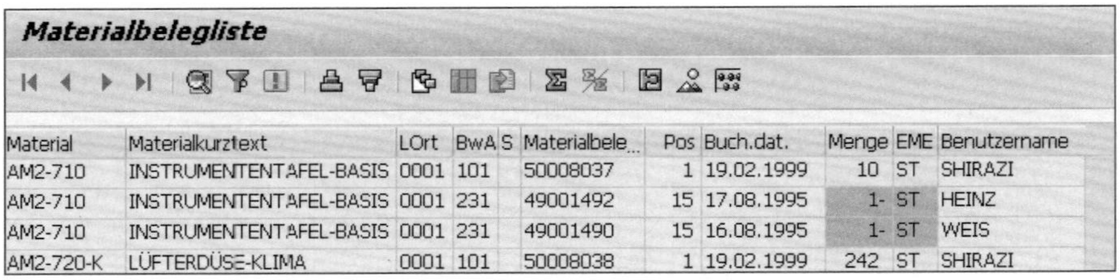

Materialbelegliste

Material	Materialkurztext	LOrt	BwA	S	Materialbele...	Pos	Buch.dat.	Menge	EME	Benutzername
AM2-710	INSTRUMENTENTAFEL-BASIS	0001	101		50008037	1	19.02.1999	10	ST	SHIRAZI
AM2-710	INSTRUMENTENTAFEL-BASIS	0001	231		49001492	15	17.08.1995	1-	ST	HEINZ
AM2-710	INSTRUMENTENTAFEL-BASIS	0001	231		49001490	15	16.08.1995	1-	ST	WEIS
AM2-720-K	LÜFTERDÜSE-KLIMA	0001	101		50008038	1	19.02.1999	242	ST	SHIRAZI

Transaktion MB51 (Materialbelegliste) mit dem geänderten Layout

Wie Sie diese Veränderungen speichern, um sie bei Bedarf schnell abrufen zu können, erfahren Sie in Tipp 77, »Layout speichern und voreinstellen«.

Für kleine Veränderungen benötigen Sie das Fenster **Layout ändern** nicht. Die Aktionen aus der folgenden Tabelle können Sie auch direkt in der Liste durchführen.

Aktion	Methode
Spalte(n) verschieben	Markieren Sie eine oder mehrere Spalten, und ziehen Sie diese anschließend mit gedrückter linker Maustaste nach links oder nach rechts an die gewünschte Stelle (nur im ALV Grid möglich).

Funktionen im SAP List Viewer

Aktion	Methode
Spaltenbreite verändern	Ziehen Sie den Trennstrich zwischen zwei Spaltenüberschriften nach links oder nach rechts (nur im ALV Grid möglich).
Spaltenbreite optimieren	Klicken Sie doppelt auf den Trennstrich zwischen zwei Spaltenüberschriften (nur im ALV Grid möglich).
Spalte ausblenden	Klicken Sie mit der rechten Maustaste auf die Spaltenüberschrift der Spalte, die Sie ausblenden möchten. Daraufhin öffnet sich das Kontextmenü mit dem Menübefehl **Ausblenden**. Nach Auswahl dieses Befehls verschwindet die markierte Spalte sofort.
Wechsel zu Detailinformationen zu einem Feld bzw. einer Zeile	Klicken Sie doppelt auf einen Feldwert (im ALV Grid und im ALV Classic möglich, funktioniert jedoch nicht mit allen Feldern bzw. in allen Listen).

Funktionen im SAP List Viewer (Forts.)

Tipp 75

Spalten kombinieren (ALV Classic)

Für ALV-Grid-Listen haben Sie bereits im letzten Tipp erfahren, wie Sie überflüssige Spalten ausblenden und zusätzliche Spalten einblenden. Hier erlernen Sie die abweichende Methode für ALV-Classic-Listen.

Auch in ALV-Classic-Listen haben Sie verschiedene Möglichkeiten, Spalten mit den gewünschten Informationen ein- und überflüssige Informationen auszublenden. Mehr dazu in diesem Tipp!

› Und so geht's

Für diesen Tipp verwenden wir die Transaktion SP02 als Beispiel, auf die alle Anwenderinnen und Anwender Zugriff haben sollten. Sie zeigt Ihre eigenen Spool-Aufträge, aus denen Ausgabeaufträge wie beispielsweise Ausdrucke erstellt werden. Weitere Informationen zu dieser Transaktion finden Sie in Tipp 95, »Spool-Aufträge zur schnellen Recherche nutzen«.

Vergleichen Sie in den folgenden Abbildungen, was wir im nachfolgenden Ablauf ändern:

- Ausblenden der Spalte **Spool-Nr.**
- Verschieben der Spalte **Titel** an den linken Rand
- Vergrößern der Spaltenbreite für die Spalte **Titel**
- Einblenden der Spalte **Empfänger**, die Sie im Zusammenhang mit Tipp 104, »Periodische Reports automatisch per E-Mail versenden«, nutzen, wenn Sie Reports an einzelne Personen weiterleiten

Spool-Nr.	Ty	Datum	Zeit	Status	Seiten	Titel
31937		15.08.2014	23:08	wartet	136	LIST1S LOCL AQZZ/SAPQMAS
29755		14.08.2014	23:38	wartet	2	LIST1S BERA RK_SE16N_MAS
25243		12.08.2014	23:05	wartet	2	LIST1S BERA AQZZ/SAPQMAS
25227		12.08.2014	22:57	wartet	2	LIST1S ATHF AQZZ/SAPQMAS

Transaktion SP02 (Anzeigen von Spool-Aufträgen) im Standardlayout

Titel	Datum	Zeit	Status	Seiten	Empfänger
LIST1S LOCL AQZZ/SAPQMAS	15.08.2014	23:08	wartet	136	MASTER
LIST1S BERA RK_SE16N_MAS	14.08.2014	23:38	wartet	2	SPEO-00
LIST1S BERA AQZZ/SAPQMAS	12.08.2014	23:05	wartet	2	MASTER
LIST1S ATHF AQZZ/SAPQMAS	12.08.2014	22:57	wartet	2	MASTER

Transaktion SP02 (Anzeigen von Spool-Aufträgen) im geänderten Layout

1. Starten Sie in eine beliebige Liste mit ALV-Classic-Darstellung. Sie dürfen gerne wie in unserem Beispiel die Transaktion SP02 (Anzeigen von Spool-Aufträgen) verwenden. Dabei wird Ihnen diesmal kein Selektionsbild, sondern sofort die Liste angezeigt.

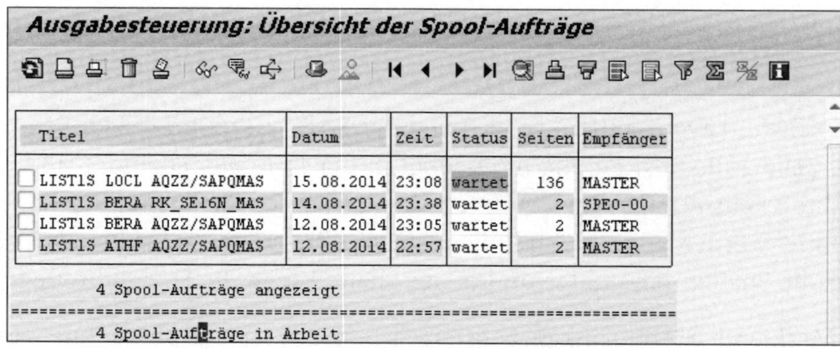

Ausgabesteuerung: Übersicht der Spool-Aufträge

Titel	Datum	Zeit	Status	Seiten	Empfänger
LIST1S LOCL AQZZ/SAPQMAS	15.08.2014	23:08	wartet	136	MASTER
LIST1S BERA RK_SE16N_MAS	14.08.2014	23:38	wartet	2	SPEO-00
LIST1S BERA AQZZ/SAPQMAS	12.08.2014	23:05	wartet	2	MASTER
LIST1S ATHF AQZZ/SAPQMAS	12.08.2014	22:57	wartet	2	MASTER

4 Spool-Aufträge angezeigt

4 Spool-Aufträge in Arbeit

Transaktion SP02 (Anzeigen von Spool-Aufträgen) im Standardlayout

2. Da es in der Anwendungsfunktionsleiste dieser Transaktion keines der Symbole (**Layout ändern**) oder (**Aktuelle Anzeigevariante**) gibt, wählen Sie über die Menüleiste den Befehl **Einstellungen ▸ Anzeigevariante ▸ Aktuelle**.

Fenster »Layout ändern« in der Transaktion SP02 (Anzeigen von Spool-Aufträgen) vor den Änderungen

3. Im Fenster **Layout ändern** zeigt Ihnen das SAP-System im linken Fensterteil **Zeile 1** die Spalten, die momentan in der Liste eingeblendet sind. Im rechten Fensterteil **ausgeblendete Felder** sehen Sie die Spalten, die eingeblendet werden können. Im linken Fensterteil verändern Sie in der Spalte **Pos** die Spaltenreihenfolge und in der Spalte **Länge** die Spaltenbreite.

   - Markieren Sie im linken Fensterteil den Eintrag **Spool-Nummer**, und klicken Sie zum Ausblenden auf das Symbol ▶. Der Spaltenname wandert dann nach rechts in den Fensterteil **ausgeblendete Felder**.
   - Markieren Sie im rechten Fensterteil den Eintrag **Empfänger**, und klicken Sie zum Einblenden auf das Symbol ◀. Der Spaltenname wandert nach links in den Fensterteil **Zeile 1**.
   - Vergrößern Sie die Spaltenbreite für die Spalte **Titel oder Spool-Auftragsnummer** auf 26 Zeichen, indem Sie diesen Wert in die Spalte **Länge** eintragen.
   - Verschieben Sie die Spalte **Titel oder Spool-Auftragsnummer** für die Darstellung an den linken Rand, indem Sie für diese Zeile »1« in die Spalte **Pos** eintragen. Die anderen Nummern werden nicht automatisch angepasst, was jedoch in unserem Fall keine Rolle spielt.

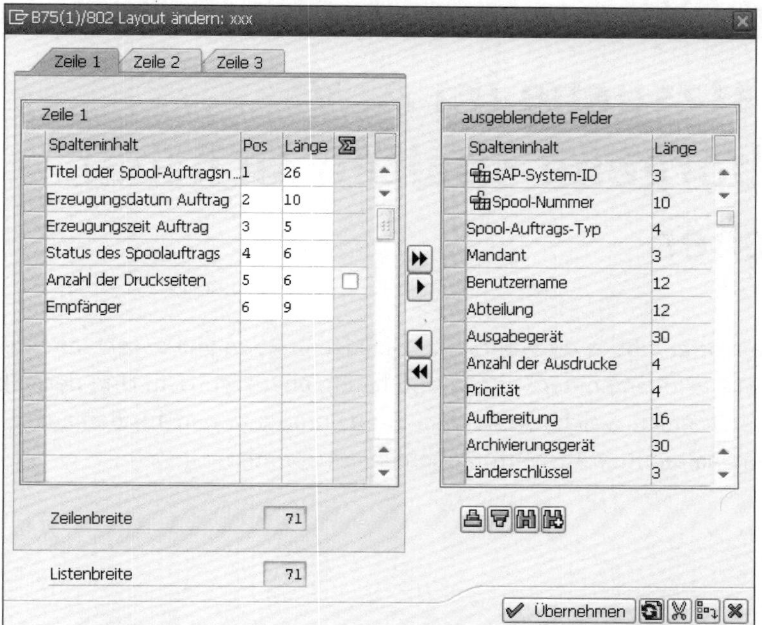

Fenster »Layout ändern« in der Transaktion SP02 (Anzeigen von Spool-Aufträgen) nach den Änderungen

4. Klicken Sie auf das Symbol (**Auffrischen**), damit die Reihenfolge der Spalten im linken Fensterteil **Zeile 1** neu sortiert wird.
5. Wenn Sie auf die Schaltfläche **Übernehmen** klicken, wird das Fenster **Layout ändern** ausgeblendet, und die angepasste Darstellung wird angezeigt.

Ausgabesteuerung: Übersicht der Spool-Aufträge

Titel	Datum	Zeit	Status	Seiten	Empfänger
LIST1S LOCL AQZZ/SAPQMAS	15.08.2014	23:08	wartet	136	MASTER
LIST1S BERA RK_SE16N_MAS	14.08.2014	23:38	wartet	2	SPEO-00
LIST1S BERA AQZZ/SAPQMAS	12.08.2014	23:05	wartet	2	MASTER
LIST1S ATHF AQZZ/SAPQMAS	12.08.2014	22:57	wartet	2	MASTER

Transaktion SP02 (Anzeigen von Spool-Aufträgen) im geänderten Layout

Möchten Sie das geänderte Layout speichern? Den Weg hierzu finden Sie in Tipp 77, »Layout speichern und voreinstellen«. Wenn Sie in die ursprüngliche Darstellung zurückwechseln möchten, wählen Sie über die Menüleiste den entsprechenden Befehl **Einstellungen ▸ Grundliste**.

Tipp 76

Schatzsuche im ALV: Verborgene Spalten sichtbar machen

Im Spaltenvorrat gibt es oft verborgene Schätze in Form von ausgeblendeten Spalten. Die Feldnamen der Spalten sind häufig eher kryptisch. Und deshalb wissen Sie oft nicht, welche wertvollen Zusatzinformationen aus den ausgeblendeten Spalten Ihre Auswertung bereichern könnten.

Anstatt lange herumzurätseln, welche Inhalte sich wohl hinter den Feldnamen verbergen könnten, blenden Sie zur Schatzsuche einfach alle Spalten ein, und analysieren Sie deren Inhalte.

› Und so geht's

1. Öffnen Sie eine Liste mit ALV-Grid-Darstellung. Sie können dazu eine der Transaktionen aus der Tabelle in Tipp 72, »Nützliche Funktionen für ALV-Listen finden«, verwenden. Wir nutzen in diesem Ablauf die Transaktion MB51 (Materialbelegliste).

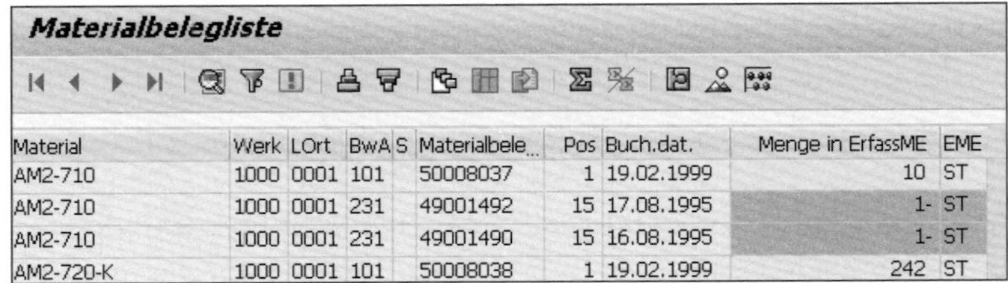

Materialbelegliste

Material	Werk	LOrt	BwA	S	Materialbele...	Pos	Buch.dat.	Menge in ErfassME	EME
AM2-710	1000	0001	101		50008037	1	19.02.1999	10	ST
AM2-710	1000	0001	231		49001492	15	17.08.1995	1-	ST
AM2-710	1000	0001	231		49001490	15	16.08.1995	1-	ST
AM2-720-K	1000	0001	101		50008038	1	19.02.1999	242	ST

Transaktion MB51 (Materialbelegliste) im Standardlayout

2. Klicken Sie in der Anwendungsfunktionsleiste auf das Symbol (**Aktuelle Anzeigevariante**) oder auf das Symbol (**Layout ändern**). In beiden Fällen gelangen Sie in das Fenster **Layout ändern**.

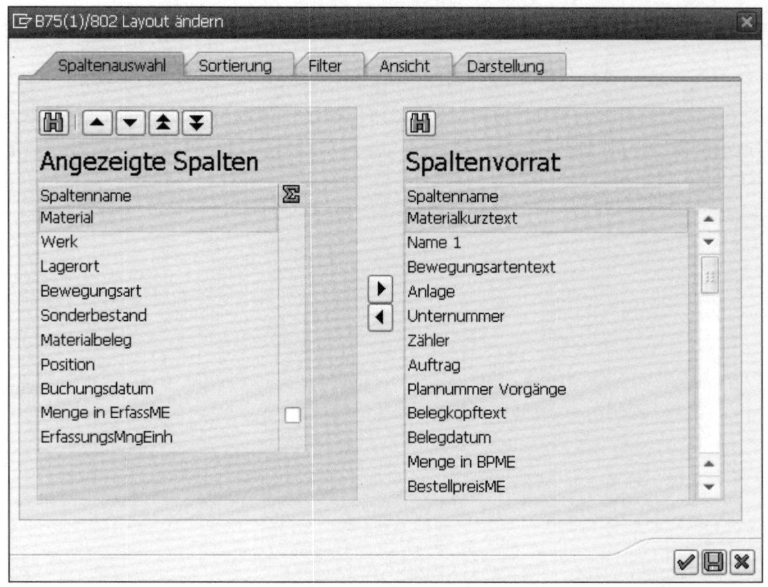

Fenster »Layout ändern« in der Transaktion MB51 (Materialbelegliste)

3. Im Fenster **Layout ändern** klicken Sie auf ein beliebiges Feld im Spaltenvorrat.

4. In ALV-Grid-Listen markieren Sie mit [Strg] + [A] auf einen Schlag alle Spalten. In der ALV-Classic-Liste funktioniert dieser Shortcut eventuell nicht. Dort haben Sie eine zweite Chance: Setzen Sie einen Rechtsklick in den Spaltenvorrat, und hier wird Ihnen dann oft ein Menübefehl **Alle Felder einblenden** angeboten. Klappt nicht? Dann müssen Sie eben alle Felder von Hand markieren.

5. Mit Klick auf das Symbol übernehmen Sie alle Spalten in den linken Fensterteil **Angezeigte Spalten**.

6. Bestätigen Sie mit einem Klick auf das Symbol (**Übernehmen**).

7. In der Liste werden nun alle Spalten angezeigt. Scrollen Sie ganz entspannt nach rechts durch die Spalten, und entscheiden Sie anhand der Spalteninhalte, welche Spalten für Sie nützlich sind. Notieren Sie sich diese.

8. Definieren Sie – wie in Tipp 74, »Spalten kombinieren (ALV Grid)«, und Tipp 75, »Spalten kombinieren (ALV Classic)«, beschrieben – die für Sie optimale Spaltenkombination, und speichern Sie diese gemäß der Anleitung in Tipp 77, »Layout speichern und voreinstellen«.

» Tipp zum Tipp: Wurden sehr viele Spalten eingeblendet, Sie benötigen aber nur bestimmte Spalten? Verlassen Sie die Liste, ohne das Layout zu speichern, und öffnen Sie sie erneut, damit Sie auf dem ursprünglichen Zustand neu aufbauen können.

Tipp 77

Layout speichern und voreinstellen

Sie können sich viel Zeit sparen, wenn Sie Ihre Layoutänderungen in den ALV-Listen abspeichern, um sie jederzeit wieder aufrufen zu können. In diesem Tipp erfahren Sie, wie's geht.

Sobald Sie Layouteinstellungen geändert haben und die Liste verlassen, vergisst das SAP-System Ihre schönen Einstellungen. Sie wollen natürlich nicht jedes Mal, wenn Sie die Liste aufrufen, wieder von vorne beginnen. Im Folgenden erfahren Sie daher, wie Sie Ihre Layouteinstellungen speichern können. Standardmäßig speichert das SAP-System alle Einstellungen, also auch Filter, Summen und Zwischensummen oder Spaltenfixierungen.

› Und so geht's

Auch für das Speichern gibt es je nach Report verschiedene Wege. Die folgende Tabelle gibt Ihnen einen Überblick über die unterschiedlichen Möglichkeiten.

Funktion	Beispielstransaktionen
Symbol (**Layout sichern** oder **Sichern als**)	FBL5N (Posten anzeigen/ändern (Debitorenbuchhaltung)) KSB1 (Kostenstellen Einzelposten Istkosten anzeigen)
Symbol (**Aktuelle Anzeigevariante**), danach Sichern im Fenster **Layout ändern**	MB51 (Materialbelegliste) im ALV Grid
Menübefehl **Einstellungen ▸ Anzeigevariante ▸ Sichern** aus der Menüleiste, wenn es kein Symbol gibt	MB51 (Materialbelegliste) im ALV Classic VA05 (Liste Aufträge) im ALV Grid

Funktionen zum Speichern eines Layouts

Im Folgenden zeigen wir Ihnen an einem Beispiel, worauf Sie beim Speichern achten sollten:

1. Starten Sie in eine beliebige ALV-Liste. In diesem Beispiel verwenden wir die Transaktion MB51 (Materialbelegliste).

Materialbelegliste

Material	Werk	LOrt	BwA	S	Materialbeleg	Pos	Buch.dat.	Menge in ErfassME	EME
AM2-100	1000	0001	251		49006867	1	11.12.1997	1-	ST
AM2-100	1000	0001	251		49006620	1	16.09.1997	0	ST

Transaktion MB51 (Materialbelegliste) mit Listbild im ALV Grid

2. Ändern Sie das Layout. In unserem Beispiel sind wir dazu mit dem Symbol (**Detailliste**) in das ALV Grid gewechselt.

3. Wählen Sie die Methode zum Speichern, die Ihnen im aktuellen Report gemäß der letzten Tabelle angeboten wird. In unserem Beispiel klicken Sie in der ALV-Grid-Darstellung in der Anwendungsfunktionsleiste auf das Symbol (**Aktuelle Anzeigevariante**).

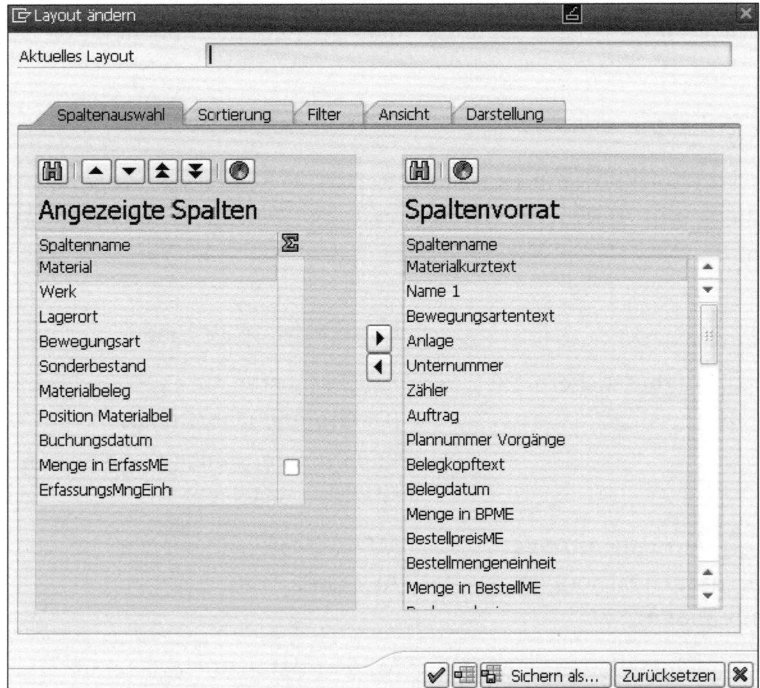

Transaktion MB51 (Materialbelegliste) mit dem Fenster »Layout ändern«

4. Im Fenster **Layout ändern** klicken Sie je nach Liste unten rechts auf das Symbol (**Sichern**) oder das Symbol (**Sichern als**).

Transaktion MB51 (Materialbelegliste) mit dem Fenster »Layout ändern« im Hintergrund und dem Fenster »Layout sichern« im Vordergrund

5. Im Fenster **Layout sichern** legen Sie Folgendes fest:
   - Geben Sie einen Kurznamen im Feld **Layout sichern** an. Der Kurzname für ein benutzerspezifisches Layout muss mit einem Buchstaben (A bis Z) beginnen.
   - Geben Sie einen Langnamen im Feld **Bezeichnung** an.
   - Markieren Sie das Feld **Benutzerspezifisch**, da das Layout speziell von Ihnen genutzt wird. Im Anschluss an diese Anleitung erfahren Sie, wie Sie das Layout auch für Kolleginnen und Kollegen freigeben können.
   - Markieren Sie das Feld **Voreinstellung**, wenn dieses Layout standardmäßig sofort nach der Ausführung des Reports verwendet werden soll.
6. Drücken Sie im Fenster **Layout sichern** die ↵-Taste. Damit ist die Sicherung abgeschlossen.

» Tipp zum Tipp: Möchten Sie ein benutzerübergreifendes Layout speichern, das auch Ihre Kolleginnen und Kollegen nutzen können? In diesem Fall benötigen Sie eine spezielle Berechtigung, die meist Key-Usern oder Benutzerbetreuer*innen vorbehalten ist. Wenn Sie die nötige Berechtigung haben, müssen Sie beim Speichern darauf achten, dass Sie im Feld **Layout sichern** als erstes Zeichen einen Schrägstrich / eingeben, gefolgt von dem eigentlichen Kurznamen. Außerdem dürfen Sie in dem Fall kein Häkchen im Feld **Benutzerspezifisch** setzen. Informieren Sie sich dabei vorab über die üblichen Namenskonventionen, damit es nachher keinen bunten Salat von Layoutnamen gibt. Achten Sie auch bei benutzerspezifischen Layouts auf aussagekräftige Layoutnamen und -bezeichnungen, insbesondere dann, wenn Sie viele Layouts im selben Report nutzen.

» Und noch ein Tipp zum Tipp: Die Speicherung eigener Layouts in den Reports der Komponente Vertrieb ist nur möglich, wenn es hierfür eine Parameter-ID SD_VARIANT_MAINTAIN mit einem der Werte »A« oder »U« gibt. Wie Sie einen Parameter definieren, erfahren Sie in Tipp 26, »Zentrale Vorschlagswerte in Benutzerparametern definieren«.

Tipp 78
Layout nachträglich ändern

Sicherlich werden Sie Ihre bereits erstellten Layouts immer wieder optimieren und neu speichern. In diesem Tipp erfahren Sie, wie Sie Änderungen an bereits gespeicherten Layouts speichern und was Sie dabei beachten sollten.

Manchmal ist es notwendig, Layouts zu ändern, weil beispielsweise eine Spalte hinzugefügt oder die Sortierung geändert werden soll. Der Ablauf hierzu ähnelt dem, wenn Sie in Microsoft Word eine Textdatei aufrufen, diese ändern und unter dem gleichen Dateinamen wieder speichern.

Achten Sie darauf, dass Sie als Endanwender*in Änderungen nur für Ihre selbst erstellten Layouts speichern. Diese werden auch als benutzerspezifische Layouts bezeichnet. Nur Key-User bzw. Anwendungsbetreuer*innen sollten benutzerübergreifende Layouts ändern dürfen. Diese erkennen Sie daran, dass der Layoutname mit einem Schrägstrich / beginnt. In der Regel haben Sie als Endanwender*in keine Berechtigungen, benutzerübergreifende Layouts abzuspeichern.

› Und so geht's

Gehen Sie folgendermaßen vor, um ein Layout nachträglich anzupassen:

1. Starten Sie eine Transaktion, und rufen Sie eine ALV-Liste auf. Diese kann sowohl eine ALV-Grid- wie auch eine ALV-Classic-Darstellung sein. In unserem Beispiel verwenden wir die Transaktion MB51 (Materialbelegliste) im ALV Grid.
2. In der ALV-Liste aktivieren Sie das zu ändernde benutzerspezifische Layout, wie in Tipp 71, »Vorgefertigte Layouts verwenden«, beschrieben.

3. Nehmen Sie in dem Layout die gewünschten Änderungen vor.

Menüleiste mit dem Befehl »Einstellungen« ▸ »Anzeigevariante« ▸ »Sichern…«

4. Wählen Sie die Methode zum Speichern, die Ihnen im aktuellen Report angeboten wird. Eine Übersicht über die Methoden finden Sie in Tipp 77, »Layout speichern und voreinstellen«. In unserem Beispiel wählen Sie in der Menüleiste den Befehl **Einstellungen ▸ Anzeigevariante ▸ Sichern…** aus. Das Fenster **Sichern als** erscheint.

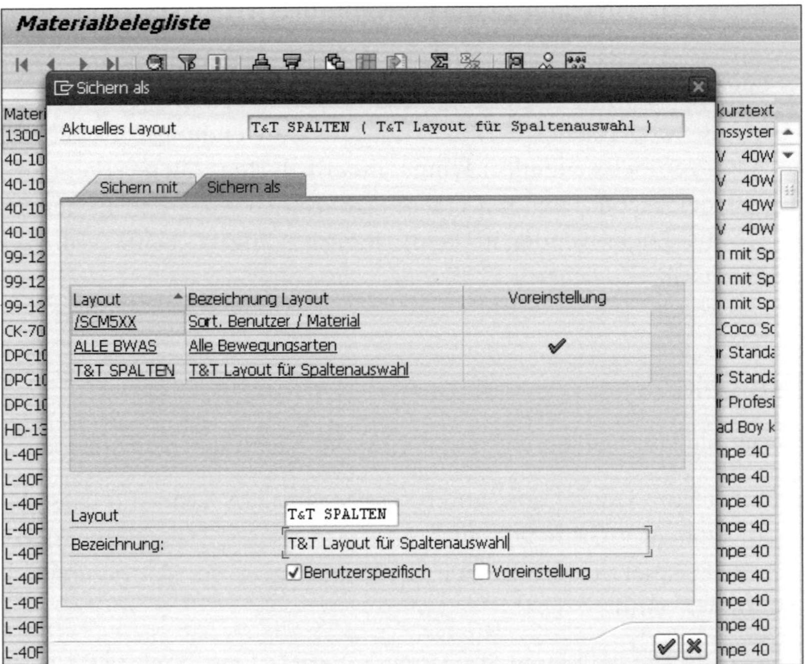

Fenster »Sichern als«

5. Belassen Sie im Fenster **Sichern als** den bestehenden Layoutnamen, und drücken Sie hier nur die [↵]-Taste. Daraufhin öffnet sich ein Pop-up-Fenster mit einer Sicherheitsabfrage.

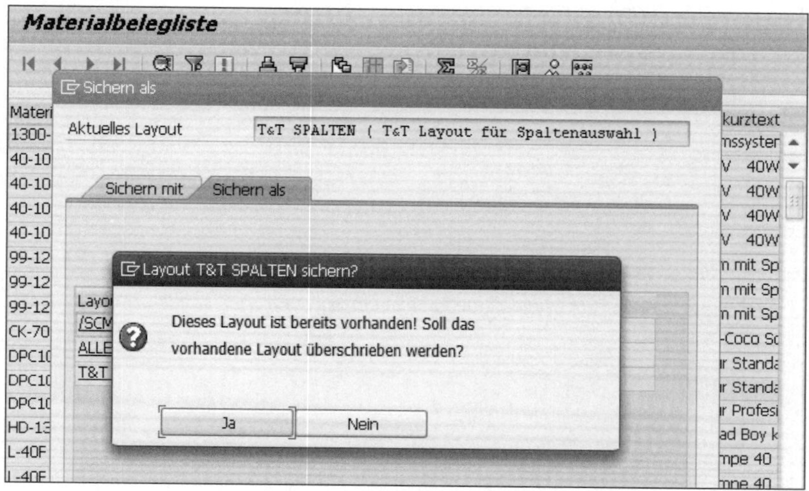

Pop-up-Fenster zur Bestätigung der Speicherung

6. Das SAP-System fragt, ob das bestehende Layout überschrieben werden soll. Klicken Sie auf die Schaltfläche **Ja**. Damit sind die Änderungen gespeichert.

Leider gibt es keine Methode, um einen Layout*namen* (Feld **Layout sichern** im Fenster **Layout sichern**, siehe Tipp 77, »Layout speichern und voreinstellen«) nachträglich zu ändern. Jedoch haben wir dazu für Sie einen kleinen Workaround: Speichern Sie das Layout einfach unter dem neuen Namen, und löschen Sie danach das Layout mit dem alten Namen. Wie Sie vorgehen müssen, um ein Layout zu löschen, erfahren Sie in Tipp 80, »Layout löschen«. Die Layout*bezeichnung* (Feld **Bezeichnung**) ändern Sie, indem Sie das Layout einfach erneut speichern und im Fenster **Sichern als** die neue Bezeichnung eintippen.

» Tipp zum Tipp: Wenn Sie viele Layoutbezeichnungen gleichzeitig ändern möchten, haben Sie als Key-User vielleicht die Berechtigung, diese mit der Transaktion SE16H (Allgemeine Tabellenanzeige) direkt in der Tabelle LTDXT (Texte zu Anzeigevarianten) zu ändern.

Listbild der Transaktion SE16H (Allgemeine Tabellenanzeige) für die Tabelle LTDXT

Tipp 79

Layoutvoreinstellung wechseln

Sie haben unterschiedliche Layouts erstellt? In diesem Tipp erfahren Sie, wie Sie das am häufigsten benötigte Layout voreinstellen, sodass Ihre Liste sofort nach der Ausführung in Ihrem gewünschten Layout erscheint.

In Tipp 77, »Layout speichern und voreinstellen«, haben Sie erfahren, dass Sie beim Speichern eines *benutzerspezifischen Layouts* das Feld **Voreinstellung** ankreuzen können, damit das Layout standardmäßig verwendet wird. Diese Methode hilft Ihnen jedoch nicht, wenn Sie ein *benutzerübergreifendes Layout* als Voreinstellung verwenden möchten. Denn Sie haben als Endanwender*in in der Regel keine Berechtigung, benutzerübergreifende Layouts zu speichern, es sei denn, Sie speichern dieses benutzerspezifisch unter einem anderen Namen. Deshalb stellen wir Ihnen im folgenden Ablauf das offizielle Verfahren vor, wie Sie ein beliebiges Layout voreinstellen.

› Und so geht's

Mithilfe der folgenden Schritte können Sie beliebige Layouts als Voreinstellung verwenden:

1. Starten Sie eine ALV-Liste. Diese kann sowohl eine ALV-Grid- wie auch eine ALV-Classic-Darstellung haben. In unserem Beispiel verwenden wir die Transaktion MB51 (Materialbelegliste).

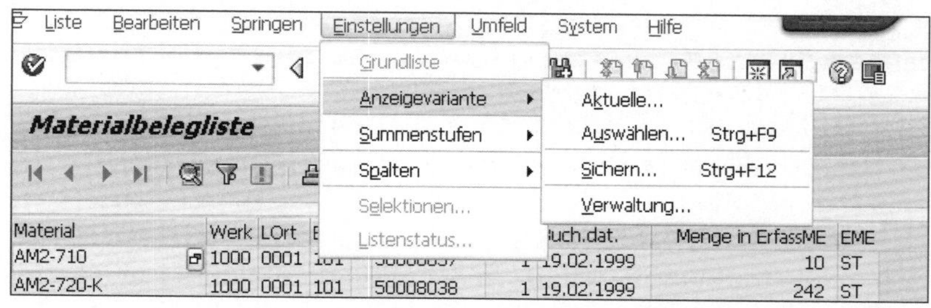

Transaktion MB51 (Materialbelegliste) mit dem Menübefehl »Einstellungen« ▸ »Anzeigevariante« ▸ »Verwaltung«

2. In der ALV-Liste wählen Sie aus der Menüleiste den Befehl **Einstellungen ▸ Anzeigevariante ▸ Verwaltung...** aus. In einigen Listen verwenden Sie einen abweichenden, aber ähnlichen Befehlsnamen wie beispielsweise **Einstellungen ▸ Layout ▸ Verwaltung der Layouts**. In allen Fällen erscheint das Fenster **Layout: Verwaltung**.

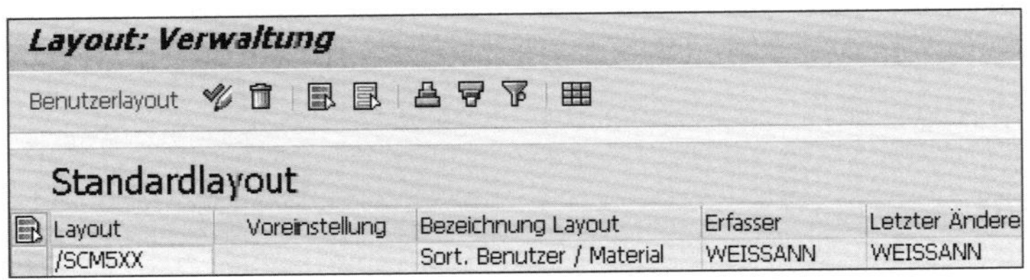

Fenster »Layout: Verwaltung« mit einem benutzerübergreifenden Standardlayout

3. Im Fenster **Layout: Verwaltung** werden eventuell zuerst nur benutzerübergreifende Layouts aufgelistet. Möchten Sie hier eine Voreinstellung festlegen, klicken Sie in der Zeile des gewünschten Layouts in das grün gefärbte Feld **Voreinstellung**. Daraufhin erscheint ein Häkchen. Klicken Sie erneut auf das Feld, das jetzt ein Häkchen enthält, wird die Einstellung wieder deaktiviert. Wie bei einem Lichtschalter: an – aus – an – aus ...

4. Wenn Sie stattdessen ein benutzerspezifisches Layout als Standard auswählen möchten, klicken Sie in der Anwendungsfunktionsleiste auf die Schaltfläche **Benutzerlayout**. Nun werden nur Ihre benutzerspezifischen Layouts aufgelistet. Auch hier können Sie eine Voreinstellung festlegen, indem Sie in der Zeile des gewünschten Layouts in das grün gefärbte Feld **Voreinstellung** klicken.

Layout: Verwaltung

Standardlayout

Benutzerlayout

Layout	Voreinstellung	Bezeichnung Layout	Erfasser	Letzter Ändere
T&T SPALTEN		T&T Layout für Spaltenauswahl	MASTER	
T&T SUMMEN		SE16N geändert	MASTER	
T&T ZWSUM		T&T Zwischensummen 1	MASTER	MASTER
T&T ZWSUM-1		T&T Zwischensummen-nur Selektion	MASTER	
W-AUSGÄNGE	✔	Warenausgänge	MASTER	MASTER
W-EINGÄNGE		Wareneingänge	MASTER	

Fenster »Layout: Verwaltung« mit Benutzerlayouts mit einer Voreinstellung für das Layout »W-AUSGÄNGE«

5. Speichern Sie Ihre Voreinstellung in der Systemfunktionsleiste mit einem Klick auf das Symbol 💾 (**Sichern**).

6. Abschließend können Sie das Fenster **Layout: Verwaltung** verlassen. Klicken Sie hierzu auf das Symbol (**Zurück**).

Das war's auch schon. Beim nächsten Aufruf der ALV-Liste wird das von Ihnen ausgewählte Layout automatisch verwendet.

Sie haben ein Standardlayout voreingestellt, und das SAP-System ignoriert Ihre Einstellung? Dies kann folgenden Grund haben: Sie haben sowohl in der Ansicht **Benutzerlayout** wie auch in der Ansicht **Standardlayout** eine Voreinstellung ausgewählt, also eine »doppelte Voreinstellung«. Selektieren Sie gemäß Tipp 71, »Vorgefertigte Layouts verwenden«, den Befehl zum Layoutwechsel, gibt es zwei Voreinstellungen (siehe folgende Abbildung). In diesem Fall entscheidet sich das SAP-System für das voreingestellte Benutzerlayout und ignoriert das voreingestellte Standardlayout. Beseitigen Sie die Voreinstellung für das Benutzerlayout wie beschrieben, wenn Sie ein Standardlayout voreingestellt haben möchten.

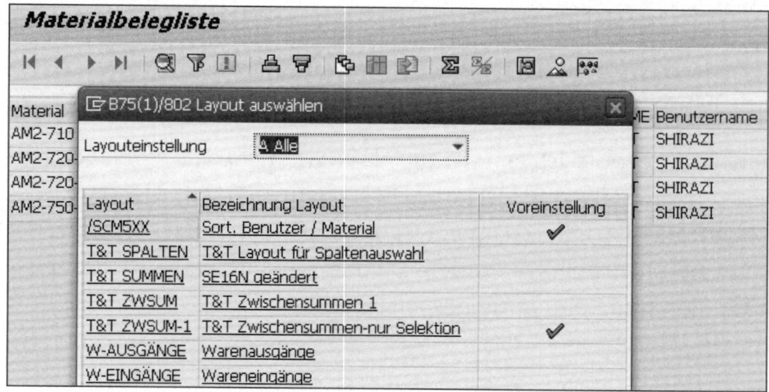

Transaktion MB51 (Materialbelegliste) nach Wahl des Menübefehls »Einstellungen« ▸ »Anzeigevariante« ▸ »Auswählen« mit zwei voreingestellten Layouts

» Tipp zum Tipp: Die Methode funktioniert nicht, und das SAP-System ignoriert Ihre Voreinstellung? Fies! Dann ist wahrscheinlich im Selektionsbild in einem Feld mit einer der Bezeichnungen **Layout**, **Anzeigevariante** oder **SAP List Viewer** ein Layout voreingestellt. Und diese Voreinstellung schlägt Ihre eben gemachte Einstellung, genauso wie beim Schafkopf der Ober den Unter sticht. In diesem Fall hilft Ihnen Tipp 88, »Layouts in Reportvarianten voreinstellen«, weiter.

Tipp 80

Layout löschen

Sie sollten benutzerspezifische Layouts löschen, sobald Sie ein Layout nicht mehr benötigen, damit die Auflistung der Layouts übersichtlich bleibt. Von einem übersichtlichen Auswahlfenster profitieren Sie insbesondere beim schnellen Wechsel in ein anderes Layout.

Ihre Layoutauswahl wächst und wächst, und Sie müssen dreimal hinsehen, bevor Sie das passende Layout finden? In diesem Fall lohnt ein kleiner Hausputz: Löschen Sie nicht benötigte Layouts, und erhöhen Sie die Übersichtlichkeit Ihrer Layoutauswahl.

Beim Löschen von Layouts ist es wichtig, dass Sie nicht aus Versehen ein benutzerübergreifendes Layout löschen. Dies bleibt den Key-Usern vorbehalten und kann leicht passieren, denn es gibt in dem Ablauf eine kleine Falle: Auch bei benutzerübergreifenden Layouts gibt es keine Sicherheitsfrage, bevor die Löschung endgültig gespeichert wird.

› Und so geht's

In nur wenigen Schritten entfernen Sie nicht benötigte Layouts:

1. Starten Sie eine ALV-Liste, in der Sie bereits ein benutzerspezifisches Layout erstellt haben. Dies kann sowohl eine ALV-Grid- wie auch eine ALV-Classic-Darstellung sein. In unserem Beispiel verwenden wir die Transaktion MB51 (Materialbelegliste).

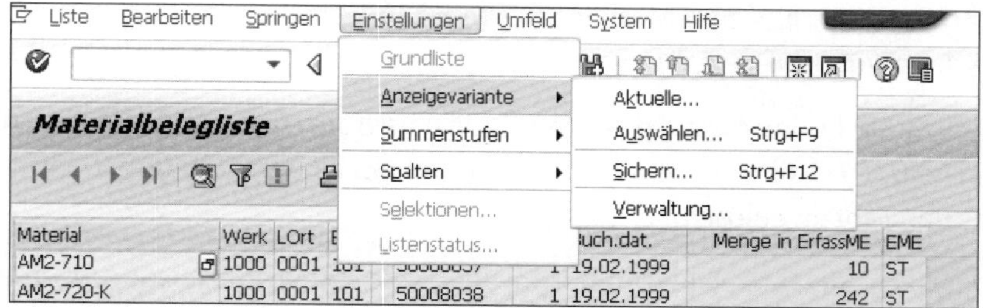

Transaktion MB51 (Materialbelegliste) mit dem Menübefehl »Einstellungen« ▸ »Anzeigevariante« ▸ »Verwaltung«

2. In der ALV-Liste wählen Sie aus der Menüleiste den Befehl **Einstellungen ▸ Anzeigevariante ▸ Verwaltung** aus. In einigen Listen gibt es einen abweichenden, aber ähnlichen Befehlsnamen wie beispielsweise **Einstellungen ▸ Layout ▸ Verwaltung der Layouts**. In allen Fällen erscheint das Fenster **Layout: Verwaltung**.

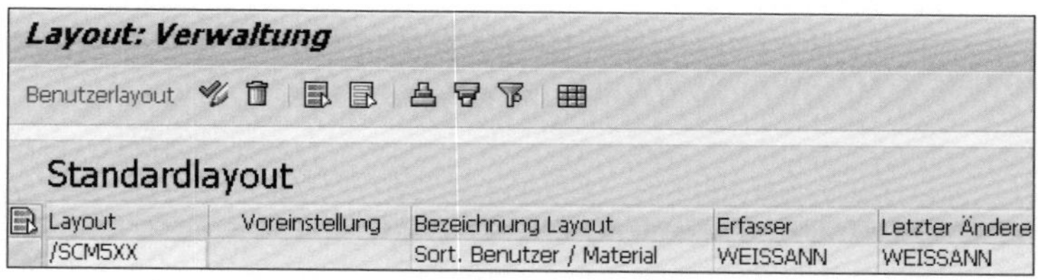

Fenster »Layout: Verwaltung« mit einem Standardlayout

3. Achtung, Falle: Im Fenster **Layout: Verwaltung** werden zuerst eventuell nur *benutzerübergreifende Layouts* aufgelistet. Klicken Sie in diesem Fall in der Anwendungsfunktionsleiste auf die Schaltfläche **Benutzerlayout**. Nun werden nur Ihre *benutzerspezifischen Layouts* aufgelistet.

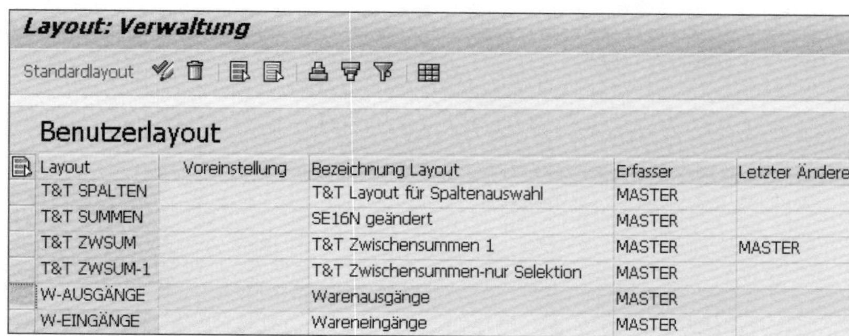

Fenster »Layout: Verwaltung« mit Benutzerlayouts

4. Markieren Sie mit dem Markierungsknopf links außen das Layout, das Sie löschen wollen.
5. Klicken Sie in der Anwendungsfunktionsleiste auf das Symbol (**Layout löschen**). Daraufhin wird die entsprechende Zeile ohne weitere Rückfrage aus der Tabelle gelöscht.
6. Speichern Sie Ihre Änderungen in der Systemfunktionsleiste mit einem Klick auf das Symbol (**Sichern**).
7. Das war's auch schon, das Layout ist gelöscht. Sie können das Fenster **Layout: Verwaltung** verlassen. Klicken Sie hierzu auf das Symbol (**Zurück**).

TEIL 10

Layouts optimieren

Bereits in Teil 9, »Layouts mit dem SAP List Viewer erstellen und verwalten«, haben Sie einige interessante Funktionen des SAP List Viewers kennengelernt. Falls Sie den SAP List Viewer ohnehin schon einsetzen oder die vorangegangenen Tipps Ihr Interesse geweckt haben, ist dieser Teil nun wie für Sie gemacht. Lesen Sie unter anderem, wie Sie schnelle Berechnungen durchführen, mehrstufige Zwischensummen erstellen und die Darstellung optimieren.

› Tipps in diesem Teil

Tipp 81
Spalten am linken Rand fixieren

Viele Listen passen in ihrer Breite nicht komplett auf den Bildschirm, sodass Sie ständig nach rechts und links scrollen müssen.

In breiten Listen ist es sehr hilfreich, die Spalten mit den wichtigsten Informationen am linken Rand zu fixieren. Das sind beispielsweise bei einer Mitarbeiterliste die Personalnummer und der Name oder bei einer Materialliste die Materialnummer und deren Bezeichnung. Beim horizontalen Scrollen bleiben die fixierten Spalten stehen. Durch die Fixierung werden sie gewissermaßen auf dem Bildschirm »festgenagelt«.

› Und so geht's

Mit den Transaktionen aus der folgenden Tabelle erhalten Sie breite Listen, die in der Regel nicht komplett auf den Bildschirm passen.

Komponente	Transaktion
Finanzwesen	Einzelpostenlisten, zum Beispiel FBL1N (Posten anzeigen/ändern (Kreditorenbuchhaltung))
Controlling	KS13 (Stammdatenbericht)
Personalwesen	S_AHR_61016362 (Flexible Mitarbeiterdaten) bei Auswahl entsprechend vieler Spalten
Materialwirtschaft	MB52 (Lagerbestandsliste) MM60 (Materialverzeichnis)
Vertrieb	VA05N (Liste Aufträge (neu))

Transaktionen zum Aufruf von breiten Listen

In unserem Beispiel verwenden wir die Transaktion MM60 (Materialverzeichnis). In dieser Liste hat SAP bereits die Spalte **Materialnummer** standardmäßig fixiert. Da wir nicht zu jeder Materialnummer das entsprechende Material kennen, möchten wir zusätzlich die Spalte für den **Materialkurztext** fixieren.

1. Starten Sie eine der Transaktionen aus der Tabelle.
2. Nehmen Sie eine Selektion vor, und bestätigen Sie im Einstiegsbild die Selektion mit dem Symbol (**Ausführen**). Das SAP-System zeigt das Ergebnis im Fenster **Materialverzeichnis**.

Materialverzeichnis

Material	Werk	BewertArt	Materialkurztext	Ltz. Änd	MArt	Warengrp	BME	EKG	ABC	DMk	BewKl	PrsStrg	
AM2-300	1000		MOTOR	27.02.2002	HALB		ST			PD	7900	S	
AM2-301	1000		MOTOR	27.11.1996	FERT		ST			PD	7920	S	1
AM2-310	1000		BASIS-MOTOR 90 kW	10.02.2003	HALB	001	ST	007		PD	7900	S	1
AM2-311	1000		BASIS-MOTOR 112 kW	16.02.1999	HALB	001	ST	001		PD	7900	S	2

Listbild der Transaktion MM60 (Materialverzeichnis)

3. Scrollen Sie im Fenster **Materialverzeichnis** nach rechts und wieder nach links. Beim Scrollen bleiben die ersten beiden Spalten **Material** und **Werk** stehen, denn sie sind bereits standardmäßig fixiert.
4. Um die Fixierung aufzuheben, klicken Sie mit der rechten Maustaste auf eine beliebige Spaltenüberschrift. Es erscheint ein Kontextmenü mit dem Menübefehl **Fixierung aufheben**. Dieser Befehl erscheint nur dann im Kontextmenü, wenn es bereits fixierte Spalten gibt. Wählen Sie nun diesen Befehl aus.

Materialverzeichnis

Material	Werk	BewertArt	Materialkurztext	Ltz. Änd	MArt	Warengrp	BME	EKG	ABC
AM2-100	1000			10.02.2003	HALB	001	ST	007	
AM2-200	1000			27.11.2006	ROH	004	KG	007	
AM2-205	1000			28.02.1997	ROH	004	KG	001	
AM2-210	1000		EIß	28.02.1997	ROH	004	KG	007	
AM2-220	1000		T	27.11.1996	ROH	004	KG	007	
AM2-230	1000		RZ	27.11.1996	ROH	004	KG	007	
AM2-240	1000		GRÜN	27.11.1996	ROH	004	KG	007	
AM2-250	1000		LBER	27.11.1996	ROH	004	KG	007	
AM2-260	1000		AU	27.11.1996	ROH	004	KG	007	
AM2-270	1000		HWARZ	27.11.1996	ROH	004	KG	007	
AM2-300	1000			27.02.2002	HALB		ST		
AM2-301	1000			27.11.1996	FERT		ST		
AM2-310	1000		W	10.02.2003	HALB	001	ST	007	
AM2-311	1000		kW	16.02.1999	HALB	001	ST	001	
AM2-320	1000			27.11.2006	HALB	001	ST	007	
AM2-330-N	1000		LICHTMASCHINE NORMAL	27.11.2006	HALB	001	ST	007	

Text kopieren
Ausblenden
Einblenden...
Optimale Breite
Fixieren bis Spalte
Fixierung aufheben
Aufsteigend sortieren
Absteigend sortieren
Suchen...
Weiter suchen
Filter setzen...
Summe
Tabellenkalkulation...

Transaktion MM60 (Materialverzeichnis) mit geöffnetem Kontextmenü für einen Spaltennamen

5. Scrollen Sie nochmals nach rechts und wieder nach links. Beim Scrollen nach rechts verschwinden die linken Spalten, da sie nicht mehr fixiert sind. Wenn Sie nach rechts gescrollt haben, wissen Sie deshalb nicht, zu welchem Material die angezeigten Informationen gehören.

6. Ziehen Sie die Spalte **Materialkurztext** per Drag & Drop nach links bis zur Spalte **Material**.

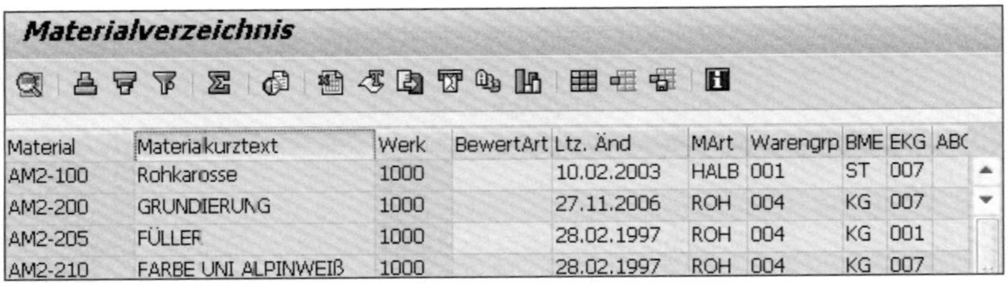

Materialverzeichnis

Material	Materialkurztext	Werk	BewertArt	Ltz. Änd	MArt	Warengrp	BME	EKG	ABC
AM2-100	Rohkarosse	1000		10.02.2003	HALB	001	ST	007	
AM2-200	GRUNDIERUNG	1000		27.11.2006	ROH	004	KG	007	
AM2-205	FÜLLER	1000		28.02.1997	ROH	004	KG	001	
AM2-210	FARBE UNI ALPINWEIß	1000		28.02.1997	ROH	004	KG	007	

Listbild der Transaktion MM60 (Materialverzeichnis) mit der verschobenen Spalte

7. Nun möchten Sie die ersten beiden Spalten **Material** und **Materialkurztext** gemeinsam fixieren. Klicken Sie dazu mit der rechten Maustaste auf die Spaltenüberschrift **Materialkurztext.** Es erscheint wieder das Kontextmenü, in dem Sie diesmal den Menübefehl **Fixieren bis Spalte** wählen.

Materialverzeichnis

Material	Materialkurztext	Ltz. Änd	MArt	Warengrp	BME	EKG	ABC
AM2-100	Rohkarosse	10.02.2003	HALB	001	ST	007	
AM2-200	GRUNDIERUNG	27.11.2006	ROH	004	KG	007	
AM2-205	FÜLLER	28.02.1997	ROH	004	KG	001	
AM2-210	FARBE UNI ALPINW	28.02.1997	ROH	004	KG	007	
AM2-220	FARBE UNI HELLRO	27.11.1996	ROH	004	KG	007	
AM2-230	FARBE UNI SCHWA	27.11.1996	ROH	004	KG	007	

Text kopieren
Ausblenden
Einblenden...
Optimale Breite
Fixieren bis Spalte
Aufsteigend sortieren

Listbild der Transaktion MM60 (Materialverzeichnis) mit geöffnetem Kontextmenü für die Spaltenüberschrift »Materialkurztext«

8. Scrollen Sie in der Liste nach rechts und wieder nach links. Beim Scrollen bleiben diesmal die ersten beiden Spalten **Material** und **Materialkurztext** stehen. Prima! Damit wissen Sie immer, zu welchem Material die rechtsseitig aufgelisteten Informationen gehören.

Die Spaltenfixierung funktioniert auch in mehrzeiligen Listen wie beispielsweise MKVZ (Lieferantenverzeichnis Einkauf) oder MB52 (Lagerbestandsliste).

» Tipp zum Tipp: In einigen ALV-Listen enthält das Kontextmenü keinen Menübefehl **Fixieren bis Spalte**. Sie wissen jedoch, dass Sie im SAP-System die Suche nach Funktionen nie zu früh aufgeben sollten. Wer sucht, der findet, und im Fall der Spaltenfixierung werden Sie in der Regel über die Menüleiste den Menübefehl **Einstellungen ▸ Spalten ▸ Fixieren bis Spalte** finden.

Tipp 82
Spaltenbreiten optimieren

Spalten sind oft unnötig breit. Sie können dem SAP-System beibringen, dass die Spalten bei der Anzeige des Reports automatisch nur die notwendige Breite in Anspruch nehmen. Vor allem in breiten Listen bringen Sie so das Maximum an Informationen auf den Bildschirm und minimieren den Scrollaufwand.

Die Spaltenbreite können Sie von Hand für jede Spalte einzeln einstellen:

- In ALV-Classic-Tabellen geben Sie für die Spaltenbreite die gewünschte Anzahl der Zeichen ein (siehe Tipp 75, »Spalten kombinieren (ALV Classic)«).
- In ALV-Grid-Tabellen ziehen Sie wie in Microsoft Excel den Trennstrich zwischen zwei Spaltenüberschriften, um die Spaltenbreite zu vergrößern oder zu verkleinern.

Während manche Listen Ihnen die Arbeit abnehmen und die Spalten direkt in der optimalen Breite ausgeben, müssen Sie in anderen Listen mühsam selbst die richtige Breite einstellen. Wenn Ihnen das zu aufwendig ist, können Sie mit einer kleinen Einstellung dafür sorgen, dass auch in diesen Listen die Spaltenbreite automatisch optimiert wird. In den folgenden Abbildungen sehen Sie die Auswirkung dieser Einstellung im Vorher-Nachher-Vergleich. Mit dem gewonnenen Platz in der Horizontalen (siehe untere Abbildung) können Sie gemäß Tipp 74, »Spalten kombinieren (ALV Grid)«, und Tipp 75, »Spalten kombinieren (ALV Classic)«, zusätzliche Felder darstellen.

```
Material            Materialkurztext                       Werk Name 1
LOrt BwA S MatBeleg    Pos Buch.dat.  Menge in ErfassME EME

AM2-710             INSTRUMENTENTAFEL-BASIS                1000 Werk Hamburg
0001 101   50038037      1 19.02.1999               10  ST
0001 231   49001492     15 17.08.1995               1-  ST
0001 231   49001490     15 16.08.1995               1-  ST
```

Transaktion MB51 (Materialbelegliste) im ALV Classic mit Standardlayout

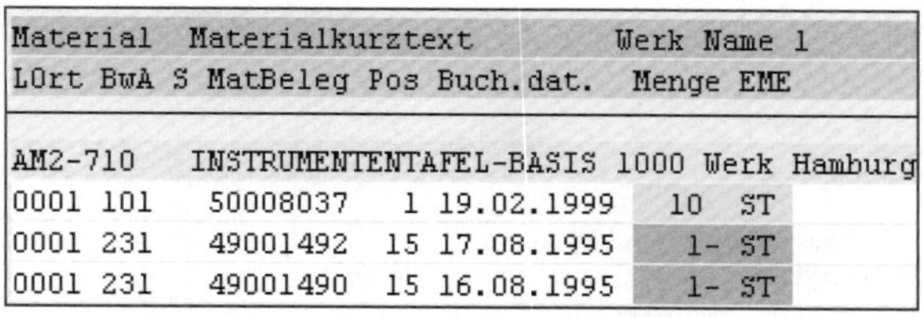

Material	Materialkurztext			Werk	Name 1
LOrt BwA	S MatBeleg	Pos	Buch.dat.	Menge	EME
AM2-710	INSTRUMENTENTAFEL-BASIS			1000	Werk Hamburg
0001 101	50008037	1	19.02.1999	10	ST
0001 231	49001492	15	17.08.1995	1-	ST
0001 231	49001490	15	16.08.1995	1-	ST

Transaktion MB51 (Materialbelegliste) im ALV Classic mit optimierten Spaltenbreiten

› Und so geht's

Transaktionen für Reports, mit denen Sie den folgenden Ablauf durchspielen können, finden Sie in der folgenden Tabelle.

Komponente	Transaktion
Finanzwesen	FBL1N (Posten anzeigen/ändern (Kreditoren-buchhaltung))
Controlling	KSB1 (Kostenstellen Einzelposten Istkosten anzeigen)
Personalwesen	S_PH9_46000221 (Geburtstagsliste)
Materialwirtschaft	MB51 (Materialbelegliste)
Vertrieb	VA05 (Liste Aufträge)

Transaktionen mit Reports für optimale Spaltenbreiten

Zu den Transaktionen, in denen die Spaltenoptimierung standardmäßig seitens SAP bereits eingeschaltet ist, gehören S_PH9_46000221 (Geburtstagsliste) und VA05 (Liste Aufträge).

Starten Sie eine der Transaktionen aus der Tabelle. In unserem Beispiel verwenden wir die Transaktion MB51 (Materialbelegliste).

Um die Spaltenbreiten durch das SAP-System automatisch einstellen zu lassen, wählen Sie sowohl in ALV-Grid-Listen als auch in ALV-Classic-Listen den Menübefehl **Einstellungen ▸ Spalten ▸ Breite optimieren**. In einigen Listen besitzt der Menübefehl einen abweichenden, aber ähnlichen Namen wie beispielsweise **Einstellungen ▸ Spalte ▸ Optimale Spaltenbreite**. Damit werden sofort alle Spaltenbreiten optimiert, indem der überflüssige Leerraum zwischen den einzelnen Spalten beseitigt wird.

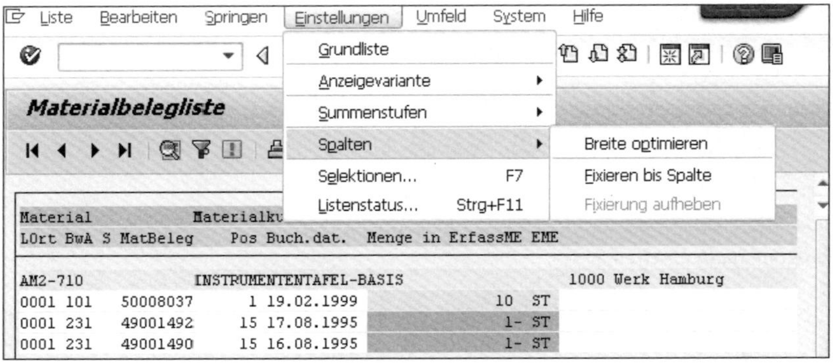

Transaktion MB51 (Materialbelegliste) im ALV Classic mit Standardlayout und dem Menübefehl »Einstellungen« ▸ »Spalten« ▸ »Breite optimieren«

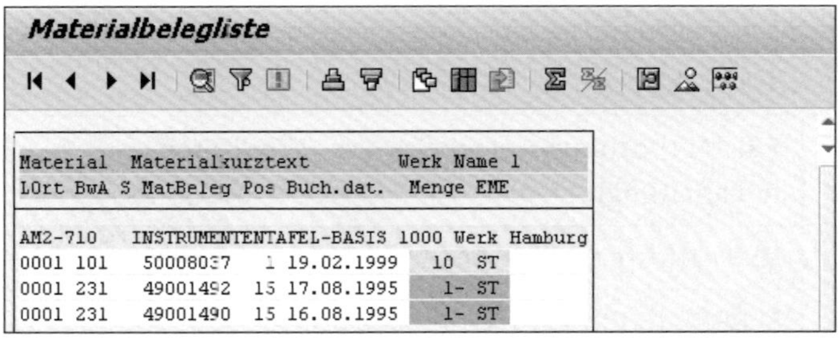

Transaktion MB51 (Materialbelegliste) im ALV Classic mit optimierten Spaltenbreiten

Manchmal sind jedoch feste Spaltenbreiten gewünscht, beispielsweise wenn die Liste ausgedruckt werden soll. In diesem Fall können breite Inhalte beispielsweise in der Spalte **Materialkurztext** dazu führen, dass Informationen am rechten Rand beim Druck abgeschnitten werden. Ein Materialkurztext darf standardmäßig immerhin bis zu 40 Zeichen besitzen.

Wenn Sie möchten, dass die Liste bei jedem Aufruf automatisch mit optimaler Spaltenbreite angezeigt wird, speichern Sie das Layout, nachdem Sie die Option **Einstellungen ▸ Spalten ▸ Breite optimieren** angewendet haben. Wie Sie ein Layout speichern, erfahren Sie in Tipp 77, »Layout speichern und voreinstellen«.

Im ALV Grid steht Ihnen eine weitere sehr elegante Möglichkeit zur Verfügung, um die optimale Spaltenbreite für eine einzelne Spalte schnell einzustellen. Wie in Excel können Sie doppelt auf den Trennstrich zwischen zwei Spaltenüberschriften klicken, um die Breite der Spalte links vom Trennstrich zu optimieren. Und wenn Sie zuvor alle Spalten markieren, optimieren Sie mit diesem Doppelklick alle Spaltenbreiten auf einen Schlag.

Tipp 83
Schnelle Berechnungen erstellen

Wie viel Ausschuss gab es je Tag? Was waren die höchsten Aufträge der letzten Wochen? Mit welchen Kunden erzielen Sie die besten Umsätze? Nutzen Sie zur Beantwortung dieser und ähnlicher Fragen die Berechnungsfunktionen im SAP-System, bevor Sie die Daten umständlich aus dem SAP-System nach Excel exportieren, um sie dort weiter auszuwerten.

»Computer« heißt ins Deutsche übersetzt »Rechner«, und das SAP-System bietet Ihnen viele Funktionen für Berechnungen an. In den nächsten zwei Abbildungen sehen Sie im Vorher-Nachher-Vergleich zuerst eine ALV-Liste ohne Summen und darunter eine Liste mit Zwischensummen und einer Endsumme.

Material	Werk	LOrt	BwA	S	Materialbele...	Pos	Buch.dat.	Menge in ErfassME	EME
AM2-730	1000	0001	251		49016931	2	23.06.1999	98-	ST
AM2-730	1000	0001	101		50006319	1	05.03.1998	10	ST
AM2-730	1000	0001	101		50006320	1	05.03.1998	10	ST
AM2-730	1000	0001	101		50006321	1	05.03.1998	10	ST
AM2-740	1000	0002	561		49011352	1	04.12.1998	20	ST
AM2-750-A	1000	0001	101		50008040	1	19.02.1999	30	ST
AM2-750-A	1000	0001	231		49001492	17	17.08.1995	1-	ST

Standard-Listbild der Transaktion MB51 (Materialbelegliste)

Material	Werk	LOrt	BwA	S	Materialbele...	Pos	Buch.dat.	Σ	Menge in ErfassME	EME
AM2-730	1000	0001	251		49016931	2	23.06.1999		98-	ST
	1000	0001	101		50006319	1	05.03.1998		10	ST
	1000	0001	101		50006320	1	05.03.1998		10	ST
	1000	0001	101		50006321	1	05.03.1998		10	ST
AM2-730								▪	**68-**	**ST**
AM2-740	1000	0002	561		49011352	1	04.12.1998		20	ST
AM2-740								▪	**20**	**ST**
AM2-750-A	1000	0001	101		50008040	1	19.02.1999		30	ST
	1000	0001	231		49001492	17	17.08.1995		1-	ST
AM2-750-A								▪	**29**	**ST**
								▪▪	**19-**	**ST**

Listbild der Transaktion MB51 (Materialbelegliste) mit Zwischensummen und einer Endsumme

In vielen, jedoch nicht in allen Reports lassen sich nicht nur Summen, sondern auch Durchschnitts- sowie Maximal- und Minimalwerte berechnen. Dies funktioniert sowohl für Zwischen- wie auch für Endsummen.

› Und so geht's

Für den folgenden Ablauf benötigen Sie einen Report, in dem berechenbare Zahlenspalten enthalten sind, wie beispielsweise der Betrag eines Postens, eine Menge oder in der Personalwirtschaft ein Basisbezug. Transaktionen mit entsprechenden Reports finden Sie in der folgenden Tabelle. Darüber hinaus zeigt die Tabelle in der letzten Tabellenspalte, ob neben Summen auch Durchschnitts- sowie Maximal- und Minimalwerte berechnet werden können.

Komponente	Transaktion	Durschnitt, Max., Min.
Finanzwesen	FBL1N (Posten anzeigen/ändern (Kreditorenbuchhaltung))	Nein
Controlling	KSB1 (Kostenstellen Einzelposten Istkosten anzeigen)	Ja
Personalwesen	S_AHR_61016362 (Flexible Mitarbeiterdaten)	Ja
Materialwirtschaft	MB51 (Materialbelegliste)	Nein
Vertrieb	VA05 (Liste Aufträge)	Nein

Transaktionen mit berechenbaren Spalten

Beachten Sie, dass Sie immer zuerst eine Endsumme berechnen müssen, um Zwischensummen erstellen zu können. Zudem benötigen Sie für die Zwischensumme eine weitere Spalte. Spalten mit berechenbaren Zahlenwerten wie beispielsweise **Menge** oder **Basisbezug** können dazu nicht verwendet werden.

In unserem Beispiel bilden wir mit der Transaktion MB51 (Materialbelegliste) Zwischensummen über die Mengen von Warenbewegungen im ALV Grid je Material. Für die Berechnungen verwenden wir die Spalte **Menge in ErfassME**:

1. Starten Sie eine der Transaktionen aus der Tabelle.

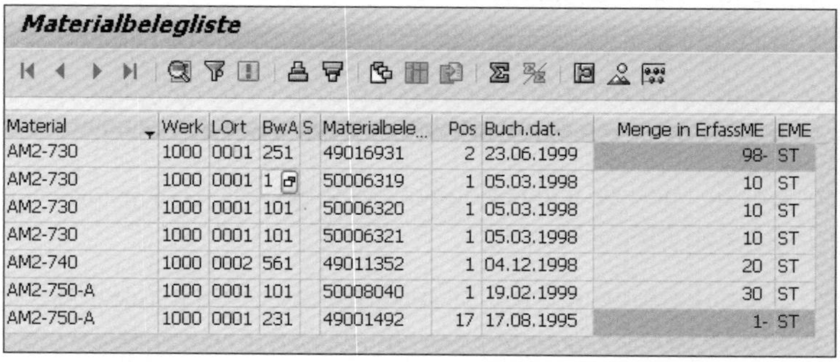

Materialbelegliste

Material	Werk	LOrt	BwA	S	Materialbele...	Pos	Buch.dat.	Menge in ErfassME	EME
AM2-730	1000	0001	251		49016931	2	23.06.1999	98-	ST
AM2-730	1000	0001	1		50006319	1	05.03.1998	10	ST
AM2-730	1000	0001	101		50006320	1	05.03.1998	10	ST
AM2-730	1000	0001	101		50006321	1	05.03.1998	10	ST
AM2-740	1000	0002	561		49011352	1	04.12.1998	20	ST
AM2-750-A	1000	0001	101		50008040	1	19.02.1999	30	ST
AM2-750-A	1000	0001	231		49001492	17	17.08.1995	1-	ST

Transaktion MB51 (Materialbelegliste) im ALV Grid

2. Im ALV Grid markieren Sie die Zahlenspalte, in unserem Fall die Spalte **Menge in ErfassME**, mit einem Klick auf die Spaltenüberschrift.
3. Die Erstellung der Endsumme ist von Liste zu Liste unterschiedlich. Es gibt folgende Möglichkeiten:
   - Klicken Sie auf das Symbol (**Werte summieren**).
   - Klicken Sie auf das kleine, nach rechts unten zeigende Dreieck des Symbols (**Summe**), und wählen Sie im kleinen Untermenü eine der verfügbaren Berechnungsarten **Summe**, **Mittelwert**, **Minimum** oder **Maximum** aus.
   - Wählen Sie aus der Menüleiste den Befehl **Bearbeiten ▸ Berechnen** und im folgenden Untermenü eine der verfügbaren Berechnungsarten **Summe**, **Mittelwert**, **Minimum** oder **Maximum** aus.

   In unserem Beispiel klicken Sie auf das Symbol (**Werte summieren**). Daraufhin sehen Sie in der letzten Zeile die Endsumme.

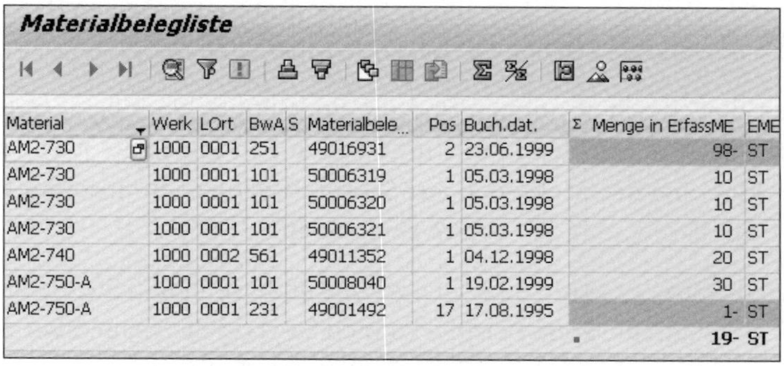

Materialbelegliste

Material	Werk	LOrt	BwA	S	Materialbele...	Pos	Buch.dat.	Σ Menge in ErfassME	EME
AM2-730	1000	0001	251		49016931	2	23.06.1999	98-	ST
AM2-730	1000	0001	101		50006319	1	05.03.1998	10	ST
AM2-730	1000	0001	101		50006320	1	05.03.1998	10	ST
AM2-730	1000	0001	101		50006321	1	05.03.1998	10	ST
AM2-740	1000	0002	561		49011352	1	04.12.1998	20	ST
AM2-750-A	1000	0001	101		50008040	1	19.02.1999	30	ST
AM2-750-A	1000	0001	231		49001492	17	17.08.1995	1-	ST
								▪ **19-**	**ST**

Transaktion MB51 (Materialbelegliste) mit der Endsumme in der letzten Zeile

4. Für die Zwischensummen verschieben Sie die Sortierspalte (in unserem Beispiel die Spalte **Material**) an den linken Listenrand. In unserem Fall passt die Spaltenreihenfolge.

5. Markieren Sie die Spalte, für die die Zwischenberechnungen durchgeführt werden sollen. In unserem Fall ist das die Spalte **Material**.

6. Nun erstellen Sie die Zwischensummen. Wählen Sie dazu je nach Liste eine der folgenden Möglichkeiten:

   - Klicken Sie in der Anwendungsfunktionsleiste auf das Symbol (**Zwischensummen**). Dieses Symbol erscheint in vielen Listen nur, wenn Sie zuvor eine Endsumme erstellt haben.

   - Wählen Sie aus der Menüleiste den Befehl **Bearbeiten ▸ Zwischensummen**.

Materialbelegliste

Material	Werk	LOrt	BwA	S	Materialbele...	Pos	Buch.dat.	Σ Menge in ErfassME	EME
AM2-730	1000	0001	251		49016931	2	23.06.1999	98-	ST
	1000	0001	101		50006319	1	05.03.1998	10	ST
	1000	0001	101		50006320	1	05.03.1998	10	ST
	1000	0001	101		50006321	1	05.03.1998	10	ST
AM2-730								• 68-	ST
AM2-740	1000	0002	561		49011352	1	04.12.1998	20	ST
AM2-740								• 20	ST
AM2-750-A	1000	0001	101		50008040	1	19.02.1999	30	ST
	1000	0001	231		49001492	17	17.08.1995	1-	ST
AM2-750-A								• 29	ST
								•• 19-	ST

Transaktion MB51 (Materialbelegliste) mit Endsumme und Zwischensummen für die einzelnen Materialien

Mit der Berechnung der Zwischensummen sortiert das SAP-System die Zeilen entsprechend der zuvor ausgewählten Spalte **Material**. In einer Darstellung mit Zwischensummen haben Sie folgende Möglichkeiten:

- Sie können die Zwischensummen und die Endsumme beseitigen, indem Sie die Zahlenspalte markieren, wie in unserem Fall die Spalte **Menge in ErfassME**, und eine der Methoden aus Schritt 3 wählen. In unserem Fall klicken Sie auf das Symbol (**Werte summieren**).

- Sie können die Spalte für die Zwischensumme ändern, indem Sie die neue Spalte markieren (in unserem Beispiel können Sie dazu die Spalte **BwA** verwenden) und auf das Symbol (**Zwischensummen**) klicken bzw. den Befehl **Bearbeiten ▸ Zwischensummen** auswählen.

» Tipp zum Tipp: Sie möchten in einer Liste statt Summen Durchschnitts- oder Maximal- und Minimalwerte berechnen lassen, und der Report lässt nur Summenberechnungen zu? Wenn Sie die Berechtigung haben, können Sie eine der Transaktionen SQVI (QuickViewer) oder SE16H (Allgemeine Tabellenanzeige) verwenden. Hier stehen Ihnen jeweils alle Berechnungsarten zur Verfügung.

Tipp 84

Mehrstufige Zwischensummen erstellen (ALV Grid)

Wie viel Umsatz gab es je Tag und Warengruppe? Wie viele Warenein- und -ausgänge gab es je Tag und Material oder Lagerort? Für diese und ähnliche Auswertungen brauchen Sie mehrere Zwischensummen. In der ALV-Grid-Darstellung ist das kein Problem.

Als Voraussetzung für diesen Tipp sollten Sie den letzten Tipp kennen. Der Unterschied hierzu ist: In diesem Tipp bilden wir mehrere Zwischensummen nach unterschiedlichen Merkmalen. Dazu verwenden Sie eine andere Methode als im letzten Tipp. Dort hatten Sie nur die Symbole (**Werte summieren**) und (**Zwischensummen**) aus der Anwendungsfunktionsleiste verwendet.

Diesmal verwenden Sie zur Erstellung der Zwischensummen das Übersichtsfenster **Layout ändern**. Hier haben Sie erweiterte Möglichkeiten, um die Optik einer Tabelle mit Zwischensummen zu optimieren. Diese Möglichkeiten stehen Ihnen oft nur im ALV Grid zur Verfügung.

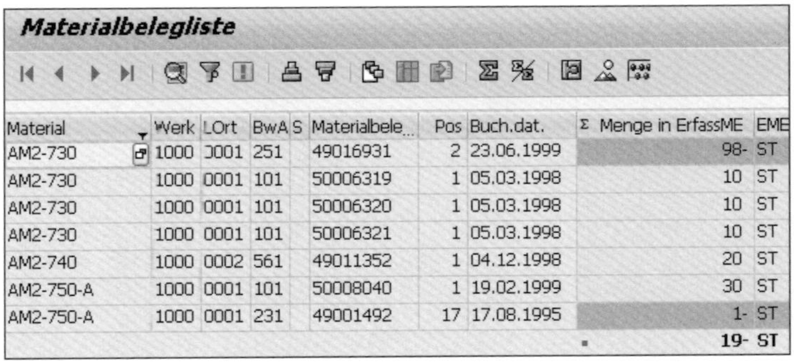

Materialbelegliste

Material	Werk	LOrt	BwA	S	Materialbele...	Pos	Buch.dat.	Σ Menge in ErfassME	EME
AM2-730	1000	0001	251		49016931	2	23.06.1999	98-	ST
AM2-730	1000	0001	101		50006319	1	05.03.1998	10	ST
AM2-730	1000	0001	101		50006320	1	05.03.1998	10	ST
AM2-730	1000	0001	101		50006321	1	05.03.1998	10	ST
AM2-740	1000	0002	561		49011352	1	04.12.1998	20	ST
AM2-750-A	1000	0001	101		50008040	1	19.02.1999	30	ST
AM2-750-A	1000	0001	231		49001492	17	17.08.1995	1-	ST
								19-	**ST**

Transaktion MB51 (Materialbelegliste) mit der Endsumme in der letzten Zeile

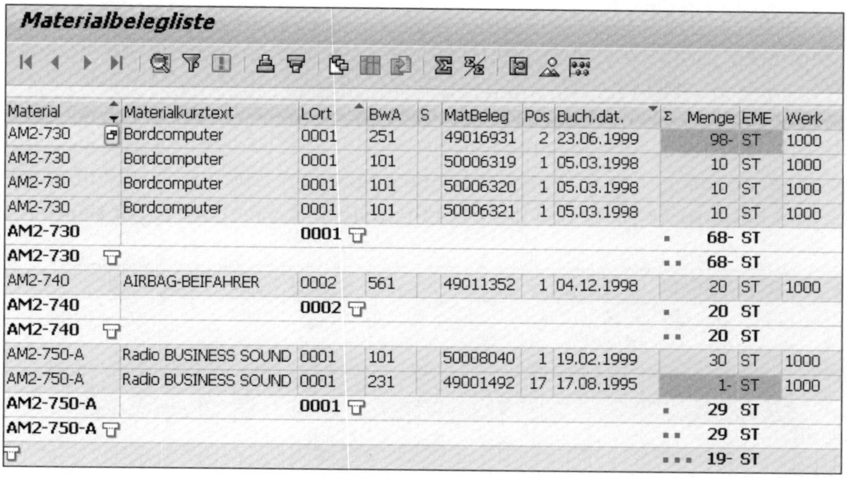

Materialbelegliste

Material	Materialkurztext	LOrt	BwA	S	MatBeleg	Pos	Buch.dat.	Σ Menge	EME	Werk
AM2-730	Bordcomputer	0001	251		49016931	2	23.06.1999	98-	ST	1000
AM2-730	Bordcomputer	0001	101		50006319	1	05.03.1998	10	ST	1000
AM2-730	Bordcomputer	0001	101		50006320	1	05.03.1998	10	ST	1000
AM2-730	Bordcomputer	0001	101		50006321	1	05.03.1998	10	ST	1000
AM2-730		**0001**						▪ **68-**	**ST**	
AM2-730								▪▪ **68-**	**ST**	
AM2-740	AIRBAG-BEIFAHRER	0002	561		49011352	1	04.12.1998	20	ST	1000
AM2-740		**0002**						▪ **20**	**ST**	
AM2-740								▪▪ **20**	**ST**	
AM2-750-A	Radio BUSINESS SOUND	0001	101		50008040	1	19.02.1999	30	ST	1000
AM2-750-A	Radio BUSINESS SOUND	0001	231		49001492	17	17.08.1995	1-	ST	1000
AM2-750-A		**0001**						▪ **29**	**ST**	
AM2-750-A								▪▪ **29**	**ST**	
								▪▪▪ **19-**	**ST**	

Transaktion MB51 (Materialbelegliste) mit zusätzlichen Zwischensummen für die Spalten »Material« und »Lagerort«

› Und so geht's

Im Folgenden zeigen wir Ihnen, wie Sie bei der Erstellung von Zwischensummen vorgehen:

1. Starten Sie eine der Transaktionen aus der Tabelle aus Tipp 83, »Schnelle Berechnungen erstellen«. In unserem Beispiel verwenden wir wieder die Transaktion MB51 (Materialbelegliste) im ALV Grid.

2. Für die Erstellung der Zwischensummen benötigen Sie zunächst eine Endsumme. Dazu markieren Sie die Zahlenspalte, in unserem Fall die Spalte **Menge**, mit einem Klick auf die Spaltenüberschrift.

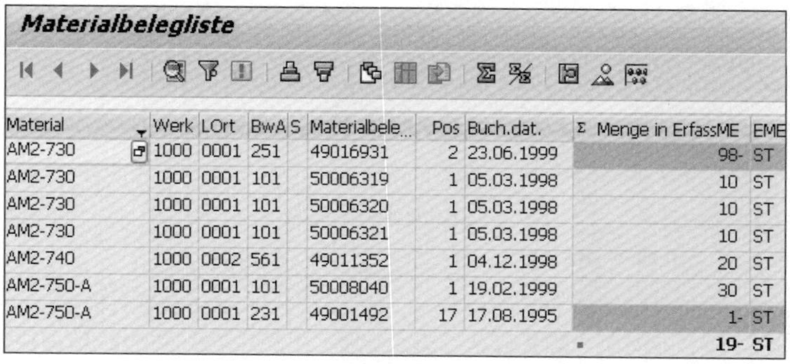

Materialbelegliste

Material	Werk	LOrt	BwA	S	Materialbele...	Pos	Buch.dat.	Σ Menge in ErfassME	EME
AM2-730	1000	0001	251		49016931	2	23.06.1999	98-	ST
AM2-730	1000	0001	101		50006319	1	05.03.1998	10	ST
AM2-730	1000	0001	101		50006320	1	05.03.1998	10	ST
AM2-730	1000	0001	101		50006321	1	05.03.1998	10	ST
AM2-740	1000	0002	561		49011352	1	04.12.1998	20	ST
AM2-750-A	1000	0001	101		50008040	1	19.02.1999	30	ST
AM2-750-A	1000	0001	231		49001492	17	17.08.1995	1-	ST
								▪ **19-**	**ST**

Transaktion MB51 (Materialbelegliste) mit der Endsumme in der letzten Zeile

3. Erstellen Sie die Endsumme mit einem Klick auf das Symbol (**Werte summieren**). Sollte dieses Symbol in Ihrer Liste fehlen, nutzen Sie eine der Methoden aus Tipp 83, »Schnelle Berechnungen erstellen«.
4. Klicken Sie in der Anwendungsfunktionsleiste auf das Symbol (**Aktuelle Anzeigevariante**) oder in anderen Listen gegebenenfalls auf das Symbol (**Layout ändern**). In beiden Fällen gelangen Sie in das Fenster **Layout ändern**.

Fenster »Layout ändern« in der Transaktion MB51 (Materialbelegliste)

5. Um die Lesbarkeit der Tabelle zu verbessern, übernehmen Sie in unserem Beispiel die Spalte **Materialkurztext** in den linken Fensterteil **Angezeigte Spalten** und die Spalte **Werk** in den rechten Fensterteil **Spaltenvorrat**. Wie Sie dazu vorgehen, erfahren Sie in Tipp 74, »Spalten kombinieren (ALV Grid)«. Klicken Sie anschließend auf das zweite Register **Sortierung**.

Fenster »Layout ändern« in der Transaktion MB51 (Materialbelegliste) mit Festlegung der Zwischensummen für die Spalten »Material« und »Lagerort«

6. Im Register **Sortierung** sehen Sie die aktuellen Sortierspalten im linken Fensterteil **Sortierkriterien** (in anderen Transaktionen heißt er manchmal **Sortkrit./Zwischensummen**). Hier haben Sie folgende Möglichkeiten:
   - Die Spalten, für die Zwischensummen gebildet werden sollen, übernehmen Sie aus dem rechten Fensterteil **Spaltenvorrat** mit einem Klick auf ◀ in den linken Fensterteil **Sortierkriterien**. Wir übernehmen hierzu die Spalten **Material** und **Lagerort**.
   - Setzen Sie im linken Fensterteil **Sortierkriterien** die Häkchen in der Spalte für die Spalten, für die Zwischensummen berechnet werden sollen.
   - Ob auf- oder absteigend sortiert wird, bestimmen Sie im linken Fensterteil **Sortierkriterien** durch die Markierung in der Spalte für eine aufsteigende Sortierung bzw. für eine absteigende Sortierung.
   - Die Reihenfolge der Zeilensortierung verändern Sie im linken Fensterteil **Sortierkriterien**. Dort klicken Sie auf den Spaltennamen und verschieben ihn mit einem Klick auf ▲ nach oben oder mit ▼ nach unten. Nach dem obersten Spaltennamen wird zuerst sortiert.
7. Bestätigen Sie Ihre Einstellungen im Fenster **Layout ändern** mit ↵.

Materialbelegliste

Material	Materialkurztext	LOrt	BwA	S	MatBeleg	Pos	Buch.dat.	Σ	Menge	EME	Werk
AM2-730	Bordcomputer	0001	251		49016931	2	23.06.1999		98-	ST	1000
AM2-730	Bordcomputer	0001	101		50006319	1	05.03.1998		10	ST	1000
AM2-730	Bordcomputer	0001	101		50006320	1	05.03.1998		10	ST	1000
AM2-730	Bordcomputer	0001	101		50006321	1	05.03.1998		10	ST	1000
AM2-730		**0001**						▪	**68-**	**ST**	
AM2-730								▪▪	**68-**	**ST**	
AM2-740	AIRBAG-BEIFAHRER	0002	561		49011352	1	04.12.1998		20	ST	1000
AM2-740		**0002**						▪	**20**	**ST**	
AM2-740								▪▪	**20**	**ST**	
AM2-750-A	Radio BUSINESS SOUND	0001	101		50008040	1	19.02.1999		30	ST	1000
AM2-750-A	Radio BUSINESS SOUND	0001	231		49001492	17	17.08.1995		1-	ST	1000
AM2-750-A		**0001**						▪	**29**	**ST**	
AM2-750-A								▪▪	**29**	**ST**	
								▪▪▪	**19-**	**ST**	

Transaktion MB51 (Materialbelegliste) mit Zwischensummen für »Material« und »LOrt«

Nun sehen Sie auf einen Blick die Materialbewegungen (Warenein- und -ausgänge) je Material und Lagerort.

Tipp 85

Summenauswertungen erstellen

Sie interessieren sich nicht für einzelne Belege oder Positionen, sondern Sie möchten nur Zwischensummen darstellen, beispielsweise für die Warenein- und -ausgänge je Material? Auch das geht, in vielen Listen sogar mit nur einem Klick.

Dieser Tipp ist insbesondere für Reports interessant, in denen Sie Belege wie Materialbewegungen, Rechnungen oder Zahlungen auswerten. Nachfolgend finden Sie hierzu ein Beispiel zu Materialbewegungen mit drei Abbildungen. In der ersten Abbildung sehen Sie die Tabelle sowohl mit den Materialbelegen wie auch mit Zwischensummen. In der zweiten Abbildung werden keine Materialbelege mehr angezeigt, Sie sehen nur noch die Zwischensummen für die Sortierspalten **Material** und **Bewegungsart**. Und in der dritten Abbildung sehen Sie, dass Sie zusätzlich auch eine Zwischensummenstufe ausblenden können; hier werden nur noch die Zwischensummen zum Material angezeigt.

Material	Materialkurztext	Bewegungsartentext	ΣMng EME	EME	Buch.dat.	Materialbeleg
AM2-710	INSTRUMENTENTAFEL-BASIS	WA für Kundenauftrag	1-	ST	17.08.1995	49001492
AM2-710	INSTRUMENTENTAFEL-BASIS	WA für Kundenauftrag	1-	ST	16.08.1995	49001490
	INSTRUMENTENTAFEL-BASIS	**WA für Kundenauftrag**	• **2-**	**ST**		
AM2-710	INSTRUMENTENTAFEL-BASIS	WE Wareneingang	10	ST	19.02.1999	50008037
	INSTRUMENTENTAFEL-BASIS	**WE Wareneingang**	• **10**	**ST**		
	INSTRUMENTENTAFEL-BASIS		•• **8**	**ST**		
AM2-720-K	LÜFTERDÜSE-KLIMA	WA für Kundenauftrag	2-	ST	17.08.1995	49001492
AM2-720-K	LÜFTERDÜSE-KLIMA	WA für Kundenauftrag	2-	ST	16.08.1995	49001490
	LÜFTERDÜSE-KLIMA	**WA für Kundenauftrag**	• **4-**	**ST**		
AM2-720-K	LÜFTERDÜSE-KLIMA	WE Wareneingang	242	ST	19.02.1999	50008038
	LÜFTERDÜSE-KLIMA	**WE Wareneingang**	• **242**	**ST**		
	LÜFTERDÜSE-KLIMA		•• **238**	**ST**		
			••• **246**	**ST**		

Listbild der Transaktion MB51 (Materialbelegliste) mit Zwischensummen und Materialbelegen

Material	Materialkurztext	Bewegungsartentext	ΣMng EME	EME	Buch.dat.	Materialbeleg
	INSTRUMENTENTAFEL-BASIS	WA für Kundenauftrag ▪	2-	ST		
	INSTRUMENTENTAFEL-BASIS	WE Wareneingang ▪	10	ST		
	INSTRUMENTENTAFEL-BASIS	▪▪	8	ST		
	LÜFTERDÜSE-KLIMA	WA für Kundenauftrag ▪	4-	ST		
	LÜFTERDÜSE-KLIMA	WE Wareneingang ▪	242	ST		
	LÜFTERDÜSE-KLIMA	▪▪	238	ST		
		▪▪▪	246	ST		

Listbild der Transaktion MB51 (Materialbelegliste) mit Zwischensummen für die Sortierspalten »Material« und »Bewegungsartentext«

Material	Materialkurztext	Bewegungsartentext	ΣMng EME	EME	Buch.dat.	Materialbeleg
	INSTRUMENTENTAFEL-BASIS	▪▪	8	ST		
	LÜFTERDÜSE-KLIMA	▪▪	238	ST		
		▪▪▪	246	ST		

Listbild der Transaktion MB51 (Materialbelegliste) mit Zwischensummen für die Sortierspalte »Material«

› Und so geht's

Für diesen Tipp können Sie erneut eine der Transaktionen aus der Tabelle aus Tipp 83, »Schnelle Berechnungen erstellen«, verwenden.

1. Starten Sie eine der Transaktionen aus der Tabelle. In unserem Beispiel verwenden wir nochmals die Transaktion MB51 (Materialbelegliste) im ALV Grid.

Materialbelegliste

Material	Materialkurztext	Bewegungsartentext	ΣMng EME	EME	Buch.dat.	MatBeleg	Po
AM2-710	INSTRUMENTENTAFEL-BASIS	WA für Kundenauftrag	1-	ST	17.08.1995	49001492	1
AM2-710	INSTRUMENTENTAFEL-BASIS	WA für Kundenauftrag	1-	ST	16.08.1995	49001490	1
	INSTRUMENTENTAFEL-BASIS	WA für Kundenauftrag ▪	2-	ST			
AM2-710	INSTRUMENTENTAFEL-BASIS	WE Wareneingang	10	ST	19.02.1999	50008037	
	INSTRUMENTENTAFEL-BASIS	WE Wareneingang ▪	10	ST			
	INSTRUMENTENTAFEL-BASIS	▪▪	8	ST			
AM2-720-K	LÜFTERDÜSE-KLIMA	WA für Kundenauftrag	2-	ST	17.08.1995	49001492	1
AM2-720-K	LÜFTERDÜSE-KLIMA	WA für Kundenauftrag	2-	ST	16.08.1995	49001490	1
	LÜFTERDÜSE-KLIMA	WA für Kundenauftrag ▪	4-	ST			
AM2-720-K	LÜFTERDÜSE-KLIMA	WE Wareneingang	242	ST	19.02.1999	50008038	
	LÜFTERDÜSE-KLIMA	WE Wareneingang ▪	242	ST			
	LÜFTERDÜSE-KLIMA	▪▪	238	ST			
		▪▪▪	246	ST			

Listbild der Transaktion MB51 (Materialbelegliste) mit Zwischensummen und Positionen

2. Führen Sie Tipp 84, »Mehrstufige Zwischensummen erstellen (ALV Grid)«, für die Spalten **Materialkurztext** und **Bewegungsartentext** durch. Damit

erhalten Sie in unserem Beispiel den Stand mit zweistufigen Zwischensummen, den Sie in der vorigen Abbildung sehen.

3. Klicken Sie in der Endsummenzeile, also in der untersten Zeile der Liste, am linken Rand auf das Symbol (**Auswahl zuklappen**). Damit erhalten Sie nur die Summen für das erste Sortierfeld, in unserem Fall für das Feld **Material**. Es werden also nur die Bestandsveränderungen je Material angezeigt.

Materialbelegliste

Material	Materialkurztext	Bewegungsartentext	ΣMng EME	EME	Buch.dat.	MatBeleg
	INSTRUMENTENTAFEL-BASIS		8	ST		
	LÜFTERDÜSE-KLIMA		238	ST		
			246	ST		

Listbild der Transaktion MB51 (Materialbelegliste) mit Zwischensummen für die Sortierspalte »Material«

4. Wenn Sie nun in einer Zwischensummenzeile rechts neben dem Materialkurztext auf das Symbol (**Auswahl aufklappen**) klicken, werden die untergeordneten Zwischensummen oder die Belege für das jeweilige Material eingeblendet. In unserem Beispiel sehen Sie die untergeordneten Zwischensummen für die **LÜFTERDÜSE-KLIMA**. So können Sie gezielt Zeilen für einen einzelnen Wert des jeweiligen Sortierfeldes ein- und ausblenden.

Materialbelegliste

Material	Materialkurztext	Bewegungsartentext	ΣMng EME	EME	Buch.dat.	MatBeleg
	INSTRUMENTENTAFEL-BASIS		8	ST		
	LÜFTERDÜSE-KLIMA	WA für Kundenauftrag	4-	ST		
	LÜFTERDÜSE-KLIMA	WE Wareneingang	242	ST		
	LÜFTERDÜSE-KLIMA		238	ST		
			246	ST		

Listbild der Transaktion MB51 (Materialbelegliste) mit Zwischensummen für die Sortierspalte »Material« und mit aufgeklappten Zwischensummen mit den Bewegungsartentexten für das Material »LÜFTERDÜSE-KLIMA«

5. Klicken Sie in unserem Beispiel nochmals auf das Symbol (**Auswahl aufklappen**), diesmal in der Spalte **Bewegungsartentext** rechts neben dem Eintrag **WA für Kundenauftrag**. Jetzt sehen Sie zusätzlich die einzelnen untergeordneten Positionen für Warenausgänge.

Materialbelegliste

Material	Materialkurztext	Bewegungsartentext	ΣMng EME	EME	Buch.dat.	MatBeleg
	INSTRUMENTENTAFEL-BASIS		8	ST		
AM2-720-K	LÜFTERDÜSE-KLIMA	WA für Kundenauftrag	2-	ST	17.08.1995	49001492
AM2-720-K	LÜFTERDÜSE-KLIMA	WA für Kundenauftrag	2-	ST	16.08.1995	49001490
	LÜFTERDÜSE-KLIMA	**WA für Kundenauftrag**	4-	ST		
	LÜFTERDÜSE-KLIMA	**WE Wareneingang**	242	ST		
	LÜFTERDÜSE-KLIMA		238	ST		
			246	ST		

Listbild der Transaktion MB51 (Materialbelegliste) mit aufgeklappten Zwischensummen für das Material »LÜFTERDÜSE-KLIMA« und mit aufgeklappten Positionen

6. Um Positionen oder Zwischensummen *pauschal* für eine Summen- bzw. Zwischensummenstufe ein- oder auszublenden, wählen Sie aus der Menüleiste den Befehl **Einstellungen ▸ Summenstufen ▸ Aufriss festlegen**. In anderen Listen nennt sich der Befehl **Einstellungen ▸ Summenaufriss festlegen**. Dieser Menübefehl kann natürlich nur in Listen aufgerufen werden, in denen es Zwischensummen gibt.

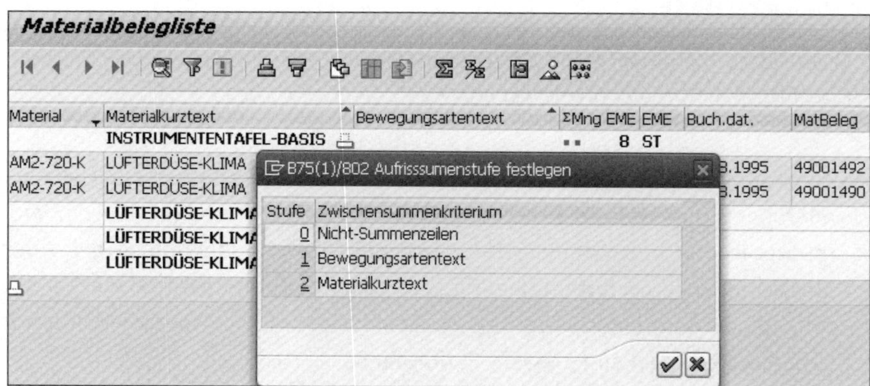

Listbild der Transaktion MB51 (Materialbelegliste) mit dem Fenster »Aufrisssummenstufe festlegen«

7. Im Fenster **Aufrisssummenstufe festlegen** haben Sie drei Möglichkeiten, wenn Sie wie in unserem Beispiel zwei Zwischensummenstufen erstellt haben.

   – **Nicht-Summenzeilen** zeigt wieder den Ausgangszustand in Form der kompletten Liste mit allen Zwischensummen und allen Positionen. Dazu brauchen Sie nicht diesen Befehl, Sie können auch in der Liste in der untersten Zeile am linken Rand auf das Symbol (**Auswahl aufklappen**) klicken.

- Klicken Sie auf den untersten Eintrag, in unserem Fall **Materialkurztext**, zeigt das SAP-System nur die Zwischensummen für das erste Sortierfeld. Auch dies erreichen Sie direkt in der Liste in der untersten Zeile mit zweimaligem Klick auf das Symbol (**Auswahl aufklappen**).
- Klicken Sie auf den mittleren Eintrag, in unserem Fall **Bewegungsartentext**, werden die Zwischensummen für dieses zweite Sortierfeld und das erste Sortierfeld angezeigt. Dies erreichen Sie in der Liste nur, wenn Sie jeden entsprechenden Eintrag umständlich einzeln auf- bzw. zuklappen. Das Ergebnis sehen Sie in der nächsten Abbildung.

Materialbelegliste

Material	Materialkurztext	Bewegungsartentext	ΣMng EME	EME	Buch.dat.	MatBeleg
	INSTRUMENTENTAFEL-BASIS	WA für Kundenauftrag	• 2-	ST		
	INSTRUMENTENTAFEL-BASIS	WE Wareneingang	• 10	ST		
	INSTRUMENTENTAFEL-BASIS		•• 8	ST		
	LÜFTERDÜSE-KLIMA	WA für Kundenauftrag	• 4-	ST		
	LÜFTERDÜSE-KLIMA	WE Wareneingang	• 242	ST		
	LÜFTERDÜSE-KLIMA		•• 238	ST		
			••• 246	ST		

Listbild der Transaktion MB51 (Materialbelegliste) mit Zwischensummen für die Sortierspalten »Material« und »Bewegungsartentext«

» Tipp zum Tipp: Hat Ihre Auswertung eine schlechte Performance? Für Summierungen und weitere Berechnungen gibt es viele spezialisierte Standardreports in den Infosystemen der einzelnen SAP-Komponenten. Überprüfen Sie also im ersten Schritt in den Infosystemen der Komponenten, die Sie nutzen, ob es dort einen verborgenen Schatz gibt. Diese speziellen Reports haben in der Regel eine bessere Performance.

Tipp 86

Tabellenlöcher nach Mehrfachsortierung stopfen

Wenn Sie eine Mehrfachsortierung in einem ALV Grid durchführen, sieht die Tabelle aus wie ein Schweizer Käse: Das SAP-System zeigt je Wert jeweils nur noch einen Eintrag in der Sortierspalte an, und die weiteren Felder der Spalte sind leer.

Nach der Sortierung von Spalten wird im ALV Grid für alle Felder einer Spalte, die den gleichen Feldinhalt haben, dieser Inhalt ausgeblendet. Dies mag sinnvoll für Listen sein, die Sie nur nach einer oder zwei Spalten sortieren. Spätestens ab der dritten Sortierspalte verlieren Sie durch die Leerräume die Orientierung.

Wie Sie in der Abbildung erkennen können, hat die Tabelle nach einer Mehrfachsortierung viele Löcher, die eine Zuordnung der rechtsseitigen Spalten erschweren. Da in den Zeilen Einträge für die Sortierspalten fehlen, können Sie die Zeilen nicht durchgängig von links nach rechts durchlesen.

Materialbelegliste

Material	W...	LOrt	BwA	S	Materialbele...	Pos	Buch.dat.	Menge in ErfassME	EME
AM2-710	1000	0001	101		50008037	1	19.02.1999	10	ST
			231		49001492	15	17.08.1995	1-	ST
			231		49001490	15	16.08.1995	1-	ST
AM2-720-K			101		50008038	1	19.02.1999	242	ST
			231		49001492	16	17.08.1995	2-	ST
			231		49001490	16	16.08.1995	2-	ST
AM2-720-N			101		50008039	1	19.02.1999	10	ST
AM2-730			251		49016931	2	23.06.1999	98-	ST
			101		50006319	1	05.03.1998	10	ST
			101		50006320	1	05.03.1998	10	ST
			101		50006321	1	05.03.1998	10	ST
AM2-740		0002	561		49011352	1	04.12.1998	20	ST
AM2-750-A		0001	101		50008040	1	19.02.1999	30	ST
			231		49001492	17	17.08.1995	1-	ST

Transaktion MB51 (Materialbelegliste) im ALV Grid mit Leerräumen nach einer Sortierung nach den Spalten »Material«, »Werk« und »Lagerort«

In diesem Tipp führen wir daher zuerst eine Mehrfachsortierung durch, um anschließend die dadurch entstandenen Löcher zu stopfen. Das Ergebnis sehen Sie in der nächsten Abbildung.

Material	W...	LOrt	BwA	S	Materialbele...	Pos	Buch.dat.	Menge in ErfassME	EME
AM2-710	1000	0001	101		50008037	1	19.02.1999	10	ST
AM2-710	1000	0001	231		49001492	15	17.08.1995	1-	ST
AM2-710	1000	0001	231		49001490	15	16.08.1995	1-	ST
AM2-720-K	1000	0001	101		50008038	1	19.02.1999	242	ST
AM2-720-K	1000	0001	231		49001492	16	17.08.1995	2-	ST
AM2-720-K	1000	0001	231		49001490	16	16.08.1995	2-	ST
AM2-720-N	1000	0001	101		50008039	1	19.02.1999	10	ST
AM2-730	1000	0001	251		49016931	2	23.06.1999	98-	ST
AM2-730	1000	0001	101		50006319	1	05.03.1998	10	ST
AM2-730	1000	0001	101		50006320	1	05.03.1998	10	ST
AM2-730	1000	0001	101		50006321	1	05.03.1998	10	ST
AM2-740	1000	0002	561		49011352	1	04.12.1998	20	ST
AM2-750-A	1000	0001	101		50008040	1	19.02.1999	30	ST
AM2-750-A	1000	0001	231		49001492	17	17.08.1995	1-	ST

Transaktion MB51 (Materialbelegliste) im ALV Grid nach Beseitigung der Leerräume

› Und so geht's

Die folgende Tabelle enthält einige Transaktionen, mit denen Sie den folgenden Ablauf ausprobieren können.

Komponente	Transaktion
Finanzwesen	FBL1N (Posten anzeigen/ändern (Kreditorenbuchhaltung)) in ALV-Grid-Darstellung
Controlling	KSB1 (Kostenstellen Einzelposten Istkosten anzeigen)
Personalwesen	S_AHR_61016369 (Mitarbeiterliste)
Materialwirtschaft	MB51 (Materialbelegliste) in ALV-Grid-Darstellung
Vertrieb	VA05 (Liste Aufträge)

Transaktionen mit ALV-Grid-Darstellung

1. Starten Sie eine der Transaktionen aus der vorhergehenden Tabelle. In unserem Beispiel verwenden wir die Transaktion MB51 (Materialbelegliste) in der ALV-Grid-Darstellung.

Materialbelegliste

Material	Werk	LOrt	BwA	S	Materialbele...	Pos	Buch.dat.	Menge in ErfassME	EME
AM2-710	1000	0001	101		50008037	1	19.02.1999	10	ST
AM2-710	1000	0001	231		49001492	15	17.08.1995	1-	ST
AM2-710	1000	0001	231		49001490	15	16.08.1995	1-	ST
AM2-720-K	1000	0001	101		50008038	1	19.02.1999	242	ST

Transaktion MB51 (Materialbelegliste) im Standardlayout

2. Markieren Sie die Spalten, die sortiert werden sollen. In unserem Beispiel halten Sie dazu die Strg-Taste gedrückt und klicken auf die Tabellenüberschriften **Material**, **Werk** und **LOrt**.
3. Klicken Sie auf das Symbol (**Sortieren aufsteig.**)

Materialbelegliste

Material	W...	LOrt	BwA	S	Materialbele...	Pos	Buch.dat.	Menge in ErfassME	EME
AM2-710	1000	0001	101		50008037	1	19.02.1999	10	ST
			231		49001492	15	17.08.1995	1-	ST
			231		49001490	15	16.08.1995	1-	ST
AM2-720-K			101		50008038	1	19.02.1999	242	ST
			231		49001492	16	17.08.1995	2-	ST

Transaktion MB51 (Materialbelegliste) nach der Mehrfachsortierung

4. Jetzt stopfen Sie die Tabellenlöcher. Klicken Sie dazu in der Anwendungsfunktionsleiste auf das Symbol (**Aktuelle Anzeigevariante**) oder in anderen Listen gegebenenfalls auf das Symbol (**Layout ändern**). In beiden Fällen gelangen Sie in das Fenster **Layout ändern**.

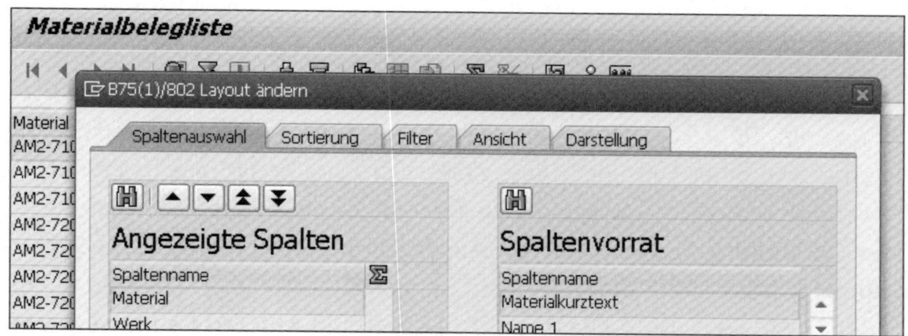

Fenster »Layout ändern« in der Transaktion MB51 (Materialbelegliste)

5. Im Fenster **Layout ändern** klicken Sie nun auf das Register **Darstellung**.

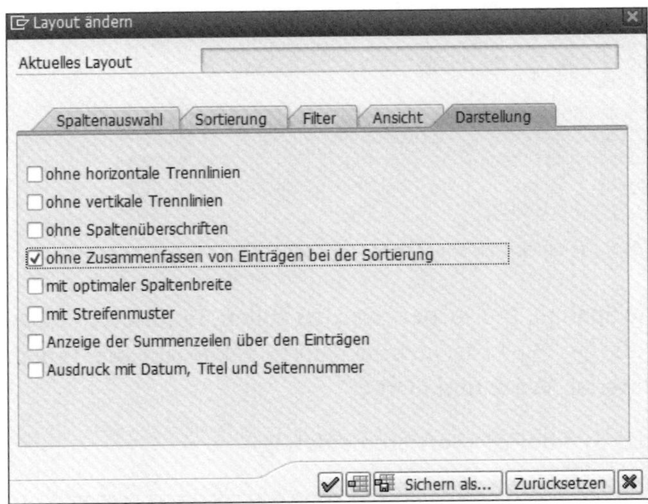

Fenster »Layout ändern« mit Register »Darstellung«

6. Markieren Sie im Register **Darstellung** das Ankreuzfeld **ohne Zusammenfassen von Einträgen bei der Sortierung**.

7. Speichern Sie Ihre Änderungen mit einem Klick auf das Symbol (**Sichern**) oder auf die Schaltfläche **Sichern als**. Jede Zeile enthält wieder in jeder Spalte einen Eintrag und kann dadurch durchgängig von links nach rechts durchgelesen werden.

Material	Werk	LOrt	BwA	S	Materialbeleg	Pos	Buch.dat.	Menge in ErfassME	EME
AM2-710	1000	0001	101		50008037	1	19.02.1999	10	ST
AM2-710	1000	0001	231		49001492	15	17.08.1995	1-	ST
AM2-710	1000	0001	231		49001490	15	16.08.1995	1-	ST
AM2-720-K	1000	0001	101		50008038	1	19.02.1999	242	ST
AM2-720-K	1000	0001	231		49001492	16	17.08.1995	2-	ST

Transaktion MB51 (Materialbelegliste) mit dem geänderten Layout

» Tipp zum Tipp: Sie hätten gerne einen Ausdruck mit Datum und Seitennummer in einer Fußzeile? Diese Frage werden alle mit »Ja« beantworten. Auch diese Voreinstellung nehmen Sie im Fenster **Layout ändern** im Register **Darstellung** vor (Ankreuzfeld **Ausdruck mit Datum, Titel und Seitennummer**), das Sie in diesem Ablauf kennengelernt haben. Darüber hinaus können Sie hier ein Streifenmuster (Ankreuzfeld **mit Streifenmuster**) einstellen und die Trennlinien für Spalten und Zeilen ausschalten (Ankreuzfelder **ohne vertikale Trennlinien** und **ohne horizontale Trennlinien**). Das Streifenmuster ist besonders bei breiten Listen und Ausdrucken im Querformat hilfreich, um beim Lesen der Listen nicht in die falsche Zeile zu rutschen. Ein Beispiel hierzu sehen Sie in der Abbildung.

Material	Werk	LOrt	BwA	S	Materialbeleg	Pos	Buch.dat.	Menge in ErfassME	EME
AM2-710	1000	0001	101		50008037	1	19.02.1999	10	ST
AM2-710	1000	0001	231		49001492	15	17.08.1995	1-	ST
AM2-710	1000	0001	231		49001490	15	16.08.1995	1-	ST
AM2-720-K	1000	0001	101		50008038	1	19.02.1999	242	ST
AM2-720-K	1000	0001	231		49001492	16	17.08.1995	2-	ST

Transaktion MB51 (Materialbelegliste) im ALV Grid ohne horizontale und vertikale Trennlinien sowie mit Streifenmuster

Tipp 87

Die zweite Chance: Mit Filtern nachselektieren

Sie benötigen ein spezielles Feld für eine Selektion, das es im Selektionsbild – dem Einstiegbild eines Reports – nicht gibt, nicht einmal in den freien Abgrenzungen? Dann bekommen Sie mit diesem Tipp eine zweite Chance!

Ein wichtiger Vorteil in der ALV-Liste ist, dass Sie hier Ihre Daten nach *jedem* Feld selektieren können. Im Selektionsbild fehlen oft Felder, nach denen Sie gerne selektiert hätten. Mit anderen Worten: Manche Selektionen können Sie nur mit Filtern durchführen.

Eine weitere Anwendungsmöglichkeit dieser Filter: Sie benötigen in einer ALV-Liste oft verschiedene Selektionen? Zum Beispiel einmal nur die Wareneingänge, dann nur die Warenausgänge, dann wieder alle Warenbewegungen? Dann ist es zu umständlich, jedes Mal für die Selektion zurück in das Selektionsbild zu wechseln.

Mit der Filterfunktion in der ALV-Liste ersparen Sie sich den Weg zurück in das Selektionsbild und oft auch erhebliche Wartezeit, die nach dem Klick auf das Symbol (**Ausführen**) für eine neue Selektion über das Selektionsbild benötigt wird.

› Und so geht's

Im Folgenden zeigen wir Ihnen, wie Sie die Filterfunktion einsetzen:

1. Starten Sie in eine beliebige ALV-Liste. Im Beispiel verwenden wir die Transaktion MB51 (Materialbelegliste).

Materialbelegliste

Material	Werk	LOrt	BwA	S	Materialbele...	Pos	Buch.dat.	Menge in ErfassME	EME
AM2-710	1000	0001	101		50008037	1	19.02.1999	10	ST
AM2-710	1000	0001	231		49001492	15	17.08.1995	1-	ST
AM2-710	1000	0001	231		49001490	15	16.08.1995	1-	ST
AM2-720-K	1000	0001	101		50008038	1	19.02.1999	242	ST
AM2-720-K	1000	0001	231		49001492	16	17.08.1995	2-	ST

ALV-Grid-Liste der Transaktion MB51 (Materialbelegliste)

2. Sie möchten nur bestimmte Daten aus der Liste sehen, in unserem Fall zum Beispiel nur die Wareneingänge? Dazu markieren Sie erst einmal die gewünschte Selektionsspalte mit einem Klick auf die Spaltenüberschrift. Möchten Sie mehrere Spalten filtern, halten Sie zuerst die Taste [Strg] gedrückt und markieren dann mit einzelnen Klicks die entsprechenden Spaltenüberschriften. In unserem Beispiel markieren wir nur die vierte Spalte **BwA**, mit der die Wareneingänge selektiert werden.

3. Klicken Sie in der Anwendungsfunktionsleiste auf das Symbol (**Filter setzen**). Es erscheint das Fenster **Werte für Filterkriterien festlegen**.

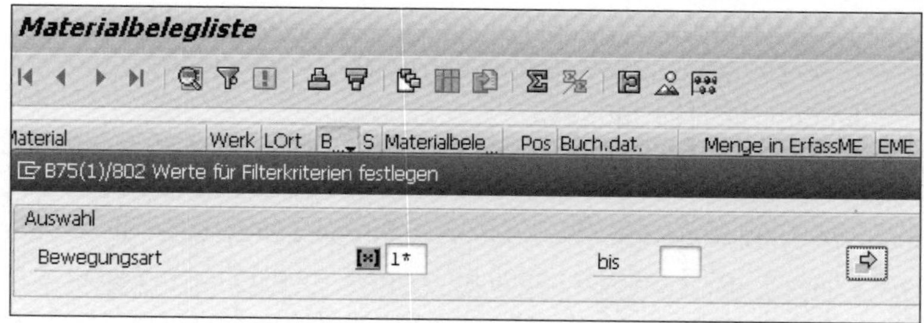

Transaktion MB51 (Materialbelegliste) mit Fenster »Werte für Filterkriterien festlegen«

4. Im Fenster **Werte für Filterkriterien festlegen** geben Sie für die ausgewählte Spalte den Wert vor. Lesen Sie auch Tipp 61, »Selektionsoptionen nutzen«, und Tipp 63, »Mehrfachselektionen mit Upload vereinfachen«, wenn Sie komplexere Selektionen benötigen. Bestätigen Sie Ihre Vorgabe mit der [↵]-Taste. Daraufhin wird Ihnen wie in der folgenden Abbildung die gefilterte Liste angezeigt.

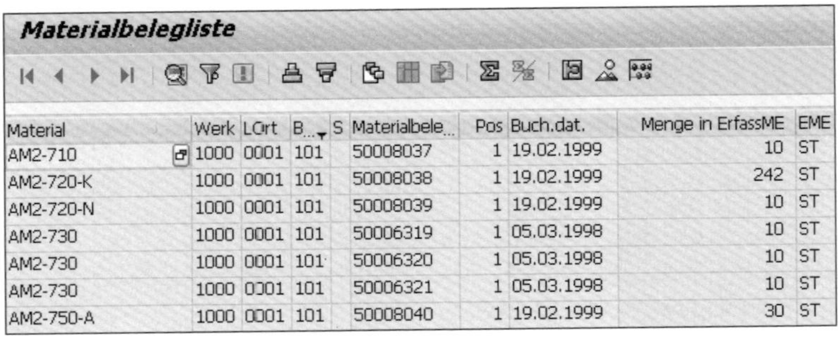

Materialbelegliste

Material	Werk	LOrt	B...	S	Materialbele...	Pos	Buch.dat.	Menge in ErfassME	EME
AM2-710	1000	0001	101		50008037	1	19.02.1999	10	ST
AM2-720-K	1000	0001	101		50008038	1	19.02.1999	242	ST
AM2-720-N	1000	0001	101		50008039	1	19.02.1999	10	ST
AM2-730	1000	0001	101		50006319	1	05.03.1998	10	ST
AM2-730	1000	0001	101		50006320	1	05.03.1998	10	ST
AM2-730	1000	0001	101		50006321	1	05.03.1998	10	ST
AM2-750-A	1000	0001	101		50008040	1	19.02.1999	30	ST

Transaktion MB51 (Materialbelegliste) mit gefilterter Liste

In unserem Beispiel sind nun nur die Zeilen zu sehen, deren Bewegungsart mit einer »1« beginnt. Dies sind die Wareneingänge. Wollen Sie wieder alle Zeilen sehen? Filter beseitigen Sie am einfachsten über die Menüleiste mit dem Befehl **Bearbeiten ▸ Filter löschen**.

» Tipp zum Tipp: In Schritt 2 haben Sie eine Spalte markiert, um in Schritt 4 den Selektionswert manuell einzugeben. Wird der Selektionswert in der Liste angezeigt – in unserem Ablauf zum Beispiel die Bewegungsart 101 – geht's noch schneller! In diesem Fall setzen Sie einen Rechtsklick auf diesen Wert und klicken danach auf das Symbol (**Filter setzen**). Ihr Vorteil: Der Wert wird in das Fenster **Werte für Filterkriterien festlegen** übernommen, Sie brauchen ihn dort nicht einzutippen.

» Und noch ein Tipp zum Tipp: Sie können gefilterte Listen auch als Layout speichern (siehe Tipp 77, »Layout speichern und voreinstellen«). Dabei sollten Sie sich jedoch folgender Gefahr bewusst sein: Wenn Sie ein gespeichertes Layout aufrufen und vergessen, dass Sie gefiltert haben, verteilen Sie diese »unvollständige« Auswertung unter Umständen an Ihre Kolleginnen und Kollegen. Damit Sie nicht aus Versehen unvollständige Listen weiterleiten, können Sie in den entsprechenden Layoutnamen durch ein vorangestelltes »F« dokumentieren, dass Sie einen Filter verwendet haben.

Tipp 88

Layouts in Reportvarianten voreinstellen

Sie nutzen für denselben Report unterschiedliche Reportvarianten und möchten für diese unterschiedliche Layouts verwenden? Dann ist dieser Tipp besonders interessant für Sie.

Wenn Sie mehrere Reportvarianten für einen Report nutzen und Layoutvarianten einsetzen, kann es vorkommen, dass Sie für die unterschiedlichen Reportvarianten auch unterschiedliche Layouts verwenden möchten.

Hierzu ein Beispiel aus der Personaladministration: Sie sind verantwortlich für die Erstellung der Geburtstagslisten für die einzelnen Abteilungen. Für diesen Report haben Sie unterschiedliche *Reportvarianten* erstellt. Der Abteilungsleiter des Vertriebs, der eine Geburtstagsliste erhält, will diese nach Datum sortiert und mit Angaben zum Alter der Geburtstagskinder haben. Der Abteilungsleiter in der Personalabteilung will die Geburtstagsliste ohne Altersangaben. Dazu haben Sie unterschiedliche *Layoutvarianten* erstellt.

Normalerweise wird unabhängig von der gewählten Reportvariante immer die Layoutvariante angezeigt, die Sie voreingestellt haben, wie in Tipp 77, »Layout speichern und voreinstellen«, beschrieben, sodass Sie erst nach dem Aufruf der Liste die Layoutvariante wechseln können. In diesem Tipp zeigen wir Ihnen daher, wie Sie Reportvarianten mit Layoutvarianten verknüpfen können, sodass Sie zukünftig nur noch zwei Schritte zu Ihrer perfekten Liste benötigen:

1. Auswahl der Reportvariante gemäß Tipp 65, »Vorschlagswerte in Reportvarianten speichern«
2. Ausführung des Reports

› Und so geht's

In vielen, jedoch nicht in allen Reports haben Sie die Möglichkeit, im Selektionsbild eine Layoutvariante vorzugeben. In der folgenden Tabelle finden Sie Transaktionen, mit denen der folgende Ablauf klappt.

Komponente	Transaktion	Feldname für Layoutvariante
Finanzwesen	FBL1N (Posten anzeigen/ändern (Kreditorenbuchhaltung))	Layout
Controlling	KSB1 (Kostenstellen Einzelposten Istkosten anzeigen)	Anzeigevariante
Personalwesen	S_PH9_46000221 (Geburtstagsliste)	SAP List Viewer
Materialwirtschaft	MB51 (Materialbelegliste)	Layout
Vertrieb	V.02 (Unvollständige Aufträge)	Anzeigevariante

Transaktionen mit Layoutfeld im Selektionsbild

Und so gehen Sie vor:

1. Erstellen Sie in der ALV-Liste ein Layout, und speichern Sie es. Für weitere Informationen hierzu lesen Sie auch Tipp 77, »Layout speichern und voreinstellen«.
2. Wechseln Sie in das Selektionsbild, und nehmen Sie Ihre Selektion vor.
3. Meist finden Sie im unteren Bereich des Selektionsbildes ein Feld, in dem Sie das Layout auswählen können, das beim Laden der Reportvariante verwendet werden soll. Da die Feldnamen sich je nach Transaktion unterscheiden, haben wir sie in der vorangegangenen Tabelle aufgeführt. In unserem Beispiel der Geburtstagsliste geben Sie die Layoutvariante im Feld **SAP List Viewer** an.
4. Speichern Sie die Einstellungen im Selektionsbild als Reportvariante, wie Sie es in Tipp 65, »Vorschlagswerte in Reportvarianten speichern«, nachlesen können.

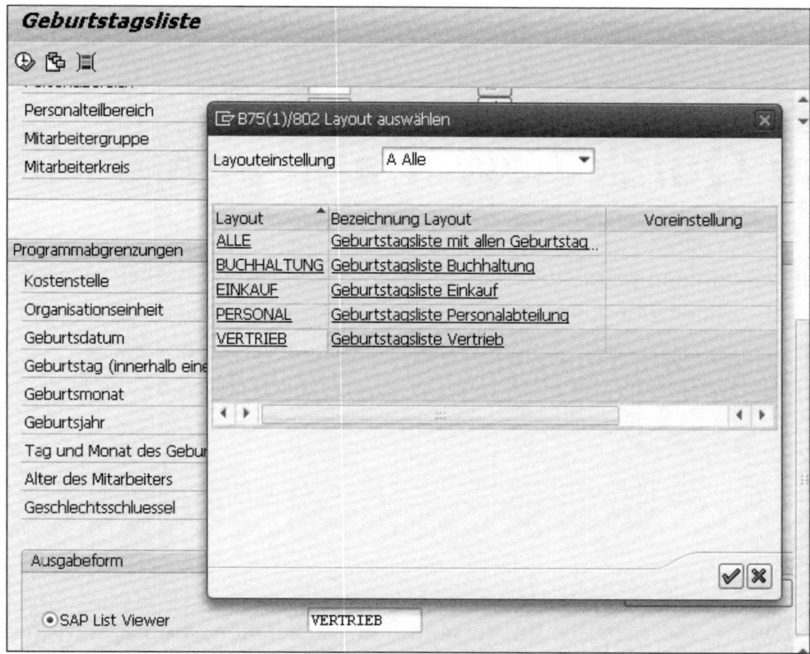

Selektionsbild der Transaktion S_PH9_46000221 (Geburtstagsliste) mit der Wertehilfe für das Feld »SAP List Viewer«

Beim nächsten Aufruf der Reportvariante wird nun direkt das richtige Layout ausgewählt. Wenn im Selektionsbild und in der ALV-Liste unterschiedliche Layouts voreingestellt sind, gewinnt das im Selektionsbild voreingestellte Layout, und die Voreinstellung aus der ALV-Liste wird ignoriert.

Tipp 89

Eigene ALV-Reports mit dem QuickViewer anlegen

Herzlich willkommen beim einfachsten SAP-Werkzeug zum Erstellen eigener Reports. Sie wollen zum Beispiel Stammdaten überprüfen, und es gibt keinen passenden Standardreport? Dann erstellen Sie doch Ihren eigenen ALV-Report. Mit der Transaktion SQVI (QuickViewer) gelingt Ihnen das im Nu!

Nehmen wir an, Sie arbeiten im Versand: Für Materialien, die verkauft und transportiert werden, spielen die Gewichte eine große Rolle, denn ohne Gewichtsangabe im Materialstammsatz kann im SAP-System keine Auslieferung für den Versand angelegt werden. Wenn Sie dies versuchen, erhalten Sie standardmäßig eine Fehlermeldung.

Die Gewichtsangaben stehen in der Tabelle MARA. Sie wollen nun überprüfen, ob die Gewichte für neu erfasste Handelswaren komplett eingetragen und plausibel sind. Sie haben dazu bereits einen Standardreport gesucht und keinen gefunden. Zwar gibt es den Standardreport MM60 (Materialverzeichnis), jedoch lassen sich damit keine Gewichte anzeigen.

In einem solchen Fall bleibt Ihnen nichts anderes übrig, als einen eigenen Report zu erstellen. Mit dem SAP QuickViewer ist das kein Problem!

› Und so geht's

Bevor Sie loslegen, sollten Sie das *Listbild* Ihres neuen Reports planen. Für unser Beispiel soll die Liste die Felder Materialnummer, Erstellungsdatum, Bruttogewicht und Gewichtseinheit als Spalten anzeigen. Die Liste soll nach Materialnummern sortiert sein.

Materialstamm: Gewichte

Materialstamm: Gewichte

Material	Erstellt	ΣBruttogewic...	Eh
CP-0001	23.04.2001	0,200	KG
CP-0002	23.04.2001	0,300	KG
CP-0003	23.04.2001	0,300	KG
CP-0004	23.04.2001	2,500	KG

Liste des mit dem QuickViewer erstellten Reports

Grundsätzlich können Sie mit dem QuickViewer jedes beliebige Feld einer *transparenten Tabelle* anzeigen und auch nach jedem Feld sortieren. Sie wollen wissen, was eine transparente Tabelle ist? Fürs Erste genügt es, wenn Sie sich darunter SAP-Tabellen vorstellen, die Sie für freie Auswertungen mit dem QuickViewer verwenden können. Es gibt auch andere Tabellen, die Sie nicht auswerten können. Den technischen Hintergrund dazu erfahren Sie in Tipp 91, »Tabellen für ALV-Auswertungen finden«.

Damit die Liste nur die relevanten Daten enthält, soll im *Selektionsbild* nach folgenden Feldern selektiert werden können: **Materialnummer**, **Materialart** und **Erstellungsdatum**.

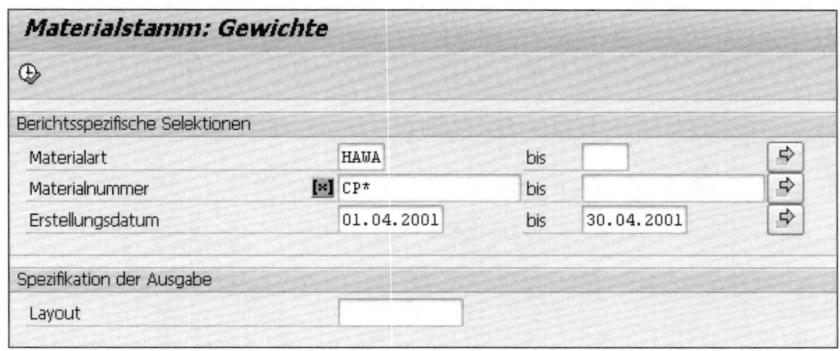
Materialstamm: Gewichte

Berichtsspezifische Selektionen

Materialart	HAWA	bis	
Materialnummer	CP*	bis	
Erstellungsdatum	01.04.2001	bis	30.04.2001

Spezifikation der Ausgabe

Layout

Selektionsbild des mit dem QuickViewer erstellten Reports

Der QuickViewer stellt Ihnen umfangreiche Möglichkeiten für die Selektion zur Verfügung:

- Sie dürfen jedes beliebige Tabellenfeld für die Selektion verwenden.
- Im Selektionsbild haben Sie Zugriff auf die Selektionsoptionen (siehe Tipp 61, »Selektionsoptionen nutzen«) und auf die Mehrfachselektion (siehe Tipp 63, »Mehrfachselektionen mit Upload vereinfachen«).

- Sie können im Selektionsbild ein Layout voreinstellen (siehe Tipp 88, »Layouts in Reportvarianten voreinstellen«).
- Sie können hier Ihre Selektionen in Reportvarianten speichern (siehe Tipp 65, »Vorschlagswerte in Reportvarianten speichern«).

Mehr müssen Sie für diese Auswertung nicht planen. Sie dürfen gerne andere Tabellen aus Ihrem Arbeitsgebiet verwenden. Die Methode, mit der Sie die Namen für transparente Tabellen finden, haben wir für Sie in Tipp 91, »Tabellen für ALV-Auswertungen finden«, dokumentiert.

» Tipp zum Tipp: In der Praxis haben Sie wahrscheinlich nicht die Berechtigung, um jede Tabelle auszuwerten. In diesem Fall fragen Sie Ihre*n Anwendungsbetreuer*in, ob er oder sie Ihnen sogenannte *InfoSets* geben kann, in denen Tabellen für die Auswertung zur Verfügung gestellt werden.

Im folgenden Ablauf legen Sie den Report an, bestimmen die Tabelle, die anzuzeigenden Felder und das Selektionsbild. Dann speichern Sie den Report.

1. Starten Sie die Transaktion SQVI (QuickViewer).

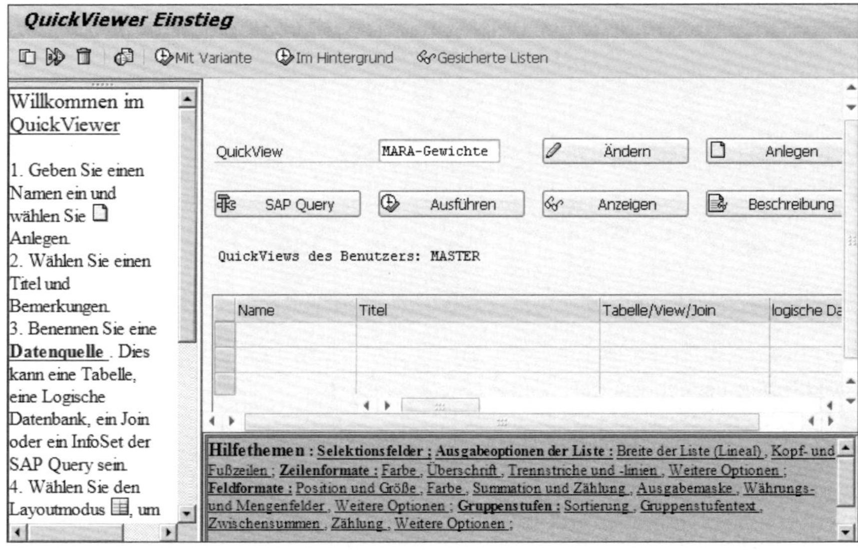

Einstiegsbild der Transaktion SQVI (QuickViewer)

2. Geben Sie im Einstiegsbild in das Feld **QuickView** einen Namen für den neuen Report ein, und klicken Sie rechts oben auf die Schaltfläche **Anlegen**. Es erscheint ein neues Fenster.

Fenster »QuickView anlegen: Datenquelle auswählen«

3. Nehmen Sie im Fenster **QuickView anlegen: Datenquelle auswählen** die folgenden Einstellungen vor:
   - Geben Sie im Feld **Titel** eine Bezeichnung ein. Dieser Titel erscheint später in der Titelleiste der Liste.
   - Da wir in unserem Beispiel eine Tabelle auswerten, wählen wir im Feld **1. Datenquelle** den Eintrag **Tabelle** aus. Alternativ wählen Sie hier den Eintrag **InfoSet**, wenn Ihnen Ihr*e Anwendungsbetreuer*in ein InfoSet zur Verfügung gestellt hat. Es enthält ähnlich wie eine Tabelle Felder. Ein InfoSet kann jedoch auch tabellenübergreifend sein und Felder von mehreren Tabellen enthalten.
   - Geben Sie darunter im Feld **Tabelle/View** den Namen der Tabelle ein. In unserem Beispiel verwenden wir die Tabelle MARA.

   Bestätigen Sie Ihre Angaben mit der [↵]-Taste. Daraufhin wird das aktuelle Fenster ausgeblendet, und Sie befinden sich wieder im Einstiegsbild des QuickViewers.

Zurück in der Sicht »QuickViewer Einstieg«

4. Im rechten Teil des Fensters **QuickViewer Einstieg** sehen Sie nun vier Register. Hier könnten Sie die Felder für die Liste und für das Selektionsbild auswählen. Das geht jedoch schneller im linken Fensterteil des Einstiegsbildes. Damit Sie die Felder komfortabel auswählen können, nehmen Sie für den linken Fensterteil folgende Einstellungen vor:
   - Klicken Sie links oben auf das Symbol ▶ vor dem Eintrag **Allgemeine Materialdaten**. Daraufhin werden die Feldnamen angezeigt.
   - Ziehen Sie den senkrechten Trennstrich zwischen den beiden Fensterteilen nach rechts, damit vom linken Fensterteil mehr zu sehen ist.
   - Ziehen Sie gemäß der nächsten Abbildung im linken Fensterteil den Spaltentrenner zwischen den Spaltenüberschriften **Datenfelder** und **Liste...** nach rechts, damit Sie die Feldnamen komplett sehen.

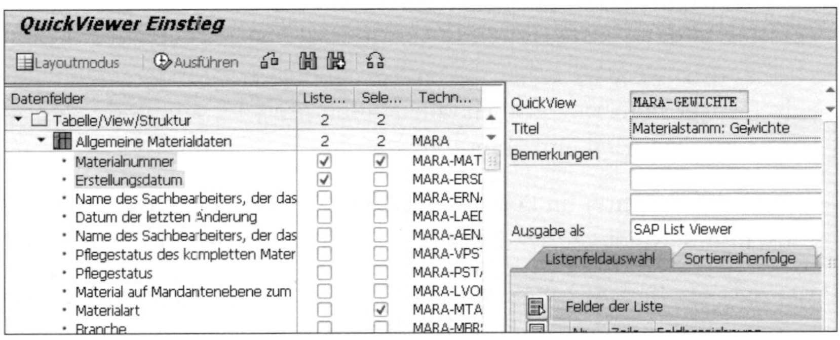

Die Sicht »QuickViewer Einstieg« nach den Einstellungen im linken Fensterteil und den Feldmarkierungen

5. Markieren Sie in der Spalte **Liste...** die Felder, die in der Liste angezeigt werden sollen, und markieren Sie in der Spalte **Sele...** die Felder, die im Selektionsbild angezeigt werden sollen.
6. Fertig! Klicken Sie in der Systemfunktionsleiste auf das Symbol (**Sichern**).

Jetzt wollen Sie natürlich Ihren Report starten und das Listbild sehen. Die Anleitung hierzu und einige weitere nützliche Hinweise finden Sie im nächsten Tipp.

Tipp 90

ALV-Reports mit dem QuickViewer ausführen

Im vorherigen Tipp haben Sie mithilfe der Transaktion SQVI (QuickViewer) einen Report erstellt. Diesen Report holen Sie sich jetzt auf den Bildschirm.

Am Ende des vorherigen Tipps hätten wir bereits den Report ausführen können. Jedoch werden Sie diesen und andere mit dem QuickViewer erstellte Reports noch öfter aufrufen, und deswegen zeigen wir Ihnen hier systematisch den normalen Ablauf.

› Und so geht's

Um einen QuickViewer-Report auszuführen, sind nur wenige Schritte notwendig:

1. Starten Sie die Transaktion SQVI (QuickViewer).

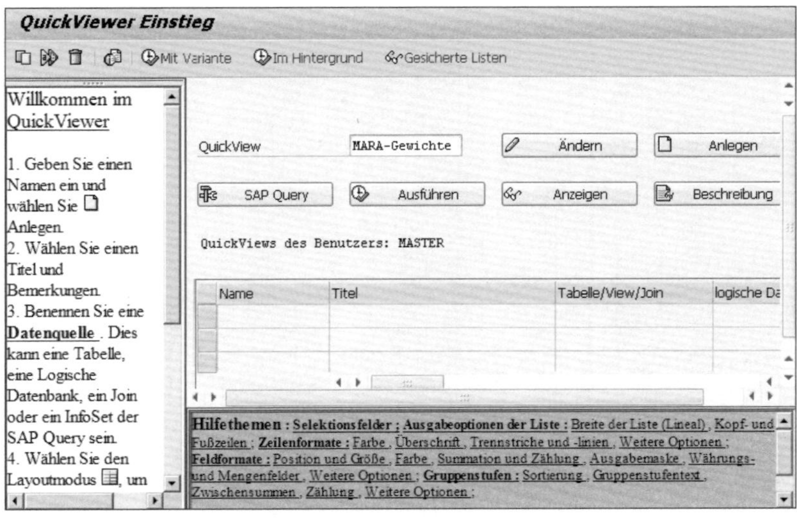

Einstiegsbild der Transaktion SQVI (QuickViewer)

2. Tragen Sie im Einstiegsbild in das Feld **QuickView** den Namen des gespeicherten Reports ein, und klicken Sie auf die Schaltfläche **Ausführen**. Es erscheint ein neues Fenster mit dem Selektionsbild Ihres Reports.

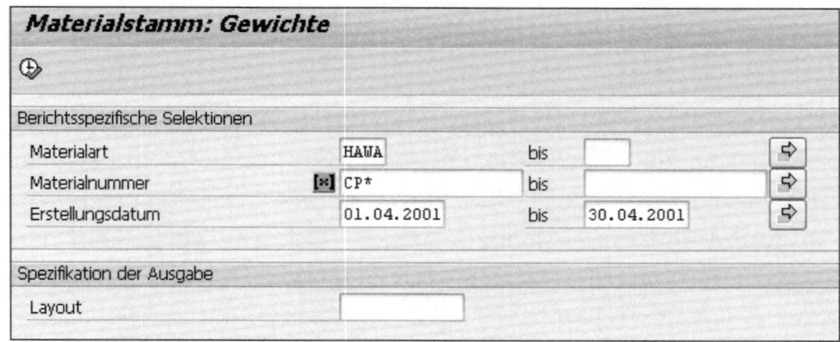

Selektionsbild des neu erstellten Reports

3. Im Selektionsbild erscheinen nun alle Felder, die Sie im vorangegangenen Tipp ausgewählt haben. Geben Sie Ihre Selektion ein, und klicken Sie in der Anwendungsfunktionsleiste auf das Symbol (**Ausführen**). Nun erscheint die Liste in der ALV-Grid-Darstellung.

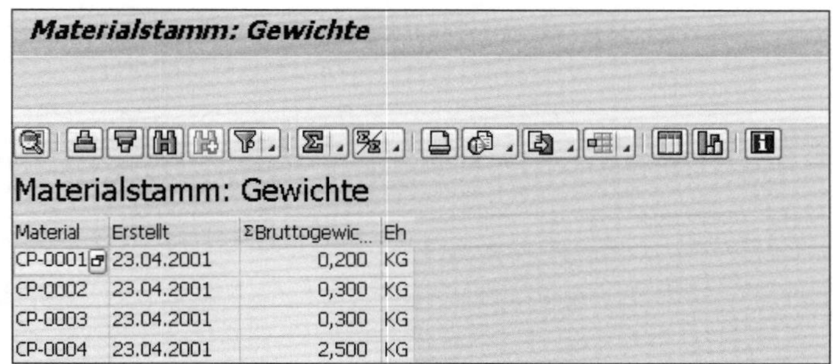

Liste des neu erstellten Reports

4. In der ALV-Grid-Tabelle können Sie die Liste neu sortieren oder Berechnungen durchführen. Hier stehen Ihnen alle Gestaltungsmöglichkeiten des SAP List Viewers zur Verfügung, die in diesem und im vorhergehenden Buchteil beschrieben sind.

5. Klicken Sie dreimal auf das Symbol (**Zurück**), um den QuickViewer zu beenden.

» Tipp zum Tipp: Jetzt hat ein Kollege Ihre tolle Auswertung gesehen und möchte sie auch nutzen. Oder Sie gehen in den Urlaub und wollen, dass Ihre Vertretung den Report ausführt? Das funktioniert nicht so einfach, denn die

QuickViewer-Reports können nur mit dem SAP-Benutzer aufgerufen werden, mit dem sie erstellt wurden. Sollten Kolleginnen und Kollegen den Report benötigen, kann dieser von einem Key-User in eine SAP Query umgewandelt und damit auch für andere Benutzer verfügbar gemacht werden. Sollte dies notwendig sein, sprechen Sie mit Ihrem Key-User.

» Und noch ein Tipp zum Tipp: Arbeiten Sie mit der Komponente Personalwesen? Für Sie gibt es die »Ad-hoc-Query« (andere Bezeichnung: InfoSet Query) im SAP-Menü. Deren Funktionsweise entspricht weitgehend dem QuickViewer. Sie besitzt den Vorteil, dass hier bereits viele vorgefertigte InfoSets zur Verfügung stehen.

Tipp 91

Tabellen für ALV-Auswertungen finden

Stehen Ihnen im QuickViewer keine InfoSets zur Verfügung? Und wissen Sie nicht, in welcher Tabelle die gesuchten Informationen enthalten sind? Dann brauchen Sie die Namen der transparenten Tabellen, bevor Sie eigene Auswertungen mit dem QuickViewer basteln können.

Als Sie in Tipp 89, »Eigene ALV-Reports mit dem QuickViewer anlegen«, den QuickView angelegt haben, hat das SAP-System Sie nach dem Namen der auszuwertenden Tabelle bzw. des InfoSets gefragt. Oft werden Ihnen in der Praxis InfoSets zur Verfügung gestellt, sodass Sie keine Tabellennamen suchen müssen. Für den Fall, dass Sie keine InfoSets erhalten, zeigen wir Ihnen im folgenden Ablauf den Weg, wie Sie Tabellennamen finden.

› Und so geht's

Bevor Sie auf Tabellensuche gehen, sollten Sie wissen, dass es unterschiedliche Arten von Tabellen gibt. Die zwei wichtigsten Tabellenarten sind transparente Tabellen und Strukturtabellen:

- *Transparente Tabellen* können Sie jederzeit mithilfe des QuickViewers auswerten, vorausgesetzt, Sie haben die entsprechende Berechtigung. Von den ca. 500.000 Tabellen des SAP-Systems sind ca. 100.000 transparent, darunter gibt es viele Stammdatentabellen.
- Sehr häufig begegnen Ihnen *Strukturtabellen*. Sie fassen Informationen aus transparenten Tabellen zusammen und werden durch transparente Tabellen temporär »gefüttert«. Diese Tabellen lassen sich folglich mit dem QuickViewer nicht direkt auswerten.

In ein und derselben Transaktion werden manchmal sowohl Felder aus transparenten wie auch aus Strukturtabellen angezeigt. Beispielsweise finden Sie im ersten Bild **Kreditor anzeigen** der Transaktionen MK03 oder FK03 die Adressdaten aus einer Strukturtabelle und im folgenden Bild **Steuerung** Daten aus transparenten Tabellen.

In der folgenden Tabelle erhalten Sie einige Beispiele für Transaktionen und Felder, mit denen Sie über die nachfolgende Methode transparente Tabellen ermitteln können. Anhand dieser Beispiele können Sie in Ihrer Komponente den nachfolgenden Ablauf durchspielen und eigene QuickViewer-Reports zu den genannten Tabellen anlegen.

Komponente	Transaktion	Bild Feld	Tabellenname Feldname
Materialwirtschaft	MM03 (Material anzeigen)	Bild **Grunddaten 1**, Feld **Bruttogewicht**	MARA BRGEW
Vertrieb	VD03 (Debitor anzeigen (Vertrieb))	Bild **Steuerungsdaten**, Feld **Ust-Id.Nr**	KNA1 STCEG
Finanzwesen	FK03 (Kreditor anzeigen (Buchhaltung))	Bild **Steuerung**, Feld **Ust-Id.Nr**	LFA1 STCEG

Transaktionen mit Tabellen- und Feldnamen

Stammdaten der Komponenten Personalwesen und Controlling werden in den jeweiligen Stammdatentransaktionen den Strukturtabellen entnommen.

Der beste Weg zur Tabellensuche für Sie ist die Nutzung der technischen Info, die über die *Feldhilfe* (anderer Begriff: *F1-Hilfe*) aufgerufen wird:

1. Starten Sie die Transaktion, die das gewünschte Feld enthält, zum Beispiel die Transaktion MM03 (Material anzeigen) mit dem Feld **Gewicht**.

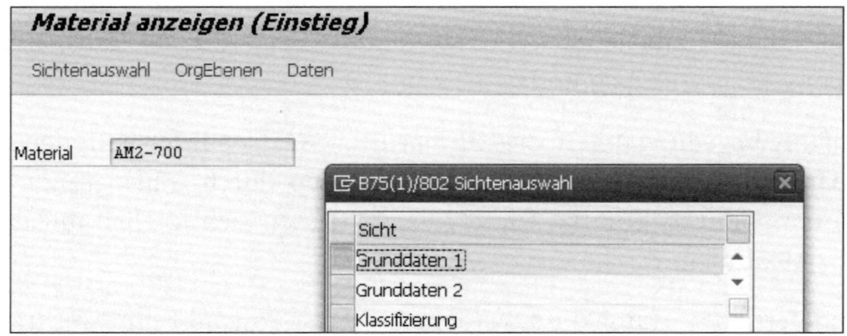

Transaktion MM03 (Material anzeigen) mit Einstiegsbild und dem Fenster »Sichtenauswahl«

2. Geben Sie in unserem Beispiel eine Materialnummer ein, und bestätigen Sie diese mit der ↵-Taste.

3. Im Fenster **Sichtenauswahl** markieren Sie die erste Zeile **Grunddaten 1** und bestätigen dies mit der ↵-Taste.

4. Setzen Sie den Cursor im jeweiligen Bild in das Feld, dessen Herkunftstabelle Sie herausfinden möchten. In unserem Beispiel setzen Sie den Cursor in das Feld **Bruttogewicht**.

5. Drücken Sie die F1-Taste, oder klicken Sie auf das Symbol (**Hilfe**). Daraufhin erscheint gemäß der letzten Abbildung die Feldhilfe mit einer Erläuterung zu dem Feld.

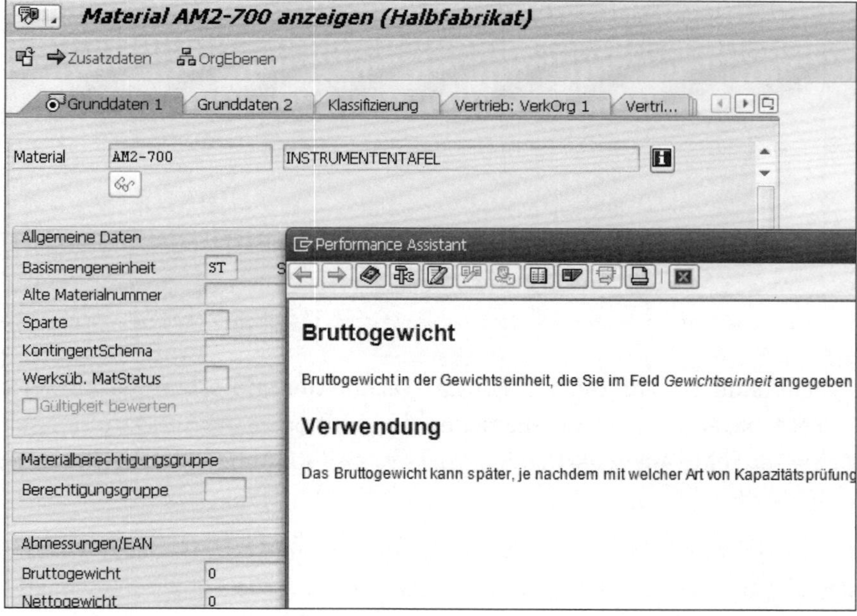

Feldhilfe in der Transaktion MM03 (Material anzeigen) für das Feld »Bruttogewicht«

6. Klicken Sie auf das Symbol (**Technische Info**), mit dem die technische Info angezeigt wird.

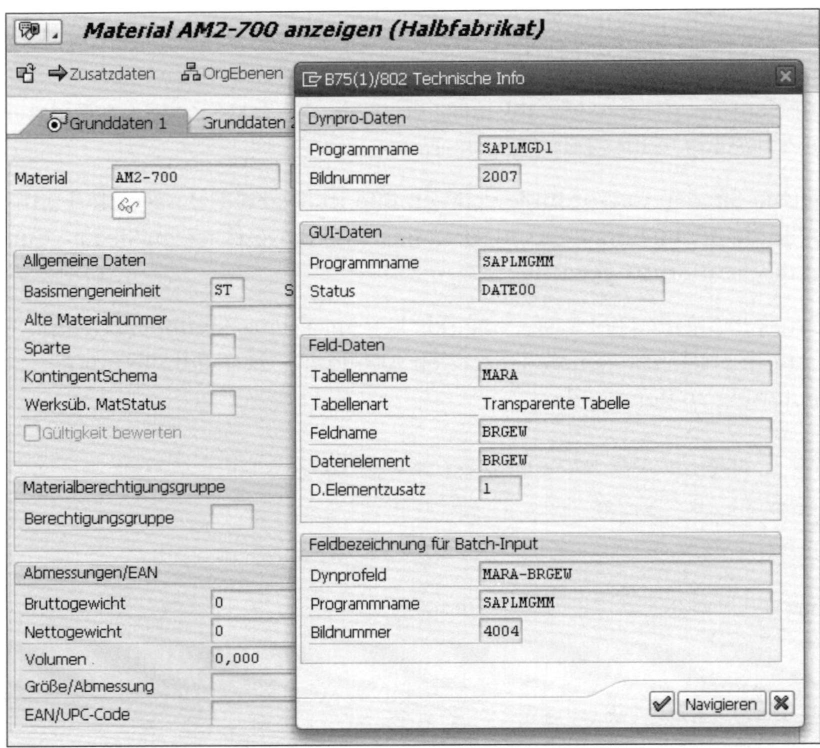

Technische Info für das Feld »Bruttogewicht« in der Transaktion MM03 (Material anzeigen)

7. Jetzt sind Sie am Ziel. Im Fenster **Technische Info** sehen Sie im Bereich **Feld-Daten** im Feld **Tabellenname** den Eintrag »MARA«. Darunter sehen Sie im Feld **Tabellenart** zudem, dass es sich um eine transparente Tabelle handelt.

Sie wissen nun, dass Sie im QuickViewer die Tabelle MARA auswählen, um das Bruttogewicht der Materialien auszuwerten. Wie Sie einen eigenen Report im QuickViewer erstellen, erfahren Sie in Tipp 89, »Eigene ALV-Reports mit dem QuickViewer anlegen«.

» Tipp zum Tipp: Wenn Sie nur die Bezeichnung einer Strukturtabelle erhalten, fragen Sie Ihren Key-User nach den Namen der dahinterliegenden transparenten Tabellen. Er wird mit einer der Transaktionen SE36 (Logical Database Builder), SE80 (Object Navigator), SE85 (ABAP/4 Dictionary Infosystem) oder ST05 (Performance-Trace) versuchen, die transparenten Tabellen zu ermitteln. Auch über Google haben Sie gute Chancen, die transparente Tabelle zu finden.

Auch die Transaktion SE16H (Allgemeine Tabellenanzeige) ermöglicht die Auswertung von transparenten Tabellen. Jedoch erlaubt diese Transaktion keine Nutzung von InfoSets, und deshalb sind nur eingeschränkte tabellenübergreifende Auswertungen möglich. Dafür funktioniert die Erstellung von Listen noch schneller als mit dem QuickViewer, und deshalb wird die Transaktion SE16H in der Praxis sehr gerne für spontane Auswertungen einzelner Tabellen genutzt. Jedoch haben in der Regel nur ausgewählte Key-User oder Anwendungsbetreuer*innen die Berechtigung für diese Transaktion.

TEIL 11

Druck und Download

Noch ist das papierlose Büro nicht Realität geworden. Das SAP-System bietet Ihnen jedoch Funktionen, die effektiver sind, als Ausdrucke zu erstellen, diese zu lochen, zu heften, abzulegen und daraus bei Bedarf mühselig wieder eine Information herauszukramen. Selbst die Kolleginnen und Kollegen, die in Ihrem Unternehmen keinen SAP-Zugang haben, können Sie über die Download-Funktion auf elektronischem Weg mit den nötigen Informationen versorgen. Und wenn Sie dennoch manchmal Ausdrucke benötigen, erfahren Sie in diesem Teil auch, mit welchen Voreinstellungen Sie diese schneller und komfortabler erhalten.

› Tipps in diesem Teil

Tipp 92
Schnelle Hardcopy erstellen

Oft wollen Sie keinen Report mit vorhergehender Selektion, sondern einfach nur das SAP-Fenster auf die Schnelle so drucken, wie es auf dem Bildschirm gerade angezeigt wird.

Sie brauchen einen Ausdruck des Bildschirms? Der umständliche Weg wäre, mit der Tastenkombination [Alt] + [Druck] das Fenster erst in die Zwischenablage zu übernehmen, um es von dort in ein Programm wie Microsoft Word einzusetzen und anschließend zu drucken.

Sie können ein SAP-Fenster sofort ausdrucken. Mit anderen Worten: Sie erstellen eine Hardcopy (andere Bezeichnungen: Screenshot, Bildschirmabgriff) der aktuellen Bildschirmdarstellung.

› Und so geht's

So verwenden Sie die Hardcopy-Funktion:

1. Ziehen Sie das SAP-Fenster auf die gewünschte Größe.
2. Klicken Sie in der Systemfunktionsleiste ganz rechts auf das Symbol (**Lokales Layout anpassen**).
3. In dem damit geöffneten Layoutmenü wählen Sie den Befehl **Hardcopy**.

Das war's schon: Das aktuelle SAP-Fenster wird so, wie es auf dem Bildschirm dargestellt ist, ohne weitere Rückfragen sofort ausgedruckt.

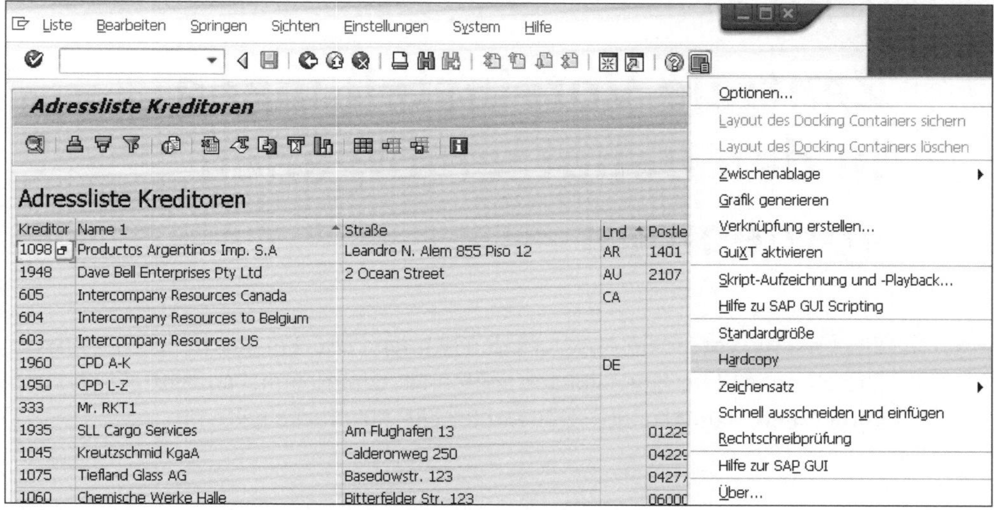

Layoutmenü mit dem Befehl »Hardcopy«

» Tipp zum Tipp: Es gibt verschiedene Tools für Windows, die ebenfalls den Sofortdruck beliebiger Fenster und Ausschnitte über schnelle Tastenkombinationen ermöglichen. Das Tool *Hardcopy* ergänzt den Ausdruck nicht nur mit dem Datum, sondern auch mit SAP-spezifischen Informationen wie dem Benutzernamen oder der System-ID. Dies ist besonders hilfreich, wenn Sie als Key-User Anwendungen testen und Testergebnisse dokumentieren. Weitere Informationen hierzu finden Sie unter *www.info.hardcopy.de*.

Tipp 93

Zentrale Voreinstellungen in den Benutzervorgaben vornehmen

Es ist müßig, vor jedem Ausdruck den richtigen Drucker auswählen zu müssen. Diese und weitere Einstellungen sollten Sie daher einmal an zentraler Stelle vornehmen, damit sie übergreifend für alle Ausdrucke gelten.

Das Ausgabegerät, auf dem Sie normalerweise drucken, ist üblicherweise der Windows-Standarddrucker. Dieser wird im SAP-System als LOCL bezeichnet. Damit wird der lokale Drucker benannt, der beispielsweise auch beim Ausdruck aus Microsoft Word automatisch durch Windows angesteuert wird. Um nicht vor jedem Ausdruck im SAP-System diesen Drucker angeben zu müssen, nehmen Sie einmal eine entsprechende zentrale Voreinstellung für Ihren Benutzer vor.

› Und so geht's

Die Voreinstellungen lassen sich schnell erledigen:

1. Wählen Sie die Menüoption **System ▸ Benutzervorgaben ▸ Eigene Daten**, oder geben Sie im Befehlsfeld zum Aufruf dieser Transaktion den Code »SU3« ein.

2. Klicken Sie auf das Register **Festwerte**.

3. Im Register **Festwerte** bestimmen Sie in der Feldgruppe **Spool-Steuerung** die folgenden Voreinstellungen:

- **Ausgabegerät**
  Hier geben Sie das Kurzzeichen für das Ausgabegerät an, auf dem Sie normalerweise drucken. Üblicherweise wird hier LOCL für den Windows-Standarddrucker eingestellt.

- **Sofort ausgeben**
  Wenn diese Einstellung aktiviert ist, erfolgt der sofortige Ausdruck auf dem Ausgabegerät, also auf Ihrem Drucker. Dies ist die normale Einstellung in der Praxis. Wenn die Einstellung deaktiviert ist, verbleibt ein Spool-Auftrag in der Spool-Steuerung (Ausgabesteuerung), bis Sie dort mithilfe der Transaktion SP02 (Anzeigen von Spool-Aufträgen) den Ausdruck veranlassen.

- **Löschen nach Ausgabe**
  Diese Einstellung sorgt dafür, dass das SAP-System nach dem erfolgreichen Ausdruck den Spool-Auftrag in der Spool-Steuerung löscht. Auch diese Voreinstellung ist in der Praxis normalerweise angekreuzt.

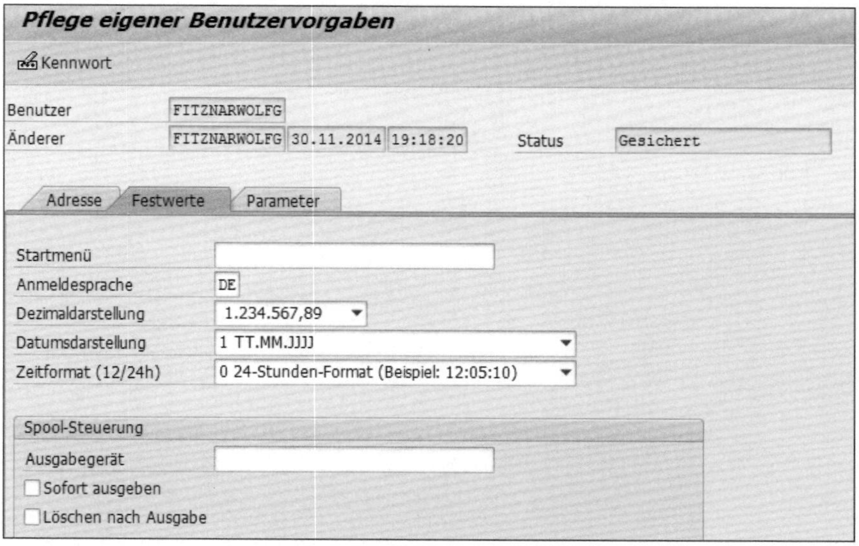

Fenster »Pflege eigener Benutzervorgaben« mit Register »Festwerte«

4. Mit einem Klick auf das Symbol (**Sichern**) speichern Sie Ihre Einstellungen.

Bereits beim nächsten Druck werden Ihre Vorgaben wirksam. Das Ausgabegerät ist im Fenster **ALV-Liste drucken** voreingetragen.

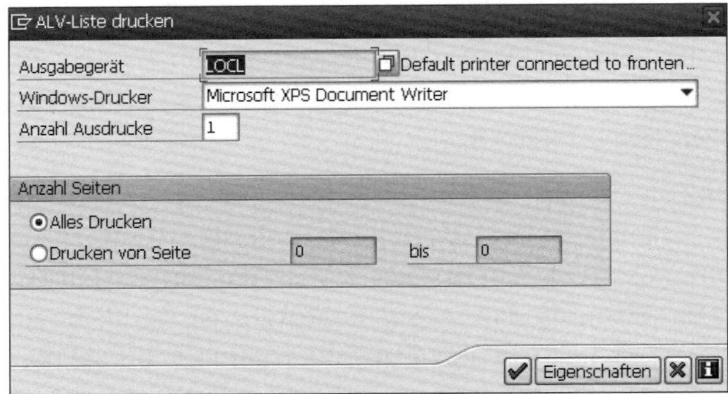

Fenster »ALV-Liste drucken« mit voreingestelltem Ausgabegerät

Die weiteren Vorschlagswerte werden aus Ihren Benutzervorgaben in das Fenster **Eigenschaften** übernommen. Die Vorschlagswerte können Sie direkt vor dem Druck bei Bedarf noch ändern. Im folgenden Tipp 94, »Probleme beim Ausdruck vermeiden«, erhalten Sie weitere Informationen zu diesem Fenster.

Tipp 94

Probleme beim Ausdruck vermeiden

Direkt vor dem Ausdruck können Sie verschiedene Voreinstellungen durchführen, die manchmal Probleme verursachen, aber auch Probleme lösen können. Nachfolgend erhalten Sie eine Übersicht über die wichtigsten Einstellungen.

Mit dem Drucken gibt es öfters Probleme in der Praxis. Manchmal werden die Seiten nur bis zur Mitte bedruckt, und dann geht es schon auf der nächsten Seite weiter. Der Ausdruck besteht dann ausschließlich aus halb leeren Seiten.

Ein weiteres in der Praxis oft auftretendes Problem: Jeder Ausdruck enthält als erste Seite eine oft überflüssige technische Aufstellung mit Angaben zur Selektion, die normalerweise erst einmal in den Papierkorb wandert.

Selektionsfeld	Wert	
Material	AM2-7*	#
Datenbank	X	
	X	

Angaben zur Selektion auf der ersten Seite eines Ausdrucks

Wie Sie diese erste Seite unterdrücken, halb leere Seiten vermeiden und weitere nützliche Voreinstellungen vornehmen, erfahren Sie im folgenden Ablauf.

› Und so geht's

Für die Einstellungen zur Druckausgabe sind folgende Schritte notwendig:

1. Starten Sie mit einem beliebigen Report in eine ALV-Liste.

2. In der ALV-Liste klicken Sie in der Systemfunktionsleiste auf das Symbol (**Drucken**). Es erscheint das Fenster **ALV-Liste drucken**.

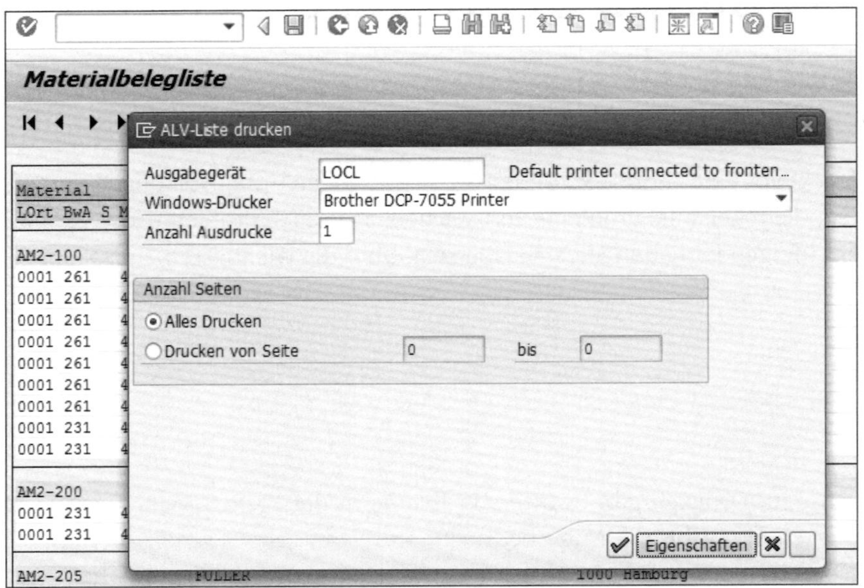

Fenster »ALV-Liste drucken« mit der Schaltfläche »Eigenschaften«, im Hintergrund die Liste der Transaktion MB51 (Materialbelegliste)

3. Im Fenster **ALV-Liste drucken** klicken Sie rechts unten auf die Schaltfläche **Eigenschaften**. Und damit kommen wir zum Kern der Sache.

4. Es öffnet sich das Fenster **Eigenschaften Spoolauftrag**, in dem Sie verschiedene Voreinstellungen vornehmen können. Eine Übersicht über die möglichen Einstellungen finden Sie in der Tabelle am Ende des Tipps. Zuvor zeige ich Ihnen, *wie* Sie die Einstellungen vornehmen:

   - Öffnen Sie zuerst den Ordner für die gewünschte Einstellung, wie beispielsweise **Deckblätter**, mit einem Klick auf das vorangestellte Dreieck.
   - Klicken Sie im geöffneten Ordner doppelt auf den Eintrag, den Sie ändern möchten, wie beispielsweise **ALV-Selektionen** oder **ALV-Statistik**.
   - Nun wandern Ihr Blick und Ihr Mauszeiger nach unten, denn im unteren Fensterteil **Ändern Eigenschaften** ändern Sie nun die Eigenschaft, die Sie eben doppelt angeklickt haben. Je nach gewählter Eigenschaft setzen Sie dort ein Häkchen, geben einen Text ein oder wählen einen Eintrag aus einer Liste aus. In unserem Fall entfernen Sie das Häkchen

für das Feld **ALV-Selektionen**. Damit unterdrücken Sie den Ausdruck der ersten Seite mit den Angaben zur ALV-Selektion.

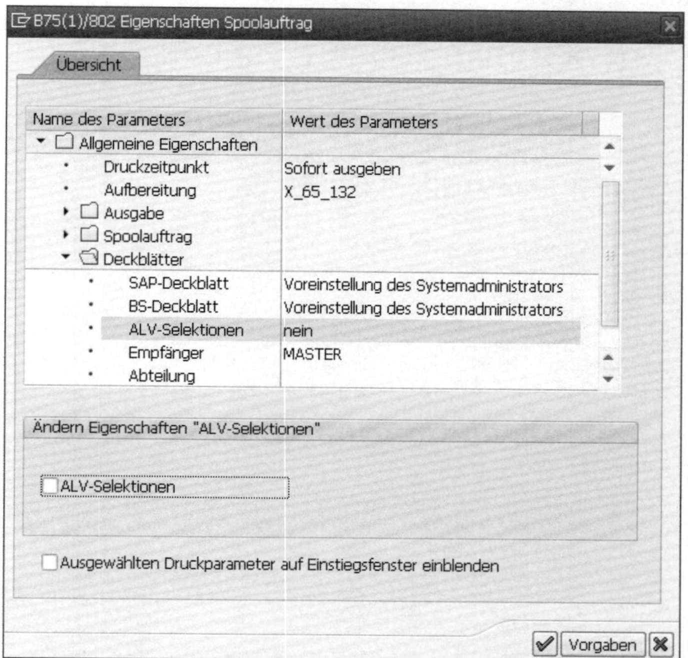

Fenster »Eigenschaften Spoolauftrag« mit geöffnetem Ordner »Deckblätter« und Eigenschaft »ALV-Selektionen«

5. Fertig? Nein! Denn das SAP-System merkt sich die gesetzte Eigenschaft nicht. Wenn Sie nicht vor jedem Ausdruck die Eigenschaft ändern möchten, klicken Sie jetzt auf die Schaltfläche **Vorgaben**. Wenn Sie jedoch nur ausnahmsweise eine Einstellung ändern möchten, dürfen Sie wie beim Leiterspiel zum letzten Schritt dieser Anleitung springen.

6. Wenn Sie auf die Schaltfläche **Vorgaben** klicken, öffnet sich das Fenster **Einstellungen pflegen**. Hier sind folgende Einstellungen relevant:

   - Oben sehen Sie im Feld **Name des Feldes** den Eintrag der zuletzt im vorhergehenden Fenster **Eigenschaften Spoolauftrag** ausgewählten Einstellung, in unserem Fall die Einstellung **ALV-Selektionen**. Darunter im Feld **Vorgabewert des Feldes** finden Sie die eingestellte Vorgabe **nein**.

   - In der Feldgruppe **Gültigkeit** markieren Sie die Option **Gültig für alle Reports**, wenn Sie ein für alle Mal die unnötige erste Seite mit den ALV-Selektionsangaben vermeiden wollen.

- Nun klicken Sie auf die Schaltfläche **Einstellung übernehmen**. Damit erscheint in unserem Beispiel die Einstellung **ALV-Selektionen** zusätzlich in der unteren Tabelle.

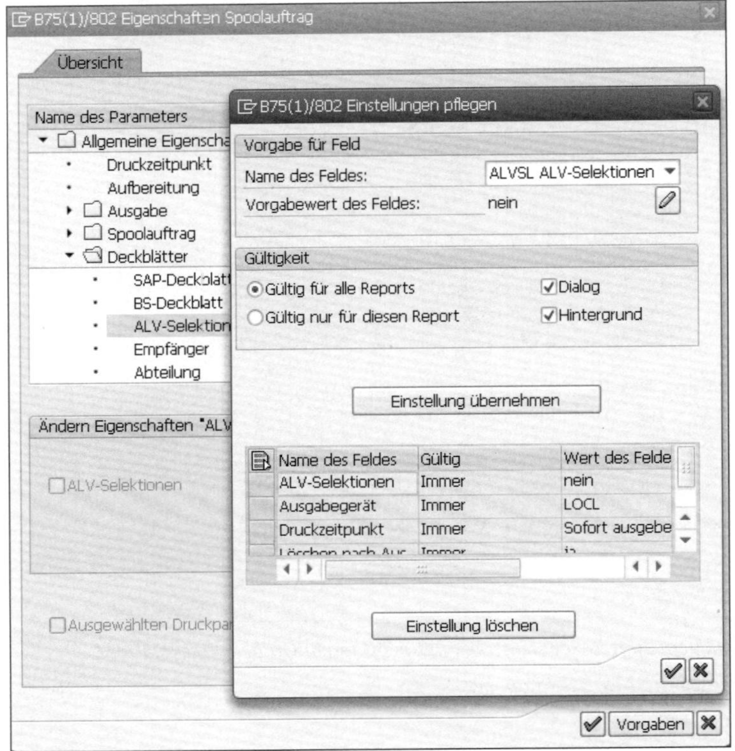

Im Hintergrund das Fenster »Eigenschaften Spoolauftrag« mit dem geöffneten Ordner »Deckblätter«, im Vordergrund das Fenster »Einstellungen pflegen«

7. Drücken Sie [↵], um das Fenster **Einstellungen pflegen** zu schließen.

8. Drücken Sie nochmals [↵]. Damit schließen Sie das Fenster **Eigenschaften Spoolauftrag** und sind jetzt wieder im Fenster **ALV-Liste drucken**.

Versprochen ist versprochen und wird nicht gebrochen. Wie in Schritt 4 angekündigt, erhalten Sie in der folgenden Tabelle einen Überblick über spannende Einstellmöglichkeiten für das Fenster **Eigenschaften Spoolauftrag**. Sie wissen ja bereits, dass das GUI sehr abwechslungsreich ist. Deshalb werden Sie sich nicht darüber wundern, wenn ich Ihnen jetzt mitteile, dass es nicht jede Einstellung in jedem Report gibt. Zum Beispiel fehlen die Einstellungen **ALV-Statistik** und **ALV-Selektionen** aus dem Ordner **Deckblätter** in den Postenlisten des Finanzwesens wie FBL5N (Debitoren Einzelpostenliste).

Einstellung	Erläuterung
Eigenschaft **Druckzeitpunkt**	Wenn Sie hier die Einstellung **Sofort ausgeben** wählen, wird der sofortige Ausdruck auf dem Ausgabegerät veranlasst (siehe Tipp 93, »Zentrale Voreinstellungen in den Benutzervorgaben vornehmen«).
Eigenschaft **Aufbereitung**	Hier geben Sie die Anzahl der Zeilen und Spalten an, die auf einer Seite gedruckt werden sollen. Üblich für den DIN-A4-Druck im Hochformat sind 65 Zeilen und 80 Spalten. Eine weitere mögliche Option, die Druckaufbereitung »44 Zeilen mit 120 Spalten«, bewirkt den Druck im Querformat. In der Regel werden passende Einstellungen vorgeschlagen, die hier bei Bedarf geändert werden können. Wenn ein Ausdruck ausschließlich aus halb leeren Seiten besteht, liegt das an der hier eingestellten Zeilenanzahl.
Ordner **Spoolauftrag**, Eigenschaft **Titel**	Sie können für Ihren Spool-Auftrag einen Titel vergeben, sodass Sie Ihren Auftrag später über die Transaktion SP02 (Anzeigen von Spool-Aufträgen) in der Spool-Steuerung leichter finden können.
Ordner **Deckblätter**, Eigenschaft **SAP-Deckblatt**	Das Deckblatt ist die erste Seite des Ausdrucks. Dies ist sehr praktisch, wenn Sie zusammen mit Kolleg*innen einen Abteilungsdrucker nutzen, denn auf dem Deckblatt sind auch Sie mit Ihrem Benutzernamen vermerkt, sodass Sie Ihre Ausdrucke leicht identifizieren können.
Ordner **Deckblätter**, Eigenschaften **ALV-Statistik** und **ALV-Selektionen**	Die ALV-Statistik zeigt beispielsweise die Anzahl der gedruckten Datensätze und die Sortierspalten als eigene Seite zu Beginn des Reports und wird nur in Ausnahmefällen benötigt. Die ALV-Selektion zeigt die Felder und Feldwerte für die Selektion.

Einstellmöglichkeiten im Fenster »Eigenschaften Spoolauftrag«

Einstellung	Erläuterung
Ordner **Spool-Steuerung**, Eigenschaft **Nach Ausdruck sofort löschen**	Wenn später in der Spool-Steuerung ein mehrmaliger Ausdruck auf verschiedenen Ausgabegeräten erfolgen oder der Ausdruck als Spool-Auftrag zur Dokumentation erhalten bleiben soll, kann damit eine Löschung nach der ersten Ausgabe verhindert werden (siehe Tipp 95, »Spool-Aufträge zur schnellen Recherche nutzen«).
Ordner **Spool-Steuerung**, Eigenschaft **Spool-Verweildauer**	Ein Spool-Auftrag wird nach Überschreitung einer hier festgelegten Verweildauer automatisch gelöscht. Einstellbar sind ein bis acht Tage sowie die komplette Abschaltung der automatischen Löschung. Letzteres kann nicht nur zur Dokumentation, sondern auch zum schnellen Auffinden von Informationen in Listen interessant sein und das oft praktizierte »Lochen, Heften, Ablegen, Ordnerrausholen, Rumsuchen etc.« ersetzen (siehe Tipp 95, »Spool-Aufträge zur schnellen Recherche nutzen«).

Einstellmöglichkeiten im Fenster »Eigenschaften Spoolauftrag« (Forts.)

» Tipp zum Tipp: Im Fenster **Einstellungen pflegen** können Sie Vorgaben machen, die im vorhergehenden Fenster **Eigenschaften Spoolauftrag** nicht angezeigt werden. Zum Beispiel ist hier der Eintrag »FOOTL Fußzeile« versteckt, der den Druck individueller Fußzeilen erlaubt. Öffnen Sie dazu im Fenster **Einstellungen pflegen** das Listenfeld **Name des Feldes**.

Tipp 95

Spool-Aufträge zur schnellen Recherche nutzen

Gibt es lange Listen, die Sie öfter brauchen, zum Beispiel Protokolle? Oder benötigen Sie häufig Informationen aus Listen, die nur im Hintergrund erzeugt werden? Bevor Sie diese Listen drucken, sollten Sie diesen Tipp lesen.

Wenn Sie eine Liste häufig benötigen, um Nachfragen zu beantworten, können Sie diese einfach im Spool belassen. Wechseln Sie dort in die Anzeige der Liste, und lassen Sie die Liste in einem eigenen Fenster den ganzen Tag offen. Wenn nun jemand anruft, müssen Sie nur auf das Symbol (**Suchen**) klicken, den Suchbegriff eingeben und die ↵-Taste drücken, um Auskunft geben zu können.

Auch für Listen, die nur als Spool-Auftrag erstellt werden, wie beispielsweise die Protokolldatei Elstam für das Meldeverfahren EEL (Entgeltersatzleistungen) in der Komponente Personalwesen, ist dies eine sehr gute Methode.

Zuvor sind jedoch einige Voreinstellungen nötig, die ich Ihnen in diesem Tipp näher vorstelle.

› Und so geht's

Zwei Voraussetzungen gibt es für die Nutzung von längeren Listen im Spool:

- Die Spool-Verweildauer ist standardmäßig auf acht Tage eingestellt. Wenn Sie den Spool-Auftrag länger als acht Tage benötigen, korrigieren Sie das automatisch gesetzte Löschdatum.
- Der Anzeigebereich beträgt standardmäßig nur zehn Seiten und muss für längere Listen hochgesetzt werden.

Und so nehmen Sie die beiden Einstellungen vor:

1. Erstellen Sie aus einer ALV-Liste einen größeren Spool-Auftrag mit mehr als zehn Druckseiten.

2. Starten Sie die Transaktion SP02 (Anzeigen von Spool-Aufträgen), oder wählen Sie in der Menüleiste den Befehl **System ▸ Eigene Spoolaufträge**. Sie erhalten in beiden Fällen die Liste Ihrer eigenen Spool-Aufträge.

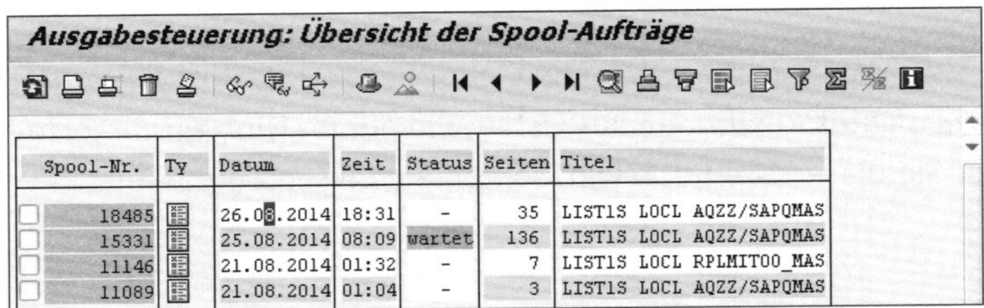

Transaktion SP02 (Anzeigen von Spool-Aufträgen) mit Spool-Auftrag von 35 Seiten

3. Zunächst ändern Sie das Löschdatum. Klicken Sie dazu in der ersten Spalte **Spool-Nr.** doppelt auf die Nummer des entsprechenden Spool-Auftrags. Es erscheint ein neues Bild mit Detaileinstellungen zum Spool-Auftrag.

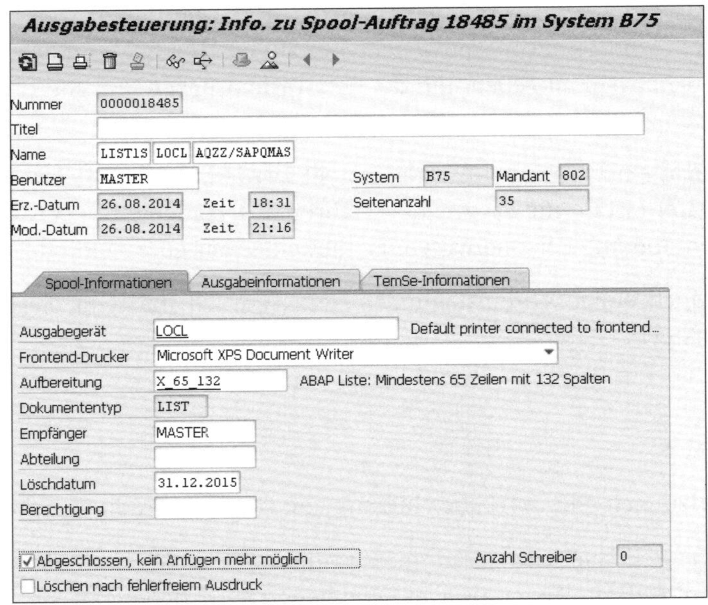

Transaktion SP02 (Anzeigen von Spool-Aufträgen) mit Detaileinstellungen zum Spool-Auftrag

4. Setzen Sie im Feld **Löschdatum** das Datum hoch, denn nach Ablauf des Datums wird der Spool-Auftrag automatisch durch einen Job gelöscht. Markieren Sie das Feld **Abgeschlossen, kein Anfügen mehr möglich**, und

entfernen Sie die Markierung im Feld **Löschen nach fehlerfreiem Ausdruck**. Speichern Sie diese Einstellungen mit einem Klick auf das Symbol (**Sichern**). Dadurch gelangen Sie wieder in die Liste Ihrer eigenen Spool-Aufträge.

5. Klicken Sie in der Spalte **Ty** auf das Symbol (**ABAP-Liste**), um den Inhalt der Liste anzuzeigen. In der Statusleiste erscheint eine Meldung, dass nur zehn von 35 Seiten angezeigt werden.

Graphische Anzeige Spool-Auftrag 18485 im System B75

Einstellungen... Graph. Graph. ohne Strukturinfo

26.08.2014 Adressliste Debitoren

Adressliste Debitoren

Debitor	Name 1	Straße	Lnd	Postleitz.
300050				
2402	Jashanmal International Trading Co	25 Sheikh Zayed Road	AE	.
1990	Mansur Computers. Inc.	486 Corniche Avenue	AE	19341
100061	Cliente 1		AR	1001
100066	Cliente 2		AR	1001
7700	Papelera Martinez S.R.L.	202 Salta	AR	1001
7500	Seguridad Total Argentina S.A.	426 Talcahuano	AR	1221
7600	Telecomunicaciones Star S.A.	12221 Av. Libertador	AR	1511

Nur Seite 1 bis Seite 10 von 35 angezeigt. SP02 hq12388 INS

Transaktion SP02 (Anzeigen von Spool-Aufträgen) mit Anzeige des Reports und der Meldung in der Statusleiste, dass nur zehn von 35 Seiten angezeigt werden

6. Wählen Sie daher nun in der Menüleiste den Befehl **Springen ▸ Auftragsanzeige ▸ Einstellungen**. Es öffnet sich ein eigenes Fenster für die Einstellungen.

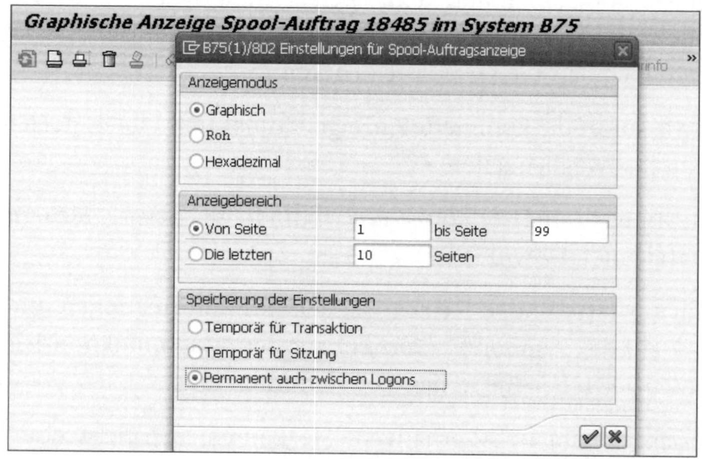

Transaktion SP02 (Anzeigen von Spool-Aufträgen) mit dem Fenster »Einstellungen für Spool-Auftragsanzeige«

7. Im Fenster **Einstellungen für Spool-Auftragsanzeige** nehmen Sie zwei Einstellungen vor:
   - Überschreiben Sie im Feld **bis Seite** den Eintrag »10« beispielsweise mit der Zahl »99«.
   - Bestimmen Sie in der Feldgruppe **Speicherung der Einstellungen**, ob dies nur für jetzt oder dauerhaft (Einstellung **Permanent auch zwischen Logons**) gelten soll.
8. Bestätigen Sie diese Einstellungen mit der [↵]-Taste. Darauf reagiert das SAP-System mit einer Warnmeldung.

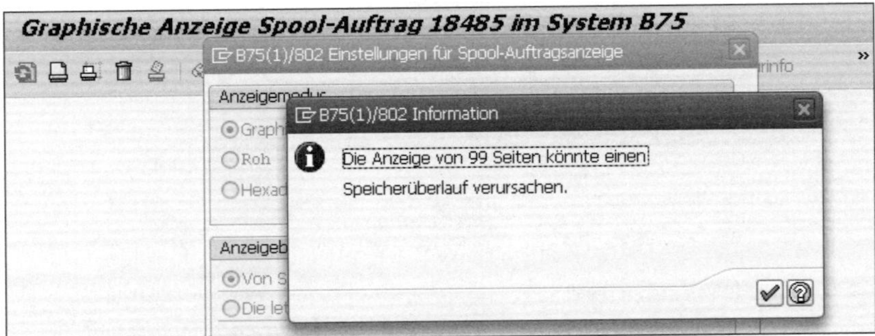

Warnmeldung nach Bestätigung des Fensters »Einstellungen für Spool-Auftragsanzeige«

9. Jaja, die Meldung wird bereits ab einer Einstellung von elf Seiten angezeigt, da die Seiten komplett in den Hauptspeicher geladen werden und das SAP-System um die Performance bangt. Da Sie eine bescheidene Liste aus Buchstaben und Zahlen und keine speicherhungrigen SAPscript-Formulare mit Grafiken anzeigen wollen, dürfen Sie jedoch ohne jegliche Hemmungen nochmals die [↵]-Taste drücken.
10. Nun sehen Sie sofort die komplette Anzeige. Prima! Hier gibt es noch folgende praktische Möglichkeiten:
    - Im Kontextmenü der Liste können Sie mithilfe des Befehls **Sichern in lokale Datei** einen Download veranlassen.
    - Innerhalb der Liste finden Sie sehr schnell Ihre Informationen mit einem Klick auf das Symbol (**Suchen**) aus der Systemfunktionsleiste. Das Suchfenster sehen Sie in der nächsten Abbildung.

Für dieses Verfahren gibt es Alternativen. Sie können beispielsweise für einen Spool-Auftrag eine PDF-Datei erzeugen und diese zum schnellen Aufruf auf dem Desktop speichern.

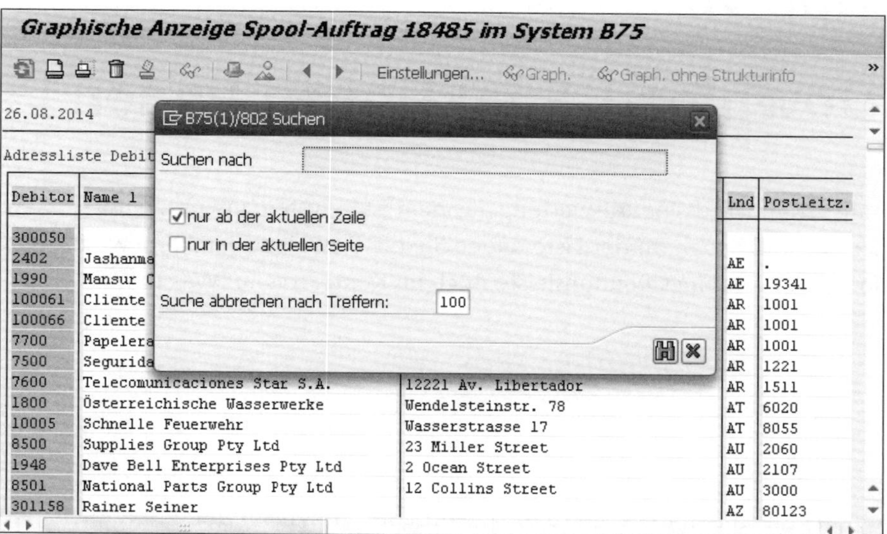

Transaktion SP02 (Anzeigen von Spool-Aufträgen) mit Anzeige des kompletten Reports nach dem Klick auf das Symbol für Suchen

» Tipp zum Tipp: Eine weitere Alternative gibt es im Menü **System**. Wählen Sie dort den Befehl **Liste ▸ Sichern ▸ Ablage SAPoffice**, wenn Sie sich in der ALV-Liste befinden. Damit wird der Report ohne weitere Rückfrage in Ihrer persönlichen Mappe abgelegt. In diese Mappe gelangen Sie mit der Transaktion SBWP (Business Workplace). Wie Sie in der folgenden Abbildung sehen, werden dort im rechten Fensterteil Ihre abgelegten Reports aufgelistet. Nach einem Doppelklick auf die gewünschte Reportzeile zeigt Ihnen das SAP-System den Inhalt an.

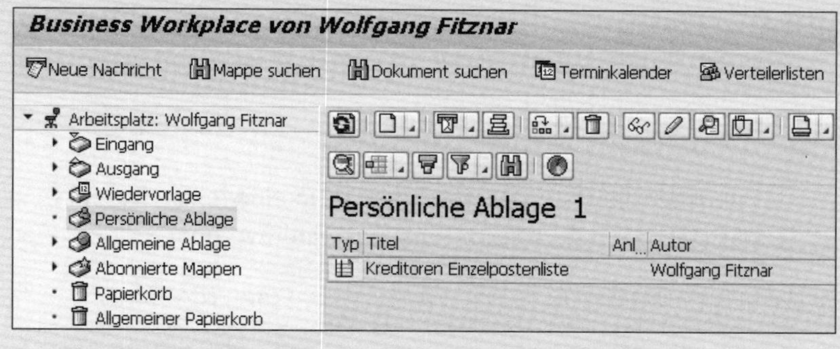

Transaktion SBWP (Business Workplace) mit der Mappe »Persönliche Ablage«

Tipp 96
Download-Funktionen finden

Ihr Chef möchte eine Auswertung aus dem SAP-System in Form einer Excel-Datei haben. In der Liste finden Sie die Download-Funktion weder in der Anwendungsfunktionsleiste noch im Kontextmenü. Was tun?

Wenn Sie die im SAP-System gewünschte Download-Funktion nicht auf Anhieb finden, geben Sie nicht zu früh auf, sondern orientieren Sie sich an folgendem Motto von Thomas Alva Edison: »Unsere größte Schwäche liegt im Aufgeben. Der sichere Weg zum Erfolg ist immer, es doch noch einmal zu versuchen.«

› Und so geht's

Je nach Liste hat SAP die Funktionen für den Download an verschiedenen Stellen versteckt. Üblicherweise verwenden Sie in der Anwendungsfunktionsleiste einer ALV-Liste eines der Symbole aus der folgenden Tabelle.

Symbol	Funktion
	Überträgt die Daten auf den PC direkt in Microsoft Word.
	Überträgt die Daten auf den PC direkt in Microsoft Excel.
	Überträgt die Datensätze auf den PC in eine lokale Datei. Das Dateiformat kann im Ablauf gewählt werden.

Symbole für Download-Funktionen in der Anwendungsfunktionsleiste der ALV-Liste

Gibt es keines der Symbole, lohnt sich ein Blick in das Kontextmenü. Beispielsweise gibt es in den Postenlisten des Finanzwesens kein Symbol für einen Download in der Anwendungsfunktionsleiste. Dafür enthält das Kontextmenü die entsprechenden Menübefehle **Lokale Datei...**, **Tabellenkalkulation...** und **Textverarbeitung...**.

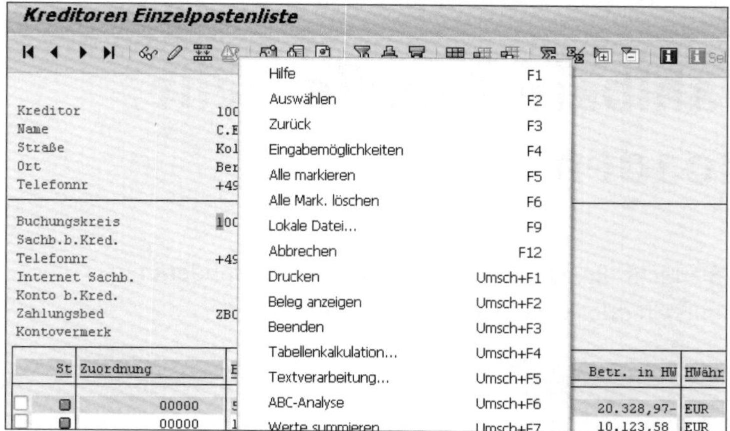

Postenliste im Finanzwesen mit Kontextmenü

Doch es gibt auch Listen, in denen weder in der Anwendungsfunktionsleiste noch im Kontextmenü Funktionen zum Download zur Verfügung stehen. In diesem Fall greifen Sie auf die Menüleiste zurück. Dort gibt es folgende zwei Optionen, und eine davon sollte immer verfügbar sein.

- im Menü **Liste** das Untermenü **Exportieren** mit verschiedenen Befehlen
- im Menü **System** der Befehl **Liste ▸ Sichern ▸ Lokale Datei**

Sowohl das Symbol wie auch der entsprechende Menübefehl **Lokale Datei** bieten die Dateiformate an, die Sie in folgender Abbildung sehen.

Dateiformate für den Download mit der Funktion »Lokale Datei«

» Tipp zum Tipp: Nutzen Sie die Download-Funktion häufig? In diesem Fall lohnt es sich, Ihren persönlichen Download-Ordner in Windows einzurichten. Verwenden Sie dazu den Benutzerparameter »GR8 – SAP Grafik: Filetransfer DOWNLOAD Pfad«. Nähere Informationen finden Sie in Tipp 26, »Zentrale Vorschlagswerte in Benutzerparametern definieren«.

Tipp 97
Frei wählbare Tabellenteile downloaden

Oft benötigen Sie nicht die ganze Tabelle als Download, sondern nur einen Tabellenbereich oder einen einzelnen Feldinhalt.

Sie möchten lediglich einen Teil einer Tabelle beispielsweise nach Word, Excel oder in eine Outlook-Mail kopieren? Dazu verwenden Sie einfach die Zwischenablage von Windows. Doch in SAP-Tabellen lassen sich einzelne Bereiche oder Felder leider nicht so einfach wie in Excel markieren:

- In ALV-Grid-Listen markieren Sie mit einem Klick immer nur eine Zeile.
- In ALV-Classic-Listen bewirkt das Ziehen der Maus gar nichts.

Wenn Sie schon keine Tabellenbereiche markieren können, könnten Sie auf die Idee kommen, für den Download unerwünschte Spalten auszublenden und überflüssige Zeilen zu filtern. Stopp! Es gibt eine deutlich schnellere Methode, um einzelne Teile einer Tabelle in andere Programme zu transportieren.

› Und so geht's

Mit der folgenden Methode klappt die Kopie eines Tabellenteils oder eines einzelnen Feldes in jeder beliebigen ALV-Tabelle:

1. Starten Sie eine Transaktion für einen Report, und wechseln Sie in die ALV-Liste. In unserem Beispiel verwenden wir die Transaktion KSB1 (Kostenstellen Einzelposten Istkosten anzeigen) in der ALV-Grid-Darstellung.
2. Mit der folgenden Methode lässt sich nur der sichtbare Bereich kopieren. Deshalb vergrößern Sie das SAP-Fenster, wenn nicht der gesamte Tabellenbereich angezeigt wird, der kopiert werden soll.

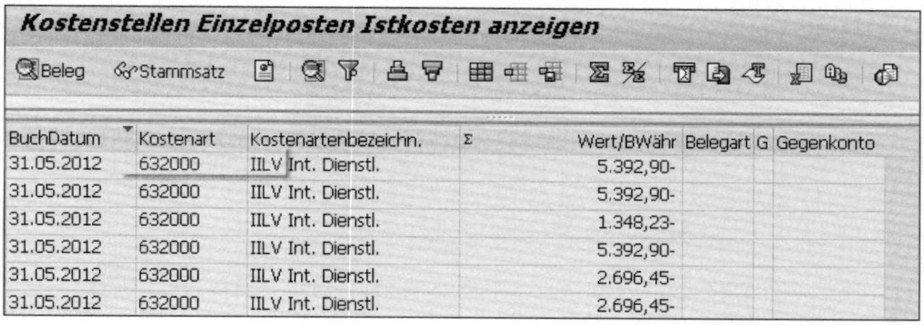

Kostenstellen Einzelposten Istkosten anzeigen

Beleg Stammsatz

BuchDatum	Kostenart	Kostenartenbezeichn.	Σ	Wert/BWähr	Belegart	G	Gegenkonto
31.05.2012	632000	IILV Int. Dienstl.		5.392,90-			
31.05.2012	632000	IILV Int. Dienstl.		5.392,90-			
31.05.2012	632000	IILV Int. Dienstl.		1.348,23-			
31.05.2012	632000	IILV Int. Dienstl.		5.392,90-			
31.05.2012	632000	IILV Int. Dienstl.		2.696,45-			
31.05.2012	632000	IILV Int. Dienstl.		2.696,45-			

Transaktion KSB1 (Kostenstellen Einzelposten Istkosten anzeigen) im ALV Grid

3. Drücken Sie die Tastenkombination [Strg] + [Y]. Der Mauszeiger verwandelt sich in ALV-Classic-Listen in ein Fadenkreuz, im ALV Grid bleibt er unverändert.
4. Markieren Sie mit gedrückter linker Maustaste den Tabellenteil auf dem Bildschirm, der kopiert werden soll.
   - Auch ein einzelnes Tabellenfeld ist ein Tabellenteil, den Sie im ALV Classic markieren können.
   - Im ALV Grid müssen Sie für die Markierung eines einzelnen Feldes nur in das gewünschte Feld klicken.

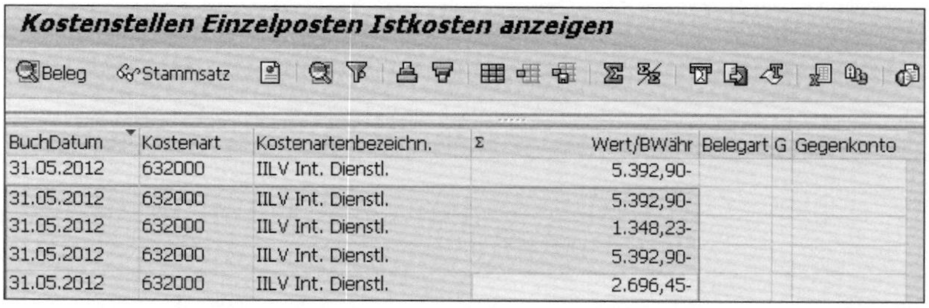

Kostenstellen Einzelposten Istkosten anzeigen

Beleg Stammsatz

BuchDatum	Kostenart	Kostenartenbezeichn.	Σ	Wert/BWähr	Belegart	G	Gegenkonto
31.05.2012	632000	IILV Int. Dienstl.		5.392,90-			
31.05.2012	632000	IILV Int. Dienstl.		5.392,90-			
31.05.2012	632000	IILV Int. Dienstl.		1.348,23-			
31.05.2012	632000	IILV Int. Dienstl.		5.392,90-			
31.05.2012	632000	IILV Int. Dienstl.		2.696,45-			

Transaktion KSB1 (Kostenstellen Einzelposten Istkosten anzeigen) im ALV Grid mit dem markierten Tabellenbereich

5. Drücken Sie die Tastenkombination [Strg] + [C]. Damit übernehmen Sie den markierten Tabelleninhalt in die Zwischenablage.
6. Wechseln Sie in das Programm, in das Sie den Tabelleninhalt einfügen möchten.
7. Klicken Sie an die Stelle, an der er eingefügt werden soll, und drücken Sie die Tastenkombination [Strg] + [V].

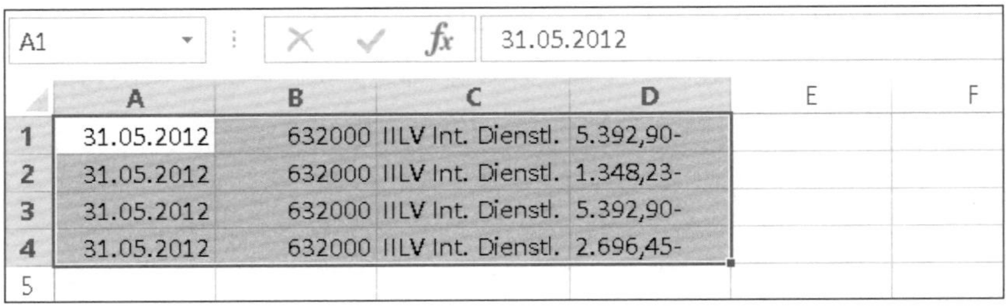

A1 | f_x 31.05.2012

	A	B	C	D	E	F
1	31.05.2012	632000	IILV Int. Dienstl.	5.392,90-		
2	31.05.2012	632000	IILV Int. Dienstl.	1.348,23-		
3	31.05.2012	632000	IILV Int. Dienstl.	5.392,90-		
4	31.05.2012	632000	IILV Int. Dienstl.	2.696,45-		
5						

Eingefügter Tabellenteil in Excel

» Tipp zum Tipp: Möchten Sie einen Bildschirmausschnitt als Bild beispielsweise in eine Outlook-Mail kopieren, hilft Ihnen das Programm Snipping Tool, das Bestandteil von Windows ist. Damit kopieren Sie auch aus SAP-Fenstern ausgewählte Bereiche über die Zwischenablage beispielsweise in eine Mail, die Sie mit Outlook in einem anderen Fenster erstellen.

TEIL 12

Abläufe mithilfe von Jobs automatisieren

Kennen Sie den amerikanischen Industriellen John D. Rockefeller? Er soll gesagt haben: »Ich arbeite nach dem Prinzip, dass man niemals etwas selbst tun soll, was jemand anderes für einen erledigen kann.« Hört sich gut an, oder? Während Rockefeller dabei vor allem an seine Angestellten dachte, ist der »jemand anders« aus dem Zitat für uns das SAP-System. Und der Schlüssel zur Delegation von Aufgaben an das SAP-System ist die Hintergrundverarbeitung. In diesem Teil erfahren Sie, wie Sie die Erstellung und den E-Mail-Versand von Auswertungen sowie Downloads mithilfe von Jobs automatisieren.

› Tipps in diesem Teil

Tipp 98

Langläufer mit Job durchführen

Dies ist der Auftakt zum spannenden Thema »Jobs«. Langläufer sind Reports mit sehr langer Ausführungszeit, die das SAP-System automatisch abbricht. Wie Sie dennoch einen Langläufer ohne Abbruch durchführen, erfahren Sie in diesem Tipp.

In einem SAP-Workshop vor einigen Jahren berichtete ein Teilnehmer von einem Problem. Er war Einkäufer und musste für die Teambesprechungen, die jeden Montag stattfanden, mehrere Auswertungen aus dem SAP-System erstellen. Eine dieser Auswertungen, die Bestellwertanalyse, stürzte regelmäßig ab, wenn er sie am Freitagvormittag startete.

Warum? Es gibt für die Reportausführung eine zeitliche Höchstdauer, beispielsweise 15 Minuten. Wenn diese überschritten ist, bricht das SAP-System den Report als Langläufer automatisch ab, wenn er im Dialogbetrieb (also manuell) gestartet wurde. Da am Freitagnachmittag das System wesentlich weniger belastet war als vormittags, lief der Report nachmittags immer durch. Also blieb unser Einkäufer jeden Freitagnachmittag für diesen einen Report im Unternehmen, während seine Kolleginnen und Kollegen bereits mittags zum Badesee oder zum Skifahren aufgebrochen waren. Hätte er die *Hintergrundverarbeitung* gekannt, hätte er die Erstellung der Reports einfach komplett an das SAP-System übergeben.

Das SAP-System kann vollautomatisch, absolut zuverlässig und pünktlich auch für Sie beliebige Reports eigenständig gemäß Ihren Vorgaben erstellen. Und noch mehr, es kann diese Reports mithilfe von Verteilerlisten automatisch an Ihre Kolleg*innen oder Geschäftspartner verschicken, selbst wenn Sie in Ihrem verdienten Urlaub sind.

Sie sollten Langläufer immer im Hintergrund durchführen, damit diese Reports die Antwortzeiten des Systems und den Dialogbetrieb nicht beeinträchtigen und nicht nach einer Weile abbrechen. Neben diesen Vorteilen gibt es einen weiteren Vorteil: Ein Report, der in der Hintergrundverarbeitung durchgeführt wird, ist schneller fertig.

Bei der Anlage des Jobs dürfen Sie einen Zeitpunkt vorgeben. Wenn möglich, verlegen Sie die Ausführung von Langläufern auf das Wochenende oder in die Nacht, also auf Zeiten, in denen wenige oder keine normalen Benutzer im SAP-System arbeiten. So können Sie sicherstellen, dass Ihre Kolleginnen und Kollegen nicht durch eine höhere Systembelastung beeinträchtigt werden. Der Job wird in diesem Fall zu dem festgelegten Zeitpunkt automatisch durch das SAP-System gestartet. Die Einrichtung von Jobs erfolgt in der Regel in Absprache oder zusammen mit dem Key-User oder der Beraterin bzw. dem Berater.

› Und so geht's

Es gibt verschiedene Methoden für die Jobdefinition. Nachfolgend finden Sie die einfachere Methode, um einen Job im SAP-System anzulegen. In Tipp 104, »Periodische Reports automatisch per E-Mail versenden«, finden Sie ein aufwendigeres Verfahren, das Ihnen zugleich mehr Möglichkeiten bietet.

1. Starten Sie in das Selektionsbild einer beliebigen ALV-Liste. Sie können dazu irgendeine Transaktion aus Ihrem Arbeitsgebiet verwenden. Im Beispiel verwenden wir die Transaktion MB51 (Materialbelegliste).

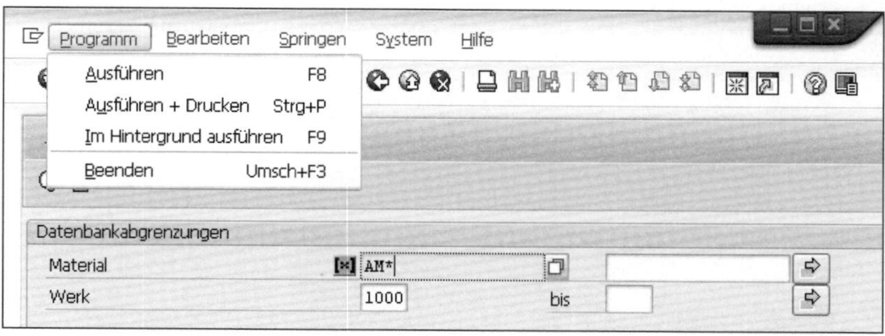

Selektionsbild einer Transaktion, mit der eine ALV-Liste gestartet wird, mit geöffnetem Menü »Programm«

2. Nehmen Sie eine beliebige Selektion vor.
3. Wählen Sie in der Menüleiste den Befehl **Programm ▸ Im Hintergrund ausführen**.

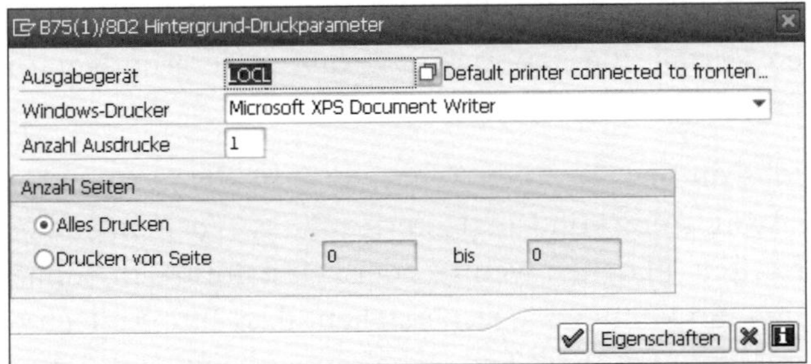

Fenster »Hintergrund-Druckparameter«

4. Nun legen Sie im Fenster **Hintergrund-Druckparameter**, wenn erforderlich, wie gewohnt die Druckparameter fest. Als Ausgabegerät sollte »LOCL« bereits eingetragen sein, wenn Sie die entsprechende Voreinstellung gemäß Tipp 93, »Zentrale Voreinstellungen in den Benutzervorgaben vornehmen«, durchgeführt haben. Wenn nicht, tragen Sie diese Eingabe jetzt von Hand ein. Mit einem Klick auf das Symbol ✔ (**Weiter**) unten rechts bestätigen Sie die Vorgaben.

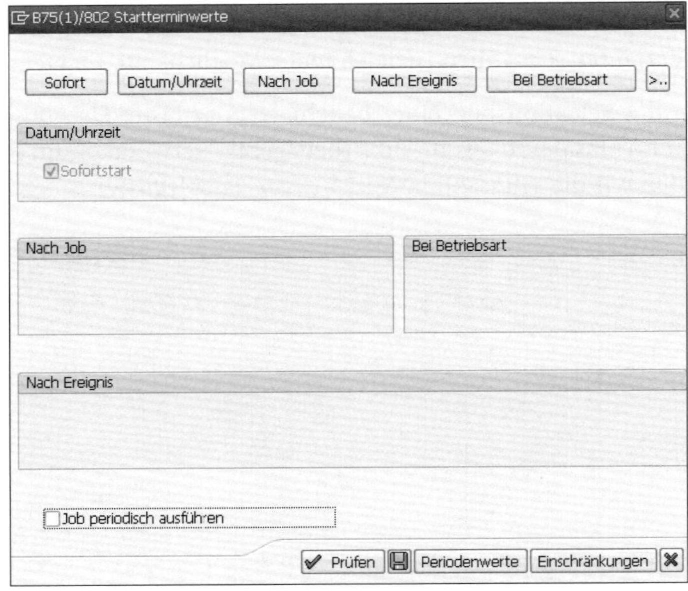

Fenster »Startterminwerte«

5. Im Fenster **Startterminwerte** legen Sie fest, wann der Job ausgeführt werden soll. Im oberen Teil dieses Fensters bestimmen Sie mit Schaltflächen die Art des Starttermins. Folgende Arten von Startterminen sind für Sie interessant:

- **Sofort**: Der Job wird sofort ausgeführt, nachdem Sie ihn gespeichert haben.
- **Datum/Uhrzeit**: Sie geben Datum und Uhrzeit für den Start ein, wenn der Job zum Beispiel in der Nacht oder am Wochenende laufen soll.
- **Nach Job**: Der Auftrag soll sofort im Anschluss an die erfolgreiche Ausführung eines Vorgängerjobs erfolgen. Damit kann eine ganze Kette von Jobs gebildet werden: Sie können mehrere Jobs für das Wochenende oder die Nacht festlegen, die das SAP-System automatisch hintereinander durchführen soll. Wird jedoch einer der Vorgängerjobs abgebrochen, kommen die Nachfolger nicht zur Ausführung. Statt einer Jobkette ist es daher in der Regel bei mehreren Reports günstiger, mehrere *Steps* in einem Job zu definieren (siehe Tipp 104, »Periodische Reports automatisch per E-Mail versenden«).

6. Wir möchten, dass unser Job zu einer bestimmten Zeit ausgeführt wird. Klicken Sie daher auf die Schaltfläche **Datum/Uhrzeit**, und geben Sie in der Zeile **geplanter Start** das **Datum** und die **Uhrzeit** an, zu der der Job gestartet werden soll.

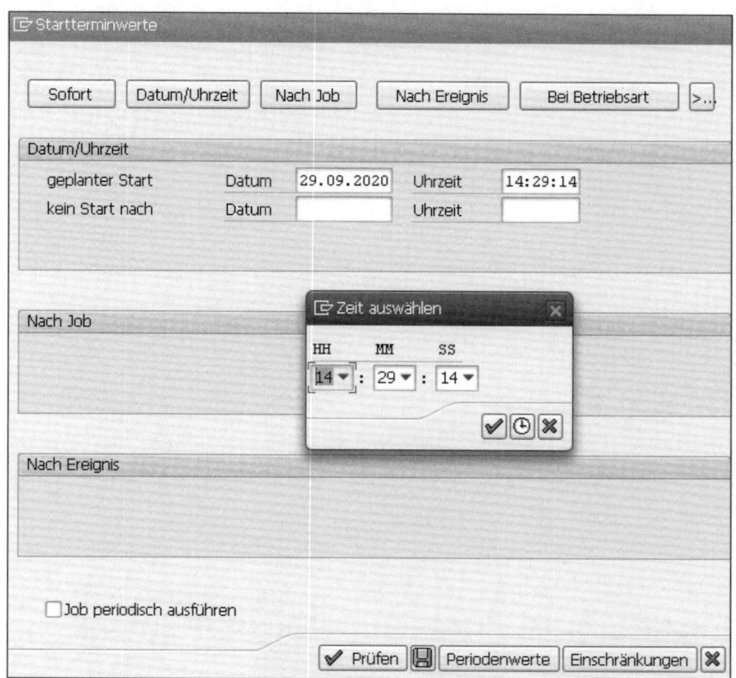

Fenster »Startterminwerte« nach dem Klick auf die Schaltfläche »Datum/Uhrzeit«, im Vordergrund die F4-Hilfe für das Feld »Uhrzeit«

Beachten Sie, dass für die Jobausführung die Zeit gilt, die für den Server eingestellt ist. Diese kann von der Zeit abweichen, die für Ihren PC gilt, wenn sich der Server in einer anderen Zeitzone befindet. Sie sehen die aktuelle Uhrzeit des Servers, wenn Sie im nicht ausgefüllten Feld **Uhrzeit** die [F4]-Taste drücken.

7. Das war's schon fast. Nach einem Klick auf das Symbol (**Sichern**) in der untersten Fensterzeile gelangen Sie wieder in das Selektionsbild zurück. In einer Meldung in der Statusleiste informiert Sie das SAP-System, dass die Jobeinplanung erstellt wurde.

Das Ergebnis Ihres Jobs ist ein Spool-Auftrag, der Ihren Report anzeige- und druckfertig enthält. Wie Sie diesen Spool-Auftrag am schnellsten anzeigen und drucken, erfahren Sie in Tipp 100, »Reportliste aus Jobübersicht anzeigen«.

» Tipp zum Tipp: Auch in den Transaktionen SQVI (QuickViewer) und SE16H (Allgemeine Tabellenanzeige) steht Ihnen die Hintergrundverarbeitung zur Verfügung. In beiden Transaktionen finden Sie jeweils in der Anwendungsfunktionsleiste eine der Schaltflächen **Hintergrund** bzw. **im Hintergrund**.

Tipp 99

Periodische Reports mit Jobs automatisch durchführen

Gibt es Listen, die Sie regelmäßig mit der gleichen Selektion erstellen müssen? Delegieren Sie diese Arbeit an das SAP-System. Die Hintergrundverarbeitung erledigt dies absolut zuverlässig und pünktlich für Sie, selbst wenn Sie sich in Ihrem verdienten Urlaub befinden.

In einem Unternehmen gibt es viele Listen, die regelmäßig erstellt werden, beispielsweise eine Bestellwertanalyse im Einkauf für das wöchentliche Abteilungsmeeting, die monatlichen Geburtstagslisten im Personalbereich oder Informationen für den Betriebsrat. Statt diese Reports monatlich, Woche für Woche oder täglich weiterhin selbst auszuführen, können Sie in der Hintergrundverarbeitung einmal einen periodischen Job definieren, der pünktlich diese Arbeiten für Sie ausführt.

› Und so geht's

Um diesen Tipp nutzen zu können, sollten Sie wissen, wie Jobs in der Hintergrundverarbeitung angelegt werden. Nähere Informationen dazu erhalten Sie in Tipp 98, »Langläufer mit Job durchführen«. Dort ist auch beschrieben, wie Sie zum Fenster **Startterminwerte** gelangen, das der Startpunkt für den folgenden Ablauf ist. Denn hier legen Sie die Einstellungen für eine periodische Ausführung eines Jobs fest:

1. Führen Sie die Schritte 1 bis 4 aus Tipp 98 durch. Danach befinden Sie sich im Fenster **Startterminwerte**.
2. Zunächst geben Sie den Zeitpunkt an, zu dem der Job zum ersten Mal ausgeführt werden soll. Klicken Sie dazu im Fenster **Startterminwerte** auf die Schaltfläche **Datum/Uhrzeit**, und geben Sie in der Zeile **geplanter Start** das **Datum** und die **Uhrzeit** ein.

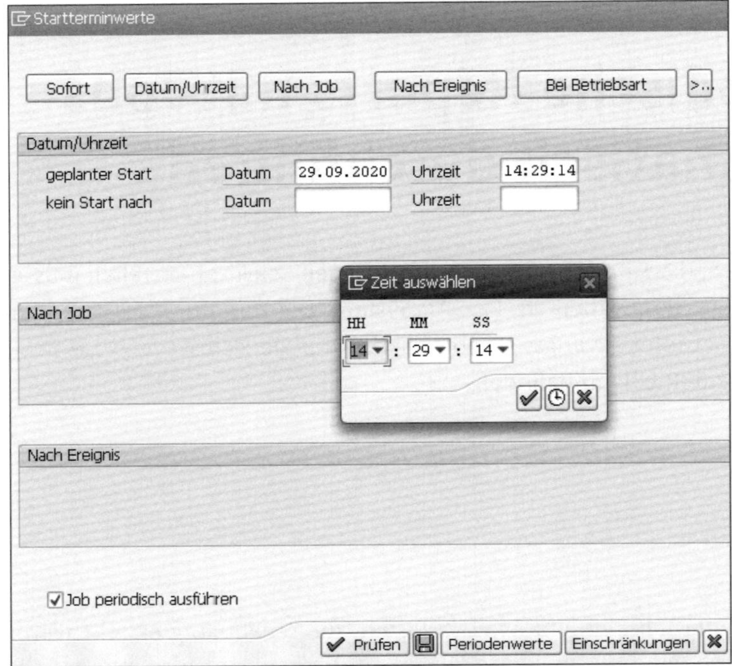

Fenster »Startterminwerte« nach dem Klick auf die Schaltfläche »Datum/Uhrzeit«

3. Damit ein Job regelmäßig ausgeführt wird, zum Beispiel an jedem Wochenende, klicken Sie unten auf die Schaltfläche **Periodenwerte**.

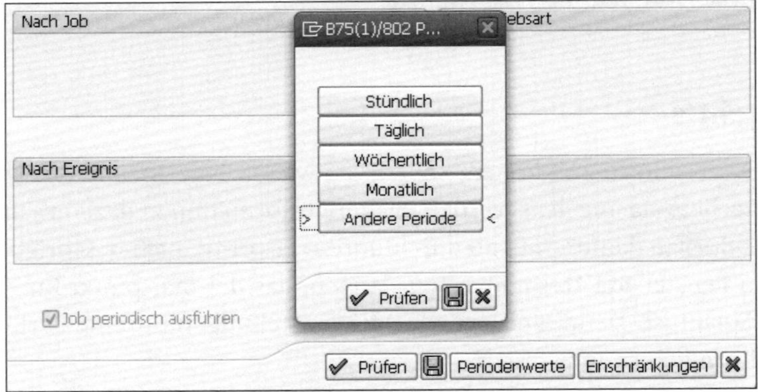

Im Hintergrund der untere Teil des Fensters »Startterminwerte«, im Vordergrund das Pop-up-Fenster zur Auswahl der Periode

4. Im Pop-up-Fenster legen Sie fest, ob der Job stündlich, täglich, wöchentlich oder monatlich ausgeführt wird. Klicken Sie hier auf eine der Schaltflächen **Stündlich**, **Täglich**, **Wöchentlich** oder **Monatlich**. Zudem haben Sie

mit der Schaltfläche **Andere Periode** die Möglichkeit, beispielsweise einen zweitägigen Rhythmus festzulegen.

5. Speichern Sie die gewählte Periode mit einem Klick auf das Symbol (**Sichern**). Die Markierung im linken unteren Bildteil im Feld **Job periodisch ausführen** wird damit durch das SAP-System automatisch gesetzt.
6. Klicken Sie auf die Schaltfläche **Einschränkungen**.

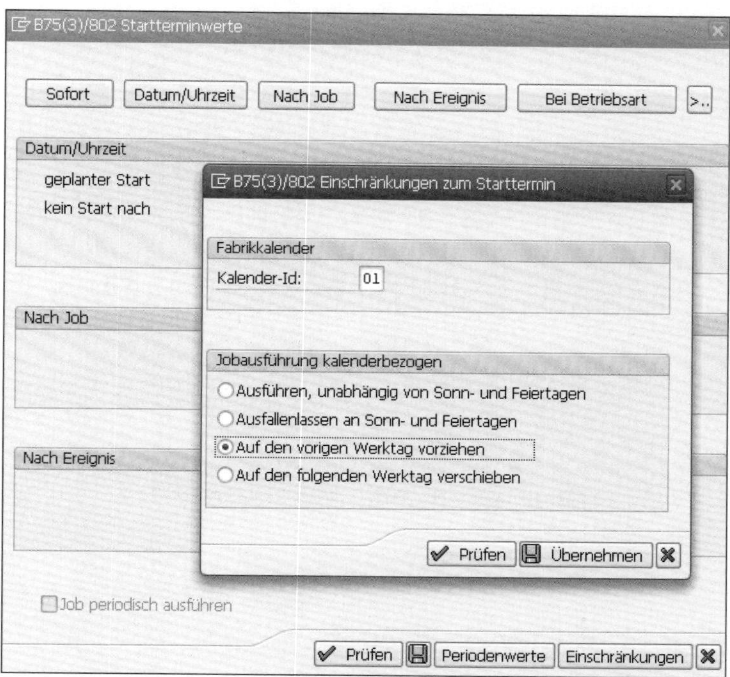

Im Hintergrund das Fenster »Startterminwerte«, im Vordergrund das Fenster »Einschränkungen zum Starttermin«

7. Im Fenster **Einschränkungen** legen Sie fest, was geschieht, wenn der Ausführungstag ein Sonn- oder Feiertag ist. Für alle Einstellungen außer **Ausführen, unabhängig von Sonn- und Feiertagen** benötigen Sie im Feld **Kalender-Id** einen Fabrikkalender, denn in Wien gelten andere Feiertage als in Zürich, Rio oder Rosenheim. Bestätigen Sie Ihre Einstellung mit der Schaltfläche **Übernehmen**.
8. Klicken Sie im Fenster **Startterminwerte** auf das Symbol (**Sichern**) in der untersten Fensterzeile. Damit gelangen Sie wieder in das Selektionsbild zurück. In einer Meldung in der Statusleiste informiert Sie das SAP-System, dass die Jobeinplanung erstellt wurde.

Dieser Job wird nun minutengenau Spool-Aufträge gemäß Ihrem vorgegebenen Intervall erstellen. Wie Sie diese Spool-Aufträge anzeigen und drucken, erfahren Sie in Tipp 100, »Reportliste aus Jobübersicht anzeigen«. Wenn Sie die regelmäßig erstellten Reports per E-Mail verschicken möchten, können Sie dies auch automatisieren. Mehr dazu erfahren Sie in Tipp 104, »Periodische Reports automatisch per E-Mail versenden«.

Tipp 100

Reportliste aus Jobübersicht anzeigen

Nachdem Sie einen Job erstellt haben, wollen Sie natürlich auch das Ergebnis sehen, und dies ist in der Regel ein Spool-Auftrag.

Normalerweise nutzen Sie die Transaktion SP02 (Anzeigen von Spool-Aufträgen), die Sie in Tipp 95, »Spool-Aufträge zur schnellen Recherche nutzen«, kennengelernt haben, um Reportlisten aus Spool-Aufträgen anzuzeigen und gegebenenfalls auszudrucken. Für Spool-Aufträge, die durch Jobs erstellt wurden, gibt es ausgehend von der Jobübersicht eine schnelle Abkürzung in den entsprechenden Spool-Auftrag. In der Jobübersicht überprüfen Sie, ob ein Job erfolgreich gelaufen oder freigegeben ist.

› Und so geht's

Gehen Sie wie folgt vor, um ausgehend von der Jobübersicht einen automatisch erstellten Report schnell aufzurufen:

1. Starten Sie die Transaktion SMX (Anzeigen eigene Jobs), oder wählen Sie in der Menüleiste den entsprechenden Befehl **System ▸ Eigene Jobs**. Sie erhalten die Liste der Jobs, die mit Ihrem Benutzer angelegt wurden.
2. Markieren Sie in der Jobübersicht (erste Abbildung auf der folgenden Seite) den Job, zu dem Sie den Spool-Auftrag sehen möchten, mithilfe des Ankreuzfeldes links außen in der Spalte **Jobname**.
3. Klicken Sie in der Anwendungsfunktionsleiste auf die Schaltfläche **Spool**. Damit wechseln Sie auf direktem Weg in die Transaktion SP02 (Anzeigen von Spool-Aufträgen). Sie müssen dort nicht lange suchen, denn das SAP-System zeigt in diesem Fall praktischerweise nur den Spool-Auftrag zum ausgewählten Job (zweite Abbildung auf der folgenden Seite).

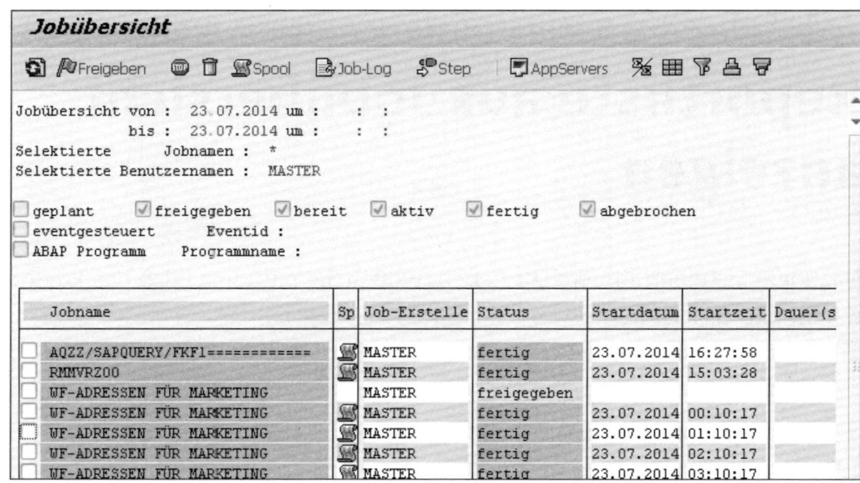

Jobübersicht der Transaktion SMX (Anzeigen eigene Jobs)

Ausgabesteuerung: Übersicht der Spool-Aufträge

Spool-Nr.	Ty	Mnd	Benutzer	Datum	Zeit	Status	Seiten	Titel
12736		801	MASTER	23.07.2014	16:27	-	3	LIST1S LOCL AQZZ/SAPQMAS

Transaktion SP02 (Anzeigen von Spool-Aufträgen) mit Spool-Auftrag zum zuvor ausgewählten Job

4. Klicken Sie in der Spalte **Ty** auf das Symbol (**ABAP-Liste**). Nun sehen Sie den Inhalt der Liste, die durch den Job im Hintergrund erstellt wurde.

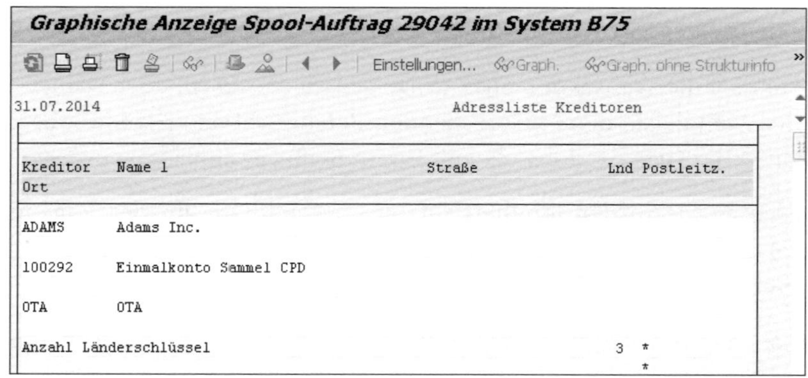

Transaktion SP02 (Anzeigen von Spool-Aufträgen) mit Anzeige des Reports

5. Um in die Jobübersicht zurückzukehren, klicken Sie zweimal auf das Symbol (**Zurück**).

Tipp 101

Eigene Jobs überprüfen und abbrechen

Haben Sie aus Versehen einen umfangreichen Job beispielsweise mit einer falschen Selektion gestartet? Dann brechen Sie diesen ab, um die Systembelastung zu reduzieren.

Laufende Jobs stoppen Sie in einer Jobübersicht, in der Sie auch den Status eines Jobs sehen.

› Und so geht's

Ein Job hat immer genau einen Status. Bevor wir Ihnen zeigen, wie Sie einen Job abbrechen, gibt Ihnen die folgende Tabelle eine Übersicht über mögliche Jobstatus.

Status	Bedeutung
geplant	Der Job wurde noch nicht durchgeführt und kann erst ausgeführt werden, wenn er beispielsweise durch einen Key-User oder eine*n Administrator*in freigegeben wird.
freigegeben	Der Job wurde noch nicht durchgeführt, wird aber durch die Hintergrundverarbeitung zum festgelegten Termin automatisch gestartet.
aktiv	Der Job wird gerade ausgeführt.
beendet, fertig	Der Job wurde erfolgreich ausgeführt.
abgebrochen	Der Job wurde gestartet. Jedoch gab es entweder einen Fehler, der zum Abbruch geführt hat, oder er wurde durch Sie oder eine*n Systembetreuer*in abgebrochen.

Jobstatus

Noch eine Anmerkung zum Unterschied zwischen den Status »geplant« und »freigegeben«: Ein geplanter Jobauftrag kann erst gestartet werden, wenn er freigegeben wurde. Wenn Sie die entsprechende Freigabeberechtigung besitzen, merken Sie davon nichts. Dann gibt das SAP-System mit der Sicherung Ihre neu erstellten Jobs automatisch frei und kennzeichnet sie mit dem Status »freigegeben«.

Nachdem Sie sich nun mit den Status vertraut gemacht haben, zeigen wir Ihnen, wie Sie Jobs abbrechen:

1. Starten Sie die Transaktion SMX (Anzeigen eigene Jobs), oder wählen Sie in der Menüleiste den Befehl **System ▸ Eigene Jobs**. Sie erhalten sofort und ohne weitere Nachfrage die Liste der Jobs, die mit Ihrem Benutzer angelegt wurden. Hier können Sie die Status Ihrer Jobs überprüfen.

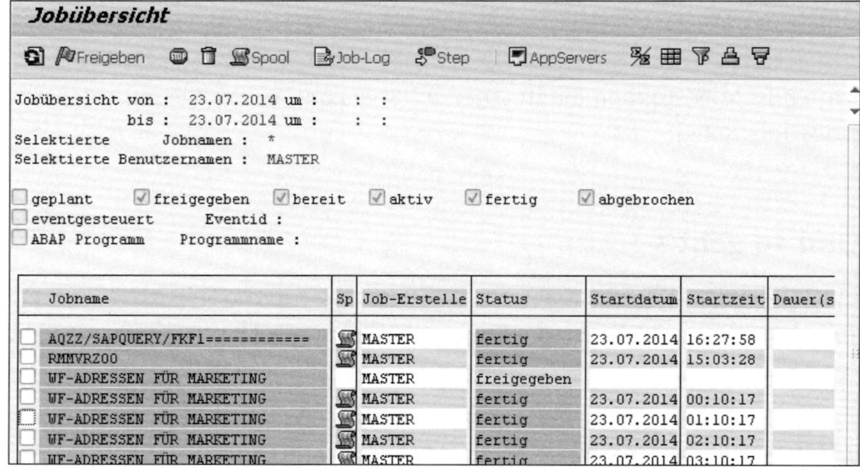

Jobübersicht der Transaktion SMX (Anzeigen eigene Jobs); im unteren Teil des Fensters sehen Sie Jobs, die durch eine periodische Ausführung mit einem einstündigen Intervall automatisch erstellt wurden

2. Markieren Sie den Job, der abgebrochen werden soll, links außen in der Spalte **Jobname** mithilfe des Ankreuzfeldes.

3. Klicken Sie in der Anwendungsfunktionsleiste auf das Symbol (STOP) (**Aktive Jobs abbrechen**).

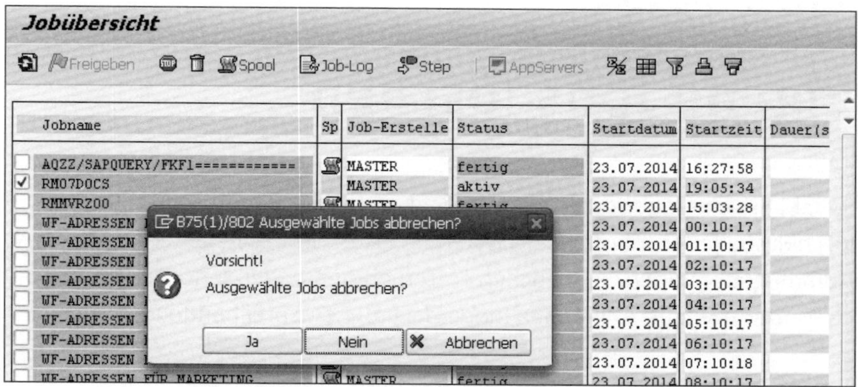

Jobübersicht der Transaktion SMX (Anzeigen eigene Jobs) im Hintergrund, Pop-up-Fenster zum Jobabbruch im Vordergrund

4. Klicken Sie im Pop-up-Fenster auf die Schaltfläche **Ja**.
5. Nach dem Abbruch aktualisieren Sie die Jobübersicht mit dem Symbol (**Auffrischen**). Daraufhin sehen Sie in der Spalte **Status** den Eintrag »abgebrochen«.

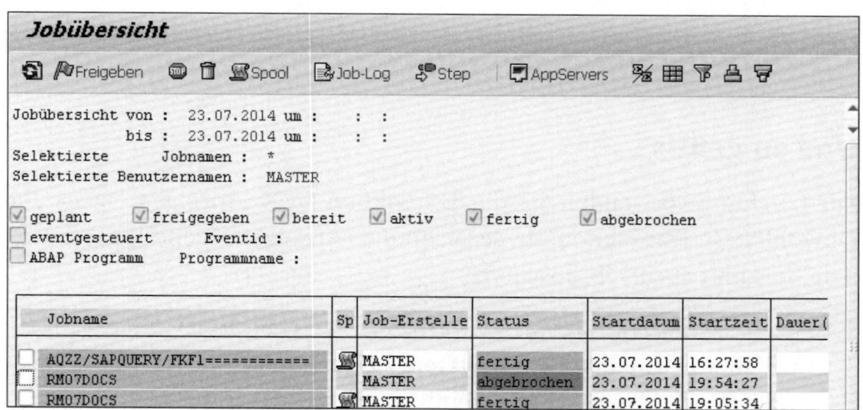

Jobübersicht der Transaktion SMX (Anzeigen eigene Jobs) mit dem aktualisierten Status

Ein Abbruch entspricht nicht gleichzeitig einer Löschung. Wenn Sie möchten, dass ein periodischer Job generell nicht mehr durchgeführt wird, müssen Sie ihn löschen. Wie das funktioniert, erfahren Sie im folgenden Tipp 102, »Eigene Jobs löschen«.

Tipp 102
Eigene Jobs löschen

Sobald Sie einen periodischen Job nicht mehr benötigen, sollten Sie ihn löschen, da jeder Job das SAP-System belastet. In der Regel erledigen dies Administrator*innen. In manchen Unternehmen haben jedoch auch Key-User oder normale Anwender*innen dazu die entsprechenden Rechte.

Jobs löschen Sie in der Jobübersicht, die Sie vielleicht aus den vorhergehenden Tipps bereits kennen. Wenn der Status des Jobs gerade auf »aktiv« steht, kann dieser aktuell laufende Job nicht gelöscht werden. Er müsste vorher gemäß Tipp 101, »Eigene Jobs überprüfen und abbrechen«, abgebrochen werden.

› Und so geht's

Zur Löschung verwenden Sie die Transaktion SMX (Anzeigen eigene Jobs). Obwohl diese Transaktion die Bezeichnung »Anzeigen eigene Jobs« hat, können Sie damit auch Jobs löschen:

1. Starten Sie die Transaktion SMX (Anzeigen eigene Jobs), oder wählen Sie in der Menüleiste den Befehl **System ▸ Eigene Jobs**. Sie erhalten sofort die Liste der Jobs, die mit Ihrem Benutzer angelegt wurden.
2. Möchten Sie Jobs löschen, markieren Sie diese links außen in der Spalte **Jobname** mithilfe des Ankreuzfeldes.
3. Klicken Sie auf das Symbol 🗑 (**Job aus der Datenbank löschen**).

Beachten Sie noch folgenden Hinweis für Jobs, die mit der Terminart **Nach Job** angelegt wurden: Wenn Sie einen Job löschen, der als Vorgängerjob erst verarbeitet werden muss, bevor ein Nachfolgejob gestartet werden kann, kann der Nachfolgejob nicht mehr gestartet werden. Das SAP-System informiert Sie in diesem Fall über bestehende Nachfolgejobs. Sie sollten dann den Nachfolgejob entweder neu einplanen oder ebenfalls löschen.

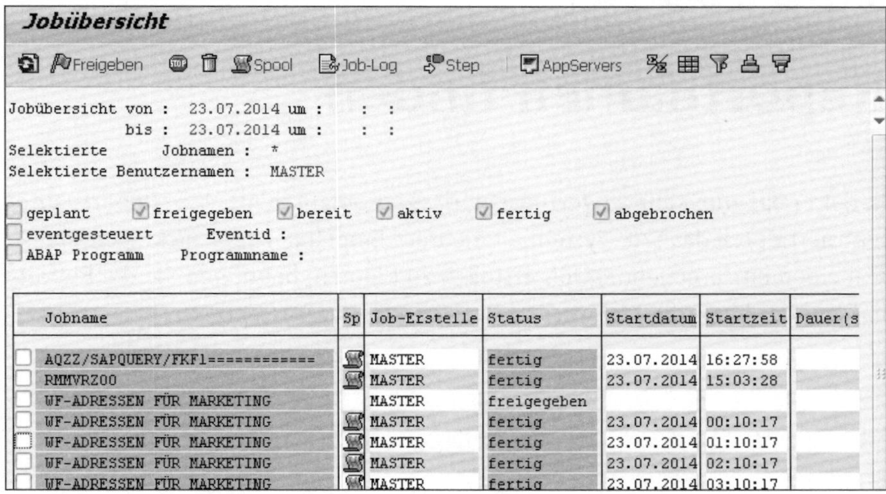

Jobname	Sp	Job-Erstelle	Status	Startdatum	Startzeit	Dauer(s
AQZZ/SAPQUERY/FKF1============		MASTER	fertig	23.07.2014	16:27:58	
RMMVRZ00		MASTER	fertig	23.07.2014	15:03:28	
WF-ADRESSEN FÜR MARKETING		MASTER	freigegeben			
WF-ADRESSEN FÜR MARKETING		MASTER	fertig	23.07.2014	00:10:17	
WF-ADRESSEN FÜR MARKETING		MASTER	fertig	23.07.2014	01:10:17	
WF-ADRESSEN FÜR MARKETING		MASTER	fertig	23.07.2014	02:10:17	
WF-ADRESSEN FÜR MARKETING		MASTER	fertig	23.07.2014	03:10:17	

Jobübersicht der Transaktion SMX (Anzeigen eigene Jobs)

» Tipp zum Tipp: Manchmal muss für einen periodischen Job die Periode neu festgelegt oder ein zusätzlicher Report ergänzt werden. Änderungen an Jobs sind jedoch mit der Transaktion SMX (Anzeigen eigene Jobs) nicht möglich. Dazu wird die Transaktion SM37 (Übersicht über Jobauswahl) benötigt. Wenn Sie normale*r Anwender*in sind, hoffen wir sehr, dass Sie keine Berechtigung für diese Transaktion haben, denn diese Transaktion ist gefährlich. Damit haben Sie Zugriff auf alle Jobs – auch auf Jobs, die auf keinen Fall gelöscht und nur sehr vorsichtig geändert werden dürfen. Dazu gehören Systemjobs, beispielsweise zum Löschen veralteter Spool-Aufträge (SAP_REORG_SPOOL). Diese Systemjobs verhindern, dass die Datenbank irgendwann platzt. Deshalb müssen Sie Jobänderungen den Administrator*innen bzw. den Key-Usern überlassen.

Über einen kleinen Umweg können Sie auch mit der Transaktion SMX (Anzeigen eigene Jobs) Jobs ändern, wenn Sie die Berechtigung zum Löschen eigener Jobs haben. Löschen Sie dazu zuerst den alten Job, und erstellen Sie anschließend einen neuen Job gemäß den neuen Anforderungen.

Tipp 103
Reportnamen finden

In der Praxis wird sehr oft gewünscht, dass automatisch mehrere Reports automatisiert durch das SAP-System an mehrere Empfänger verschickt werden. Um einen entsprechenden Job erstellen zu können, benötigen Sie die Reportnamen, das heißt die technischen Bezeichnungen der Reports.

Jeder Report hat einen eigenen technischen *Reportnamen* (anderer Begriff: *Programmname*), nicht zu verwechseln mit dem Transaktionscode. Der Report »Materialverzeichnis« hat beispielsweise den Reportnamen RMMVRZ00, wird jedoch mithilfe der Transaktion MM60 (Materialverzeichnis) gestartet. Den Reportnamen benötigen Sie, wenn Sie mehrere Reports in einem Job ausführen möchten (siehe Tipp 104, »Periodische Reports automatisch per E-Mail versenden«). Wie Sie Reportnamen schnell herausfinden, erfahren Sie in diesem Tipp.

› Und so geht's

Zunächst möchten wir Ihnen eine sehr schnelle Methode für die Findung des Reportnamens vorstellen, die jedoch nicht in allen Fällen funktioniert. Insbesondere bei vielen Reports in der Komponente Finanzwesen führt diese Methode jedoch meist zum Ziel:

1. Markieren Sie im SAP-Menü mit einem Klick den Transaktionseintrag, der den entsprechenden Report startet.
2. Drücken die Hilfetaste [F1].
3. Es öffnet sich ein Hilfefenster. Den Reportnamen sehen Sie links oben (in unserem Beispiel: RFDKVZ00). Darunter finden Sie in der Regel eine ausführliche Dokumentation.

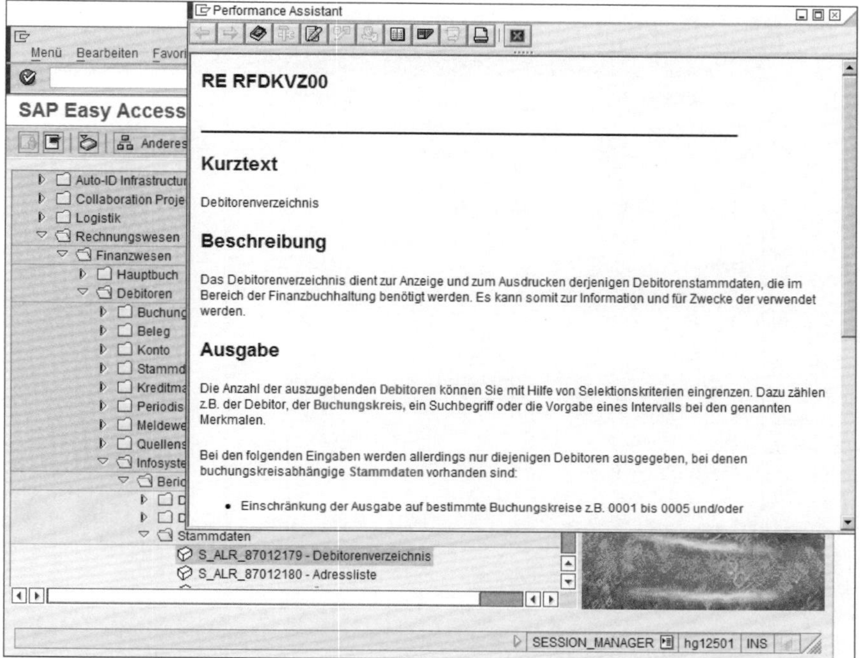

SAP-Menü im Hintergrund, Hilfefenster im Vordergrund

Falls über den beschriebenen Weg im Hilfefenster kein Reportname angezeigt wird, nutzen Sie die Methode aus dem folgenden Ablauf. Diese sollte immer funktionieren.

1. Starten Sie einen Report, beispielsweise mit der Transaktion S_PH9_46000221 (Geburtstagsliste).
2. Im Selektionsbild (und nur dort, also nicht in der Liste) wählen Sie aus der Menüleiste den Befehl **System ▸ Status**.
3. Es öffnet sich das Fenster **System: Status**. Hier sehen Sie in der Mitte links im Feld **Report** den Reportnamen.

Wundern Sie sich nicht über manche Reportnamen. Beispielsweise trägt der Report »Geburtstagsliste« aus der Komponente Personalwesen den Reportnamen AQZZ/SAPQUERY/H2BIRTHDAYLIST==. Die Adressliste für Debitoren aus der Komponente Finanzwesen hat den Reportnamen AQZZ/SAPQUERY/FDF1============. Diese Namen übernehmen Sie am besten mit Copy und Paste in die Zwischenablage. Wenn Sie für einen Job mehrere Reportnamen benötigen, übernehmen Sie die Reportnamen am besten in die multiple Zwischenablage (siehe Tipp 19, »Befehlsfeld als multiple Zwischenablage nutzen«).

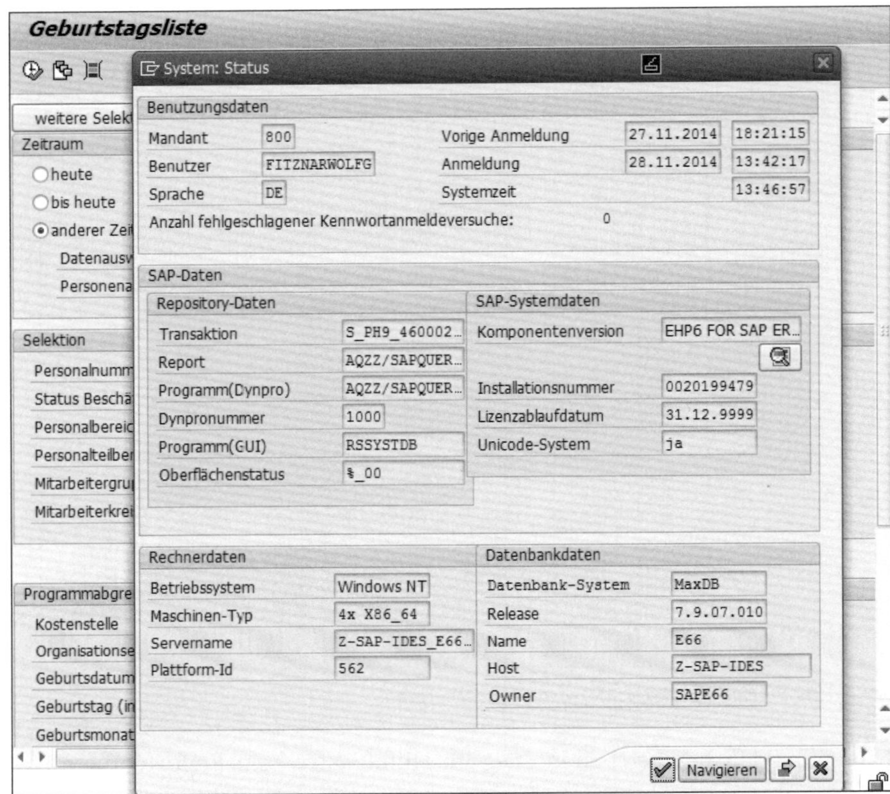

Einstiegsbild der Transaktion S_PH9_46000221 (Geburtstagsliste) im Hintergrund, Fenster »System: Status« im Vordergrund

Tipp 104

Periodische Reports automatisch per E-Mail versenden

Mailen Sie die Listen aus den Jobs an Kolleg*innen oder Geschäftspartner? Auch diese Arbeit kann das SAP-System absolut zuverlässig und pünktlich für Sie erledigen. Darüber hinaus erfahren Sie in diesem Tipp, wie Sie mehrere Reports durch einen einzigen Job durchführen lassen können.

Dies ist ein besonders heißer Tipp: Mithilfe von Jobs können Sie Ihr periodisches Berichtswesen komplett automatisieren, indem Sie dem SAP-System beibringen, wann es welche Reports erzeugt und an welche Mail-Adressen es die Reports automatisch verschicken soll. Die automatisierte Durchführung spart Ihnen nicht nur jede Menge Zeit, sondern bringt noch weitere Vorteile mit sich.

- Sie vermeiden Fehler, denn wenn Sie einmal konzentriert die richtigen Voreinstellungen vorgenommen haben, kann nichts mehr schiefgehen.
- Sie senken die Systembelastung bei rechenintensiven Reports. Ihre Kolleginnen und Kollegen werden es Ihnen danken.
- Sie senken den Arbeitsaufwand für Ihre Stellvertretung, die im Gegensatz zu früher die Reports nicht mehr für Sie erstellen und an die Kolleginnen Kollegen verteilen muss. Selbst wenn Sie ein Sabbatical machen: Das SAP-System wird die Reports absolut zuverlässig weiterproduzieren und minutengenau per E-Mail verschicken.

› Und so geht's

Für diesen Tipp bedarf es einiger Vorkenntnisse und Vorbereitungen, die sich jedoch schnell auszahlen. Also frisch ans Werk, aber erst, nachdem Sie folgende Tipps bearbeitet haben:

- Tipp 65, »Vorschlagswerte in Reportvarianten speichern«, in dem Sie eine Reportvariante für den gewünschten Report anlegen. Ohne Reportvariante kann der folgende Ablauf nicht durchgeführt werden.
- Tipp 68, »Datumsangaben in Reportvarianten dynamisch vorbelegen«, für Jobs, in denen Sie mit Datum selektieren, wie beispielsweise alle Wareneingänge des Tages oder alle Zahlungseingänge der letzten Woche über einem gewissen Mindestbetrag.
- Tipp 98, »Langläufer mit Job durchführen«, und Tipp 99, »Periodische Reports mit Jobs automatisch durchführen«, in denen Sie Jobs aus einem Report heraus angelegt und die Möglichkeiten zur Definition von Perioden kennengelernt haben.
- Tipp 103, »Reportnamen finden«, in dem Sie den Namen des Reports ausfindig machen. Kopieren Sie den Reportnamen in die Zwischenablage, er wird im folgenden Ablauf benötigt.
- Tipp 88, »Layouts in Reportvarianten voreinstellen«, wenn Sie die Liste in einem anderen Layout als dem Standardlayout ausgeben lassen wollen.
- Tipp 105, »Verteilerlisten anlegen«, wenn Sie den Report an eine Verteilerliste mailen wollen, was wir Ihnen dringend empfehlen, wenn ein Report an mehrere Empfänger gemailt werden soll.

In unserem Beispiel verwenden wir die Geburtstagsliste, die monatlich automatisch an verschiedene Abteilungen gemailt werden soll. Diese Liste wird mit der Transaktion S_PH9_46000221 (Geburtstagsliste) aufgerufen:

1. Kopieren Sie den Reportnamen in die Zwischenablage, wie Sie es in Tipp 103, »Reportnamen finden«, gelernt haben.
2. Starten Sie die Transaktion SM36 (Job-Definition), oder wählen Sie in der Menüleiste den entsprechenden Befehl **System ▸ Dienste ▸ Jobs ▸ Job-Definition**. Das SAP-System führt Sie in das Bild **Job definieren**.

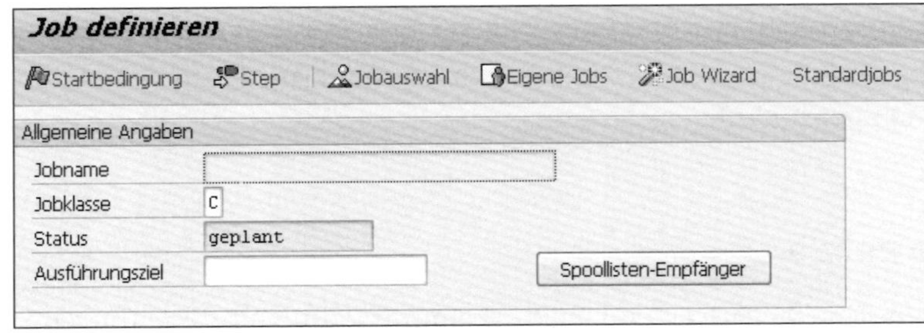

Einstiegsbild der Transaktion SM36 (Job-Definition)

3. Klicken Sie in der Anwendungsfunktionsleiste auf die Schaltfläche **Job Wizard**. Dieser Wizard führt Sie ähnlich wie bei der Installation eines PC-Programms durch die Jobdefinition.

   Sie können den Job Wizard auch direkt mit der Transaktion SM36WIZ (Job Definition Wizard) starten. Im Gegensatz zur Transaktion SM36 (Job-Definition) ist die Transaktion SM36WIZ in keinem Menü verzeichnet, auch nicht im SAP-Menü.

Einstiegsbild des Job Wizards

4. Klicken Sie im ersten Bild des Job Wizards auf die Schaltfläche **Weiter**.

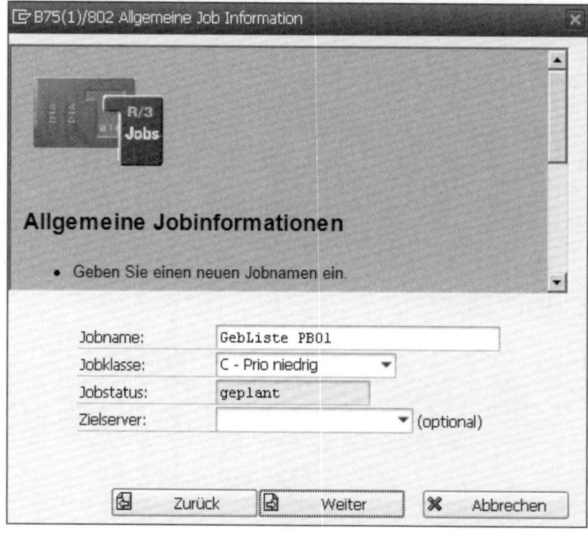

Job Wizard mit dem Bild »Allgemeine Jobinformationen«

5. Im zweiten Job-Wizard-Bild **Allgemeine Jobinformationen** geben Sie im obersten Feld **Jobname** einen Namen für den Job ein. Im Feld **Jobklasse** belassen Sie die voreingestellte Priorität üblicherweise auf der Einstellung **C – Prio niedrig**. Klicken Sie auf die Schaltfläche **Weiter**.

Job Wizard mit dem Bild »Job-Step definieren«

6. Im dritten Job-Wizard-Bild **Job-Step definieren** bleiben Sie bei der Voreinstellung **ABAP-Programm-Step**. Ein auszuführender Report entspricht einem ABAP-Programm-Step. Klicken Sie auf die Schaltfläche **Weiter**.

Job Wizard mit dem Bild »Einen ABAP-Programm-Step definieren«

7. Im vierten Job-Wizard-Bild **Einen ABAP-Programm-Step definieren** gibt es mehr zu tun. Folgende Einstellungen sind wichtig:

   - In das oberste Feld **ABAP-Programmname** kopieren Sie mit der Tastenkombination [Strg] + [V] den Reportnamen, den Sie gemäß unserer Empfehlung am Beginn des Tipps in die Zwischenablage geholt haben. In unserem Beispiel ist dies der Reportname AQZZ/SAPQUERY/H2-BIRTHDAYLIST== für die Geburtstagsliste.
   - Im zweiten Feld **Variante** bestimmen Sie mit der Wertehilfe die Reportvariante. Damit legen Sie fest, welche Daten des darüber angegebenen Reports ausgewertet werden sollen.
   - Mit der Schaltfläche **Druckparameter** gelangen Sie zum Ausgabegerät und zu den weiteren Voreinstellungen, wie beispielsweise der Aufbereitung, die in Tipp 94, »Probleme beim Ausdruck vermeiden«, beschrieben sind.

   In unserem Beispiel möchten wir den Report automatisch per Mail versenden. Klicken Sie daher für den automatischen Mail-Versand auf die Schaltfläche **Spoollisten-Empfänger**.

Job Wizard mit dem Fenster »Empfängerbestimmung«

8. Im Fenster **Empfängerbestimmung** geben Sie im obersten Feld **Empfänger** den Namen einer Verteilerliste oder einen Benutzernamen ein. Wie Sie Verteilerlisten anlegen, erfahren Sie in Tipp 105, »Verteilerlisten anlegen«. Sie können im Feld **Empfänger** auch Ihren eigenen Benutzernamen angeben, wenn Sie sich selbst automatisch informieren lassen möchten.

   Wenn Sie das Feld **Expreß** markieren, erhalten die Empfänger eine Benachrichtigung über den Erhalt der Mail in einem Pop-up-Fenster, wenn sie am SAP-System angemeldet sind. Dies gilt auch für Sie, wenn Sie Ihren eigenen Benutzernamen in das Feld **Empfänger** eintragen. Klicken Sie auf die Schaltfläche **Übernehmen**.

9. Sie befinden sich nun wieder im vierten Job-Wizard-Bild **Einen ABAP-Programm-Step definieren**. Abschließend klicken Sie hier auf die Schaltfläche **Weiter**.

Job Wizard mit dem Bild »Job mit mehreren Steps«

10. Im Bild **Job mit mehreren Steps** markieren Sie das Feld **Weitere Steps anhängen (optional)**, wenn mehrere Reports gleichzeitig durch einen Job verschickt werden sollen. Dies kann auch derselbe Report mit unterschiedlichen Varianten sein, zum Beispiel mehrere Geburtstagslisten für unterschiedliche Abteilungen.

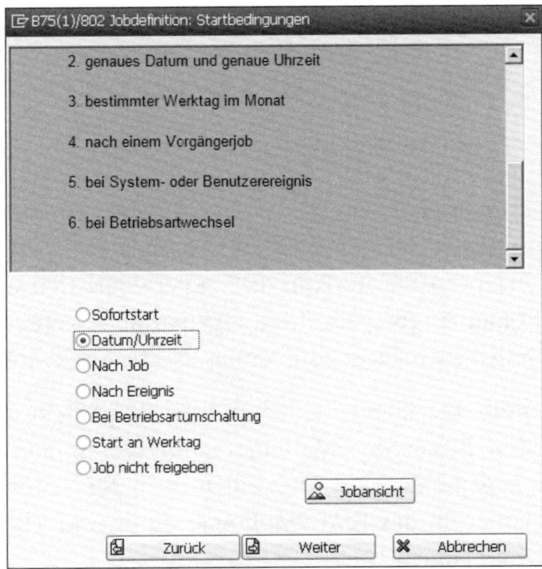

Job Wizard mit dem Bild »Startbedingungen«

Wenn Sie das Feld markiert haben und anschließend auf **Weiter** klicken, gelangen Sie erneut in das dritte Job-Wizard-Bild **Job-Step definieren**, das in unserem Schritt 6 beschrieben ist. Da wir jedoch in unserem Beispiel nur einen Report versenden möchten, setzen wir die Markierung nicht und klicken stattdessen sofort auf die Schaltfläche **Weiter**.

11. Im Bild **Startbedingungen** wählen Sie üblicherweise eine der Optionen **Sofortstart** oder **Datum/Uhrzeit**. Da wir in unserem Beispiel den Job zu einem bestimmten Termin einplanen möchten, wählen Sie die Option **Datum/Uhrzeit** und klicken auf die Schaltfläche **Weiter**.

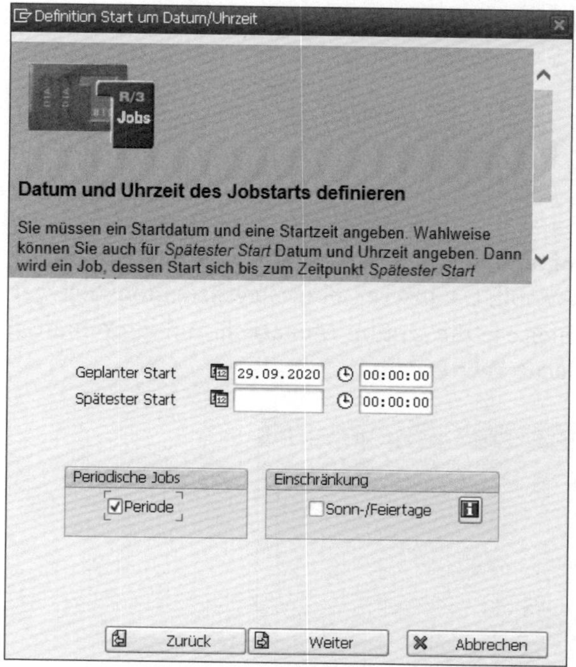

Job Wizard mit dem Bild »Datum und Uhrzeit des Jobstarts definieren«

12. Geben Sie für das Feld **Geplanter Start** das Datum und die Uhrzeit ein, zu denen der Job zum ersten Mal ausgeführt werden soll. Beachten Sie, dass für die Jobausführung die Zeit gilt, die für den Server eingestellt ist. Drücken Sie deshalb im nicht ausgefüllten Feld **Uhrzeit** die F4-Taste, um die Uhrzeit des Servers anzuzeigen und auf dieser Basis die Uhrzeit festzulegen. Markieren Sie das Feld **Periode**, und klicken Sie abschließend auf die Schaltfläche **Weiter**.

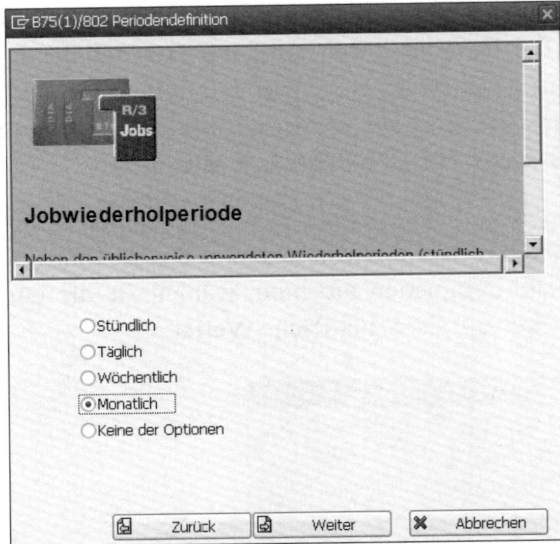

Job Wizard mit dem Bild »Jobwiederholperiode«

13. Im Bild **Jobwiederholperiode** legen Sie fest, in welchem Rhythmus der Job ausgeführt werden soll. Da unsere Geburtstagsliste monatlich versendet werden soll, wählen Sie die Option **Monatlich** und klicken anschließend auf die Schaltfläche **Weiter**.

Job Wizard mit dem letzten Bild

14. Im letzten Job-Wizard-Bild sehen Sie eine Zusammenfassung Ihrer wichtigsten Einstellungen. Über die Schaltfläche **Zurück** können Sie wie auch in den anderen Bildern jederzeit zurückblättern und einzelne Einstellungen anpassen. Wenn alles passt, schließen Sie die Jobdefinition mit der Schaltfläche **Fertigstellen** ab.

Gratulation, Sie haben es geschafft! Das war ein langer Weg. Mit ein wenig Routine können Sie mithilfe des Job Wizards in weniger als fünf Minuten einen Job anlegen. Diese fünf Minuten sind gut investiert, wenn Sie an die ganzen Vorteile denken, die das automatisierte Berichtswesen mit sich bringt.

» Tipp zum Tipp: Gibt es mehrere Layouts, und wollen Sie sicherstellen, dass für den jeweiligen Job immer das richtige Layout verwendet wird, nutzen Sie die Voreinstellung in der Reportvariante. Die Methode hierzu finden Sie in Tipp 88, »Layouts in Reportvarianten voreinstellen«. Geben Sie diese Reportvariante bei der Jobdefinition an, können Sie sicher sein, dass bei der Jobausführung immer das richtige Layout verwendet wird.

» Und noch ein Tipp zum Tipp: Wenn Sie Reportvarianten anlegen, können Sie dafür sorgen, dass spezielle Reportvarianten nur in Jobs verwendet werden und nicht manuell gestartet werden können. Dies ist insbesondere für Langläufer eine sinnvolle Einstellung. Markieren Sie dazu im Fenster **Variantenattribute** das Feld **Nur für Hintergrundverarbeitung**, wie in Tipp 65, »Vorschlagswerte in Reportvarianten speichern«, beschrieben ist. Damit wird diese Reportvariante nur dann im Auswahlfenster angezeigt, wenn Sie einen Job anlegen.

Tipp 105

Verteilerlisten anlegen

In diesem Tipp stellen Sie ein, dass ein Report vollautomatisch an einen Empfänger gemailt wird. Sie möchten denselben Report an mehrere Personen versenden? Kein Problem, legen Sie dazu am besten eine Verteilerliste an.

Im vorherigen Tipp 104, »Periodische Reports automatisch per E-Mail versenden«, haben Sie gesehen, dass Sie auch Verteilerlisten als Spool-Empfänger angeben können. In einer Verteilerliste fassen Sie mehrere Benutzer zusammen, die alle dieselbe Information erhalten sollen, zum Beispiel die Mitglieder einer Projektgruppe oder alle Gruppenleiter*innen eines Bereichs. Wenn Sie anschließend einen Job anlegen, brauchen Sie nur noch den Namen der Verteilerliste anzugeben und der Report wird an alle Benutzer der Verteilerliste verschickt.

› Und so geht's

Nur wenige Schritte trennen Sie von einer eigenen Verteilerliste:

1. Starten Sie die Transaktion SO23 (Verteilerlisten).

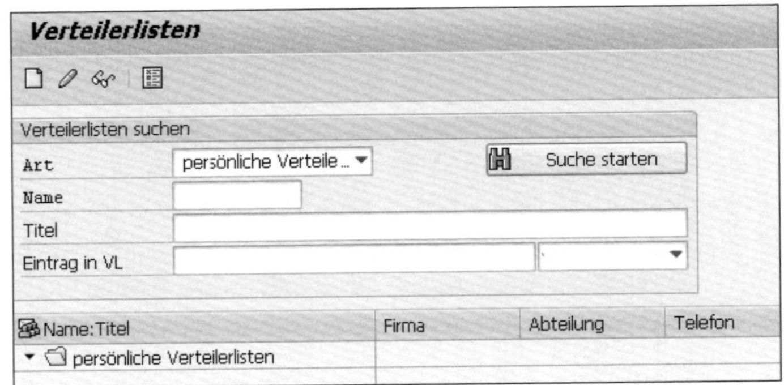

Einstiegsbild der Transaktion SO23 (Verteilerlisten)

2. Wählen Sie für das Listfeld **Art** die Einstellung **persönliche Verteilerliste**, und klicken Sie links oben in der Anwendungsfunktionsleiste auf das Symbol (**Anlegen**).

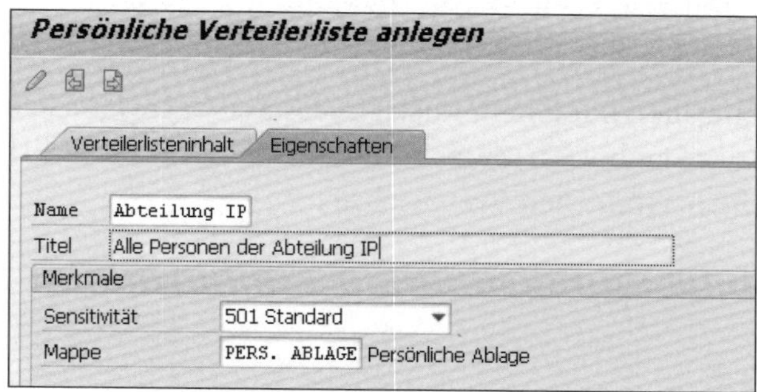

Fenster »Persönliche Verteilerliste anlegen« mit dem Register »Eigenschaften«

3. Im Fenster **Persönliche Verteilerliste anlegen** tragen Sie im rechten Register **Eigenschaften** Ihre Eingaben in die Felder **Name** und **Titel** ein. Danach klicken Sie auf das linke Register **Verteilerlisteninhalt**.

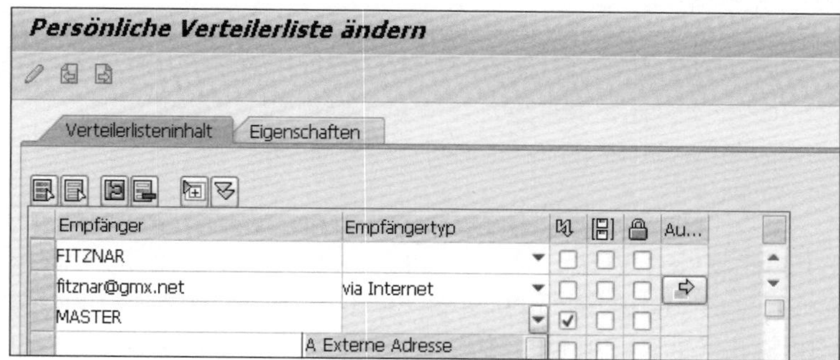

Fenster »Persönliche Verteilerliste anlegen« mit dem Register »Verteilerlisteninhalt«

4. Im Register **Verteilerlisteninhalt** geben Sie die Empfängeradressen und den jeweils zugehörigen Empfängertyp an. Beachten Sie folgende Hinweise:

   - Üblicherweise geben Sie in die Spalte **Empfänger** den Benutzernamen ein und wählen rechts daneben in der Spalte **Empfängertyp** den Eintrag **SAP-Anmeldename**.

   - Wenn Ihr SAP-System es erlaubt, lassen sich Mails auch an externe Mail-Adressen verschicken. Geben Sie dazu links die externe Mail-Adresse an, und wählen Sie in der Spalte **Empfängertyp** die Einstellung **Externe Adresse**.

- Wenn Sie rechts neben der Spalte **Empfängertyp** in der Spalte mit dem Symbol (**Expressmail**) ein Häkchen setzen, erhält der Empfänger eine Benachrichtigung über den Erhalt der Mail in einem Pop-up-Fenster, wenn er am SAP-System angemeldet ist. Dies gilt für grundsätzlich jede Mail, die der Empfänger über diese Verteilerliste erhält.

5. Speichern Sie Ihre Eingaben mit einem Klick auf das Symbol (**Sichern**), und klicken Sie auf das Symbol (**Zurück**). Im Einstiegsbild **Verteilerlisten** sehen Sie nun alle persönlichen Verteilerlisten.

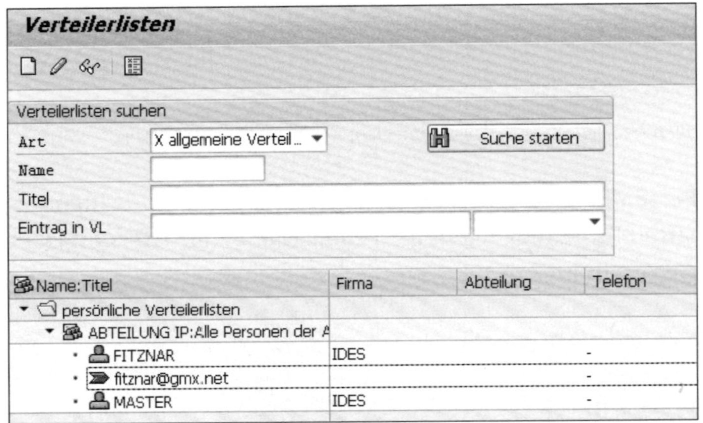

Fenster »Verteilerlisten« mit der Liste »Abteilung IP« und darunter den zugehörigen Empfängern

Sie können beliebig viele Verteilerlisten anlegen. Diese können Sie auch verwenden, wenn Sie Kurznachrichten über die Transaktion SO00 (Kurznachricht) verschicken, wie es in Tipp 46, »Expressmail wegen Datensperrung verschicken«, beschrieben ist.

Tipp 106

Gemailten Report öffnen und bearbeiten

Sie haben einen Report mithilfe eines Jobs an Ihren eigenen Benutzer adressiert, oder Sie haben eine E-Mail mit einer Reportliste im Anhang von einer Kollegin erhalten? Wie Sie diese Reportlisten abrufen und weiterbearbeiten, erfahren Sie in diesem Tipp.

Das SAP-System besitzt ein eigenes Mail-System, das in der Praxis jedoch nicht oft genutzt wird, da spezielle Mail-Systeme wie Microsoft Exchange mit Outlook oder Lotus Notes leistungsfähiger und schneller sind und nicht alle Mitarbeiter*innen des Unternehmens einen SAP-Zugang haben. Es gibt jedoch zwei Fälle, in denen Sie den Posteingang des Mail-Systems von SAP benötigen.

- Ein Job hat Ihnen, wie im letzten Tipp beschrieben, vollautomatisch einen Report als Liste zugemailt.
- Sie haben für Ihre Dokumentation eine ALV-Liste per Mail an Ihren eigenen Benutzer geschickt, oder eine andere Person hat Ihnen eine ALV-Liste gemailt. Diese Möglichkeit wird vor allem dann verwendet, wenn das SAP-System aus Sicherheitsgründen keine E-Mail an externe Adressen wie eine Outlook-Adresse zulässt.

In der Anleitung dieses Tipps öffnen Sie eine Mail, die die Liste eines Reports enthält, welche von einem Job erstellt wurde.

› Und so geht's

Das Mail-System des SAP-Systems können Sie folgendermaßen einsetzen:

1. Starten Sie die Transaktion SBWP (SAP Business Workplace). Hierzu gibt es im Fenster **SAP Easy Access** in der Anwendungsfunktionsleiste das Symbol (**SAP Business Workplace**).
2. Öffnen Sie im linken Hauptordner **Arbeitsplatz** mit einem Klick auf das Symbol den Unterordner **Eingang**. Hier sind Mappen beispielsweise für ungelesene und gelesene Dokumente (Nachrichten) eingerichtet.

Einstiegsbild der Transaktion SBWP (SAP Business Workplace) mit geöffnetem Ordner »Ungelesene Dokumente«

3. Klicken Sie im Ordner **Eingang** auf die Mappe **Ungelesene Dokumente**. Daraufhin zeigt das SAP-System im rechten Bildteil **Eingang** den Inhalt der Mappe an. Dieser Inhalt besteht aus einer zeilenweisen Auflistung der Nachrichten. Ausgehend von dieser Stelle können Sie mit den entsprechenden Symbolen die Mail weiterleiten, drucken oder auch löschen.

   Sollte die Mappe **Ungelesene Dokumente** kein Dokument enthalten, klicken Sie auf das Symbol (**Auffrischen**). Damit wird die Anzeige aktualisiert, und alle bis jetzt durchgeführten Jobs werden berücksichtigt.
4. Klicken Sie im rechten Bildteil **Eingang** doppelt oben in die Zeile der gewünschten Mail.

Transaktion SBWP (SAP Business Workplace) mit Anzeige der Mail

5. Das SAP-System zeigt die Mail im selben Fenster. Unten links sehen Sie im Register **Dokumentinhalt** einen Link. Klicken Sie auf diesen Link. Nun sehen Sie die Anzeige der Anlage, in unserem Beispiel die Liste eines Reports. Mit einem Klick auf das Symbol (**Drucken**) in der Systemfunktionsleiste drucken Sie die Liste bzw. erstellen dafür einen Spool-Auftrag.

Materialverzeichnis

Dynamische Listenausgabe 1

Material	Werk	BewertArt	Materialkurztext	Ltz. Änd	MArt	Warengrp	BME	EKG
AM2-100	1000		Rohkarosse	10.02.2003	HALB	001	ST	007
AM2-200	1000		GRUNDIERUNG	27.11.2006	ROH	004	KG	007
AM2-205	1000		FÜLLER	28.02.1997	ROH	004	KG	001
AM2-210	1000		FARBE UNI ALPINWEIß	28.02.1997	ROH	004	KG	007

Transaktion SBWP (SAP Business Workplace) mit Anzeige der Anlage

Im Kontextmenü der Liste steht Ihnen übrigens auch der Befehl **Sich. in PC-Datei** zur Verfügung, mit dem Sie die Liste direkt auf Ihren PC herunterladen können (siehe Tipp 96, »Download-Funktionen finden«).

TEIL 13

Abläufe mithilfe von Skripting automatisieren

Wir befinden uns fast am Ende unserer interessanten Reise durch die versteckten Tipps und Tricks im SAP-System. Bleiben Sie gespannt, denn das Beste kommt bekanntlich zum Schluss.

Erfahrene Office-User denken bei dem Wort Skript direkt an die Makrofunktionen von Microsoft – im Grunde das Pendant zum Skripting im SAP-System. Denn beides basiert auf einer Aneinanderreihung von Befehlen, die automatisch ausgeführt werden. Ersparen Sie sich mit dem Skripting langweilige Wiederholtätigkeiten, und lassen Sie das SAP-System für sich arbeiten!

› Tipps in diesem Teil

Tipp 107

Vorbereitung zum Erstellen von Skripten

Skriptdateien werden außerhalb des SAP-Systems gespeichert und sind daher leichter manipulierbar. Deshalb setzt das SAP-System zur Verwendung dieser Funktion voraus, dass Sie dem Einsatz von Skripten zustimmen.

In einigen Unternehmen ist das Skripting nur im Produktivsystem verboten und im Testsystem erlaubt. In anderen Firmen ist es komplett verboten und deshalb zentral deaktiviert oder gemäß Organisationsrichtlinie untersagt. Wie auch immer – wenn dies bei Ihnen der Fall ist, sollten Sie dafür Verständnis haben. Ist es erlaubt, erfahren Sie mit diesem Tipp, wie Sie zur persönlichen Aktivierung des Skriptings vorgehen.

› Und so geht's

Im Ablauf, denen wir Ihnen im Folgenden zeigen, nehmen Sie erst einmal die passenden Voreinstellungen vor, um überhaupt Skripte aufnehmen zu können.

1. Um innerhalb des SAP-Systems Skripting zu erlauben, klicken Sie in der Systemleiste auf das Symbol (**Lokales Layout anpassen**) und dann auf den Menübefehl **Optionen**.

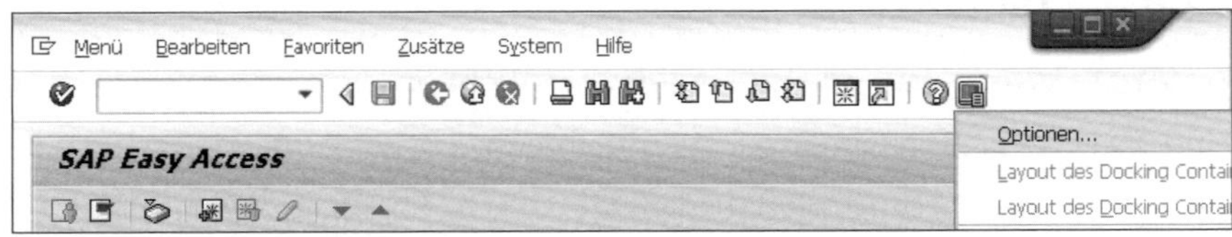

Menübefehl »Optionen«

2. Finden und öffnen Sie in der linken **Bildschirmhälfte** den Ordner **Barrierefreiheit & Skripting**. Klicken Sie auf den Unterpunkt **Skriptunterstützung**. Der Inhalt des rechten Bildschirmteils passt sich automatisch an.

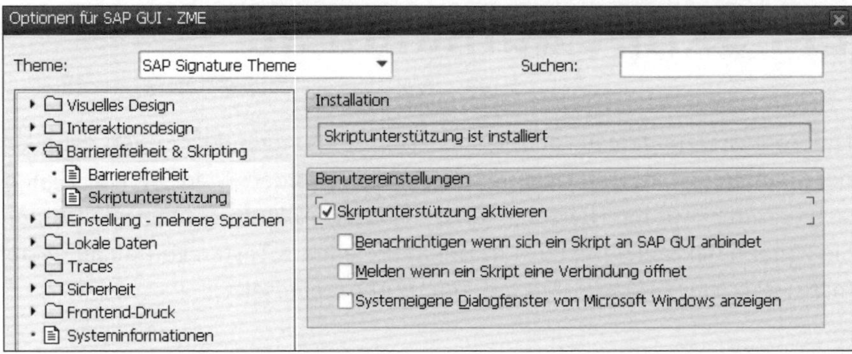

Feldgruppe »Benutzereinstellungen«

3. Aktivieren Sie im rechten Bildschirmteil in der Feldgruppe **Benutzereinstellungen** den Haken für das Feld **Skriptunterstützung aktivieren**. Um bei der Ausführung eines Skripts überflüssige Meldungsfenster zu vermeiden, deaktivieren Sie entsprechend der Abbildung die Häkchen der beiden darunterliegenden Felder. (Die Option **Systemeigene Dialogfenster von Microsoft Windows anzeigen** ist für unseren kleinen Tipp hier nicht relevant.)

4. Speichern Sie Ihre Änderungen mit einem Klick auf **OK**.

Die Voreinstellungen sind erledigt – mit dem nächsten Tipp geht's ans Eingemachte!

Tipp 108

Kamera läuft! Ein Skript aufnehmen

Die Voraussetzungen aus dem letzten Tipp sind umgesetzt? Super, dann kann der Spaß beginnen! Alle Abläufe, die sich unverändert wiederholen, eignen sich für ein Skripting. Hierzu gehören nicht nur Abläufe der täglichen Arbeit – Sie können beispielweise auch in einem Projekt das Testen von Abläufen automatisieren. Der Fantasie sind fast keine Grenzen gesetzt.

Das Besondere am Skripting ist: Sie müssen *keinen einzigen* Befehl von Hand programmieren! Stellen Sie sich das Skripting wie einen hochbegabten Azubi vor – denn Sie müssen dem System nur einmalig den Ablauf zeigen, und es merkt sich jeden Tastendruck, jede Eingabe und jeden Klick. Im Hintergrund speichert es ein Protokoll Ihrer Eingaben und Klicks mit der Skriptsprache VBS (Visual Basic Script) in einer Textdatei auf Ihrem PC. Sobald Sie nun das Skript ausführen, ruft das SAP-System dieses Protokoll auf und erledigt »wie von Geisterhand« Ihre Arbeit – Schritt für Schritt.

Wollen Sie genau unseren Ablauf mitmachen? Vielleicht haben Sie dafür bereits in Tipp 65, »Vorschlagswerte in Reportvarianten speichern«, eine Reportvariante angelegt. Wenn das nicht der Fall ist, sollten Sie vorher diesem Tipp folgen. Sie dürfen natürlich gerne auch Ihren Lieblingsreport oder einen gänzlich anderen Ablauf verwenden.

› Und so geht's

In unserem kleinen Beispiel rufen Sie mit der Transaktion MB51 (Materialbelegliste) eine Reportvariante auf und führen sie durch. Da Sie diesen Ablauf sehr oft brauchen, haben Sie keine Lust mehr, das jedes Mal manuell zu machen, und deshalb bauen Sie sich hierfür ein Skript.

1. Erstmal alles auf Anfang! Bevor Sie ein Skript aufnehmen, melden Sie sich vom SAP-System ab und wieder neu an. Dieses Vorgehen stellt sicher, dass das SAP-System bei der Aufnahme den gleichen Zustand hat wie bei der späteren Ausführung des Skripts.

2. Klicken Sie rechts oben auf das Symbol (**Lokales Layout anpassen**) und dann auf die Menüoption **Skript-Aufzeichnung und -Playback**.

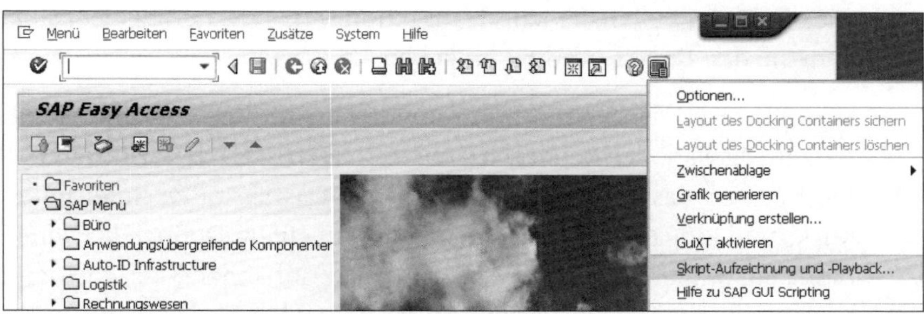

Menüoption »Skript-Aufzeichnung und -Playback«

3. Das Fenster **Aufzeichnen und Playback** öffnet sich. Klicken Sie auf die Schaltfläche **Mehr**. Zum Auswählen eines Speicherorts klicken Sie direkt neben dem Feld **Sichern in** auf das Icon ....

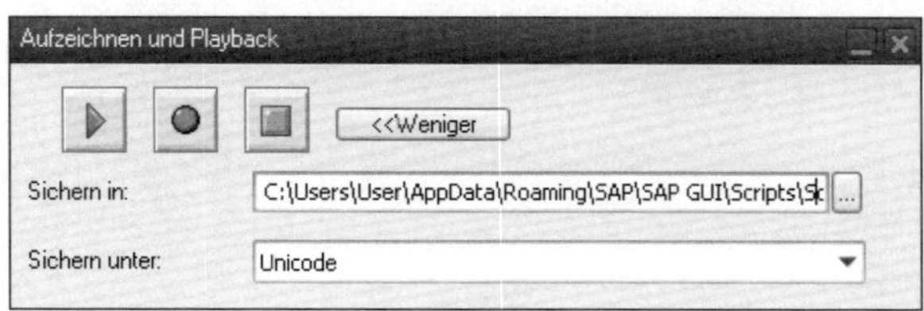

Fenster »Aufzeichnen und Playback«

4. Es öffnet sich ein neues Fenster. Klicken Sie darin zum Beispiel auf Desktop, um den Desktop als Speicherort auszuwählen. Geben Sie in das Feld **Dateiname** den Dateinamen für die Skriptdatei ein. Vergewissern Sie sich, dass in dem Feld **Dateityp** »VBS« ausgewählt ist. Klicken Sie im Anschluss unten rechts auf die Schaltfläche **Speichern**.

5. Nun befinden Sie sich wieder im Fenster **Aufzeichnen und Playback**. Zum Start der Aufnahme klicken Sie hier auf das Symbol (**Skript aufzeichnen**). Dass die Aufnahme des Skripts aktiv ist, erkennen Sie an einer sich drehenden rot-weißen Zuckerstange rechts unten in der Statusleiste. Außerdem ist das Symbol (**Skript aufzeichnen**) ausgegraut.

6. Führen Sie nun Ihre Aktionen durch. Erinnern Sie sich an den Namen der von Ihnen angelegten Reportvariante für die Transaktion MB51 (Materialbelegliste)? Gut, denn diese binden wir nun in das Skript ein (wenn Sie sich nicht erinnern, recherchieren Sie den Namen):
   - Klicken Sie in das Befehlsfeld (bitte auch dann, wenn dort der Cursor bereits blinkt).
   - Starten Sie im Befehlsfeld die Transaktion MB51 (Materialbelegliste), indem Sie den Befehl /nMB51 eingeben.
   - Klicken Sie auf das Symbol (**Variante holen...**). Es erscheint ein Fenster zur Auswahl der Reportvariante. Erinnern Sie sich vor Ihrem nächsten Klick an das Vorgehen eines Skripts: Das Skript zeichnet nur Ihre Klicks und Eingaben auf! Wenn Sie nun mit einem Doppelklick eine Variante auswählen, wird Ihre Auswahl im Skript anhand der Position der Variante in der Tabelle gespeichert. Es kann aber im Laufe der Zeit vorkommen, dass sich beispielsweise durch das Hinzufügen oder Löschen von Varianten die Positionen ändern. Geschieht dies, würde das Skript weiterhin anhand der aufgezeichneten Position eine Variante auswählen – das wäre aber dann die falsche ...

Fenster »Suchen« im Variantenkatalog

   - Um diese Gefahr zu vermeiden, öffnen Sie mit einem Klick auf das Symbol (**Suchen...**) das Fenster **Suchen**. Geben Sie in das Feld **Suchbegriff** den Namen Ihrer Variante ein, und bestätigen Sie mit einem Klick auf

✓ (**OK**). Da SAP die korrekte Variante gefunden hat, drücken Sie zur Auswahl einmal entweder die Taste [→] oder die Taste [←]. Schließen Sie das Fenster **Suchen**. Übernehmen Sie nun die Variante mit Klick auf das Symbol ✓ (**Auswählen**).

7. Um den Report zu starten, klicken Sie auf das Icon (**Ausführen**). Sie sind nun an dem gewünschten Ziel, also in der Liste, angekommen.

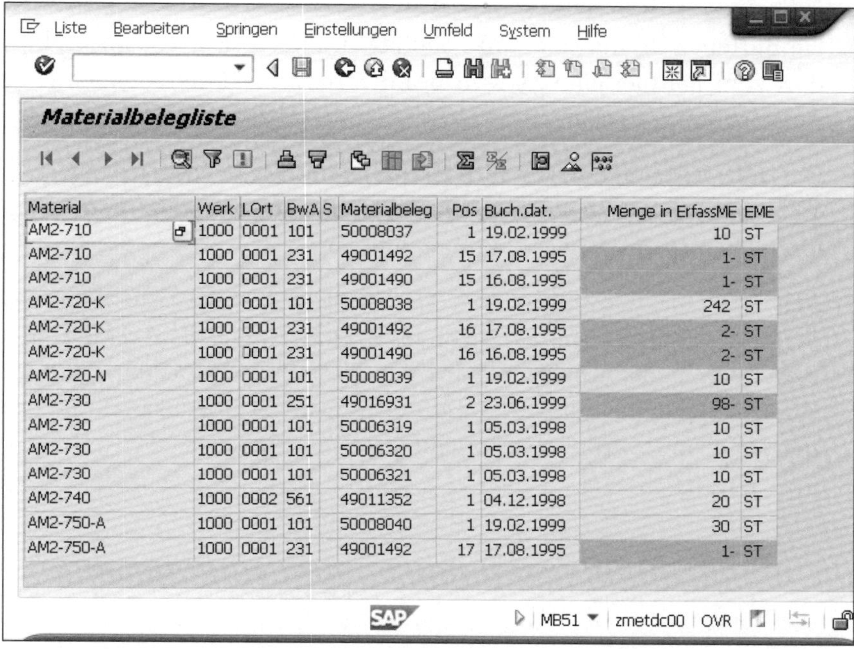

Material	Werk	LOrt	BwA	S	Materialbeleg	Pos	Buch.dat.	Menge in ErfassME	EME
AM2-710	1000	0001	101		50008037	1	19.02.1999	10	ST
AM2-710	1000	0001	231		49001492	15	17.08.1995	1-	ST
AM2-710	1000	0001	231		49001490	15	16.08.1995	1-	ST
AM2-720-K	1000	0001	101		50008038	1	19.02.1999	242	ST
AM2-720-K	1000	0001	231		49001492	16	17.08.1995	2-	ST
AM2-720-K	1000	0001	231		49001490	16	16.08.1995	2-	ST
AM2-720-N	1000	0001	101		50008039	1	19.02.1999	10	ST
AM2-730	1000	0001	251		49016931	2	23.06.1999	98-	ST
AM2-730	1000	0001	101		50006319	1	05.03.1998	10	ST
AM2-730	1000	0001	101		50006320	1	05.03.1998	10	ST
AM2-730	1000	0001	101		50006321	1	05.03.1998	10	ST
AM2-740	1000	0002	561		49011352	1	04.12.1998	20	ST
AM2-750-A	1000	0001	101		50008040	1	19.02.1999	30	ST
AM2-750-A	1000	0001	231		49001492	17	17.08.1995	1-	ST

Materialbelegliste

8. Bevor Sie die Transaktion wieder verlassen, sollten Sie die Aufnahme beenden. Dazu klicken Sie im Fenster **Aufzeichnen und Playback** auf das Symbol (**Aufzeichnung beenden**).

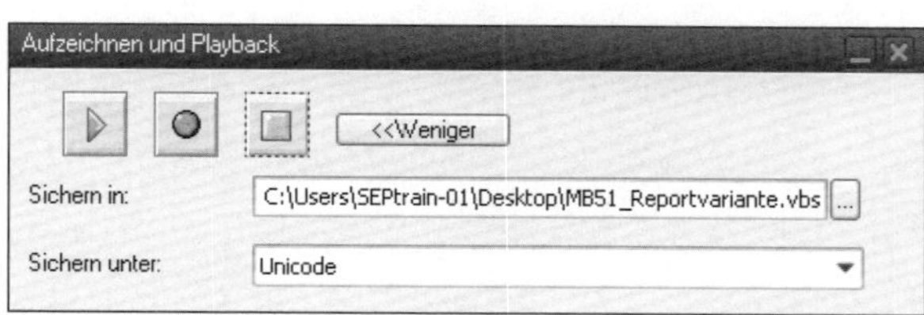

Fenster »Aufzeichnen und Playback«

9. Der Film ist im Kasten, und Sie dürfen das Fenster **Aufzeichnen und Playback** nun schließen.

Bei der Aufzeichnung sollten Sie Folgendes beachten (bitte lesen und einprägen – diese Hinweise erleichtern Ihnen Ihr Leben mit den aufzunehmenden Skripten):

- Alle Aufzeichnungen beschränken sich auf den aktuellen Modus. Wechseln Sie in ein anderes Fenster, so sind die dort durchgeführten Aktionen nicht Teil des Skripts. Das Fenster mit der Aufzeichnung erkennen Sie an einer rot-weißen Zuckerstange unten rechts in der Statusleiste.
- Sie dürfen während der Aufzeichnung in andere Fenster wechseln, um dort zum Beispiel eine Mail zu beantworten. Es könnte ja auch längere Aufzeichnungen geben ...
- Die Aufzeichnung umfasst auch Aktionen mit der Zwischenablage (Strg + C und Strg + V). Demnach können Sie entspannt das Kopieren und Einfügen von Daten in Ihr Skript einbinden.
- Aktionen in Windows-Fenstern, wie beispielsweise das Öffnen oder Speichern von Dateien, werden nicht aufgezeichnet. Für die Ausführung von Windows-eigenen Dialogen wird das Skript unterbrochen, denn diese müssen Sie manuell durchführen. Aber sobald Sie wieder im SAP-Fenster angelangt sind, wird das Skript automatisch fortgesetzt.

Tipp 109

Film ab! Ein Skript abspielen

Super, Sie haben hiermit Ihre erste Skript-Aufnahme vollendet! Doch welchen Wert hat eine Aufnahme, die nie abgespielt wird ... deshalb: Willkommen bei Ihrer Premiere!

Jetzt kommt der spannende Moment: In diesem Tipp starten Sie das Skript über das Layout-Menü. Dies geht noch komfortabler über das Favoritenmenü, und deshalb empfehlen wir Ihnen schon hier auch Tipp 110, »Ein Skript als Favoriten speichern«, im Anschluss!

› Und so geht's

In diesem Ablauf spielen Sie das in Tipp 108, »Kamera läuft! Ein Skript aufnehmen«, aufgenommene Skript ab. Das funktioniert an jeder Stelle im SAP-System, an der das Befehlsfeld verfügbar ist.

1. Zum Ausführen des Skripts öffnen Sie mithilfe des Symbols (**Lokales Layout anpassen**) das Layoutmenü und klicken auf **Skript-Aufzeichnung und -Playback**.

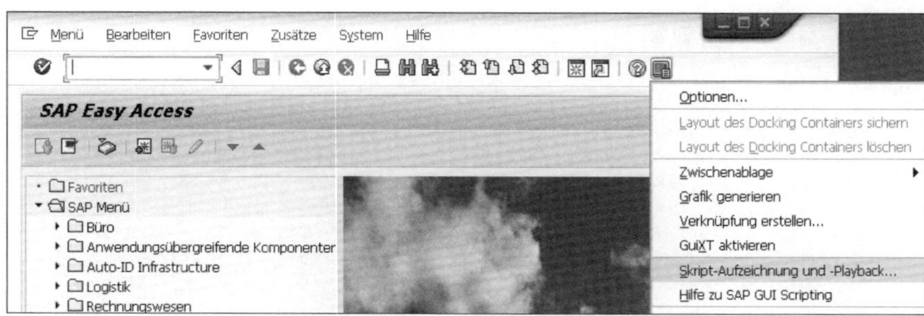

Layoutmenü mit dem Befehl »Skript-Aufzeichnung und -Playback«

2. Klicken Sie im Fenster **Aufzeichnen und Playback** auf das Icon (**Skript abspielen**).

3. Finden und doppelklicken Sie die von Ihnen angelegte Skriptdatei. Diese hat die Endung *.vbs*.

Skriptdatei im Windows-Explorer

4. Lehnen Sie sich zurück, und genießen Sie es! Denn jetzt heißt es: »Film ab!« Das Skript startet anhand des erzeugten Protokolls nacheinander alle Aktivitäten. Auch *während der Ausführung* sehen Sie die rot-weiße Zuckerstange in der Statusleiste.

   Fertig? Sind Sie jemals im SAP-System so schnell an Ihr Ziel gekommen? Vermutlich nicht. Nach dem großen Kino gelangen Sie in unserem Beispiel in die Materialbelegliste.

Liste Bearbeiten Springen Einstellungen Umfeld System Hilfe

Materialbelegliste

Material	Werk	LOrt	BwA	S	Materialbeleg	Pos	Buch.dat.	Menge in ErfassME	EME
AM2-710	1000	0001	101		50008037	1	19.02.1999	10	ST
AM2-710	1000	0001	231		49001492	15	17.08.1995	1-	ST
AM2-710	1000	0001	231		49001490	15	16.08.1995	1-	ST
AM2-720-K	1000	0001	101		50008038	1	19.02.1999	242	ST
AM2-720-K	1000	0001	231		49001492	16	17.08.1995	2-	ST
AM2-720-K	1000	0001	231		49001490	16	16.08.1995	2-	ST
AM2-720-N	1000	0001	101		50008039	1	19.02.1999	10	ST

Materialbelegliste

Beim Abspielen sollten Sie Folgendes beachten (bitte lesen und einprägen – diese Hinweise erleichtern Ihr Leben mit den abzuspielenden Skripten):

- Sie können ein einmal abgespieltes Skript nicht beenden oder pausieren. Auch ein Klick auf das Symbol im Fenster **Aufzeichnen und Playback** hilft nicht. Sie können jedoch im Task-Manager das Windows-Fenster schließen und damit gleichzeitig das Skript beenden.
- Ein Skript entspricht einem fix vorgeschriebenen Fahrplan. Es fährt einen fest definierten Weg – genauso wie Sie durch einen Tunnel fahren. Es gibt kein Links und Rechts, sonst fährt das Skript vor die Wand. Es lässt keine Abweichungen zu. Gibt es demnach an einer Stelle im Skript eine unerwartete Reaktion des SAP-Systems, wird das Skript abgebrochen. Solche Probleme können Entwickler*innen beheben.

  Der Abbruch eines Skripts kann mehrere Ursachen haben:

  - Aufgrund von Warnmeldungen oder fehlenden Daten kann der darauffolgende Schritt nicht durchgeführt werden.
  - Zum Zeitpunkt der Aufnahme des Skripts existierten unter Umständen andere Voreinstellungen oder Voraussetzungen als zum Zeitpunkt des Abspielens. Zum Beispiel verhindern neu definierte und nicht durch das Skript ausgefüllte Mussfelder das Ausführen des darauffolgenden Schritts.
  - Ein Beispiel für eine andere Voraussetzung: In unserem Ablauf kann es passieren, dass kein Selektionsfenster für Reportvarianten erscheint, wenn weniger als elf Varianten angelegt sind. In diesem Fall kann eine Reportvariante nur mit einem Klick aus einer Liste ausgewählt werden. Wenn eine weitere Reportvariante mit einem Namen gespeichert wird, der vor der gewünschten Variante in der Liste erscheint, gibt es ein Problem: Das Skript wählt die falsche Reportvariante aus der Liste.
  - Änderungen durch ein neues Release seitens der SAP können beispielsweise andere Fensterfolgen, Meldungen, Schaltflächen oder Felder verursachen. Dies kann dazu führen, dass das Skript nicht mehr zum aktuellen Stand des Systems passt.
  - Zu ungenaue oder zu große Selektionen können Laufzeitfehler verursachen.

Gibt es eine Abweichung, und Sie wollen ein Skript neu aufnehmen? Bevor Sie das tun, lohnt sich ein Blick in Tipp 111, »Ein Skript pflegen«.

Tipp 110

Ein Skript als Favoriten speichern

Der Start eines Skripts über das Layoutmenü macht nicht wirklich Spaß. Es geht schneller über das Favoritenmenü oder noch besser: mit einem Shortcut!

Das Anlegen von Favoriten kennen Sie bereits aus Buchteil 3, »Surfin' SAP – schneller im System navigieren«. Diese Methode können Sie sich auch für den Aufruf Ihrer Skripte zu Nutze machen.

› Und so geht's

Sie basteln nun einen Favoriten zu dem Skript, das Sie in Tipp 108, »Kamera läuft! Ein Skript aufnehmen«, aufgenommen haben.

1. Setzen Sie im SAP-Menü einen Rechtsklick auf den Ordner **Favoriten**. Klicken Sie dort auf die Option **Sonstige Objekte einfügen**.

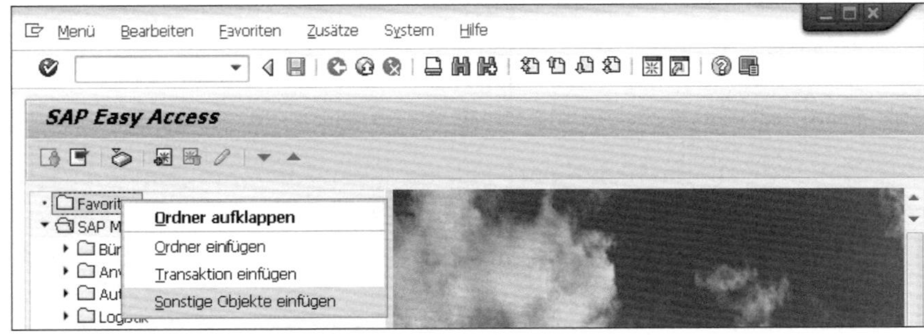

Option »Sonstige Objekte einfügen« im Kontextmenü des Ordners »Favoriten«

2. Das Fenster **Einfügen weiterer Objekte** öffnet sich. Doppelklicken Sie auf die Zeile **Web Adresse oder Datei**.

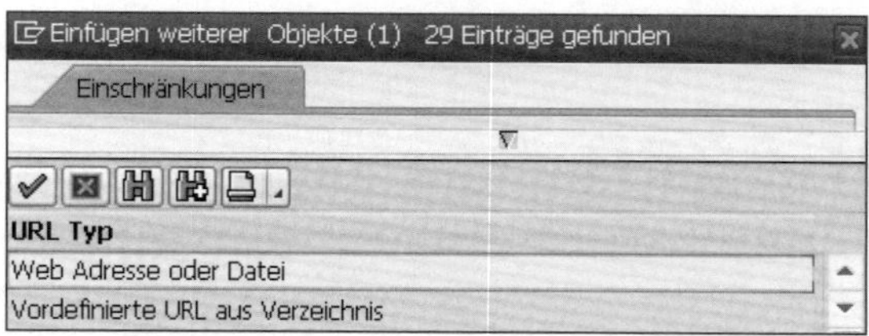

Option »Web Adresse oder Datei«

3. Es öffnet sich erneut ein neues Fenster. Geben Sie in das Feld **Text** die Bezeichnung des neuen Favoriten ein. Öffnen Sie für das Feld **Web Adresse o. Datei** die Wertehilfe ☐.
4. Finden und doppelklicken Sie die von Ihnen angelegte Skriptdatei. Diese hat die Endung *.vbs*. Bestätigen Sie danach Ihre Eingaben im Fenster **Anlegen Web Adresse oder Dateipfad** mit der [↵]-Taste.

Sie haben nun erfolgreich einen Favoriten für Ihr Skript angelegt. Wie gewohnt dürfen Sie nun mit einem Doppelklick den Favoriten aufrufen und damit das dahinterliegende Skript ausführen.

Der Favorit speichert lediglich den Pfad zur Datei. Daher sollten Sie das Umbenennen, Löschen oder Verschieben des Skripts innerhalb des Windows-Explorers vermeiden.

» Tipp zum Tipp: In Tipp 23, »Transaktionen mit eigenen Tastenkombinationen starten«, haben Sie erfahren, dass Sie mithilfe von Windows-Verknüpfungen auch andere Dateien via Shortcut starten können. Dies gilt auch für Ihre Skriptdateien mit der Endung *.vbs*!

Tipp 111
Ein Skript pflegen

Es hat sich etwas am Ablauf Ihres Skripts geändert, oder es bricht aufgrund eines Fehlers ab? Dann sparen Sie sich die Arbeit, das Skript komplett neu aufzunehmen.

Beim Speichern des Skripts erstellt das SAP-System eine Textdatei. In dieser Datei stehen Befehle, die Sie teilweise sicher auch verstehen können, wenn Sie keine Programmiersprache gelernt haben. Sie dürfen in der Textdatei mit der Endung *.vbs* manuell Änderungen vornehmen.

› Und so geht's

Voraussetzung für den folgenden Tipp ist, dass Sie bereits ein Skript aufgenommen haben. Sie öffnen nun die entsprechende Skriptdatei.

1. Finden Sie im Windows-Explorer die von Ihnen angelegte Skriptdatei mit der Endung *.vbs*.
2. Setzen Sie einen Rechtsklick darauf, und wählen Sie die Option **Öffnen mit**. Klicken Sie dann auf den Eintrag **Editor**.
3. Es öffnet sich nun das Skript als Text. Sie können hier Änderungen vornehmen.

   Beachten Sie, dass das eigentliche Protokoll nach der ersten Zeile mit dem Inhalt »session.findById« beginnt. Ein genauerer Blick in die darauffolgende Zeile zeigt uns beispielweise die Eingabe von »/nMB51« in das Befehlsfeld.

   Falls Sie Änderungen vornehmen, speichern Sie die Datei.

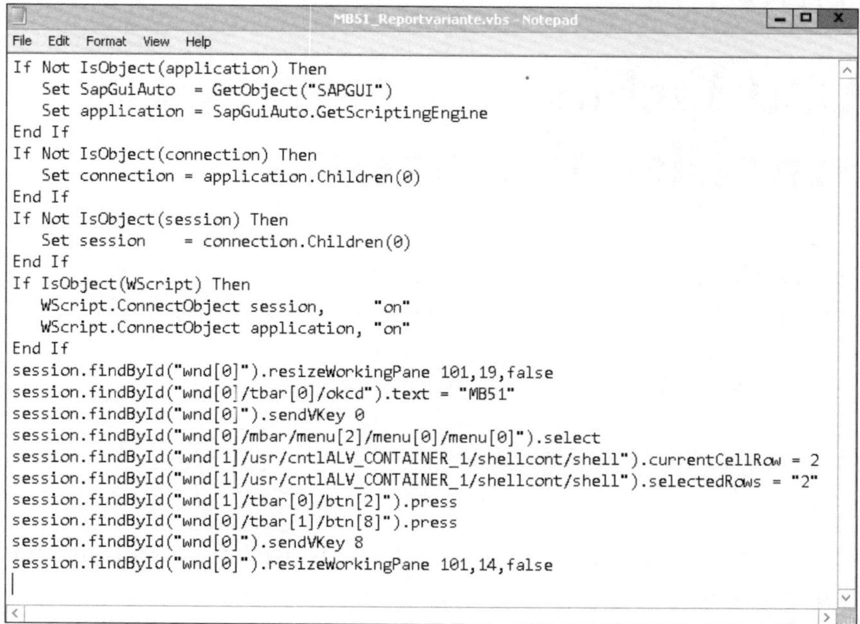

```
If Not IsObject(application) Then
   Set SapGuiAuto  = GetObject("SAPGUI")
   Set application = SapGuiAuto.GetScriptingEngine
End If
If Not IsObject(connection) Then
   Set connection = application.Children(0)
End If
If Not IsObject(session) Then
   Set session    = connection.Children(0)
End If
If IsObject(WScript) Then
   WScript.ConnectObject session,     "on"
   WScript.ConnectObject application, "on"
End If
session.findById("wnd[0]").resizeWorkingPane 101,19,false
session.findById("wnd[0]/tbar[0]/okcd").text = "MB51"
session.findById("wnd[0]").sendVKey 0
session.findById("wnd[0]/mbar/menu[2]/menu[0]/menu[0]").select
session.findById("wnd[1]/usr/cntlALV_CONTAINER_1/shellcont/shell").currentCellRow = 2
session.findById("wnd[1]/usr/cntlALV_CONTAINER_1/shellcont/shell").selectedRows = "2"
session.findById("wnd[1]/tbar[0]/btn[2]").press
session.findById("wnd[0]/tbar[1]/btn[8]").press
session.findById("wnd[0]").sendVKey 8
session.findById("wnd[0]").resizeWorkingPane 101,14,false
```

Inhalt der Skriptdatei

4. Jetzt können Sie, wie in Tipp 109, »Film ab! Ein Skript abspielen«, beschrieben, das geänderte Skript abspielen.

Tipp 112

Und Tschüs … schneller abmelden

Toll, dass Sie das Buch bis hierher durchgeblättert oder gelesen haben. Wir hoffen, dass auch für Sie einiges dabei war.

Aber einer geht noch! Ein letzter kleiner Tipp behandelt das schnelle Abmelden vom SAP-System. Und auch hierzu gibt es wieder schlaue und auch weniger schlaue Methoden.

› Und so geht's

Feierabend! Sie haben viele SAP-Fenster geöffnet und wollen diese auf einen Schlag schließen. Welche Möglichkeiten gibt es dazu?

- Sie wählen in der Menüleiste den Befehl **System ▸ Abmelden**. Na ja, etwas umständlich, denn das SAP-System stellt dann jedes Mal die überflüssige Frage, ob Sie sich wirklich abmelden wollen. Und es erscheint jedes Mal ein Fenster mit dem Hinweis, dass ungesicherte Daten verlorengehen. Im Gegensatz zu Word oder Excel stellt das SAP-System diese Frage immer und leider nicht nur dann, wenn es wirklich ungesicherte Daten gibt.
- Eleganter ist der Befehl /nex, den Sie in das Befehlsfeld eingeben können. Sofort nach dessen Bestätigung sind alle SAP-Fenster geschlossen. Ungesicherte Daten gehen dabei verloren.
- Wenn Sie sichergehen wollen, dass es keine noch zu sichernden Daten gibt, bleibt Ihnen nichts anderes übrig, als jedes SAP-Fenster einzeln zu schließen. Hierzu gibt es den schönen Windows-Shortcut [Alt] + [F4].

Sie sind nun wirklich am Ende des letzten Tipps angelangt. Wie jedes Buch ist auch dieses Buch *endlich*. Für die *unendlich* vielen Funktionen für die

Anwenderinnen und Anwender möchten wir an dieser Stelle ein großes Dankeschön an die vielen kreativen SAP-Entwickler*innen aussprechen.

Bleiben Sie neugierig, es gibt noch viel zu entdecken, darunter auch viele komponenten- und transaktionsspezifischen Tipps, die in diesem übergreifenden Buch keinen Platz gefunden haben. Es hat viel Spaß gemacht, dieses Buch zu schreiben. Wenn Sie eine Ergänzung oder Anmerkung zu diesem Buch haben, freuen wir uns über eine direkte Kontaktaufnahme per E-Mail an *fitznar@gmx.net*.

Anhang A
Unsere Lieblings-Shortcuts

Viele, viele Aktionen erledigen Sie wesentlich schneller mit Shortcuts als mit der Maus. Und viele dieser Tastenkombinationen haben wir bereits im Text erwähnt. Nachfolgend finden Sie eine Übersicht unserer Lieblings-Shortcuts, die komponentenübergreifend verwendet werden können. Nach einer Eingewöhnungsphase werden Sie damit viele Aktionen schneller durchführen!

Nicht aufgenommen haben wir die Shortcuts für die meisten Icons aus der System- und Anwendungsleiste. Denn die Tastaturfunktionen für Icons finden Sie ganz einfach heraus, indem Sie mit der Maus auf das entsprechende Symbol zeigen.

Tastenfunktionen für Fenster (Modi)

Mit Ausnahme von [Strg] + [+] und [Strg] + [N] gelten die folgenden Tastenkombinationen für alle Windows-Fenster.

Tastatur	Funktion
[Strg] + [+] [Strg] + [N]	Neues Fenster
[Alt] + [F4]	Schließen des aktuellen GUI-Fensters (Modus)
[Alt] + [Tab] [Win] + [Tab]	Wechsel des Fensters (Miniaturanzeige)
[Win] + [←] [Win] + [→]	Wechsel der Fensterposition: linke Bildschirmhälfte – Normalposition – rechte Bildschirmhälfte und zurück
[Win] + [↑] [Win] + [↓]	Wechsel der Fenstergröße: Maximieren – Verkleinern – Minimieren

Tastenfunktionen zur Navigation in Masken

Diese Tastenfunktionen und auch die der nächsten Tabelle minimieren das ständige Wechseln zwischen Maus und Tastatur!

Tastatur	Funktion
Tab	Sprung in das nächste Feld
⇧ + Tab	Sprung in das vorherige Feld
↑	Sprung in das Feld in der Zeile darüber
↓	Sprung in das Feld in der Zeile darunter
Strg + Tab	Sprung in das erste Feld der nächsten Feldgruppe und aus der letzten Feldgruppe in das Kommandofeld

Tastenfunktionen zur Dateneingabe und -pflege

Tastatur	Funktion
Strg + A	Kompletten Inhalt eines Eingabefeldes markieren
Strg + C	Kopieren in die Zwischenablage
Strg + X	Ausschneiden in die Zwischenablage
Strg + V	Einfügen aus der Zwischenablage
Strg + Z	Rückgängigmachen einer Eingabe oder einer Änderung in einem Feld, solange der Cursor noch im Feld steht
Strg + S	Sichern
Einfg	Wechsel der Eingabemodi, siehe unten rechts in der Statusleiste Überschreibmodus: »OVR« Einfügemodus: »INS«

Tastenfunktionen in ALV-Listen

Tastatur	Funktion
Strg + Y, dann mit Maus ziehen	Tabellenteil markieren
Strg + C	Kopieren des markierten Bereichs in die Zwischenablage
Strg + ←	Sprung an den Anfang der Zeile
Strg + →	Sprung an das Ende der Zeile
Strg + Pos1	Sprung an den Anfang der Liste
Strg + Ende	Sprung an das Ende der Liste

Tastenfunktionen im Befehlsfeld

Tastatur	Funktion
Strg + ⇧ + 7	Wechsel in das Kommandofeld
↑	Anzeige des zuletzt bestätigten Befehls
↓	Anzeige der zuletzt bestätigten Befehle
Alt + ↓	Liste der letzten 15 Befehle

Weitere Tastenfunktionen

Tastatur	Funktion
F1	Hilfe
F2	Übernahme des markierten Werts aus der Werteliste
F4	Wertehilfe
F8	Start eines Reports im Selektionsbild
Strg + S	Speichern

Tastatur	Funktion
Strg + F	Suchen
Strg + G	Weitersuchen
Strg + P	Drucken
Esc	Schließen einer Treffer- oder Werteliste, sonst gleiche Funktion wie das Icon **Zurück**

» Tipp zum Tipp: Wo finden Sie spezielle Tastenkombinationen, die nur innerhalb von häufig genutzten Transaktionen gelten? Zum einen oft im Kontextmenü, das Sie mit einem Klick mit der rechten Maustaste öffnen. Auch in den Menüs der Menüleiste werden oft Funktionstasten und spezielle Tastenkombinationen hinter dem jeweiligen Befehl angezeigt. Zum anderen sehen Sie oft Shortcuts, wenn Sie mit der Maus auf die speziellen Icons in der Anwendungsleiste zeigen.

Anhang B
Die Autoren

Dennis Fitznar hat seinen Abschluss als Bachelor of Arts der Betriebswirtschaft gemacht und arbeitet seitdem als freiberuflicher SAP-Berater und Autor. Daneben ist er Lehrbeauftragter für die SAP-Übungen der Vorlesung »Produktionsmanagement« für das Studium der Betriebswirtschaft (B. A.). Praktische Erfahrungen in der Implementierung und im Betrieb von SAP Fiori und SAP-Fiori-Anwendungen konnte er bei einem großen Automobilhersteller sammeln.

Eine starke Anwenderorientiertheit, kreative Lösungsansätze und großes Interesse an neuen Technologien zeichnen ihn aus. Als Autor hat er u. a. multimediale SAP-Trainingsmedien zu den Themen Reporting mit SAP Query, Customizing, LSMW, Skripting und Administration erstellt.

Wolfgang Fitznar beschäftigt sich seit 1992 mit SAP-Software, zuerst als Produktmanager für SAP-Qualifizierungen und später als Projektleiter für SAP-Trainingsprojekte. Heute ist er als freiberuflicher Trainer und Anwendungsberater in nationalen und internationalen SAP-Trainingsprojekten in den Bereichen Logistik und Rechnungswesen tätig. Er ist sowohl als SAP Solution Consultant als auch als SAP-Trainer zertifiziert.

Seine Trainings zeichnen sich durch fachliche Kompetenz und Praxisnähe aus. Darüber hinaus vermittelt er nicht nur fachliche Inhalte, sondern auch Freude im Umgang mit SAP. In speziellen *Effizienz-Workshops* gibt er sein umfangreiches Know-how zielgenau an fortgeschrittene Anwender*innen und Key-User weiter, damit Fachabteilungen schnellere und bessere Ergebnisse mithilfe der SAP-Software erreichen. Gemäß Studien entfallen über 30 % der Kosten für einen Computerarbeitsplatz auf die ineffiziente Nutzung und auf den Anwender-Support. Hier setzt Wolfgang Fitznar mit seinem *Konzept zur Effizienzsteigerung* an. Er kennt Methoden, die lästige Routinetätigkeiten auf ein Minimum reduzieren und die er als *Accelerators* bezeichnet. Dies sind anwenderorientierte Bedienverfahren und Techniken, die direkt in der Fachabteilung bzw. durch zentrale Key-User schnell und einfach realisiert werden: ohne Customizing, ohne Programmierung und folglich ohne Change Requests. Auf der Basis umfangreicher Checklisten und weiterer Techniken werden diejenigen Accelerators schnell identifiziert, die am jeweiligen Arbeitsplatz einen optimalen Nutzen aufweisen. Der zielorientierte und anwenderbezogene Know-how-Transfer führt in der Fachabteilung zu verbesserter Produktivität, mehr Akzeptanz, höherer Datenqualität sowie schnelleren Prozessen und Durchlaufzeiten.

Gerne sind Dennis und Wolfgang Fitznar auch vor Ort dabei behilflich, für die unterschiedlichen Rollen und Arbeitsplätze die optimalen Vorgehensweisen zu identifizieren und umzusetzen. Wenn Sie von diesem Konzept profitieren wollen, nutzen Sie folgende Mail-Adresse *fitznar@gmx.net* zur Kontaktaufnahme.

Und noch ein herzliches Dankeschön

Nachfolgend finden Sie die Personen, bei denen wir uns besonders für ihre Unterstützung bedanken möchten.

Brigitte Fitznar ist seit über 25 Jahren als SAP-ERP-HCM-Anwendungsbetreuerin in der Städtischen Klinikum GmbH in München aktiv. Ihre Tätigkeitsschwerpunkte liegen in den Bereichen positive Zeitwirtschaft, Einsatzplanung, Entgeltabrechnung sowie ESS (Employee Self-Service) und MSS (Manager Self-Service).

Georg G. Hauck ist SAP-Trainer und -Berater. Seit 1999 arbeitet er im Bereich Logistik als freiberuflicher Trainer, Mastertrainer, Berater, Tester und Vorortbetreuer. In erster Linie war er für Automobilhersteller tätig, er arbeitete aber auch in den Branchen Anlagenbau, Automatisierungstechnik, Maschinenbau, Telekommunikation, Recycling, Banken und Versicherungen, Bau- und Baunebengewerbe.

Tobias Then ist zertifizierter SAP-Trainer in den Bereichen Vertrieb, Einkauf und Materialwirtschaft. Seit vielen Jahren entwirft und gestaltet er SAP-Schulungen für internationale Unternehmen sowie in verschiedenen SAP-Schulungszentren. Dabei nimmt er immer die Sicht von Anwenderinnen und Anwendern ein, für die kurze Wege und pfiffige Handgriffe im SAP-System elementare Faktoren der täglichen Arbeit sind.

Rainer Voigt ist bei der Stadt Leipzig im Referat SAP als Anwendungs- und Systembetreuer tätig. Er beschäftigt sich seit 1997 schwerpunktmäßig mit dem Thema SAP, besitzt die Zertifizierung als SAP-Berater für das Finanzwesen und war als Teilprojektleiter in einem SAP-S/4HANA-Einführungsprojekt für FI und FI-AA verantwortlich.

Darüber hinaus geht ein herzliches Dankeschön an Hans Duisenberg, Jürgen Fritzinger, Lada Fylypska und Klaus Schmidt für ihre Geduld und Unterstützung.

Index

C

D

E

F

G

H

I

J

K

L

M

N

O

P

Q

R

U

V

W

Z